高等院校应用型特色教材

徐金平　陶胜　刘慧琴　主编

高 等 数 学

中国财经出版传媒集团

经济科学出版社
Economic Science Press

图书在版编目（CIP）数据

高等数学／徐金平，陶胜，刘慧琴主编 . -- 北京：
经济科学出版社，2022.1
高等院校应用型特色教材
ISBN 978 - 7 - 5218 - 3214 - 3

Ⅰ.①高… Ⅱ.①徐… ②陶… ③刘… Ⅲ.①高等数
学 - 高等学校 - 教材 Ⅳ.①O13

中国版本图书馆 CIP 数据核字（2021）第 249531 号

责任编辑：杜　鹏　胡真子
责任校对：郑淑艳
责任印制：邱　天

高等数学

徐金平　陶胜　刘慧琴　主编

经济科学出版社出版、发行　新华书店经销

社址：北京市海淀区阜成路甲 28 号　邮编：100142

编辑部电话：010 - 88191441　发行部电话：010 - 88191522

网址：www. esp. com. cn

电子邮箱：esp_bj@ 163. com

天猫网店：经济科学出版社旗舰店

网址：http：//jjkxcbs. tmall. com

固安华明印业有限公司印装

787×1092　16 开　19.5 印张　420000 字

2022 年 2 月第 1 版　2022 年 2 月第 1 次印刷

ISBN 978 - 7 - 5218 - 3214 - 3　定价：49.00 元

（图书出现印装问题，本社负责调换。电话：010 - 88191510）

（版权所有　侵权必究　打击盗版　举报热线：010 - 88191661

QQ：2242791300　营销中心电话：010 - 88191537

电子邮箱：dbts@ esp. com. cn）

前 言
PREFACE

为适应我国社会主义现代化建设和经济社会发展的需要，培养"厚基础、宽口径、高素质"的人才，数学基础课不应削弱，而应适当加强。高等数学是一门非常重要的基础课，不但内容丰富，理论严谨，而且应用广泛，影响深远，为学习后续课程和进一步扩大知识面奠定必要的基础，帮助学生提高综合利用所学知识分析问题和解决问题的能力，增强学生自主学习能力和创新能力。因此，编写一本合适的应用型高等数学教材是一项十分有意义的工作。

作为一门数学基础课的教材，我们应注意保持数学学科本身的科学性，以应用、实用和适用为基本原则，以淡化理论并突出实践为指导思想。在编写中结合应用型本科和高职高专的特点，对比较烦琐的定理公式的推导证明尽可能只给出结果或简单直观地给出几何说明，讲述尽可能做到深入浅出，力求具有一定的启发性和应用性，让教师比较容易组织教学内容，学生也比较容易理解接受，主要反映在如下三个方面。

1. 继承和保持了经典微积分教材的优点，且适当地介绍了本学科与其他学科之间的联系，给出了一些实际应用问题以帮助读者加深对课程的理解，培养解决实际问题的能力，从而达到学为所用的最终目的。

2. 注意精简高等数学理论教学内容，从简处理一些公式的推导，简化一些定理的证明；加强数学思想、几何直观、逻辑思维等方面的训练；加强应用能力的培养；通过例题、课后练习题等训练，提高学生熟练运用定理、公式的能力，适当降低对解题技巧训练的要求。

3. 考虑到各院校、各专业方向对数学基础的要求有一定的差异，目录中打"＊"号的章节可根据专业的不同需要选用。

本教材由徐金平、陶胜、刘慧琴共同主编，徐金平统稿并撰写前言。在本教材写作过程中得到了闽南理工学院信息管理学院公共数学教研室各位老师的大力支持和帮助，在此向他们表示衷心的感谢。

由于我们水平有限，成书仓促，教材中会存在一些不足，敬请有关专家、学者及使用本教材的老师和同学批评指正，帮助我们不断改进。

编 者
2022 年 1 月

目 录
CONTENTS

第1章 函数、极限与连续

函数概念在中学数学中已经接触过，而且还讨论了一些较为简单的函数的性质，但对进一步学习高等数学来说，这些知识是不够的．另外，函数是高等数学研究的主要对象，应该对它有更为全面、深刻的理解．极限是研究变量在某一过程中的变化趋势引出的概念，它是研究变量数学的有力工具，很多初等数学不能解决的问题，应用极限方法就可以得到解决．高等数学中的许多概念也都建立在极限的基础之上，如连续、导数、定积分等，因此，极限也是研究微积分的重要工具．本章将在复习和补充函数有关知识的基础上，着重讨论极限有关的概念及运算，并介绍函数连续性的概念与性质．

1.1 函数

1.1.1 集合初步

1.1.1.1 集合的概念

集合是数学中的一个基本概念，集合论的基本理论创立于 19 世纪 70 年代，由德国伟大的数学家康托尔提出，现代数学各个分支的成果理论几乎都构筑在它的基础之上．

一般地，我们把研究对象统称为**元素**（简称元），把一些元素组成的总体称为**集合**（简称集）．集合具有确定性和互异性，即给定集合的元素必须是确定的且元素互不相同．例如"体重较轻的人"就不是集合，因为它的元素是不确定的．通常集合用大写字母 $A, B, C, \cdots$ 表示，元素用小写字母 $a, b, c, \cdots$ 表示．如果 a 是集合 A 中的元素，就说 a 属于 A，记作 $a \in A$；否则就说 a 不属于 A，记作 $a \notin A$．一个集合，若它只含有限个元素，则称为**有限集**，否则称为**无限集**．

表示集合的方法通常有以下两种：一种是**列举法**，就是把集合的所有元素一一列举出来，比如，由元素 $a_1, a_2, \cdots, a_n$ 组成的集合 A 可表示为 $A = \{a_1, a_2, \cdots, a_n\}$．

另一种是**描述法**，集合 M 所有元素具有某种性质的元素的全体，比如，集合 B 是

方程 $x^2 - 4 = 0$ 的解集，则 B 可表示成

$$B = \{x \mid x^2 - 4 = 0\}.$$

下面介绍几个常用数集.

全体非负整数即自然数构成的集合，称为**自然数集**（或非负整数集），记为 **N**，即

$$\mathbf{N} = \{0, 1, 2, \cdots, n, \cdots\}.$$

全体正整数组成的集合，称为**正整数集**，记为 $\mathbf{N}^+$，$\mathbf{N}^+ = \{1, 2, 3, \cdots, n, \cdots\}.$

全体整数组成的集合，称为**整数集**，记为 **Z**，即

$$\mathbf{Z} = \{\cdots, -n, \cdots, -2, -1, 0, 1, 2, \cdots, n, \cdots\}.$$

全体有理数组成的集合，称为**有理数集**，记为 **Q**，即

$$\mathbf{Q} = \left\{\frac{p}{q} \,\middle|\, p \in Z, \ q \in \mathbf{N}^+ \text{且} p \text{与} q \text{互质}\right\}.$$

全体实数组成的集合，称为**实数集**，记为 **R**，$\mathbf{R}^*$ 表示除了数字 0 外的实数集，$\mathbf{R}^+$ 表示正实数集.

接下来我们来介绍集合间的基本关系.

（1）子集：对于两个集合 A、B，若集合 A 中的所有元素均是集合 B 的元素，即对于任意 $x \in A$，则必有 $x \in B$，则称 A 是 B 的**子集**，记为 $A \subseteq B$ 或 $B \supseteq A$，集合 A、B 有包含关系.

（2）相等：如果集合 A 与集合 B 互为子集，即 $A \subseteq B$ 且 $B \subseteq A$，则称集合 A 与集合 B **相等**，记作 $A = B$，例如 $A = \{-1, 2\}$，$B = \{x \mid x^2 - x - 2 = 0\}$，则 $A = B$.

（3）真子集：若集合 A 是集合 B 的子集，且集合 A 与集合 B 不相等，即 $A \subseteq B$ 且 $A \neq B$，则称集合 A 是集合 B 的**真子集**，记作 $A \subset B$. 例如 $\mathbf{N} \subset \mathbf{Z} \subset \mathbf{Q} \subset \mathbf{R}$.

（4）空集：不含任何元素的集合称为**空集**，记作 $\varnothing$，例如 $\{x \mid x \in \mathbf{R} \text{且} x^2 + 9 = 0\}$ 就是空集，并规定空集是任何集合的子集.

1.1.1.2 集合的运算

设 A、B 是两个集合，下面介绍几种集合的基本运算.

（1）并集：由所有属于集合 A 或者属于集合 B 的元素组成的集合称为 A 与 B 的**并集**（简称并），记作 $A \cup B$，即

$$A \cup B = \{x \mid x \in A \text{ 或 } x \in B\}.$$

注：两个集合的公共元素只能出现一次.

（2）交集：由所有既属于集合 A 又属于集合 B 的元素组成的集合称为 A 与 B 的**交集**（简称交），记作 $A \cap B$，即

$$A \cap B = \{x \mid x \in A \text{ 且 } x \in B\}.$$

（3）差集：由所有属于集合 A 但不属于集合 B 的元素组成的集合称为 A 与 B 的**差集**（简称差），记作 $A \setminus B$，即

$$A \setminus B = \{x \mid x \in A \text{ 且 } x \notin B\}.$$

（4）补集.

全集：如果研究某个问题限定在一个大的集合中进行，集合中的所有元素称为**全集或基本集**. 通常全集记为 I.

补集：若集合 $A \subseteq I$，由 I 中所有不属于 A 的元素组成的集合，称 $I \backslash A$ 为 A 的**余集或补集**，记作 A^c，例如，在 **R** 中，集合 $A = \{x \mid -1 < x \leqslant 4\}$ 的余集就是

$A^c = \{x \mid x \leqslant -1 \text{ 或 } x > 4\}$.

集合运算满足下列法则.

设 A、B、C 为任意三个集合，则：

① 交换律：$A \cup B = B \cup A$，$A \cap B = B \cap A$；

② 结合律：$(A \cup B) \cup C = A \cup (B \cup C)$，$(A \cap B) \cap C = A \cap (B \cap C)$；

③ 分配律：$(A \cup B) \cap C = (A \cap C) \cup (B \cap C)$，$(A \cap B) \cup C = (A \cup C) \cap (B \cup C)$；

④ 对偶律：$(A \cup B)^c = A^c \cap B^c$，$(A \cap B)^c = A^c \cup B^c$.

1.1.1.3 区间和邻域

有限区间：

设实数 a, b 且 $a < b$，数集 $\{x \mid a < x < b\}$ 称为**开区间**，记为 (a, b)，即

$(a, b) = \{x \mid a < x < b\}$.

类似地，$[a, b] = \{x \mid a \leqslant x \leqslant b\}$ 称为**闭区间**，$[a, b) = \{x \mid a \leqslant x < b\}$ 和 $(a, b] = \{x \mid a < x \leqslant b\}$ 都称为**半开区间**，其中，a 和 b 称为区间的**端点**，$b - a$ 称为区间的**长度**.

无限区间：

$(a, +\infty) = \{x \mid x > a\}$，$[a, +\infty) = \{x \mid x \geqslant a\}$；

$(-\infty, b) = \{x \mid x < b\}$，$(-\infty, b] = \{x \mid x \leqslant b\}$.

我们可以用数轴来表示区间（见图 1-1）.

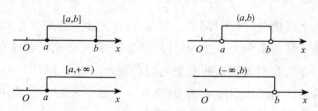

图 1-1

实数集 **R** 也可以记为 $(-\infty, +\infty)$，其中，∞ 只是一个数学符号，由英国数学家沃利斯（1616～1703 年）提出，读作"无穷大". 注意，我们不能把它当作实数看.

邻域是一个经常用到的概念. 以点 a 为中心的任何开区间称为点 a 的**邻域**，记作 $U(a)$.

设 δ 是一个正数，则称开区间 $(a - \delta, a + \delta)$ 为点 a 的 δ 邻域，记作 $U(a, \delta)$，即：

$U(a, \delta) = \{x \mid a - \delta < x < a + \delta\} = \{x \mid |x - a| < \delta\}$.

其中，点 a 称为邻域的中心，δ 称为邻域的半径（见图 1 - 2）.

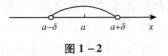

图 1 - 2

有时用到的邻域不包含中心，点 a 的 δ 邻域去掉中心 a 后，称为点 a 的**去心 δ 邻域**，记作 $\mathring{U}(a,\delta)$，即 $\mathring{U}(a,\delta) = \{x \mid 0 < |x - a| < \delta\}$（见图 1 - 3）.

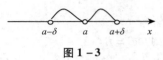

图 1 - 3

1.1.2 函数的概念

1.1.2.1 常量与变量

人们在日常生活和实践活动中常常会遇到各种不同的量，例如身高、体重、温度、商品价格、商品成本、利润等. 为了从量的方面研究事物变化的规律性或事物间的数量关系，就要从事物中抽象出数的概念。这样，我们在观察事物的过程中，把可以取不同数值的量称为变量；把不变化的量称为常量. 例如，一段时间内工厂在生产一种产品的过程中，产品库存量是不断变化的，是变量，而每天单个产品库存费用不变，是常量.

一个量是变量还是常量，也不是绝对不变的. 若参照物发生改变，常量也可能成为变量，变量也可能成为常量.

1.1.2.2 函数的定义

我们在研究某个事物的过程中常常会出现多个变量，这些变量相互之间有着一定的联系，即一个量或某些量的变化必将引起另一个量的变化，若这些影响是确定的，且遵循某一规则，那么我们就说这些变量之间存在着函数关系.

例如，库存某种产品的固定成本为 5000 元，产品每天的库存费用 100 元，则该产品的总库存成本 y 与库存天数 x 之间的关系可以表示为

$$y = 100x + 5000.$$

当库存天数 x 取任何一个合理的值时，总库存成本 y 的值随之改变，我们说总库存成本 y 是库存天数 x 的函数.

定义 1 - 1 - 1　设 D 是某一非空实数集，如果对于变量 x 在 D 内任取某个数值时，变量 y 按照一定的法则 f，总有唯一确定的数值和它对应，则称 y 是 x 的函数，记作

$$y = f(x), x \in D.$$

通常，称 x 为自变量，y 为因变量或函数值. f 是函数符号，它表示 y 与 x 的对应法则

即函数关系. 集合 D 称为函数的**定义域**, 记为 D_f, 所有相应的 y 值全体组成的集合则称为函数的**值域**, 记为 R_f 或 $f(D)$.

注: (1) 函数的概念中涉及五个因素, 即自变量、定义域、因变量、对应法则、值域. 在这五个因素中最重要的是定义域和因变量关于自变量的对应法则, 这两者常称为函数的二要素. 只有定义域与对应法则都相同的两个函数才是相同的函数.

*(2) 本教材中我们只讨论单值函数, 所谓单值函数就是对于在 D 中任取一个确定的 x 时, 函数只有一个 y 的值与之对应. 而对于在 D 中任取一个确定的 x 时, 函数有多于一个 y 的值与之对应, 称为多值函数, 请读者注意.

【例1-1-1】设 $f(x) = 3\cos\dfrac{1}{x}$, 求 $f\left(\dfrac{6}{\pi}\right)$, $f(-x)$, $f\left(\dfrac{1}{x}\right)$, $f(x^2+1)$.

解 $f\left(\dfrac{6}{\pi}\right) = 3\cos\dfrac{\pi}{6} = \dfrac{3\sqrt{3}}{2}$, $f(-x) = 3\cos\dfrac{1}{-x} = 3\cos\dfrac{1}{x}$,

$f\left(\dfrac{1}{x}\right) = 3\cos x$, $f(x^2+1) = 3\cos\dfrac{1}{x^2+1}$.

【例1-1-2】设 $f(x-1) = x^2 - 2x$, 求 $f(x)$.

解 令 $t = x-1$, 则 $x = t+1$, 于是有

$f(t) = (t+1)^2 - 2(t+1) = t^2 - 1$,

所以

$f(x) = x^2 - 1$.

这里是运用换元法来计算 $f(x)$, 最后一步由 t 换成 x, 是由于函数的自变量与用什么字母表示无关.

【例1-1-3】求函数 $f(x) = \sqrt{x^2 - 2x - 3} + \lg(25 - x^2)$ 定义域.

解 由题意知

$$\begin{cases} x^2 - 2x - 3 \geq 0 \\ 25 - x^2 > 0 \end{cases},$$

解得

$$\begin{cases} x \geq 3 \text{ 或 } x \leq -1 \\ -5 < x < 5 \end{cases}.$$

即

$$x \in (-5, -1] \cup [3, 5).$$

本题在求定义域时, 遇到开二次根号和对数, 这时要同时满足根号里面大于等于零, 对数的真数部分大于零, 最后求它们的交集, 这里要注意最后的结果写成集合或者区间的形式.

【例1-1-4】下列各对函数是否为同一函数?

(1) $f(x) = 2x$, $g(x) = \sqrt{4x^2}$;

（2）$f(x) = \sin^2 x + \cos^2 x$，$g(x) = 1$；

（3）$y = f(x)$，$u = f(t)$.

解

（1）不相同．因为对应法则不同，事实上 $g(x) = |2x|$．

（2）相同．因为定义域与对应法则都相同．

（3）$y = f(x)$ 与 $u = f(t)$ 是表示同一函数，这题的对应法则相同，函数的定义域也相同．

即：一个函数由定义域与对应法则完全确定，而与用什么字母表示无关．

1.1.2.3　函数的表示法

用来表示函数的方法有很多，常见的有表格法、图示法及解析法（又称公式法）.

表格法：把自变量的一系列数值与对应的函数值列成表来表示它们的对应关系的方法．

图示法：在坐标系中用一条平面曲线表示函数的方法，一般地，我们用横坐标表示自变量，纵坐标表示因变量，它是函数关系的几何表示．

解析法：用数学表达式来表示自变量与函数的对应关系的方法．

某快递公司规定快递包裹重量不超过 1 千克支付费用 10 元，超过部分按 6 元/千克支付费用，包裹的重量不得超过 50 千克，则快递费用与包裹重量的关系可由解析表达式表示为

$$y = \begin{cases} 10, & 0 < x \leq 1, \\ 10 + 6(x-1), & 1 < x \leq 50. \end{cases}$$

该函数的定义域为 $(0, 50]$，但它在定义域内不同的区间上是用不同的解析式来表示的，这样的函数称为**分段函数**．分段函数表示一个函数．

【例 1 - 1 - 5】作出下面分段函数 $f(x) = \begin{cases} 0, & -1 < x \leq 0, \\ x^2, & 0 < x \leq 1, \\ 3 - x, & 1 < x \leq 2 \end{cases}$ 的图象，并求函数的

定义域及 $f\left(\dfrac{1}{3}\right)$，$f\left(\dfrac{4}{3}\right)$．

解　先作出分段函数的图象（见图 1 - 4），函数 $f(x)$ 的定义域为 $(-1, 2]$．

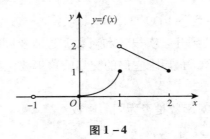

图 1 - 4

由于 $\frac{1}{3} \in (0,1]$，故 $f\left(\frac{1}{3}\right) = \left(\frac{1}{3}\right)^2 = \frac{1}{9}$；同理，由 $\frac{4}{3} \in (1,2]$ 得 $f\left(\frac{4}{3}\right) = 3 - \frac{4}{3}$ $= \frac{5}{3}$.

下面再举几个特殊的函数.

【例 1-1-6】函数

$$y = |x| = \begin{cases} x, \\ -x. \end{cases}$$

函数的定义域为 $D = (-\infty, +\infty)$，值域为 $R = [0, +\infty)$. 我们称该函数为**绝对值函数**（见图 1-5）.

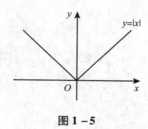

图 1-5

【例 1-1-7】函数

$$y = \operatorname{sgn} x = \begin{cases} 1, & x > 0, \\ 0, & x = 0, \\ -1, & x < 0. \end{cases}$$

函数的定义域为 $D = (-\infty, +\infty)$，值域为 $R = \{-1, 0, 1\}$，我们称该函数为**符号函数**（见图 1-6）.

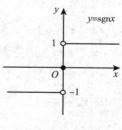

图 1-6

【例 1-1-8】设 x 为任意实数，不超过 x 的最大整数称为 x 的整数部分，记作 $y = [x]$，如 $\left[\frac{2}{3}\right] = 0$，$[\sqrt{3}] = 1$，$[\pi] = 3$，$[-1] = -1$，$[-2.3] = -3$.

函数的定义域为 $D = (-\infty, +\infty)$，值域为 $R = \mathbf{Z}$. 该函数称为**取整函数**（见图 1-7）.

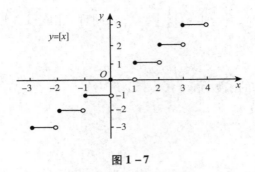

图 1 - 7

*【例 1 - 1 - 9】狄利克雷函数

$$D(x) = \begin{cases} 1, & x \in \mathbf{Q}, \\ 0, & x \in \mathbf{Q}^c. \end{cases}$$

该函数定义域为 $(-\infty, +\infty)$，值域为 $\{0,1\}$，图像无法表示．

1.1.3 函数的几种特性

1.1.3.1 函数的奇偶性

定义 1 - 1 - 2 设函数 $y = f(x)$ 的定义域 D 关于原点对称，如果对任意的 $x \in D$，恒有 $f(-x) = f(x)$，则称 $f(x)$ 为**偶函数**；如果对任意的 $x \in D$，恒有 $f(-x) = -f(x)$，则称 $f(x)$ 为**奇函数**．

例如，$y = \cos x$，$y = x^2$ 都是偶函数；$y = \sin x$，$y = x^3$ 是奇函数；$y = x - 1$ 是非奇非偶函数．

【例 1 - 1 - 10】判断下列函数的奇偶性．

(1) $f(x) = x^2 \cos 2x$；(2) $f(x) = \ln(x + \sqrt{1 + x^2})$．

解 (1) 函数的定义域是 $(-\infty, +\infty)$，关于原点对称，对任意的 $x \in (-\infty, +\infty)$，有：

$$f(-x) = (-x)^2 \cos(-x) = x^2 \cos x = f(x),$$

所以函数是偶函数．

(2) 函数的定义域是 $(-\infty, +\infty)$，关于原点对称，对任意的 $x \in (-\infty, +\infty)$，有：

$$f(-x) = \ln(-x + \sqrt{1 + (-x)^2}) = \ln \frac{1}{x + \sqrt{1 + x^2}} = -\ln(x + \sqrt{1 + x^2}) = -f(x),$$

所以函数是奇函数．

在几何上，偶函数的图象关于 y 轴对称（见图 1 - 8）；奇函数的图象关于原点对称（见图 1 - 9）．

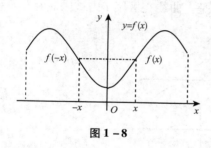

图 1 - 8

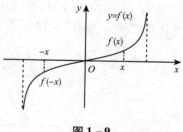

图 1 - 9

1.1.3.2 函数的单调性

定义 1 - 1 - 3 设函数 $y = f(x)$ 的定义域为 D，区间 $I \subset D$，如果对于任意的 x_1，$x_2 \in I$，当 $x_1 < x_2$ 时，恒有 $f(x_1) < f(x_2)$，则称函数 $f(x)$ 在区间 I 上是**单调增加的**；反之，当 $x_1 < x_2$ 时，恒有 $f(x_1) > f(x_2)$，则称函数 $f(x)$ 在区间 I 上是**单调减少的**. 单调增加或单调减少的函数，统称为单调函数. 相应的区间称为函数的单调区间.

在几何上，单调增加的函数的图象沿 x 轴正向上升（见图 1 - 10），单调减少的函数的图象沿 x 轴正向下降（见图 1 - 11）.

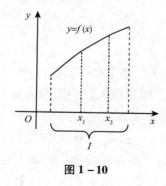

图 1 - 10

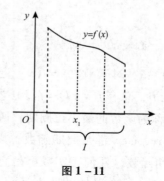

图 1 - 11

【例 1 - 1 - 11】 证明函数 $f(x) = 2x^2 - 3$ 在区间 $(0, +\infty)$ 内是单调增加的.

证明 取任意 x_1，$x_2 \in (0, +\infty)$，且 $x_1 < x_2$，由于

$$f(x_1) - f(x_2) = (2x_1^2 - 3) - (2x_2^2 - 3) = 2(x_1^2 - x_2^2) = 2(x_1 - x_2)(x_1 + x_2) < 0,$$

即

$$f(x_1) < f(x_2),$$

故函数 $f(x) = 2x^2 - 3$ 在区间 $(0, +\infty)$ 内是单调增加的.

1.1.3.3 函数的有界性

定义 1 - 1 - 4 设函数 $y = f(x)$ 在集合 D 上有定义，如果存在正数 M，对于任意 $x \in D$，都有 $|f(x)| \leq M$，则称函数 $f(x)$ 在 D 上是**有界的**. 如果这样的 M 不存在，就称函数 $f(x)$ 在 D 上是无界的.

函数 $y = f(x)$ 在区间 I 内有界的几何意义是：曲线在区间 I 内被限制在 $y = -M$ 和 $y = M$ 两条直线之间（见图 1-12）.

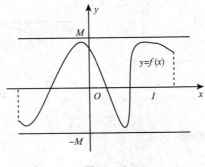

图 1-12

注：（1）如果一个函数在某区间内有界，那么正数 M 的取法不是唯一的. 例如 $y = \sin x$ 在区间 $(-\infty, +\infty)$ 内是有界的，因为 $|\sin x| \leqslant 1 = M$，我们还可以取 $M = 2$，实际上 M 可以取任何大于 1 的数.

（2）有界性跟所取的区间有关. 例如 $y = \dfrac{1}{x}$ 在区间 $(1,2)$ 内有界，但在区间 $(0,1)$ 内则无界.

1.1.3.4 函数的周期性

定义 1-1-5 对于函数 $y = f(x)$ 定义域为 D，如果存在正数 l，使得对于任意 $x \in D$ 且 $(x \pm l) \in D$，总有 $f(x + l) = f(x)$ 恒成立，则称此函数为**周期函数**. 满足该等式的最小正数 l 称为函数的**最小正周期**，通常简称为**周期**.

例如，$\sin x$、$\cos x$ 都是周期函数，周期为 2π；$\tan x$、$\cot x$ 的周期为 π；常数函数 $y = C$ 也是周期函数，任何正实数都是它的周期，但没有最小正周期（因为最小的正实数是不存在的）. 有兴趣的读者还可以自行讨论〖例 1-1-9〗狄利克雷函数的周期性.

周期为 l 的函数，在每个以 l 为长度的区间上，函数的图象是相同的（见图 1-13）.

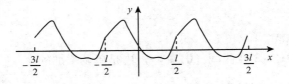

图 1-13

1.1.4　反函数与复合函数

1.1.4.1　反函数

设某种商品的单价为 p，销售量为 x，则营业额 y 是 x 的函数.

$$y = px, x \in (0, +\infty).$$

这时，x 是自变量，y 是 x 的函数. 若已知营业额 y，反过来求销售量 x，则有

$$x = \frac{y}{p},$$

这时，y 是自变量，x 变成 y 的函数了. 上面两个式子是同一关系的两种写法，但从函数的角度来看，由于对应法则不同，它们是两个不同的函数，我们称它们互为反函数.

定义 1 - 1 - 6　设 $y = f(x)$ 是定义在 D 上的函数，值域为 R_f. 如果对于任意的 $y \in R_f$，通过关系式 $y = f(x)$，都有唯一确定的 $x \in D$ 与之对应，则称这样确定的函数 $x = \varphi(y)$ 为函数 $y = f(x)$ 的**反函数**，原来的函数 $y = f(x)$ 称为**直接函数**.

事实上，$y = f(x)$ 与 $x = \varphi(y)$ 互为反函数.

习惯上用 x 表示自变量，而用 y 表示函数，因此，往往把反函数 $x = \varphi(y)$ 改写成 $y = \varphi(x)$，称为 $y = f(x)$ 的**矫形反函数**，简称为**反函数**，记作 $y = f^{-1}(x)$.

【**例 1 - 1 - 12**】求函数 $y = f(x) = \frac{5}{2}x + 1$ 的反函数.

解　由 $y = \frac{5}{2}x + 1$ 得

$$x = f^{-1}(y) = \frac{2(y-1)}{5},$$

交换 x 和 y，得 $y = \frac{2(x-1)}{5}$，即为 $y = \frac{5}{2}x + 1$ 的反函数.

可以证明函数 $y = f(x)$ 与其反函数 $y = f^{-1}(x)$ 的图像关于直线 $y = x$ 对称.
例 1 - 1 - 12 这一对反函数图像如图 1 - 14 所示.

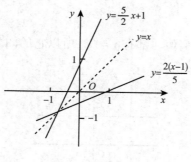

图 1 - 14

一个函数存在反函数，它必定是一一对应．特别地，单调函数一定存在反函数．

1.1.4.2 复合函数

定义 1-1-7 设函数 $y=f(u)$ 的定义域为 D_f，函数 $u=\varphi(x)$ 的定义域为 D_φ，值域为 R_φ，若 R_φ 与 D_f 的交集不等于空集，则 $y=f(u)$ 与 $u=\varphi(x)$ 可以复合成函数 $y=f[\varphi(x)](x\in D_\varphi)$，称 y 为 x 的**复合函数**．其中，x 是自变量，u 是**中间变量**．

注：（1）只有当 $R_\varphi\cap D_f\neq\varnothing$ 时，两个函数才可以构成一个复合函数．例如 $y=\sqrt{u}$ 与 $u=\cos x-3$ 就不能构成复合函数，因为 $u=\cos x-3$ 的值域 $u\in[-4,-2]$ 与 $y=\sqrt{u}$ 的定义域 $u\in[0,+\infty)$ 的交集为空集．

（2）复合函数还可以由两个以上的函数复合而成，即中间变量可以有多个．

（3）复合函数通常不一定是由纯粹的基本初等函数复合而成，而更多的是由基本初等函数经过四则运算形成的简单函数构成的，这样，复合函数的合成与分解往往是对简单函数的．

【例 1-1-13】 分析下列复合函数的构成：

（1）$y=\arcsin 2^{\sqrt{x}}$；（2）$y=\sin^2(3x^2+x-1)$．

解 （1）$y=\arcsin u$，$u=2^v$，$v=\sqrt{x}$；

（2）$y=u^2$，$u=\sin v$，$v=3x^2+x-1$．

【例 1-1-14】 设 $f(x)=x^3$，$g(x)=2^x$，求 $f[g(x)]$ 和 $g[f(x)]$．

解 $f[g(x)]=f(2^x)=(2^x)^3=2^{3x}$；$g[f(x)]=g(x^3)=2^{x^3}$．

这里 $2^{3x}\neq 2^{x^3}$，一般地，$f[g(x)]\neq g[f(x)]$，即复合运算不满足交换律．

1.1.5 初等函数

1.1.5.1 基本初等函数

基本初等函数包括常数函数、幂函数、指数函数、对数函数、三角函数和反三角函数．

（1）常数函数 $y=C$.

定义域为 R，无论 x 取何值，都有 $y=C$，所以它的图象是与 x 轴平行或重合的直线（见图 1-15）．

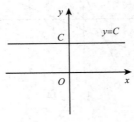

图 1-15

（2）幂函数 $y = x^\mu$（μ 为实数）.

当 μ 取不同值时，幂函数的定义域不同，需分 $\mu > 0$ 和 $\mu < 0$ 两种情况讨论。这里只讨论 $x \geqslant 0$ 的情形，$x < 0$ 时的图象可根据函数的奇偶性来确定.

当 $\mu > 0$ 时，函数的图象通过原点 $(0,0)$ 和 $(1,1)$ 点，在 $(0, +\infty)$ 内单调增加且无界.

当 $\mu < 0$ 时，函数的图象不过原点，但仍通过 $(1,1)$ 点，在 $(0, +\infty)$ 内单调减少且无界，曲线以 x 轴和 y 轴为渐近线.

图 1-16 给出了几个常见幂函数（参数 μ 取 1，2，3，-1，$\dfrac{1}{2}$）的图象，读者可以自行考虑参数 μ 取其他值的情形.

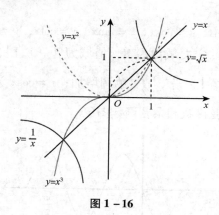

图 1-16

（3）指数函数 $y = a^x$（$a > 0$，$a \neq 1$）.

定义域是 R，值域是 $(0, +\infty)$，它的图像在 x 轴上方，且通过 $(0,1)$ 点.

当 $a > 1$ 时，函数在其定义域上单调增加，x 轴的负半轴是曲线的渐近线；当 $0 < a < 1$ 时，函数在其定义域上单调减少，x 轴的正半轴是它的渐近线（见图 1-17）。

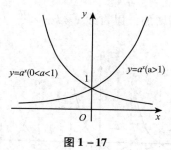

图 1-17

（4）对数函数 $y = \log_a x$（$a > 0$，$a \neq 1$）.

定义域是 $(0, +\infty)$，图像在 y 轴右方，值域是 R，曲线通过 $(1,0)$ 点.

当 $a > 1$ 时，函数在其定义域上单调增加，y 轴的负半轴是它的渐近线；当 $0 < a < 1$ 时，函数在其定义域上单调减少，y 轴的正半轴是它的渐近线（见图 1-18）.

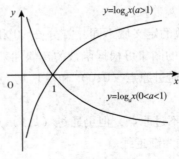

图 1 - 18

指数函数 $y = a^x$ 与对数函数 $y = \log_a x$ 互为反函数.

（5）三角函数.

三角函数包括：$y = \sin x$，$y = \cos x$，$y = \tan x$，$y = \cot x$，$y = \sec x$，$y = \csc x$.

①$y = \sin x$ 与 $y = \cos x$ 的定义域均为 R，值域为 $[-1, 1]$，以 2π 为周期，是有界函数．$y = \sin x$ 为奇函数，在 $\left[-\dfrac{\pi}{2}, \dfrac{\pi}{2}\right]$ 单调增加；$y = \cos x$ 为偶函数，在 $[0, \pi]$ 单调减少．图 1 - 19 给出正弦函数和余弦函数图象.

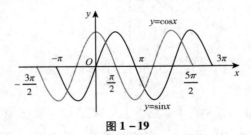

图 1 - 19

②$y = \tan x$ 的定义域为 $\left\{x \mid x \neq k\pi + \dfrac{\pi}{2}, k \in z\right\}$，值域为 $(-\infty, +\infty)$，奇函数，以 π 为周期，在每个周期内单调增加，以直线 $x \neq k\pi + \dfrac{\pi}{2}$（$k = 0, \pm 1, \pm 2, \cdots$）为渐近线（见图 1 - 20）.

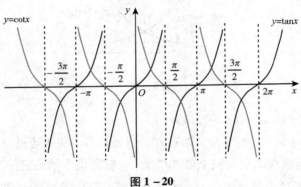

图 1 - 20

③$y = \cot x$ 的定义域为 $\{x \mid x \neq k\pi, \ k \in z\}$，值域为 $(-\infty, +\infty)$，奇函数，以 π 为周期，在每个周期内单调减少，以直线 $x \neq k\pi$（$k = 0, \pm 1, \pm 2, \cdots$）为渐近线（图 1−20）.

④$y = \sec x = \dfrac{1}{\cos x}$ 的定义域为 $\left\{x \mid x \neq k\pi + \dfrac{\pi}{2}, \ k \in z\right\}$，以 2π 为周期（见图 1−21）.

⑤$y = \csc x = \dfrac{1}{\sin x}$ 的定义域为 $\{x \mid x \neq k\pi, \ k \in z\}$，以 2π 为周期（见图 1−21）.

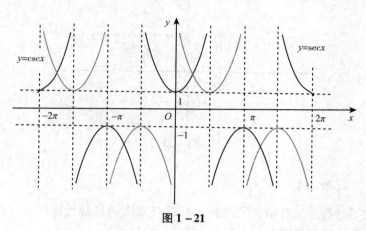

图 1−21

（6）反三角函数.

由于三角函数都是周期函数，对于值域中每个 y，都有无穷多个 x 与之对应，因此，必须限制在其某一单调区间上，才能建立反三角函数. 我们把在这样单调区间上建立起来的反三角函数称为反三角函数的主值. 反三角函数主要包括：$y = \arcsin x$，$y = \arccos x$，$y = \arctan x$，$y = \operatorname{arccot} x$ 等.

反正弦函数 $y = \arcsin x$ 的定义域是 $[-1, 1]$，值域是 $\left[-\dfrac{\pi}{2}, \dfrac{\pi}{2}\right]$，为单调递增的奇函数（见图 1−22）.

反余弦函数 $y = \arccos x$ 的定义域是 $[-1, 1]$，值域是 $[0, \pi]$，为单调减少的函数（见图 1−22）.

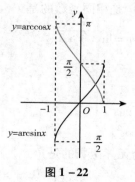

图 1−22

反正切函数 $y = \arctan x$ 的定义域是 R，值域是 $\left(-\dfrac{\pi}{2},\ \dfrac{\pi}{2}\right)$，为单调递增的奇函数，且有界（见图 1-23）.

反余切函数 $y = \operatorname{arccot} x$ 的定义域是 R，值域是 $(0, \pi)$，为单调减少的有界函数（见图 1-23）.

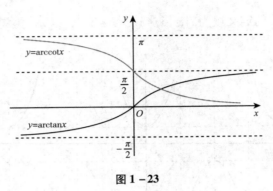

图 1-23

1.1.5.2 初等函数

由基本初等函数经过有限次的四则运算及有限次的复合运算，并且能用一个解析式表示的函数称为**初等函数**.

例如，$y = \sqrt{1 + \sin\ (2\sqrt{x})}$，$y = e^{3x+1}\sin(2x^2 + 1)$，$y = \ln 4x + \arctan\ \sqrt{1 + e^x}$ 等都是初等函数. 分段函数一般不是初等函数，但绝对值函数 $y = |x| = \begin{cases} x, & x \geqslant 0 \\ -x, & x < 0 \end{cases} = \sqrt{x^2}$ 却是初等函数.

习题 1-1

1. 设 $A = (-\infty, -2) \cup (2, +\infty)$，$B = [-5, 1)$，试求 $A \cup B$，$A \cap B$，$A \setminus B$ 及 $A \setminus (A \setminus B)$.

2. 选择题.

（1）下列函数 $f(x)$ 和 $g(x)$ 是相同函数的是（　　）.

A. $f(x) = \dfrac{1}{2}\ln(x + 2)$，$g(x) = \ln\ \sqrt{x + 2}$

B. $f(x) = \dfrac{1}{2 + x}$，$g(x) = \dfrac{x}{x(2 + x)}$

C. $f(x) = \sin x$，$g(x) = \sqrt{1 - \cos^2 x}$

D. $f(x) = 1$，$g(x) = \csc^2 x - \cot^2 x$

（2）下列函数在定义域内为无界函数的是（　　）.

A. $y = 10^{100}$ 　　　　　　　　　　B. $y = 2 + \cos 2x$

C. $y = |\cos 3x|$　　　　　　　　　　D. $f(x) = 5x\sin x$

（3）设函数 $f(x) = |x-2|$，则 $f[f(1)] = ($　　$)$.

A. 3　　　　　　　　　　　　　　　B. 2

C. 1　　　　　　　　　　　　　　　D. 0

3. 求下列函数的定义域.

（1）$y = \ln(x^2 - 16)$；　　　　　　（2）$y = \dfrac{1}{x^2 - 4x}$；

（3）$y = \sqrt{5x - 2}$；　　　　　　　（4）$y = \dfrac{5}{x} - \sqrt{4 - x^2}$；

（5）$y = \tan(x + 2)$；　　　　　　　（6）$y = \arcsin\dfrac{x + 1}{2}$；

（7）$y = \sqrt{\sin 2x}$；　　　　　　　（8）$y = \dfrac{1}{\sin x + \cos x}$；

（9）$y = \dfrac{\ln(5 - x)}{\sqrt{|x| - 2}}$；　　　　　　（10）$y = \log_3(\lg x)$.

4. 设 $\varphi(x) = \begin{cases} |\sin x|, & |x| < \dfrac{\pi}{3}, \\ 0, & |x| \geqslant \dfrac{\pi}{3}, \end{cases}$ 求 $\varphi\left(\dfrac{\pi}{6}\right)$, $\varphi\left(\dfrac{\pi}{4}\right)$, $\varphi\left(-\dfrac{\pi}{4}\right)$, $\varphi\left(\dfrac{\pi}{2}\right)$.

5. 讨论下列函数的奇偶性.

（1）$f(x) = x^3 - \sin 2x$；　　　　　（2）$f(x) = \dfrac{1 - x^2}{1 + x^2}$；

（3）$f(x) = \lg\dfrac{1 - x}{1 + x}$　　　　　（4）$f(x) = a^x + a^{-x}$　$(a > 0)$；

（5）$f(x) = \sin|2x| - \cos x + 1$；　（6）$f(x) = \lg(x + \sqrt{1 + x^2})$.

6. 求下列函数的反函数.

（1）$y = x^3 - 1$；　　　　　　　　（2）$y = \dfrac{x - 1}{x + 2}$；

（3）$y = 4 + \ln(3x - 2)$；　　　　　（4）$y = 3\sin 2x$　$\left(-\dfrac{\pi}{4} \leqslant x \leqslant \dfrac{\pi}{4}\right)$.

7. 下列函数可以看成由哪些简单函数复合而成.

（1）$y = \sqrt{x^2 - 1}$；　　　　　　（2）$y = (\lg x + 1)^2$；

（3）$y = \sin^3(3x - 2)$；　　　　　（4）$y = e^{\sqrt{x^2 + 1}}$.

8. 已知 $f[\varphi(x)] = 1 - \cos x$，$\varphi(x) = \sin\dfrac{x}{2}$，求 $f(x)$.

1.2　极限的概念

在高等数学这门课中，一个最基本的概念就是极限。极限概念是由于求解某些实际问题的精确解答而产生的。例如，魏晋时期的数学家刘徽（公元 3 世纪）利用圆内接正多边形来推算圆面积的方法——割圆术，科学地计算圆周率：他从直径为 2 尺的圆内接正六边形开始割圆，依次将边数加倍，割得越细，正多边形面积和圆面积之差越小，一直算到圆内接正 3072 边形的面积，从而得出圆周率 π 的近似值 $\dfrac{3927}{1250}$ = 3.1416.“割圆术”是人类历史上首次将极限和无穷小分割引入数学证明，成为人类文明史中不朽的篇章.

1.2.1　数列的极限

1.2.1.1　数列的概念

按照一定次序排列起来的数

$$x_1, x_2, x_3, \cdots, x_n, \cdots$$

称为**数列**，简记为 $\{x_n\}$，其中 x_n 为数列 $\{x_n\}$ 的**通项**或**一般项**. 由于一个数列 $\{x_n\}$ 完全由其一般项 x_n 所确定，故也把数列 $\{x_n\}$ 简称为数列 x_n. 例如：

（1）$\dfrac{1}{3}, \dfrac{1}{9}, \dfrac{1}{27}, \cdots, \dfrac{1}{3^n}, \cdots$；

（2）$\dfrac{1}{2}, \dfrac{2}{3}, \dfrac{3}{4}, \cdots, \dfrac{n}{n+1}, \cdots$；

（3）$4, 16, 64, \cdots, 4^n, \cdots$；

（4）$1, -1, 1, -1, \cdots, (-1)^{n+1}, \cdots$；

（5）$0, 1, 0, \dfrac{1}{2}, 0, \dfrac{1}{3}, 0, \dfrac{1}{4}, \cdots, \dfrac{(-1)^n + 1}{n}, \cdots$.

在几何上，数列可看作数轴上的一个动点，依次取数轴上的点 $x_1, x_2, x_3, \cdots, x_n, \cdots$（见图 1-24）.

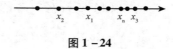

图 1-24

数列 $\{x_n\}$ 可看作自变量为正整数 n 的函数

$$x_n = f(n), (n \in \mathbf{N}^+),$$

当自变量 n 依次取 $1,2,3,\cdots$ 一切正整数时，对应的函数值就排成数列 $\{x_n\}$.

1.2.1.2 数列的极限

当 n 无限增大时，数列（1）的一般项 $\frac{1}{3^n}$ 无限接近于 0；数列（2）的一般项 $\frac{n}{n+1}$ 无限接近于 1；数列（3）的一般项 4^n 无限增大，不接近于任何确定的常数；数列（4）的一般项 $(-1)^{n+1}$ 在 1 和 -1 之间跳动，不接近于任何确定的常数；数列（5）的一般项 $\frac{(-1)^n+1}{n}$ 虽然奇数项和偶数项变化方式不一样，但都无限接近于同一个数 0.

通过观察可以看出，数列的一般项 x_n 的变化趋势不是无限接近于某个确定的常数，就是不接近于任何确定的常数.

定义 1-2-1 对于数列 $\{x_n\}$，如果存在常数 A，对于任意给定的正数 ε（不论它多么小），总存在正整数 N，使得当 $n>N$ 时，恒有不等式 $|x_n-A|<\varepsilon$ 成立，当 n 无限变大时，x_n 趋于一个确定的常数，则称**当 n 趋于无穷大时，数列 $\{x_n\}$ 以 A 为极限**，也称数列 $\{x_n\}$ **收敛于 A**，记作

$$\lim_{n\to\infty}x_n=A \ \ \text{或} \ \ x_n\to A(n\to\infty),$$

简单地说，就是当 n 无限变大时，x_n 趋于一个确定的常数 A. 如果数列 $\{x_n\}$ 没有极限，就称数列 $\{x_n\}$ **发散**.

下面来分析一下上面 5 个数列的通项的极限是否存在？当 n 无限变大时，数列（1）的一般项 $\frac{1}{3^n}$ 无限接近于 0，0 是数列（1）的极限，即 $\lim\limits_{n\to\infty}x_n=0$，也称数列 $\left\{\dfrac{1}{3^n}\right\}$ 收敛于 0；数列（2）的一般项 $\frac{n}{n+1}$ 无限接近于 1，1 是数列（2）的极限，即 $\lim\limits_{n\to\infty}x_n=1$，也称数列 $\left\{\dfrac{n}{n+1}\right\}$ 收敛于 1；数列（3）和数列（4）为发散数列；数列（5）的一般项 $\frac{(-1)^n+1}{n}$ 无限接近于 0，0 是数列（5）的极限，即 $\lim\limits_{n\to\infty}x_n=0$.

1.2.2 函数的极限

数列的极限只是一种特殊的函数（即**整标函数**）的极限. 下面讨论定义于实数集合上的函数 $y=f(x)$ 的极限.

1.2.2.1 $x\to\infty$ 时函数的极限

在数列极限中，如果记 $x_n=f(n)$，则 $\lim\limits_{n\to\infty}x_n=A$ 可写成 $\lim\limits_{n\to\infty}f(n)=A$，如果用 x 替换

$\lim\limits_{n \to \infty} f(n) = A$ 中的 n，则得到 $\lim\limits_{x \to \infty} f(x) = A$，这个极限与数列极限在本质上是一样的：它们都是当自变量趋于无穷大时，函数趋于一个确定的值. 因此，我们可以仿照数列极限的定义，作出自变量 $x \to \infty$ 时函数极限的定义. 例如：函数 $y = 1 + \dfrac{1}{x}$（见图 $1 - 25$），当 $|x|$ 无限增大时，y 无限地接近于 1，和数列极限一样，称 $|x|$ 趋于无穷大时，$y = 1 + \dfrac{1}{x}$ 以 1 为极限.

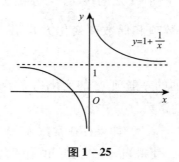

图 $1 - 25$

定义 $1 - 2 - 2$ 如果当 $|x|$ 无限增大时，函数 $f(x)$ 无限地趋于一个确定的常数 A，则称当 $x \to \infty$ 时函数 $f(x)$ 以 A 为极限. 记作

$$\lim\limits_{x \to \infty} f(x) = A \text{ 或 } f(x) \to A (x \to \infty).$$

如果从某一时刻起，x 只能取正值或负值趋于无穷，则有下面的定义.

定义 $1 - 2 - 3$ 设函数 $f(x)$ 当 $|x|$ 大于某个正数时有定义，如果存在常数 A，对于任意给定的正数 ε（不论它多么小），总存在正整数 X，使得当 x 满足不等式 $|x| > X$ 时，对应的函数值 $f(x)$ 都满足不等式

$$|f(x) - A| < \varepsilon,$$

那么常数 A 就叫作函数 $f(x)$ 当 $x \to \infty$ 时的极限，记作

$$\lim\limits_{x \to +\infty} f(x) = A \text{ 或 } f(x) \to A (x \to +\infty).$$

类似地，读者可自己写出当 $x \to -\infty$ 时的定义.

定理 $1 - 2 - 1$ $\lim\limits_{x \to \infty} f(x) = A$ 的充分必要条件是 $\lim\limits_{x \to +\infty} f(x) = \lim\limits_{x \to -\infty} f(x) = A$.

【例 $1 - 2 - 1$】 讨论极限 $\lim\limits_{x \to -\infty} \left(1 - \dfrac{1}{x^2}\right)$，$\lim\limits_{x \to +\infty} \left(1 - \dfrac{1}{x^2}\right)$，$\lim\limits_{x \to \infty} \left(1 - \dfrac{1}{x^2}\right)$.

解 当 $x \to +\infty$ 时，$\dfrac{1}{x^2}$ 趋于 0，函数值趋于 1，即

$$\lim\limits_{x \to +\infty} \left(1 - \dfrac{1}{x^2}\right) = 1,$$

当 $x \to -\infty$ 时函数值同样趋于 1，即

$$\lim\limits_{x \to -\infty} \left(1 - \dfrac{1}{x^2}\right) = 1,$$

所以有 $\lim\limits_{x \to \infty}\left(1 - \dfrac{1}{x^2}\right) = 1$. 图 1 – 26 给出了函数 $1 - \dfrac{1}{x^2}$ 的变化情况.

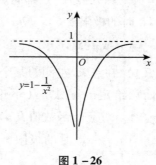

图 1 – 26

【例 1 – 2 – 2】 讨论极限 $\lim\limits_{x \to -\infty} \arctan x$，$\lim\limits_{x \to +\infty} \arctan x$，$\lim\limits_{x \to \infty} \arctan x$.

解 如图 1 – 23 所示，当 $x \to -\infty$ 时，$\arctan x$ 趋于 $-\dfrac{\pi}{2}$，即 $\lim\limits_{x \to -\infty} \arctan x = -\dfrac{\pi}{2}$；

当 $x \to +\infty$ 时，$\arctan x$ 趋于 $\dfrac{\pi}{2}$，即 $\lim\limits_{x \to +\infty} \arctan x = \dfrac{\pi}{2}$，由于 $\lim\limits_{x \to -\infty} \arctan x \neq \lim\limits_{x \to +\infty} \arctan x$，

故 $\lim\limits_{x \to \infty} \arctan x$ 不存在.

1.2.2.2　$x \to x_0$ 时函数的极限

考察函数 $f(x) = 2x + 1$ 当 x 分别从左边和右边趋于 $\dfrac{1}{2}$ 时的变化趋势.

由表 1 – 1 不难看出，当 x 无限接近于 $\dfrac{1}{2}$ 时，$f(x)$ 无限趋于常数 2. 我们称 $x \to \dfrac{1}{2}$ 时函数 $f(x)$ 的极限为 2.

表 1 – 1

x	0	0.1	0.3	0.4	0.49	…	0.5	…	0.51	0.6	0.9	1
$f(x)$	1	1.2	1.6	1.8	1.98	…	2	…	2.02	2.2	2.8	3

定义 1 – 2 – 4 设函数 $y = f(x)$ 在点 x_0 的某个邻域（点 x_0 可以除外）内有定义，如果存在常数 A，对于任意给定的正数 ε（不论它多么小），总存在正数 δ，使得 x 满足不等式 $0 < |x - x_0| < \delta$ 时，对应的函数值 $f(x)$ 都满足不等式 $|f(x) - A| < \varepsilon$，那么常数 A 就叫作函数 $f(x)$ 当 $x \to x_0$ 时的极限，记作

$$\lim\limits_{x \to x_0} f(x) = A \text{ 或 } f(x) \to A (x \to x_0).$$

根据定义得结论：

$$\lim\limits_{x \to x_0} x = x_0 \text{ 及 } \lim\limits_{x \to x_0} C = C.$$

1.2.2.3　左极限、右极限

定义 1 – 2 – 5 设函数 $y = f(x)$ 在点 x_0 右侧的某个邻域（点 x_0 可以除外）内有定

义，如果存在常数 A，对于任意给定的正数 ε（不论它多么小），总存在正数 δ，使得 x 满足不等式 $x_0 < x < x_0 + \delta$ 时，对应的函数值 $f(x)$ 都满足不等式 $|f(x) - A| < \varepsilon$，那么常数 A 就叫作函数 $f(x)$ 当 $x \rightarrow x_0^+$ 时的极限.

$$\lim_{x \rightarrow x_0^+} f(x) = A \ \text{或} \ f(x) \rightarrow A (x \rightarrow x_0^+) \ \text{或} \ f(x_0^+) = A.$$

定义 1 – 2 – 6　设函数 $y = f(x)$ 在点 x_0 左侧的某个邻域（点 x_0 可以除外）内有定义，如果存在常数 A，对于任意给定的正数 ε（不论它多么小），总存在正数 δ，使得 x 满足不等式 $x_0 - \delta < x < x_0$ 时，对应的函数值 $f(x)$ 都满足不等式 $|f(x) - A| < \varepsilon$，那么常数 A 就叫作函数 $f(x)$ 当 $x \rightarrow x_0^-$ 时的极限，$\lim\limits_{x \rightarrow x_0^-} f(x) = A$ 或 $f(x) \rightarrow A (x \rightarrow x_0^-)$ 或 $f(x_0^-) = A$.

由定义 1 – 2 – 5 及定义 1 – 2 – 6 可得到如下定理.

定理 1 – 2 – 2　$\lim\limits_{x \rightarrow x_0} f(x) = A$ 的充分必要条件是 $\lim\limits_{x \rightarrow x_0^-} f(x) = \lim\limits_{x \rightarrow x_0^+} f(x) = A$.

【例 1 – 2 – 3】　设 $f(x) = \begin{cases} 0, & x < 0, \\ x, & x \geqslant 0. \end{cases}$ 讨论当 $x \rightarrow 0$ 时，$f(x)$ 的极限是否存在？

解　因为 $\lim\limits_{x \rightarrow 0^-} f(x) = \lim\limits_{x \rightarrow 0^-} 0 = 0$，$\lim\limits_{x \rightarrow 0^+} f(x) = \lim\limits_{x \rightarrow 0^+} x = 0$，由定理 1 – 2 – 2 知 $\lim\limits_{x \rightarrow 0} f(x) = 0$.

图 1 – 27 给出了函数 $f(x)$ 的变化情况.

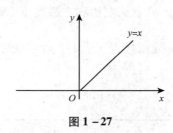

图 1 – 27

【例 1 – 2 – 4】　设 $f(x) = \begin{cases} x - 1, & x < 0, \\ 0, & x = 0, \\ x + 1, & x > 0. \end{cases}$ 讨论当 $x \rightarrow 0$ 时，

$f(x)$ 的极限是否存在？

解　考虑到

$$\lim_{x \rightarrow 0^-} f(x) = \lim_{x \rightarrow 0^-} (x - 1) = -1;$$

$$\lim_{x \rightarrow 0^+} f(x) = \lim_{x \rightarrow 0^+} (x + 1) = 1.$$

此时左、右极限存在但不相等，根据定理 1 – 2 – 2 知 $f(x)$ 在 $x = 0$ 处的极限不存在.
图 1 – 28 给出了函数 $f(x)$ 的变化情况.

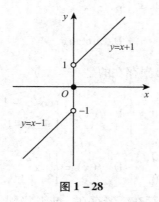

图 1−28

1.2.3　关于极限概念的几点说明

为了正确理解极限的概念，再说明如下几点.

（1）在一个变量前加上记号"lim"，表示对这个变量进行取极限运算，若变量的极限存在，所指的不再是这个变量本身而是它的极限，即变量无限接近的那个值.

例如，设 A 表示圆面积，S_n 表示圆内接正 n 边形的面积，则当 n 比较大时，$S_n \approx A$，但 $\lim\limits_{n\to\infty} S_n$ 就不再是 S_n 了，而是 S_n 的极限——圆的面积 A，所以它的表达式 $A = \lim\limits_{n\to\infty} S_n$ 就不含近似任何成分，而是一种精确值了.

（2）在极限过程 $x\to x_0$ 中考察 $f(x)$ 时，我们只需讨论 x 充分接近 x_0 时 $f(x)$ 的情况，与 $x = x_0$ 或 x 远离 x_0 时 $f(x)$ 的取值是毫无关系的，这一点在求分段函数的极限时尤为重要.

习题 1−2

1. 写出下列数列的前五项，并指出当 $n\to\infty$ 时其极限是否存在？

（1）$x_n = \dfrac{1}{n}\cos\dfrac{\pi}{n}$；　　　　（2）$x_n = (-1)^n \dfrac{n}{n+1}$.

2. 观察下列数列当 $n\to\infty$ 时的变化趋势，判断它们是否有极限，有极限时指出其极限值.

（1）$x_n = \dfrac{10}{n}$；　　　　（2）$x_n = (-1)^{n-1}\dfrac{1}{5^n}$；

（3）$x_n = \dfrac{3^n}{2^n}$；　　　　（4）$x_n = 1 + (-1)^n$；

（5）$x_n = \dfrac{n+1}{2n+1}$；　　　　（6）$x_n = \sqrt{n} + 2$.

3. 选择题.

（1）当 $x\to\infty$ 时，下列函数中有极限的是（　　）.

A. $\cos 2x$ 　　　　　　　　　　　B. 3^{-x}

C. $\dfrac{x+1}{x^2-1}$ 　　　　　　　　D. $\arctan x$

（2）下列函数在 $x\to 0$ 时极限存在的是（　　　）.

A. $f(x)=\begin{cases}\dfrac{|x|}{x}, & x\neq 0,\\ 1, & x=0.\end{cases}$ 　　　B. $f(x)=\begin{cases}\cos 2x-1, & x>0,\\ \sin x-1, & x<0.\end{cases}$

C. $f(x)=\begin{cases}2^x, & x>0,\\ -1+x^3, & x<0.\end{cases}$ 　　　D. $f(x)=\begin{cases}1-2x^2, & x>0,\\ 3x+1, & x<0.\end{cases}$

4. 讨论下列函数极限是否存在，若存在，求其极限值；若不存在，说明理由.

（1）$\lim\limits_{x\to +\infty}3^{-x}$; 　　　　　　（2）$\lim\limits_{x\to 1}\ln x$;

（3）$\lim\limits_{x\to 0}\cos\dfrac{1}{x}$; 　　　　　　（4）$\lim\limits_{x\to 0}\arctan\dfrac{1}{x}$.

5. 已知函数 $f(x)=\begin{cases}x^2+1, & x<0,\\ 0, & x=0, \\ x-1, & x>0.\end{cases}$ 求当 $x\to 0$ 时 $f(x)$ 的左、右极限，并指出当

$x\to 0$ 时 $f(x)$ 的极限是否存在？

6. 设函数 $f(x)=\begin{cases}x-1, & x\leq 0,\\ x^2+1, & 0<x\leq 1, \\ x^3+1, & x>1.\end{cases}$ 求极限 $\lim\limits_{x\to 0}f(x)$，$\lim\limits_{x\to 1}f(x)$.

1.3　无穷小量与无穷大量

1.3.1　无穷小量

定义 1-3-1 若函数 $y=f(x)$ 在自变量 x 的某个变化过程中以零为极限，则称在该变化过程中，$f(x)$ 为**无穷小量**（简称**无穷小**）. 我们经常用希腊字母 α，β，γ 来表示无穷小量.

例如，当 $x\to 0$ 时，x^2，$\sqrt[3]{x}$，$\sin x$ 都是无穷小量；当 $x\to 1$ 时，$(x-1)^3$，$\ln x$ 都是无穷小量；当 $n\to\infty$ 时，$\dfrac{1}{n^2}$，$\dfrac{1}{3^n}$ 都是无穷小量.

注：（1）无穷小量是一个以 0 为极限的变量，常量中除 0 外不管多小的数也不是无穷小量，即数 0 是唯一可以作为无穷小量的常数.

（2）无穷小量与自变量的变化过程密切相关，不能笼统地说某个变量是无穷小量，必须指出它的极限过程. 例如，当 $x\to 0$ 时，x^3 是无穷小量；而当 $x\to 1$ 时，x^3 不

是无穷小量.

无穷小量具有如下性质.

性质 1 - 3 - 1　有限个无穷小量的代数和仍为无穷小量.

性质 1 - 3 - 2　有界变量与无穷小量的乘积仍为无穷小量.

性质 1 - 3 - 3　常数与无穷小量的乘积仍是无穷小量.

性质 1 - 3 - 4　有限个无穷小量的乘积仍是无穷小量.

注：两个无穷小量的商不一定是无穷小量.

【**例 1 - 3 - 1**】　求 $\lim\limits_{x\to\infty}\dfrac{\sin x}{x}$.

解　当 $x\to\infty$ 时，$\sin x$ 的函数值在 -1 和 1 之间无限次地"振荡"，不趋于确定的常数，因此它无极限，但我们有 $|\sin x|\leqslant 1$，即 $\sin x$ 是个有界量. 又由 $\lim\limits_{x\to\infty}\dfrac{1}{x}=0$，即当 $x\to\infty$ 时，$\dfrac{1}{x}$ 是无穷小量. 故由上述性质 1 - 3 - 2 知 $\lim\limits_{x\to\infty}\dfrac{\sin x}{x}=0$.

若 $\lim\limits_{x\to x_0}f(x)=A$，则 $f(x)-A$ 无限接近于零，即 $x\to x_0$ 时，$f(x)-A$ 为无穷小量.

无穷小量不仅在解决实际问题中具有很强的现实意义，而且在微积分的逻辑体系中具有重要的理论意义，以至于到现在人们还常常把微积分理论称为"无穷小分析"，这是因为微积分的许多重要概念都以极限为基础，而极限又与无穷小量有着密切的联系，这种联系表现为下面的定理.

定理 1 - 3 - 1（极限与无穷小量的关系）　$\lim\limits_{x\to x_0}f(x)=A$ 的充分必要条件是 $f(x)=A+\alpha(x)$，其中，$\alpha(x)$ 是 $x\to x_0$ 时的无穷小量.

定理 1 - 3 - 1 中自变量的变化过程换成 $x\to x_0^+$，$x\to x_0^-$，$x\to +\infty$，$x\to -\infty$ 等其他情况后仍然成立.

1.3.2　无穷大量

定义 1 - 3 - 2　在自变量 x 的某个变化过程中，若相应的函数值的绝对值 $|f(x)|$ 无限增大，则称在该变化过程中，$f(x)$ 为**无穷大量**（简称**无穷大**）. 记作 $\lim f(x)=\infty$.

如果相应的函数值 $f(x)(-f(x))$ 无限增大，则称在该变化过程中 $f(x)$ 为正（负）无穷大. 记作 $\lim f(x)=+\infty(-\infty)$. 例如，$\dfrac{1}{x-2}$ 是 $x\to 2^+$ 时的正无穷大量；$\ln x$ 是 $x\to 0^+$ 时的负无穷大量，即 $\lim\limits_{x\to 2^+}\dfrac{1}{x-2}=+\infty$，$\lim\limits_{x\to 0^+}\ln x=-\infty$.

无穷大量是极限不存在的一种情形，这里虽借用极限的记号，但并不表示极限存在.

注：（1）无穷大量是变量，一个常数不论有多大（例如 10^{100}）等都不能作为无穷大量.

（2）无穷大量与自变量的变化过程有关．例如，当 $x \to \infty$ 时，x^2 是无穷大量，而当 $x \to 0$ 时，x^2 却是无穷小量．

（3）函数在变化过程中绝对值越来越大且可以无限增大，才能称为无穷大量，因此无穷大必无界，但反之不真，例如，$f(x) = x\cos x$ 当 $x \to \infty$ 时是无界的，但不是无穷大．

对比无穷小量，无穷大量具有如下性质．

性质 1-3-5 有限个无穷大量的乘积仍然是无穷大量．

性质 1-3-6 不为零的常数与无穷大量的乘积仍是无穷大量．

性质 1-3-7 有界变量与无穷大量之和为无穷大量．

注：两个无穷大量的商不一定是无穷大量，两个无穷大量的和或差也不一定是无穷大量．然而，两个正无穷大之和仍为正无穷大，两个负无穷大之和仍为负无穷大．

1.3.3　无穷小量与无穷大量的关系

定理 1-3-2（无穷小量与无穷大量的关系）　在自变量的变化过程中，无穷大量的倒数是无穷小量，恒不为零的无穷小量的倒数为无穷大量．

例如，当 $x \to 0$ 时，x 为无穷小，$\dfrac{1}{x}$ 为无穷大，即有 $\lim\limits_{x \to 0} \dfrac{1}{x} = \infty$；当 $x \to \infty$ 时，x 为无穷大，$\dfrac{1}{x}$ 为无穷小，即有 $\lim\limits_{x \to \infty} \dfrac{1}{x} = 0$．

1.3.4　无穷小量的阶

在自变量的同一变化过程中，两个无穷小量的和、差、积均为无穷小量．但两个无穷小量的商却不一定还是无穷小量，这是由于两个无穷小量的商的极限有各种可能．例如，当 $x \to 0$ 时，x，$2x$，x^3 均为无穷小量，但

（1）$\lim\limits_{x \to 0} \dfrac{2x}{x} = 2$；（2）$\lim\limits_{x \to 0} \dfrac{x^3}{x} = 0$；（3）$\lim\limits_{x \to 0} \dfrac{2x}{x^3} = \infty$．

究其原因是因为分子、分母的两个无穷小量趋近于零的"速度"可能不同．上面（1）极限是有限数 2，说明分子和分母趋近于零的"速度"相仿；（2）的极限是零，说明分子趋于零的"速度"比分母快；（3）的极限是无穷大量，说明分子趋于零的"速度"比分母慢．

定义 1-3-3　设 α，β 是同一变化过程中的两个无穷小量．

（1）如果 $\lim \dfrac{\beta}{\alpha} = 0$，则称 β 是比 α **高阶的无穷小量**，记作 $\beta = o(\alpha)$，也称 α 是比 β **低阶的无穷小量**．

（2）如果 $\lim \dfrac{\beta}{\alpha} = c \neq 0$，则称 β 与 α 是**同阶无穷小量**；特别地，当 $c = 1$ 时，即

$\lim \dfrac{\beta}{\alpha} = 1$，则称 β 与 α 是**等价无穷小量**，记作 $\alpha \sim \beta$.

如上例中当 $x \to 0$ 时，x 与 $2x$ 是同阶无穷小量；x^3 是比 x 较高阶的无穷小量；$2x$ 是比 x^3 较低阶的无穷小量.

定理 1 – 3 – 3（等价无穷小量替换定理） 在同一变化过程中，如果 $\alpha \sim \alpha'$，$\beta \sim \beta'$，且 $\lim \dfrac{\beta'}{\alpha'}$ 存在，则 $\lim \dfrac{\beta}{\alpha} = \lim \dfrac{\beta'}{\alpha'}$.

证 由 $\alpha \sim \alpha'$，$\beta \sim \beta'$ 得 $\lim \dfrac{\alpha'}{\alpha} = 1$，$\lim \dfrac{\beta}{\beta'} = 1$，于是

$$\lim \frac{\beta}{\alpha} = \lim \left(\frac{\beta}{\beta'} \cdot \frac{\beta'}{\alpha'} \cdot \frac{\alpha'}{\alpha} \right) = \lim \frac{\beta}{\beta'} \cdot \lim \frac{\beta'}{\alpha'} \cdot \lim \frac{\alpha'}{\alpha} = \lim \frac{\beta'}{\alpha'}.$$

等价无穷小量替换定理表明：求两个无穷小量商的极限时，分子、分母可分别用它们的等价无穷小量代替. 我们将会发现在求极限的过程中，如果能适当使用等价无穷小量的替换，将给我们的计算带来极大的方便.

习题 1 – 3

1. 下列各题中，哪些是无穷小，哪些是无穷大？

（1）$x_n = (-1)^n \dfrac{1}{2^n} (n \to \infty)$；

（2）$y = |\sin x| \ (x \to 0)$；

（3）$y = \dfrac{1}{2^x} \ (x \to +\infty)$；

（4）$y = \dfrac{x}{x-2} \ (x \to 2)$；

（5）$y = \dfrac{1}{4^x} \ (x \to -\infty)$；

（6）$y = 1 - \cos x (x \to 0^-)$.

2. 下列函数在自变量怎样变化的过程中是无穷小，在自变量怎样变化的过程中是无穷大？

（1）$y = x^4$；

（2）$y = 2^x$；

（3）$y = \ln x$；

（4）$y = \dfrac{x}{x-3}$.

3. 利用无穷小的性质求下列极限：

（1）$\lim\limits_{x \to 0} (x^2 + \sin x + x)$；

（2）$\lim\limits_{x \to \infty} \dfrac{\cos x}{x}$；

（3）$\lim\limits_{x \to \infty} \dfrac{\arctan x}{x}$；

（4）$\lim\limits_{x \to 2} (x-2) \cos \dfrac{1}{x-2}$.

4. 当 $x \to 3$ 时，$x^2 - 9x + 9$ 与 $x - 3$ 相比，哪一个是高阶无穷小？

5. 当 $x \to -1$ 时，无穷小 $1 + x$ 和 $1 + x^3$ 是否同阶？是否等价？与 $\dfrac{1}{2}(1 - x^2)$ 相比又如何呢？

1.4 极限的性质与运算法则

1.4.1 极限的性质

以下性质只对 $x \to x_0$ 时的情形加以叙述，其他形式的极限也有类似的结果.

性质 1-4-1（唯一性）　若 $\lim\limits_{x \to x_0} f(x) = A$，$\lim\limits_{x \to x_0} f(x) = B$，则 $A = B$.

性质 1-4-2（有界性）　若 $\lim\limits_{x \to x_0} f(x) = A$，则函数 $f(x)$ 在 x_0 的某一去心邻域内有界.

性质 1-4-3（保号性）　若 $\lim\limits_{x \to x_0} f(x) = A$ 且 $A > 0$（或 $A < 0$），则在 x_0 的某去心邻域内恒有 $f(x) > 0$（或 $f(x) < 0$）.

推论 1-4-1　若 $\lim\limits_{x \to x_0} f(x) = A$ 且在 x_0 的某去心邻域内恒有 $f(x) \geqslant 0$（或 $f(x) \leqslant 0$），则 $A \geqslant 0$（或 $A \leqslant 0$）.

1.4.2 极限的四则运算法则

定理 1-4-1　在自变量的同一变化过程中，设 $\lim f(x)$ 及 $\lim g(x)$ 都存在，则有下列运算法则：

（1）$\lim[f(x) \pm g(x)] = \lim f(x) \pm \lim g(x)$；

（2）$\lim[f(x) \cdot g(x)] = \lim f(x) \cdot \lim g(x)$；

（3）$\lim \dfrac{f(x)}{g(x)} = \dfrac{\lim f(x)}{\lim g(x)}(\lim g(x) \neq 0)$.

这里只证明法则（2），其他法则证法类似.

证　设 $\lim f(x) = A$，$\lim g(x) = B$，由极限与无穷小的关系知

$$f(x) = A + \alpha, \quad g(x) = B + \beta \quad (\alpha \text{ 和 } \beta \text{ 都是无穷小量}),$$

于是

$$f(x) \cdot g(x) = (A + \alpha) \cdot (B + \beta) = AB + (A\alpha + B\beta + \alpha\beta),$$

由无穷小量的性质知 $A\alpha + B\beta + \alpha\beta$ 仍为无穷小量，再由极限与无穷小的关系可得

$$\lim[f(x) \cdot g(x)] = AB = \lim f(x) \cdot \lim g(x).$$

上述的运算法则不难推广到有限多个函数的代数和及乘积的情况.

推论 1-4-2　设 $\lim f(x)$ 存在，c 为常数，n 为正整数，则有

（1）$\lim[c \cdot f(x)] = c \cdot \lim f(x)$；

（2）$\lim[f(x)]^n = [\lim f(x)]^n$.

注：在使用这些法则时要求每个参与极限运算的函数的极限必须存在，并且作为分母的函数的极限不能为零.

【例 1-4-1】 求 $\lim\limits_{x \to -1}(2x^2 - 3x + 1)$.

解　$\lim\limits_{x \to -1}(2x^3 - 5x + 1) = 2\lim\limits_{x \to -1}x^2 - 3\lim\limits_{x \to -1}x + \lim\limits_{x \to -1}1 = 2\left(\lim\limits_{x \to -1}x\right)^2 - 3 \cdot (-1) + 1$
$$= 2 \cdot (-1)^2 + 4 = 6.$$

【例 1-4-2】 求 $\lim\limits_{x \to 0}\dfrac{x^2 - 3x - 10}{2x^3 - 1}$.

解　因为分母的极限 $\lim\limits_{x \to 0}(2x^3 - 1) = -1 \neq 0$，所以由商的极限的运算法则可得

$$\lim\limits_{x \to 0}\frac{x^2 - 3x - 10}{2x^3 - 1} = \frac{\lim\limits_{x \to 0}(x^2 - 2x - 10)}{\lim\limits_{x \to 0}(2x^3 - 1)} = \frac{-10}{-1} = 10.$$

【例 1-4-3】 求 $\lim\limits_{x \to 1}\dfrac{x^2 + x - 2}{x^2 - 1}$.

解　因为分母的极限 $\lim\limits_{x \to 1}(x^2 - 1) = 0$，故不能直接使用商的极限的运算法则，此时分式函数的极限将取决于分子的极限，在这里分子的极限 $\lim\limits_{x \to 1}(x^2 + x - 2) = 0$，分子和分母有公因子 $(x - 1)$，而 $x \to 1$ 时，$x \neq 1$，故可以约分，即

$$\lim\limits_{x \to 1}\frac{x^2 + x - 2}{x^2 - 1} = \lim\limits_{x \to 1}\frac{(x - 1) \cdot (x + 2)}{(x - 1) \cdot (x + 1)} = \lim\limits_{x \to 1}\frac{x + 2}{x + 1} = \frac{3}{2}.$$

【例 1-4-4】 求 $\lim\limits_{x \to 3}\dfrac{x + 1}{x^2 - 3x}$.

解　因为分母的极限 $\lim\limits_{x \to 3}(x^2 - 3x) = 0$，故不能直接使用商的极限的运算法则，但分子的极限 $\lim\limits_{x \to 3}(x + 1) = 4 \neq 0$. 此时可以考虑原函数倒数的极限 $\lim\limits_{x \to 3}\dfrac{x^2 - 3x}{x + 1} = 0$，即当 $x \to 3$ 时 $\dfrac{x^2 - 3x}{x + 1}$ 是无穷小量，由无穷小量与无穷大量的倒数关系知

$$\lim\limits_{x \to 3}\frac{x + 1}{x^2 - 3x} = \infty.$$

对于 $x \to \infty$ 时函数的极限，可用分子、分母同除以它们的最高次幂，然后再求极限.

【例 1-4-5】 求 $\lim\limits_{x \to \infty}\dfrac{3x^3 - x^2 + 4x + 1}{5x^3 + x + 2}$.

解　这里分子、分母的极限都不存在，不能直接应用极限的运算法则，若把分子、分母同时除以最高次幂 x^3，则

$$\lim\limits_{x \to \infty}\frac{3x^3 - x^2 + 4x + 1}{5x^3 + x + 2} = \lim\limits_{x \to \infty}\frac{3 - \dfrac{1}{x} + \dfrac{4}{x^2} + \dfrac{1}{x^3}}{5 + \dfrac{1}{x^2} + \dfrac{2}{x^3}} = \frac{\lim\limits_{x \to \infty}\left(3 - \dfrac{1}{x} + \dfrac{4}{x^2} + \dfrac{1}{x^3}\right)}{\lim\limits_{x \to \infty}\left(5 + \dfrac{1}{x^2} + \dfrac{2}{x^3}\right)} = \frac{3}{5}.$$

【例 1-4-6】 求 $\lim\limits_{x \to \infty}\dfrac{2x^2 + 3x + 1}{6x^3 - 2x + 3}$.

解 分子、分母同时除以最高次幂 x^3，则

$$\lim_{x\to\infty}\frac{2x^2+3x+1}{6x^3-2x+3}=\lim_{x\to\infty}\frac{\dfrac{2}{x}+\dfrac{3}{x^2}+\dfrac{1}{x^3}}{6-\dfrac{2}{x^2}+\dfrac{1}{x^3}}=\frac{0}{6}=0.$$

【例 1 - 4 - 7】 求 $\lim\limits_{x\to\infty}\dfrac{6x^3-2x+3}{2x^2+3x+1}$.

解 由例 1 - 4 - 6 及无穷小量与无穷大量的倒数关系得

$$\lim_{x\to\infty}\frac{6x^3-2x+3}{2x^2+3x+1}=\infty.$$

一般地，有

$$\lim_{x\to\infty}\frac{a_0x^n+a_1x^{n-1}+\cdots+a_n}{b_0x^m+b_1x^{m-1}+\cdots+b_m}=\begin{cases}0, & \text{当 } n<m \text{ 时,}\\[2mm] \dfrac{a_0}{b_0}, & \text{当 } n=m \text{ 时,}\\[2mm] \infty, & \text{当 } n>m \text{ 时.}\end{cases}$$

【例 1 - 4 - 8】 求 $\lim\limits_{x\to 0}\dfrac{\sqrt{9+x}-3}{x}$ 的极限.

解 当 $x\to 0$ 时，分子分母的极限均为 0，不能直接用极限运算法则，但可以先有理化，再求极限

$$\lim_{x\to 0}\frac{\sqrt{4+x}-2}{x}=\lim_{x\to 0}\frac{(\sqrt{9+x}-3)(\sqrt{9+x}+3)}{x(\sqrt{9+x}+3)}=\lim_{x\to 0}\frac{1}{\sqrt{9+x}+3}=\frac{1}{6}.$$

习题 1 - 4

计算下列极限.

(1) $\lim\limits_{x\to 3}\dfrac{x^2-2}{x+1}$;

(2) $\lim\limits_{x\to 2}\dfrac{x^2-4}{x^2+2}$;

(3) $\lim\limits_{x\to 2}\dfrac{x^2-x-2}{x^2-4}$;

(4) $\lim\limits_{x\to 0}\dfrac{x^3-2x^2+x}{x^2+2x}$;

(5) $\lim\limits_{h\to 0}\dfrac{(x+2h)^2-x^2}{2h}$;

(6) $\lim\limits_{x\to 0}\dfrac{\sqrt{x+1}-\sqrt{1-x}}{2x}$;

(7) $\lim\limits_{x\to\infty}\left(1-\dfrac{3}{x}+\dfrac{2}{x^2}\right)$;

(8) $\lim\limits_{x\to\infty}\dfrac{3x^3-3x^2+1}{6x^3+5x-2}$;

(9) $\lim\limits_{x\to\infty}\dfrac{2x^2+10}{x^4-2x^2-10}$;

(10) $\lim\limits_{x\to\infty}\dfrac{2x^5+10}{x^3-x-4}$;

(11) $\lim\limits_{n\to\infty}\dfrac{1+2+\cdots+n}{n^2}$;

(12) $\lim\limits_{n\to\infty}\left(1+\dfrac{1}{3}+\dfrac{1}{9}+\cdots+\dfrac{1}{3^n}\right)$;

(13) $\lim\limits_{n\to\infty}\dfrac{(n+1)(n+2)(n+3)}{2n^3}$;

*(14) $\lim\limits_{x\to 1}\left(\dfrac{1}{1-x}-\dfrac{3}{1-x^3}\right)$.

1.5 两个重要极限

下面我们将介绍两个特殊而重要的极限，可以利用它们来解决很多极限的计算．为了得出两个重要极限公式，先给出判定极限存在的两个准则．

1.5.1 极限存在的两个准则

准则 I （夹逼准则） 在自变量的同一变化过程中，如果函数 $f(x)$，$g(x)$，$h(x)$ 满足：$g(x) \leqslant f(x) \leqslant h(x)$，且 $\lim g(x) = \lim h(x) = A$，则 $\lim f(x) = A$．

准则 II 如果数列 $\{x_n\}$ 是单调有界的，则 $\lim\limits_{n \to \infty} x_n$ 一定存在．

1.5.2 两个重要极限

（1） $\lim\limits_{x \to 0} \dfrac{\sin x}{x} = 1$．

证 因为 $\dfrac{\sin(-x)}{-x} = \dfrac{-\sin x}{-x} = \dfrac{\sin x}{x}$，即改变 x 的符号时，$\dfrac{\sin x}{x}$ 的值不变．所以只须讨论 $x > 0$ 时的情形即可．

作单位圆（见图 1-29）．

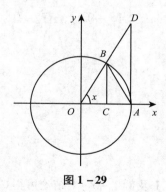

图 1-29

取圆心角 $\angle AOB = x\left(0 < x < \dfrac{\pi}{2}\right)$，点 A 处的切线与 OB 的延长线交于 D，又 $BC \perp OA$，则 $AD = \tan x$，$BC = \sin x$，$AB = x$，且有 $S_{\triangle OAB} < S_{扇形OAB} < S_{\triangle OAD}$，所以 $\dfrac{1}{2}\sin x < \dfrac{1}{2}x < \dfrac{1}{2}\tan x$，即 $\sin x < x < \tan x$，同除以 $\sin x$，得

$$1 < \dfrac{x}{\sin x} < \dfrac{1}{\cos x},$$

三项都为正数，取它们的倒数，得

$$\cos x < \frac{\sin x}{x} < 1,$$

又因为 $\lim\limits_{x \to 0}\cos x = 1 = \lim\limits_{x \to 0}1$，由准则 I 知

$$\lim\limits_{x \to 0}\frac{\sin x}{x} = 1.$$

注：这个重要极限是"$\dfrac{0}{0}$型"，为了强调其形式，我们把它形象地写成

$$\lim\limits_{\square \to 0}\frac{\sin \square}{\square} = 1 \text{（方框}\square\text{代表同一变量）}.$$

【例 1 - 5 - 1】 求 $\lim\limits_{x \to 0}\dfrac{\tan x}{x}$.

解 $\lim\limits_{x \to 0}\dfrac{\tan x}{x} = \lim\limits_{x \to 0}\left(\dfrac{\sin x}{x} \cdot \dfrac{1}{\cos x} \right) = \lim\limits_{x \to 0}\dfrac{\sin x}{x} \cdot \lim\limits_{x \to 0}\dfrac{1}{\cos x} = 1.$

【例 1 - 5 - 2】 求 $\lim\limits_{x \to 0}\dfrac{1 - \cos x}{x^2}$.

解 $\lim\limits_{x \to 0}\dfrac{1 - \cos x}{x^2} = \lim\limits_{x \to 0}\dfrac{2\sin^2 \dfrac{x}{2}}{x^2} = \dfrac{1}{2}\lim\limits_{x \to 0}\dfrac{\sin^2 \dfrac{x}{2}}{\left(\dfrac{x}{2}\right)^2} = \dfrac{1}{2}\lim\limits_{x \to 0}\left[\dfrac{\sin \dfrac{x}{2}}{\dfrac{x}{2}} \right]^2 = \dfrac{1}{2}.$

【例 1 - 5 - 3】 求 $\lim\limits_{x \to 0}\dfrac{\arcsin x}{x}$.

解 令 $t = \arcsin x$，则 $x = \sin t$，当 $x \to 0$ 时，有 $t \to 0$，于是

$$\lim\limits_{x \to 0}\frac{\arcsin x}{x} = \lim\limits_{t \to 0}\frac{t}{\sin t} = 1.$$

同理可得

$$\lim\limits_{x \to 0}\frac{\arctan x}{x} = 1.$$

【例 1 - 5 - 4】 求 $\lim\limits_{x \to 0}\dfrac{\tan 3x}{\sin 6x}$.

解 由重要极限 $\lim\limits_{x \to 0}\dfrac{\sin x}{x} = 1$ 及例 1 - 5 - 1 结论可得

$$\lim\limits_{x \to 0}\frac{\tan 3x}{\sin 6x} = \lim\limits_{x \to 0}\left(\frac{\tan 3x}{3x} \cdot \frac{3x}{6x} \cdot \frac{6x}{\sin 6x} \right) = \frac{1}{2}\lim\limits_{x \to 0}\frac{\tan 3x}{3x} \cdot \lim\limits_{x \to 0}\frac{6x}{\sin 6x} = \frac{1}{2}.$$

（2） $\lim\limits_{x \to \infty}\left(1 + \dfrac{1}{x} \right)^x = e.$

这个极限可以利用准则 II 来证明，这里不作理论讨论，只列出 $\left(1 + \dfrac{1}{x} \right)^x$ 的数值表，以观察其变化趋势.

由表 1 - 2 可以看出，当 $x \to \infty$ 时，$\left(1 + \dfrac{1}{x}\right)^x$ 的极限存在，并且是一个无理数 e，即

$$\lim_{x \to \infty} \left(1 + \frac{1}{x}\right)^x = e.$$

表 1 - 2

x	1	2	3	4	5	10	100	1 000	10 000	…
$\left(1 + \dfrac{1}{x}\right)^x$	2	2.250	2.370	2.441	2.488	2.594	2.705	2.717	2.718	…

这里 $e = 2.718281828459045\cdots$．指数函数 $y = e^x$ 以及对数函数 $y = \ln x$ 中的底 e 就是这个常数．如果令 $\dfrac{1}{x} = t$，则当 $x \to \infty$ 时，$t \to 0$，公式还可以写成

$$\lim_{t \to 0} (1 + t)^{\frac{1}{t}} = e.$$

注：这个重要极限是 "1^∞ 型"，为了强调其形式，我们把它形象地写成

$$\lim_{\triangle \to \infty} \left(1 + \frac{1}{\triangle}\right)^{\triangle} = e \text{ 或 } \lim_{\square \to 0} (1 + \square)^{\frac{1}{\square}} = e \text{（三角形 } \triangle \text{ 或方框 } \square \text{ 代表同一变量）}.$$

【例 1 - 5 - 5】 求下列函数的极限.

（1）$\lim\limits_{x \to \infty} \left(1 + \dfrac{1}{x}\right)^{3x - 1}$；（2）$\lim\limits_{x \to \infty} \left(1 + \dfrac{2}{x}\right)^x$；（3）$\lim\limits_{x \to \infty} \left(1 - \dfrac{2}{x}\right)^{2x + 3}$；（4）$\lim\limits_{x \to \infty} \left(\dfrac{x - 1}{x + 4}\right)^x$.

解　（1）$\lim\limits_{x \to \infty} \left(1 + \dfrac{1}{x}\right)^{3x - 1} = \left[\lim\limits_{x \to \infty} \left(1 + \dfrac{1}{x}\right)^x\right]^2 \cdot \lim\limits_{x \to \infty} \left(1 + \dfrac{1}{x}\right)^{-1} = e^2 \cdot 1 = e^2.$

（2）令 $\dfrac{x}{2} = u$，则 $x = 2u$，当 $x \to \infty$ 时，$u \to \infty$，于是

$$\lim_{x \to \infty} \left(1 + \frac{2}{x}\right)^x = \lim_{u \to \infty} \left(1 + \frac{1}{u}\right)^{2u} = \left[\lim_{u \to \infty} \left(1 + \frac{1}{u}\right)^u\right]^2 = e^2.$$

（3）令 $-\dfrac{x}{2} = u$，则 $x = -2u$，当 $x \to \infty$ 时，$u \to \infty$，于是

$$\lim_{x \to \infty} \left(1 - \frac{2}{x}\right)^{2x + 3} = \lim_{u \to \infty} \left(1 + \frac{1}{u}\right)^{-4u + 3} = \left[\lim_{u \to \infty} \left(1 + \frac{1}{u}\right)^u\right]^{-4} \cdot \lim_{u \to \infty} \left(1 + \frac{1}{u}\right)^3$$

$$= e^{-4} \cdot 1^3 = e^{-4}.$$

一般地，我们可以得出下面的结论：

$$\lim_{x \to \infty} \left(1 + \frac{a}{x}\right)^{bx + c} = e^{ab}.$$

（4）$\lim\limits_{x \to \infty} \left(\dfrac{x - 1}{x + 3}\right)^x = \lim\limits_{x \to \infty} \left(\dfrac{1 - \dfrac{1}{x}}{1 + \dfrac{4}{x}}\right)^x = \lim\limits_{x \to \infty} \left(1 - \dfrac{1}{x}\right)^x \Big/ \lim\limits_{x \to \infty} \left(1 + \dfrac{4}{x}\right)^x = \dfrac{e^{-1}}{e^4} = e^{-5}.$

【例 1 - 5 - 6】 求 $\lim\limits_{x \to 0} \dfrac{\ln(1 + x)}{x}$.

解 $\lim\limits_{x\to 0}\dfrac{\ln(1+x)}{x}=\lim\limits_{x\to 0}\ln(1+x)^{\frac{1}{x}}=\ln e=1.$

【例 1 −5 −7】 求 $\lim\limits_{x\to 0}\dfrac{e^x-1}{x}.$

解 令 $t=e^x-1$，则 $x=\ln(t+1)$，当 $x\to 0$ 时，有 $t\to 0$，于是

$$\lim_{x\to 0}\frac{e^x-1}{x}=\lim_{t\to 0}\frac{t}{\ln(1+t)}=1.$$

对照 1.3 中等价无穷小量的概念，当 $x\to 0$ 时，可得下列常用等价无穷小量：

$\sin x\sim x$；$\tan x\sim x$；$1-\cos x\sim\dfrac{x^2}{2}$；$\arcsin x\sim x$；$\arctan x\sim x$；$\ln(1+x)\sim x$；$e^x-1\sim x$ 等.

利用等价无穷小量替换定理，〖例 1 −5 −4〗还可以更简单地做出来，因为当 $x\to 0$ 时，$\sin 3x\sim 3x$，$\tan 6x\sim 6x$，所以

$$\lim_{x\to 0}\frac{\tan 3x}{\sin 6x}=\lim_{x\to 0}\frac{3x}{6x}=\frac{1}{2}.$$

注：只有当分子或分母为**函数的乘积**时，各个乘积因式才可分别用它们的等价无穷小量代换. 而对于和或差中的函数，一般不能分别用等价无穷小量代换. 例如，$\lim\limits_{x\to 0}\dfrac{\tan x-\sin x}{x\sin^2 x}$ 若分子分母同时替代可得 $\lim\limits_{x\to 0}\dfrac{x-x}{x^3}=0$ 显然是不正确的，正确做法如下.

$$\lim_{x\to 0}\frac{\tan x-\sin x}{x\sin^2 x}=\lim_{x\to 0}\frac{\tan x(1-\cos x)}{x^3}=\lim_{x\to 0}\frac{x\cdot\dfrac{x^2}{2}}{x^3}=\frac{1}{2}.$$

*【例 1 −5 −8】 求 $\lim\limits_{x\to 0}\dfrac{(x-x\cos x)\arctan x}{(\tan x-\sin x)\ln(1+x)}.$

解 因为当 $x\to 0$ 时，有 $1-\cos x\sim\dfrac{x^2}{2}$，$\arctan x\sim x$，$\ln(1+x)\sim x$，$\tan x-\sin x=\tan x(1-\cos x)\sim\dfrac{1}{2}x^3$，所以

$$\lim_{x\to 0}\frac{(x-x\cos x)\arctan x}{(\tan x-\sin x)\ln(1+x)}=\lim_{x\to 0}\frac{x(1-\cos x)\cdot x}{\dfrac{1}{2}x^3\cdot x}=\lim_{x\to 0}\frac{x\cdot\dfrac{1}{2}x^2\cdot x}{\dfrac{1}{2}x^3\cdot x}=1.$$

习题 1 −5

1. 计算下列极限.

（1）$\lim\limits_{x\to 0}\dfrac{\sin 4x}{x}$；

（2）$\lim\limits_{x\to 0}\dfrac{\tan 4x}{2x}$；

（3）$\lim\limits_{x\to 0}\dfrac{\sin 2x}{\tan 5x}$；

（4）$\lim\limits_{x\to 0}x\cot x$；

(5) $\lim\limits_{x\to\infty} x^2\left(\sin\dfrac{1}{x}\right)^2$;

(6) $\lim\limits_{n\to\infty} 4^n \sin\dfrac{x}{4^n}$ （x 为不等于 0 的常数）；

(7) $\lim\limits_{x\to\infty}\left(1-\dfrac{1}{x}\right)^{2x}$;

(8) $\lim\limits_{x\to\infty}\left(\dfrac{2+x}{x}\right)^{3x}$;

(9) $\lim\limits_{x\to 0}(1-x)^{\frac{2}{x}+1}$;

(10) $\lim\limits_{x\to 0}(1+\tan x)^{\cot x}$;

(11) $\lim\limits_{x\to\infty}\left(1-\dfrac{1}{2x}\right)^{3x+5}$;

(12) $\lim\limits_{x\to\infty}\left(\dfrac{2x-1}{2x+1}\right)^{2x}$.

2. 利用等价无穷小的性质，求下列极限.

(1) $\lim\limits_{x\to 0}\dfrac{\sin\,(x^n)}{(\sin x)^m}$（$n,m\in \mathbf{N}^+$）；

(2) $\lim\limits_{x\to 0}\dfrac{\tan x-\sin x}{\sin^3 2x}$;

(3) $\lim\limits_{x\to 0}\dfrac{1-\cos x}{x\sin 2x}$;

(4) $\lim\limits_{x\to 0}\dfrac{\arcsin 7x}{\tan 3x}$.

1.6　函数的连续性

1.6.1　函数的连续性

大自然是神奇的，现实生活中有许多现象，如气温的变化、河水的流动、动植物的生长等，都是连续地变化着. 这些现象反映在函数关系上就是函数的连续性，它也是后面将要学的微积分主要的研究对象. 在介绍函数连续性的概念之前，我们先引入增量的概念和记号，然后用它描述连续性，从而引出函数的连续性定义.

设变量 u 从一个初值 u_1 变化到终值 u_2，终值与初值之差 u_2-u_1 叫作变量 u 的**增量**或**改变量**，记作 Δu，即 $\Delta u=u_2-u_1$.

注：Δu 可正可负可为零，它是一个完整不可分的符号，不能将其看作为 Δ 与变量 u 的乘积.

设函数 $y=f(x)$ 在点 x_0 的某个邻域上有定义，当自变量 x 由 x_0 变到 $x_0+\Delta x$ 时，函数 y 相应地由 $f(x_0)$ 变到 $f(x_0+\Delta x)$，因此，函数相应的增量为 $\Delta y=f(x_0+\Delta x)-f(x_0)$.

从图像上来看，如果一个函数是连续变化的，它的图形应是一条不间断的曲线（见图 1-30）. 如果函数是不连续的，那就是曲线的图形在某处断开了（见图 1-31）.

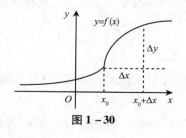

图 1-30

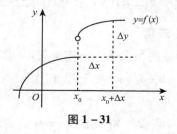

图 1-31

对比上面两个图象我们发现：图 1 – 30 中函数的图象是一条连续的曲线，它在点 x_0 处连续．当自变量 x 在点 x_0 处取得极其微小的改变量 Δx 时，函数的相应改变量 Δy 也极其微小，且当 $\Delta x \rightarrow 0$ 时，Δy 也趋于 0．而对于图 1 – 31 中的函数，当自变量在点 x_0 处取得微小改变量 Δx（$\Delta x > 0$）时，对应的函数值发生了显著的变化，显然，当 $\Delta x \rightarrow 0$ 时，Δy 不可能趋近于 0．

定义 1 – 6 – 1 设函数 $y = f(x)$ 在点 x_0 的某个邻域内有定义，如果自变量的增量 Δx 趋于零时，对应的函数增量 Δy 也趋于零，即

$$\lim_{\Delta x \to 0} \Delta y = 0 \ \text{或} \ \lim_{\Delta x \to 0} [f(x_0 + \Delta x) - f(x_0)] = 0,$$

则称函数 $y = f(x)$ **在点 x_0 处连续**．

【例 1 – 6 – 1】 用定义证明 $y = 2x^2 + 1$ 在点 x_0 处连续．

证明 当自变量 x 在 x_0 处取得改变量 Δx 时，

$$\Delta y = f(x_0 + \Delta x) - f(x_0) = [2(x_0 + \Delta x)^2 + 1] - (2x_0^2 + 1) = 4x_0 \cdot \Delta x + 2(\Delta x)^2,$$

$$\lim_{\Delta x \to 0} \Delta y = \lim_{\Delta x \to 0} (4x_0 \cdot \Delta x + 2(\Delta x)^2) = 0.$$

则由定义 1 – 6 – 1 可知，$y = 2x^2 + 1$ 在点 x_0 处连续．

在定义 1 – 6 – 1 中，令 $x = x_0 + \Delta x$，则当 $\Delta x \rightarrow 0$ 时，$x \rightarrow x_0$，于是 $\lim\limits_{\Delta x \to 0} \Delta y = 0$ 可改为 $\lim\limits_{x \to x_0} [f(x) - f(x_0)] = 0$ 即 $\lim\limits_{x \to x_0} f(x) = f(x_0)$．于是有

定义 1 – 6 – 1' 设函数 $y = f(x)$ 在点 x_0 的某个邻域内有定义，若

$$\lim_{x \to x_0} f(x) = f(x_0),$$

则称函数 $y = f(x)$ **在点 x_0 处连续**．

由定义 1 – 6 – 1' 可看出，函数 $f(x)$ 在点 x_0 处连续，必须同时满足以下三个条件：

（1）函数 $f(x)$ 在点 x_0 的某个邻域内有定义；

（2）$\lim\limits_{x \to x_0} f(x)$ 存在；

（3）$\lim\limits_{x \to x_0} f(x) = f(x_0)$．

从条件（3）知，若函数连续，则极限符号与函数符号可以相互交换，即

$$\lim_{x \to x_0} f(x) = f(x_0) = f(\lim_{x \to x_0} x).$$

相应于左、右极限的概念，我们有如下左连续和右连续的概念：若 $\lim\limits_{x \to x_0^-} f(x) = f(x_0)$，则称函数 $y = f(x)$ 在点 x_0 处**左连续**．若 $\lim\limits_{x \to x_0^+} f(x) = f(x_0)$，则称函数 $y = f(x)$ 在点 x_0 处**右连续**．

连续函数的图像是一条连续且不间断的曲线．

定理 1 – 6 – 1 函数 $f(x)$ 在点 x_0 处连续的充要条件是，函数 $f(x)$ 在 x_0 处既左连续又右连续．

定义 1 – 6 – 2 如果函数 $y = f(x)$ 在 (a, b) 内每一点都连续，则称**函数 $f(x)$** 在

区间 (a,b) **内连续**；若函数 $y=f(x)$ 在 (a,b) 内连续，并且在 $x=a$ 处右连续，在 $x=b$ 处左连续则称函数 $f(x)$ **在闭区间** $[a,b]$ **上连续**，也称 $f(x)$ 为闭区间 $[a,b]$ 上的连续函数.

1.6.2 初等函数的连续性

定理 1-6-2 如果函数 $f(x)$ 与 $g(x)$ 在点 x_0 处连续，则 $f(x)\pm g(x)$，$f(x)\cdot g(x)$，$\dfrac{f(x)}{g(x)}(g(x_0)\neq0)$ 均在点 x_0 处连续.

只证明和（差）的情况，类似地，可以证明积与商的情况.

证 因为 $f(x)$ 与 $g(x)$ 在点 x_0 处连续，所以 $\lim\limits_{x\to x_0}f(x)=f(x_0)$，$\lim\limits_{x\to x_0}g(x)=g(x_0)$，于是有

$$\lim_{x\to x_0}\big[f(x)\pm g(x)\big]=\lim_{x\to x_0}f(x)\pm\lim_{x\to x_0}g(x)=f(x_0)\pm g(x_0),$$

因此，$f(x)\pm g(x)$ 在 x_0 处连续.

定理 1-6-2 可以推广到有限多个函数的和、差、积和商的情形.

定理 1-6-3 设函数 $u=\varphi(x)$ 在点 x_0 处连续，$y=f(u)$ 在点 $u_0=\varphi(x_0)$ 处连续，则复合函数 $y=f[\varphi(x)]$ 在点 x_0 处连续.

可以证明：**基本初等函数在其定义域内都是连续的**. 根据定理 1-6-2 和定理 1-6-3 可得初等函数在定义区间内都是连续的，因此，要求初等函数在其定义区间内某点的极限，只需求初等函数在该点的函数值即可. 至于分段函数的连续性，除按上述结论考虑每一段函数的连续性外，还必须讨论分界点处的连续性.

【**例 1-6-2**】求下列极限.

(1) $\lim\limits_{x\to3}\sqrt{25-x^2}$；　　　　　　　　(2) $\lim\limits_{x\to0}\ln(\cos x)$.

解 (1) 因为 $\sqrt{25-x^2}$ 是初等函数，定义域为 $(-5,5)$，而 $3\in(-5,5)$，所以

$$\lim_{x\to3}\sqrt{25-x^2}=\sqrt{25-3^2}=4.$$

(2) 因为 $\ln(\cos x)$ 在 $x=0$ 处连续，所以

$$\lim_{x\to0}\ln(\cos x)=\ln(\cos0)=\ln1=0.$$

1.6.3 函数的间断点

定义 1-6-3 如果函数 $y=f(x)$ 在点 x_0 处不连续，我们就称 x_0 是 $f(x)$ 的**间断点**.

由函数在某点连续的定义可知，如果 $f(x)$ 在 x_0 处有下列情况之一，则点 x_0 是函数 $f(x)$ 的一个间断点.

(1) 函数 $f(x)$ 在 x_0 处没有定义；

（2）$\lim\limits_{x\to x_0}f(x)$ 不存在；

（3）虽然$\lim\limits_{x\to x_0}f(x)$ 存在，但$\lim\limits_{x\to x_0}f(x)\neq f(x_0)$.

下面举例说明函数间断点的几种常见类型.

【例1-6-3】 函数$f(x)=\dfrac{x^2-1}{x-1}$在 $x=1$ 处没有定义，则$x=1$ 是函数的间断点.

又因为

$$\lim_{x\to 1}\frac{x^2-1}{x-1}=\lim_{x\to 1}(x+1)=2,$$

所以若补充函数在 $x=1$ 处的定义，令$f(1)=2$，则该函数在 $x=1$ 处连续. 所以 $x=1$ 称为**可去间断点**（见图1-32）.

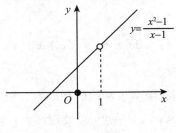

图1-32

【例1-6-4】 函数$f(x)=\begin{cases}x^2, & x\neq 0,\\ 1, & x=0.\end{cases}$ 这里$\lim\limits_{x\to 0}f(x)=\lim\limits_{x\to 0}x^2=0$，但$f(0)=1$，所以

$$\lim_{x\to 0}f(x)\neq f(0).$$

因此，$x=0$ 是函数的间断点，但如果改变函数在 $x=0$ 处的值：$f(0)=0$，则所给函数在 $x=0$ 处连续. 所以 $x=0$ 也称为**可去间断点**（见图1-33）.

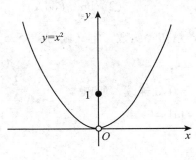

图1-33

一般地，可去间断点具有这样的特征：函数在该点左、右极限都存在且相等，但函数在该点没定义，或虽有定义但极限值与函数值不相等.

【例1-6-5】 设$f(x)=\begin{cases}x^2, & x\leqslant 0,\\ x+1, & x>0.\end{cases}$讨论$f(x)$ 在 $x=0$ 的连续性.

解 因为

$$\lim_{x \to 0^-} f(x) = \lim_{x \to 0^-} x^2 = 0,$$

$$\lim_{x \to 0^+} f(x) = \lim_{x \to 0^+} (x+1) = 0.$$

左、右极限虽都存在，但不相等，故 $\lim_{x \to 0} f(x)$ 不存在．所以 $x = 0$ 间断点，因函数图形在 $x = 0$ 处产生"跳跃"现象，故称这个间断点为**跳跃间断点**（见图 1 - 34）．

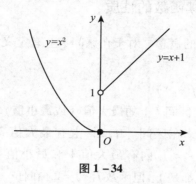

图 1 - 34

【例 1 - 6 - 6】正切函数 $y = \tan x$ 在 $x = \dfrac{\pi}{2}$ 处没有定义，则 $x = \dfrac{\pi}{2}$ 是函数的间断点．又因为

$$\lim_{x \to \frac{\pi}{2}} \tan x = \infty,$$

所以这个间断点称为**无穷间断点**．图 1 - 20 给出了函数 $y = \tan x$ 的变化情况．

【例 1 - 6 - 7】函数 $y = \sin \dfrac{1}{x}$ 在 $x = 0$ 处没有定义，则 $x = 0$ 是函数的间断点．又因为当 $x \to 0$ 时，函数值在 -1 与 1 之间变动无限次，所以称 $x = 0$ 为**振荡间断点**（见图 1 - 35）．

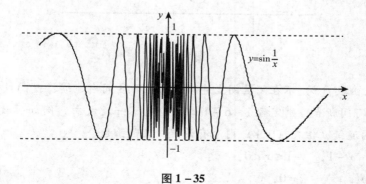

图 1 - 35

以上例子给出了间断点的一些常见类型．通常把间断点分为两类：设 x_0 是函数 $f(x)$ 的一个间断点，如果当 $x \to x_0$ 时，$f(x)$ 左、右极限都存在，则称 x_0 为 $f(x)$ 的**第一类间断点**；否则，若 $f(x)$ 左、右极限至少有一个不存在，则称 x_0 为

$f(x)$ 的**第二类间断点**. 对于第一类间断点：当 $\lim\limits_{x \to x_0^-} f(x)$ 与 $\lim\limits_{x \to x_0^+} f(x)$ 均存在，但不相等时，称 x_0 为 $f(x)$ 的**跳跃间断点**；当 $\lim\limits_{x \to x_0} f(x)$ 存在，但不等于 $f(x)$ 在 x_0 处的函数值时，称 x_0 为 $f(x)$ 的**可去间断点**. 显然无穷间断点和振荡间断点都是第二类间断点.

1.6.4 闭区间上连续函数的性质

先说明最大值与最小值的概念. 对于在区间 I 上有定义的函数 $f(x)$，如果有 $x_0 \in I$，使得对于任一 $x \in I$ 都有

$$f(x) \leqslant f(x_0) \, (\text{或} f(x) \geqslant f(x_0)),$$

则称 $f(x_0)$ 是函数 $f(x)$ 在区间 I 上的**最大值**（或**最小值**）.

例如，函数 $f(x) = 1 + x$ 在区间 $[0,2]$ 上有最大值 3 和最小值 1. 又如，函数 $f(x) = \mathrm{sgn}\, x$ 在区间 $(-\infty, +\infty)$ 内有最大值 1 和最小值 -1. 在开区间 $(0, +\infty)$ 内，$\mathrm{sgn}\, x$ 的最大值和最小值都是 1. 但函数 $f(x) = 2x$ 在任一开区间 (a,b) 内无最大值也无最小值.

定理 1-6-4（最值定理） 如果函数 $f(x)$ 在闭区间 $[a,b]$ 上连续，则函数 $f(x)$ 在 $[a,b]$ 上一定有最大值和最小值.

这就是说，如果函数 $f(x)$ 在闭区间 $[a,b]$ 上连续，则存在 $\xi_1, \xi_2 \in [a,b]$，使 $f(\xi_1)$ 和 $f(\xi_2)$ 分别为函数的最小值和最大值（见图 1-36）.

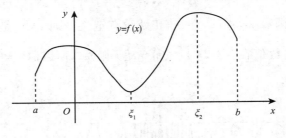

图 1-36

注：如果函数 $f(x)$ 不在闭区间上连续，而在开区间内连续，或函数 $f(x)$ 在闭区间 $[a,b]$ 上有间断点，则定理 1-6-4 的结论也不一定成立. 例如函数 $y = x$ 在开区间 $(0, 1)$ 内连续，但在 $(0,1)$ 内没有最值. 又如函数

$$f(x) = \begin{cases} -x-1, & -1 \leqslant x < 0, \\ 0, & x = 0, \\ -x+1, & 0 < x \leqslant 1. \end{cases}$$

在 $[-1,1]$ 上有间断点 $x = 0$，在闭区间 $[-1,1]$ 上没有最值（见图 1-37）.

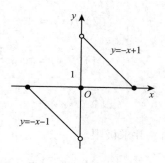

图 1-37

推论 如果函数 $f(x)$ 在闭区间 $[a,b]$ 上连续，则 $f(x)$ 在 $[a,b]$ 上一定有界.

定理 1-6-5（介值定理） 若 $f(x)$ 在 $[a,b]$ 上连续，m 与 M 分别为 $f(x)$ 在 $[a,b]$ 上的最小值与最大值，则对于介于 m 与 M 之间的任意实数 C，至少存在一点 $\xi \in (a,b)$，使得 $f(\xi) = C$.

推论 1-6-1（零点定理） 若 $f(x)$ 在 $[a,b]$ 上连续，且 $f(a)$ 与 $f(b)$ 异号，则至少存在一点 $\xi \in (a,b)$，使得 $f(\xi) = 0$.

从几何上看，零点定理表示：如果连续曲线弧 $y = f(x)$ 的两个端点位于 x 轴不同侧，那么这段曲线弧与 x 轴至少有一个交点（见图 1-38）.

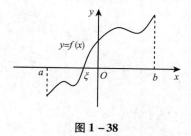

图 1-38

【例 1-6-8】 证明方程 $x^4 - 3x^2 + 1 = 0$ 在区间（0，1）内至少有一个实根.

证 设 $f(x) = x^4 - 3x^2 + 1$，因为 $f(0) = 1 > 0$，$f(-1) = -1 < 0$，根据零点定理，至少存在一点 $\xi \in (0,1)$，使得 $f(\xi) = 0$. 即 $\xi^4 - 3\xi^2 + 1 = 0$，从而方程 $x^4 - 3x^2 + 1 = 0$ 在区间（0，1）内至少有一个实根.

习题 1-6

1. 讨论函数 $f(x) = \begin{cases} x^2 - 2, & x \leq 1, \\ x + 2, & x > 1 \end{cases}$ 在 $x = \dfrac{1}{3}$，$x = 1$，$x = 3$ 各点的连续性，并画出函数的图象.

2. 求下列函数的间断点，并判断其类型，如果是可去间断点，则补充或改变函数的定义使它连续：

（1） $f(x) = \dfrac{1}{(x-1)^2}$;　　　　　（2） $f(x) = \dfrac{x^2-4}{x^2-3x+2}$;

（3） $f(x) = \dfrac{x}{\sin 2x}$;　　　　　　（4） $f(x) = x\cos\dfrac{1}{x}$;

（5） $f(x) = 2^{-\frac{1}{x}} + 1$;　　　　　（6） $f(x) = \begin{cases} 2x-1, & x \leqslant 1, \\ 4-2x, & x > 1. \end{cases}$

3．求下列函数的连续区间，并求极限．

（1） $f(x) = \dfrac{x^3+2x^2-x-2}{x^2-x-6}$ ，并求 $\lim\limits_{x\to 0} f(x)$ ， $\lim\limits_{x\to -2} f(x)$ 及 $\lim\limits_{x\to 3} f(x)$;

（2） $f(x) = \lg(10-x)$ ，并求 $\lim\limits_{x\to 0} f(x)$;

（3） $f(x) = \sqrt{x-2} + \sqrt{6-x}$ ，并求 $\lim\limits_{x\to 5} f(x)$ ．

4．设 $f(x) = \begin{cases} e^x, & x \leqslant 1, \\ a+x, & x > 1 \end{cases}$ ，要使 $f(x)$ 在 $(-\infty, +\infty)$ 内连续，应当怎样选择数 a ?

5．证明方程 $6x = 3^x$ 至少有一个根在 0 与 1 之间．

6．证明方程 $x - 2\sin x = 1$ 至少有一个小于 3 的正根．

7．证明曲线 $y = x^4 - 5x^2 + 6x - 5$ 在 $x = 1$ 与 $x = 2$ 之间至少与 x 轴有一个交点．

第2章　一元函数微分学

微分学是微积分的重要组成部分，它的基本概念是导数与微分．本章首先讨论导数和微分的概念以及它们的计算方法；其次介绍微分学的几个中值定理，它们是导数应用的理论基础；最后将应用导数研究函数及曲线的某些性态，并利用这些知识解决一些实际问题．

2.1　导数的概念

2.1.1　导数的定义

导数的思想最初是由法国数学家费马（Fernat）为研究极值问题而引入的，但与导数概念直接相联系的是以下两个问题：已知运动规律求速度和已知曲线求它的切线．这是由英国数学家牛顿（Newton）和德国数学家莱布尼茨（Leibniz）分别在研究力学和几何学过程中建立起来的．

下面我们以这两个问题为背景引入导数的概念．

2.1.1.1　变速直线运动的瞬时速度

设一质点按某种规律作变速直线运动，质点运动的路程 S 与时间 t 的关系 $S = S(t)$，现讨论质点在 t_0 时刻的瞬时速度．

思路：虽然整体来说速度是变的，但当 Δt 很小时，可以认为，从时刻 t_0 到 $t_0 + \Delta t$ 这一段时间内，速度来不及有很大变化，近似地看成作匀速直线运动，因而这段时间内的平均速度就可以看成 t_0 时刻的瞬时速度的近似值．

当 Δt 越小，平均速度就越接近 t_0 时刻的瞬时速度．令 $\Delta t \to 0$，平均速度的极限即为 t_0 时刻的瞬时速度．即极限值 $\lim\limits_{\Delta t \to 0} \dfrac{S(t_0 + \Delta t) - S(t_0)}{\Delta t}$ 精确地反映了动点在 t_0 时刻的瞬时速度．

具体步骤：

（1）质点从 t_0 到 $t_0 + \Delta t$ 这一段时间内所走过的路程是

$$\Delta S = S(t_0 + \Delta t) - S(t_0).$$

（2）质点从 t_0 到 $t_0 + \Delta t$ 这一段时间内的平均速度为

$$\bar{v} = \frac{\Delta S}{\Delta t} = \frac{S(t_0 + \Delta t) - S(t_0)}{\Delta t}.$$

（3）求极限

$$v(t_0) = \lim_{\Delta t \to 0} \frac{\Delta S}{\Delta t} = \lim_{\Delta t \to 0} \frac{S(t_0 + \Delta t) - S(t_0)}{\Delta t}.$$

可见，$v(t_0)$ 就是路程函数 $S = S(t)$ 在 $t = t_0$ 的变化率.

2.1.1.2 切线问题

设点 $P_0(x_0, y_0)$ 为曲线 $y = f(x)$ 上的一个定点，为求曲线 $y = f(x)$ 在点 P_0 的切线，可在曲线上取邻近于 P_0 的点 $P(x_0 + \Delta x, y_0 + \Delta y)$，算出割线 P_0P 的斜率：

$$\tan\beta = \frac{\Delta y}{\Delta x} = \frac{f(x_0 + \Delta x) - f(x_0)}{\Delta x},$$

其中，β 为割线 P_0P 的倾斜角（见图 2-1）.

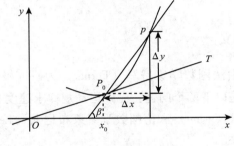

图 2-1

当 $\Delta x \to 0$，P 就沿着曲线移动趋向于 P_0 点，这时割线 P_0P 就以 P_0 点为支点逐渐转动而趋于一极限位置，即为直线 P_0T，直线 P_0T 即为曲线 $y = f(x)$ 在 P_0 点处的切线. 相应地，割线 P_0P 的斜率 $\tan\beta$ 随 $\Delta x \to 0$ 而趋于切线 P_0T 的斜率 $\tan\alpha$（α 是切线的倾角），即

$$\tan\alpha = \lim_{\beta \to \alpha} \tan\beta = \lim_{\Delta x \to 0} \frac{\Delta y}{\Delta x} = \lim_{\Delta x \to 0} \frac{f(x_0 + \Delta x) - f(x_0)}{\Delta x}.$$

这里，$\dfrac{\Delta y}{\Delta x}$ 是函数的增量与自变量的增量之比，它表示函数的平均变化率.

上述两个问题中，前一个是运动学的问题，后一个是几何学的问题，但是它们实质是一样的，都是函数的改变量与自变量的改变量之比，当自变量的改变量趋于零时的极限. 在自然科学和工程技术领域内，还有许多概念，例如电流强度、角速度、线密度等，都可归结为以上数学形式. 我们撇开这些量的具体意义，抓住它们在数量关系上的共性，就得出函数的导数概念.

定义 2 – 1 – 1 设函数 $y = f(x)$ 在 x_0 的某个邻域内有定义，当自变量 x 在 x_0 处取得增量 Δx（点 $x_0 + \Delta x$ 仍在该邻域内）时，函数 $y = f(x)$ 相应地取得增量 $\Delta y = f(x_0 + \Delta x) - f(x_0)$. 如果

$$\lim_{\Delta x \to 0} \frac{\Delta y}{\Delta x} = \lim_{\Delta x \to 0} \frac{f(x_0 + \Delta x) - f(x_0)}{\Delta x} \qquad (2 - 1 - 1)$$

存在，那么就称此极限为函数 $f(x)$ 在 x_0 点的**导数**，记作

$$f'(x_0) \text{ 或 } y' \big|_{x = x_0} \text{ 或 } \frac{\mathrm{d}y}{\mathrm{d}x} \bigg|_{x = x_0},$$

并称函数 $f(x)$ 在点 x_0 处是可导的.

若式（2 – 1 – 1）极限不存在，则称函数 $f(x)$ 在点 x_0 处是不可导的.

导数的定义式（2 – 1 – 1）也可取不同的形式，常见的有：

$$f'(x_0) = \lim_{h \to 0} \frac{f(x_0 + h) - f(x_0)}{h}, (\Delta x = h)$$

或

$$f'(x_0) = \lim_{x \to x_0} \frac{f(x) - f(x_0)}{x - x_0}. (\Delta x = x - x_0)$$

由导数的定义可知，按照导数的定义求函数的导数可以分为三个步骤：

（1）求增量 $\Delta y = f(x_0 + \Delta x) - f(x_0)$.

（2）算比值 $\dfrac{\Delta y}{\Delta x} = \dfrac{f(x_0 + \Delta x) - f(x_0)}{\Delta x}$.

（3）求极限 $\lim\limits_{\Delta x \to 0} \dfrac{\Delta y}{\Delta x} = \lim\limits_{\Delta x \to 0} \dfrac{f(x_0 + \Delta x) - f(x_0)}{\Delta x}$.

【例 2 – 1 – 1】 求函数 $y = x^2$ 在点 $x = 2$ 处的导数.

解 按照导数定义，给 $x_0 = 2$ 一个增量 Δx，
首先求增量

$$\Delta y = (2 + \Delta x)^2 - 2^2 = 4\Delta x + (\Delta x)^2,$$

再算比值

$$\frac{\Delta y}{\Delta x} = \frac{4\Delta x + (\Delta x)^2}{\Delta x} = 4 + \Delta x,$$

再取极限

$$\lim_{\Delta x \to 0} \frac{\Delta y}{\Delta x} = \lim_{\Delta x \to 0}(4 + \Delta x) = 4 + \lim_{\Delta x \to 0} \Delta x = 4 + 0 = 4.$$

所以

$$y' \big|_{x = 2} = 4.$$

若函数 $y = f(x)$ 在区间 (a, b) 内任一点都可导，则称**函数 $f(x)$ 在区间 (a, b) 内可导**.

在闭区间 $[a, b]$ 上，对左端点 a 来说，函数 $f(x)$ 只能有右极限，而对右端点 b

来说，函数 $f(x)$ 只能有左极限．由此我们需引进**左、右导数**的概念．

定义 2 - 1 - 2 如果 $\lim\limits_{\Delta x \to 0^-} \dfrac{f(x_0 + \Delta x) - f(x_0)}{\Delta x}$ 存在，则称此极限为函数 $y = f(x)$ 在点 x_0 处的**左导数**，记作 $f'_-(x_0)$（此时也称 $f(x)$ 在 x_0 处左可导）；如果 $\lim\limits_{\Delta x \to 0^+} \dfrac{f(x_0 + \Delta x) - f(x_0)}{\Delta x}$ 存在，则称此极限为函数 $y = f(x)$ 在点 x_0 处的**右导数**，记作 $f'_+(x_0)$（此时也称 $f(x)$ 在 x_0 处右可导）．

根据函数 $y = f(x)$ 在点 x_0 处的导数的定义知，导数是一个极限．而极限存在的充分必要条件是左、右极限都存在且相等，因此得到以下定理．

定理 2 - 1 - 1 函数 $f(x)$ 在 x_0 点处可导的充分必要条件是函数 $f(x)$ 在 x_0 点处左、右导数都存在且相等．

*【例 2 - 1 - 2】 设 $f(x) = \begin{cases} 1 - x, & x \geq 0, \\ 1 + x, & x < 0. \end{cases}$ 讨论 $f(x)$ 在 $x_0 = 0$ 处是否可导．

解 因为
$$f'_+(0) = \lim_{\Delta x \to 0^+} \frac{f(0 + \Delta x) - f(0)}{\Delta x} = \lim_{\Delta x \to 0^+} \frac{(1 - \Delta x) - 1}{\Delta x} = -1,$$
$$f'_-(0) = \lim_{\Delta x \to 0^-} \frac{f(0 + \Delta x) - f(0)}{\Delta x} = \lim_{\Delta x \to 0^-} \frac{(1 + \Delta x) - 1}{\Delta x} = 1.$$

可知
$$f'_+(0) \neq f'_-(0).$$

所以 $f(x)$ 在 $x_0 = 0$ 处不可导．

左导数和右导数统称为单侧导数．

如果函数 $f(x)$ 在开区间 (a, b) 内可导，且 $f'_+(a)$ 及 $f'_-(b)$ 都存在，就说 $f(x)$ 在闭区间 $[a, b]$ 上可导．

2.1.2 导函数

若函数 $f(x)$ 在区间 I 上每一点都可导（对区间端点，仅考虑相应的单侧导数），则称 $f(x)$ 为 I 上的**可导函数**．此时对每一个 $x \in I$，都有一个导数 $f'(x)$（或单侧导数）与之对应．这样就定义了一个在 I 上的函数，称为 $f(x)$ 在 I 上的**导函数**，也简称为**导数**．记作
$$f'(x) \text{ 或 } y' \text{ 或 } \frac{\mathrm{d}y}{\mathrm{d}x}.$$
即
$$f'(x) = \lim_{\Delta x \to 0} \frac{f(x + \Delta x) - f(x)}{\Delta x}, x \in I.$$

显然，函数 $y = f(x)$ 在点 x_0 处的导数 $f'(x_0)$，就是导函数 $f'(x)$ 在点 x_0 处的函

数值，即

$$f'(x_0) = f'(x) \big|_{x = x_0}.$$

下面根据导数定义求一些简单函数的导数.

【例 2 - 1 - 3】证明常数函数的导数

$$(C)' = 0.$$

证明　设 $y = C$.

求增量

$$\Delta y = f(x + \Delta x) - f(x) = C - C = 0;$$

算比值

$$\frac{\Delta y}{\Delta x} = \frac{0}{\Delta x} = 0;$$

求极限

$$\lim_{\Delta x \to 0} \frac{\Delta y}{\Delta x} = \lim_{\Delta x \to 0} 0 = 0.$$

即

$$(C)' = 0.$$

【例 2 - 1 - 4】证明指数函数的导数

$$(a^x)' = a^x \ln a.$$

证明　设 $y = a^x (a > 0, a \neq 1)$.

求增量

$$\Delta y = f(x + \Delta x) - f(x) = a^{x + \Delta x} - a^x = a^x (a^{\Delta x} - 1);$$

算比值

$$\frac{\Delta y}{\Delta x} = \frac{a^x (a^{\Delta x} - 1)}{\Delta x};$$

求极限

$$\lim_{\Delta x \to 0} \frac{\Delta y}{\Delta x} = \lim_{\Delta x \to 0} \frac{a^x (a^{\Delta x} - 1)}{\Delta x} = a^x \lim_{\Delta x \to 0} \frac{a^{\Delta x} - 1}{\Delta x}.$$

令 $a^{\Delta x} - 1 = u$，则 $\Delta x = \frac{\ln(u + 1)}{\ln a}$，且当 $\Delta x \to 0$ 时 $u \to 0$，

于是

$$a^x \lim_{\Delta x \to 0} \frac{a^{\Delta x} - 1}{\Delta x} = a^x \cdot \lim_{u \to 0} \frac{u \cdot \ln a}{\ln(u + 1)} = a^x \ln a \cdot \lim_{u \to 0} \frac{1}{\ln(u + 1)^{\frac{1}{u}}} = a^x \ln a.$$

即

$$(a^x)' = a^x \ln a.$$

特别地，

$$(e^x)' = e^x.$$

【例 2 - 1 - 5】 证明正弦函数的导数

$$(\sin x)' = \cos x.$$

证明 设 $y = \sin x$.

求增量

$$\Delta y = \sin(x + \Delta x) - \sin x = 2\cos\left(x + \frac{\Delta x}{2}\right)\sin\frac{\Delta x}{2}.$$

算比值

$$\frac{\Delta y}{\Delta x} = \frac{2\cos\left(x + \frac{\Delta x}{2}\right)\sin\frac{\Delta x}{2}}{\Delta x} = \cos\left(x + \frac{\Delta x}{2}\right)\frac{\sin\frac{\Delta x}{2}}{\frac{\Delta x}{2}}.$$

求极限，由 $\cos x$ 的连续性，有 $\lim\limits_{\Delta x \to 0}\cos\left(x + \frac{\Delta x}{2}\right) = \cos x$. 且有 $\lim\limits_{\Delta x \to 0}\frac{\sin\frac{\Delta x}{2}}{\frac{\Delta x}{2}} = 1$.

因此

$$\lim\limits_{\Delta x \to 0}\frac{\Delta y}{\Delta x} = \lim\limits_{\Delta x \to 0}\cos\left(x + \frac{\Delta x}{2}\right)\lim\limits_{\Delta x \to 0}\frac{\sin\frac{\Delta x}{2}}{\frac{\Delta x}{2}} = \cos x. \quad 即$$

$$(\sin x)' = \cos x.$$

类似地可以得到

$$(\cos x)' = -\sin x.$$

2.1.3 导数的几何意义

由切线问题的讨论以及导数的定义可知：函数 $y = f(x)$ 所表示的曲线在点 $P_0(x_0, y_0)$ 处切线的斜率为

$$\tan\alpha = \lim\limits_{\Delta x \to 0}\frac{\Delta y}{\Delta x} = \lim\limits_{\Delta x \to 0}\frac{f(x_0 + \Delta x) - f(x_0)}{\Delta x} = f'(x_0).$$

即函数 $y = f(x)$ 在 x_0 点处的导数 $f'(x_0)$，就是曲线 $y = f(x)$ 在 x_0 点处的切线的斜率，这就是导数的几何意义.

根据导数的几何意义并应用直线的点斜式方程，可知曲线 $y = f(x)$ 在点 $M(x_0, y_0)$ 处的切线方程为

$$y - y_0 = f'(x_0)(x - x_0),$$

过切点 $M(x_0, y_0)$ 且与切线垂直的直线叫作曲线 $y = f(x)$ 在点 M 处的法线.

如果 $f'(x_0) \neq 0$，法线的斜率为 $-\frac{1}{f'(x_0)}$，从而法线方程为

$$y - y_0 = -\frac{1}{f'(x_0)}(x - x_0).$$

【例 2 - 1 - 6】求曲线 $y = x^2$ 在点（2，4）处的切线方程和法线方程.

解　由〖例 2 - 1 - 1〗知函数 $y = x^2$ 在点 $x = 2$ 处的导数为 $y'|_{x=2} = 4$. 根据导数的几何意义，曲线 $y = x^2$ 在点（2，4）处的切线的斜率为 4.

故切线方程为 $y - 4 = 4(x - 2)$，即 $4x - y - 4 = 0$.

法线方程为 $y - 4 = -\frac{1}{4}(x - 2)$，即 $-\frac{1}{4}x - y + \frac{9}{2} = 0$.

2.1.4　可导与连续的关系

定理 2 - 1 - 2　若函数 $y = f(x)$ 在点 x_0 处可导，则函数 $y = f(x)$ 在点 x_0 处连续.

证　因为函数 $y = f(x)$ 在 x_0 点处可导，所以由导数定义，有

$$\lim_{\Delta x \to 0} \Delta y = \lim_{\Delta x \to 0} \frac{\Delta y}{\Delta x} \cdot \Delta x = \lim_{\Delta x \to 0} \frac{\Delta y}{\Delta x} \cdot \lim_{\Delta x \to 0} \Delta x = f'(x_0) \cdot 0 = 0.$$

上式表明当 $\Delta x \to 0$ 时，$\Delta y \to 0$. 由连续的定义可知，$y = f(x)$ 在 x_0 点处连续.

【例 2 - 1 - 7】证明函数 $f(x) = |x|$ 在点 $x = 0$ 处连续，但 $f(x)$ 在点 $x = 0$ 处却不可导.

证明　由于 $f(x) = \begin{cases} x, & x \geq 0, \\ -x, & x < 0. \end{cases}$ 显然，$f(x) = |x|$ 在任何点（包括原点）处都是连续的. 考虑 $y = |x|$ 在点 $x = 0$ 处的左右导数为

$$f'_+(0) = \lim_{\Delta x \to 0^+} \frac{f(0 + \Delta x) - f(0)}{\Delta x} = \lim_{\Delta x \to 0^+} \frac{|\Delta x|}{\Delta x} = \lim_{\Delta x \to 0^+} \frac{\Delta x}{\Delta x} = 1,$$

$$f'_-(0) = \lim_{\Delta x \to 0^-} \frac{f(0 + \Delta x) - f(0)}{\Delta x} = \lim_{\Delta x \to 0^-} \frac{|\Delta x|}{\Delta x} = \lim_{\Delta x \to 0^-} \frac{-\Delta x}{\Delta x} = -1.$$

由此可见

$$f'_+(0) \neq f'_-(0),$$

即 $f'(0)$ 不存在，所以 $y = |x|$ 在点 $x = 0$ 处不可导.

由〖例 2 - 1 - 7〗可知定理 2 - 1 - 2 的逆命题不成立，即函数 $y = f(x)$ 在点 x_0 连续，不一定有 $y = f(x)$ 在点 x_0 可导. 因此，函数在某点连续是函数在该点可导的必要条件，但不是充分条件.

习题 2 - 1

1. 求函数 $y = 2^x$ 在点 $x = 1$ 处的导数.

2. 求曲线 $y = \sin x$ 在点 $\left(\frac{\pi}{6}, \frac{1}{2}\right)$ 处的切线方程和法线方程.

3. 求曲线 $y = e^x$ 在点（0，1）处的切线方程和法线方程.

4. 曲线 $y = e^x$ 在哪一点处的切线与直线 $y = x - 1$ 平行？

*5. 已知 $f(x) = \begin{cases} x^2, & x \geqslant 0, \\ -x + 1, & x < 0. \end{cases}$ 求 $f'_+(0)$ 及 $f'_-(0)$，并判断 $f'(0)$ 是否存在.

*6. 讨论函数 $f(x) = \begin{cases} x^2 \sin \dfrac{1}{x}, & x \neq 0 \\ 0, & x = 0 \end{cases}$ 在 $x = 0$ 处的连续性与可导性.

*7. 设函数 $f(x) = \begin{cases} x^2, & x \geqslant 3, \\ ax + b, & x < 3. \end{cases}$ 为了使函数 $f(x)$ 在 $x = 3$ 处连续且可导，a，b 应取什么值？

2.2 导数的计算

上一节我们从定义出发求出了一些简单函数的导数，对于一般函数的导数，虽然也可以用定义来求，但通常极为烦琐. 本节将引入一些求导法则，利用这些法则，能较简便地求出初等函数的导数.

2.2.1 导数的四则运算

定理 2 - 2 - 1 设函数 $u(x)$，$v(x)$ 在点 x 处可导，则函数 $u(x) \pm v(x)$，$u(x) \cdot v(x)$，$\dfrac{u(x)}{v(x)}$ $[v(x) \neq 0]$ 分别也在点 x 处可导，且有

（1）$[u(x) \pm v(x)]' = u'(x) \pm v'(x)$；

（2）$[u(x)v(x)]' = u'(x)v(x) + u(x)v'(x)$；

（3）$\left[\dfrac{u(x)}{v(x)}\right]' = \dfrac{u'(x)v(x) - u(x)v'(x)}{v^2(x)}$.

证 （2）令 $y = u(x)v(x)$，则先求增量

$$\Delta y = u(x + \Delta x)v(x + \Delta x) - u(x)v(x)$$
$$= [u(x + \Delta x) - u(x)]v(x + \Delta x) + u(x)[v(x + \Delta x) - v(x)]$$
$$= \Delta u \cdot v(x + \Delta x) + u(x) \cdot \Delta v.$$

算比值

$$\frac{\Delta y}{\Delta x} = \frac{\Delta u}{\Delta x} \cdot v(x + \Delta x) + u(x) \cdot \frac{\Delta v}{\Delta x}.$$

由于 $v(x)$ 在点 x 处可导，故它在点 x 处必连续，因此有 $\lim\limits_{\Delta x \to 0} v(x + \Delta x) = v(x)$.

求极限

$$\lim_{\Delta x\to 0}\frac{\Delta y}{\Delta x}=\lim_{\Delta x\to 0}\frac{\Delta u}{\Delta x}\cdot\lim_{\Delta x\to 0}v(x+\Delta x)+u(x)\cdot\lim_{\Delta x\to 0}\frac{\Delta v}{\Delta x}$$
$$=u'(x)v(x)+u(x)v'(x).$$

所以 $y=u(x)v(x)$ 也在 x 处可导，且有

$$[u(x)v(x)]'=u'(x)v(x)+u(x)v'(x).$$

其他证明从略，请读者自己完成.

定理 2-2-1 中的法则（1）、（2）可推广到任意有限个可导函数的情形. 例如，

$$[u(x)v(x)w(x)]'=u'(x)v(x)w(x)+u(x)v'(x)w(x)+u(x)v(x)w'(x).$$

在法则（2）中，当 $v(x)=C$（C 为常数）时，有 $[Cu(x)]'=Cu'(x)$.

因此有限多个函数的线性组合的导数，可以先求每个函数的导数，然后再线性组合，即

$$\Big[\sum_{i=1}^{n}a_if_i(x)\Big]'=\sum_{i=1}^{n}a_if_i{}'(x).$$

【例 2-2-1】 设 $f(x)=2x^3-4x^2+3x-e,$，求 $f'(x)$，$f'(1)$.

解　$f'(x)=(2x^3)'-(4x^2)'+3x'-e'=6x^2-8x+3.$
　　　$f'(1)=6\times1^2-8\times1+3=1.$

【例 2-2-2】 设 $y=e^x\sin x$，求 y'.

解　$y'=(e^x)'\sin x+e^x(\sin x)'=e^x\sin x+e^x\cos x=e^x(\sin x+\cos x).$

【例 2-2-3】 求 $y=2^x+\cos x-\dfrac{\ln x}{x}$ 的导数.

解　$y'=2^x\ln2-\sin x-\dfrac{\frac{1}{x}\cdot x-\ln x}{x^2}$

　　　$=2^x\ln2-\sin x-\dfrac{1-\ln x}{x^2}.$

【例 2-2-4】 求 $y=\tan x$ 的导数.

解　$y'=(\tan x)'=\Big(\dfrac{\sin x}{\cos x}\Big)'=\dfrac{(\sin x)'\cos x-\sin x(\cos x)'}{\cos^2 x}$

　　　$=\dfrac{\cos^2 x+\sin^2 x}{\cos^2 x}=\dfrac{1}{\cos^2 x}=\sec^2 x.$

即

$$(\tan x)'=\frac{1}{\cos^2 x}=\sec^2 x.$$

这就是正切函数的导数公式.

同样的方法可以求出

$$(\cot x)'=-\frac{1}{\sin^2 x}=-\csc^2 x.$$

【例 2 - 2 - 5】 求 $y = \sec x$ 的导数.

解 $y' = (\sec x)' = \left(\dfrac{1}{\cos x}\right)' = \dfrac{(1)'\cos x - 1 \cdot (\cos x)'}{\cos^2 x} = \dfrac{\sin x}{\cos^2 x} = \sec x \tan x.$

即

$$(\sec x)' = \sec x \tan x.$$

同样的方法可以求出

$$(\csc x)' = -\csc x \cot x.$$

2.2.2 反函数的导数

我们已经求出指数函数与三角函数的导数,为求得它们的反函数的导数,下面先给出反函数求导公式.

定理 2 - 2 - 2 设函数 $y = f(x)$ 在 x 处有不等于零的导数,且有反函数 $x = f^{-1}(y)$ 在相应点处连续,则

$$f'(x) = \dfrac{1}{[f^{-1}(y)]'} \qquad \text{或} \qquad \dfrac{\mathrm{d}y}{\mathrm{d}x} = \dfrac{1}{\dfrac{\mathrm{d}x}{\mathrm{d}y}}.$$

即反函数的导数等于其直接函数导数的倒数.

【例 2 - 2 - 6】 设 $y = \log_a x$ $(x > 0, a > 0, a \neq 1)$,求 y'.

解 $y = \log_a x (x > 0, a > 0, a \neq 1)$,反函数为

$$x = a^y.$$

由反函数求导法则

$$(\log_a x)' = \dfrac{1}{(a^y)'} = \dfrac{1}{a^y \ln a} = \dfrac{1}{x \ln a}.$$

特别地,

$$(\ln x)' = \dfrac{1}{x}.$$

【例 2 - 2 - 7】 设 $y = \arcsin x$,求 y'.

解 $y = \arcsin x$ $(-1 < x < 1)$,反函数为

$$x = \sin y \left(-\dfrac{\pi}{2} < y < \dfrac{\pi}{2}\right),$$

由反函数求导法则

$$(\arcsin x)' = \dfrac{1}{(\sin y)'} = \dfrac{1}{\cos y} = \dfrac{1}{\sqrt{1 - \sin^2 y}} = \dfrac{1}{\sqrt{1 - x^2}} \quad (-1 < x < 1).$$

同理可得

$$(\arccos x)' = -\frac{1}{\sqrt{1-x^2}}\ (-1 < x < 1).$$

【例 2 - 2 - 8】 设 $y = \arctan x$，求 y'.

解 $y = \arctan x\ (-\infty < x < +\infty)$，反函数为

$$x = \tan y\left(-\frac{\pi}{2} < y < \frac{\pi}{2}\right).$$

由反函数求导法则

$$(\arctan x)' = \frac{1}{(\tan y)'} = \frac{1}{\sec^2 y} = \frac{1}{1+\tan^2 y} = \frac{1}{1+x^2}\ (-\infty < x < +\infty).$$

同理可得反余切函数的导数为

$$(\text{arccot}\, x)' = -\frac{1}{1+x^2}.$$

2.2.3 复合函数的导数

定理 2 - 2 - 3 设 $y = f[\varphi(x)]$ 是由函数 $y = f(u)$ 与 $u = \varphi(x)$ 复合而成的. 若函数 $u = \varphi(x)$ 在点 x 可导，函数 $y = f(u)$ 在对应点 u 处可导，则复合函数 $y = f[\varphi(x)]$ 在点 x 可导，且 $\{f[\varphi(x)]\}' = f'(u)\cdot\varphi'(x) = f'[\varphi(x)]\cdot\varphi'(x).$

简记为

$$\frac{dy}{dx} = \frac{dy}{du}\cdot\frac{du}{dx}.$$

注：上述公式一般称为复合函数求导数的链式法则. 以上定理可以简叙为：复合函数 y 对自变量 x 的导数，等于 y 对中间变量 u 的导数乘以中间变量 u 对自变量 x 的导数.

***证明** 函数 $y = f(u)$ 在点 u 处可导，即

$$\lim_{\Delta u\to 0}\frac{\Delta y}{\Delta u} = \frac{dy}{du}$$

存在，根据极限与无穷小的关系，有

$$\frac{\Delta y}{\Delta u} = \frac{dy}{du} + \alpha\ (\lim_{\Delta u\to 0}\alpha = 0).$$

上式两边同乘以 Δu，得

$$\Delta y = \frac{dy}{du}\Delta u + \alpha\Delta u\ (\Delta u\to 0).$$

上式两边同时除以 Δx，得

$$\frac{\Delta y}{\Delta x} = \frac{dy}{du}\cdot\frac{\Delta u}{\Delta x} + \alpha\frac{\Delta u}{\Delta x}.$$

又由于 $u = \varphi(x)$ 在点 x 处可导，因此函数 $u = \varphi(x)$ 在点 x 处连续，即

当 $\Delta x \to 0$ 时，$\Delta u \to 0$. 因此有

$$\lim_{\Delta x \to 0} \alpha = \lim_{\Delta u \to 0} \alpha = 0.$$

令 $\Delta x \to 0$，上式两边同时取极限，得到

$$\frac{\mathrm{d}y}{\mathrm{d}x} = \lim_{\Delta x \to 0} \frac{\Delta y}{\Delta x} = \lim_{\Delta x \to 0} \left(\frac{\mathrm{d}y}{\mathrm{d}u} \cdot \frac{\Delta u}{\Delta x} + \alpha \frac{\Delta u}{\Delta x} \right)$$

$$= \frac{\mathrm{d}y}{\mathrm{d}u} \lim_{\Delta x \to 0} \frac{\Delta u}{\Delta x} + \lim_{\Delta x \to 0} \alpha \cdot \lim_{\Delta x \to 0} \frac{\Delta u}{\Delta x}$$

$$= \frac{\mathrm{d}y}{\mathrm{d}u} \cdot \frac{\mathrm{d}u}{\mathrm{d}x} + 0 \cdot \frac{\mathrm{d}u}{\mathrm{d}x} = \frac{\mathrm{d}y}{\mathrm{d}u} \cdot \frac{\mathrm{d}u}{\mathrm{d}x}.$$

【例 2 - 2 - 9】设 $y = x^{\alpha}$，求 y'.

解　$y = x^{\alpha} = e^{\alpha \ln x}$. 此题等价于求函数 $y = e^{\alpha \ln x}$ 的导数.

令 $u = \alpha \ln x$. 函数 $y = e^{\alpha \ln x}$ 可看成是由 $y = e^u$ 与 $u = \alpha \ln x$ 复合而成的.

$$(e^{\alpha \ln x})' = (e^u)' u'(x) = e^u \cdot (\alpha \ln x)' = e^u \cdot \frac{\alpha}{x} = \alpha x^{\alpha - 1}. \quad 即$$

$$(x^{\alpha})' = \alpha x^{\alpha - 1}.$$

特别地，

$$(x^n)' = n x^{n-1} (n \text{ 为自然数}).$$

【例 2 - 2 - 10】求 $y = e^{x^2}$ 的导数.

解　$y = e^{x^2}$ 可看作由 $y = e^u$，$u = x^2$ 复合而成，因此

$$(e^{x^2})' = e^u \cdot 2x = 2x e^{x^2}.$$

【例 2 - 2 - 11】求函数 $y = \sqrt{2x^2 - 1}$ 的导数.

解　$y = \sqrt{2x^2 - 1}$ 可看作由 $y = \sqrt{u}$，$u = 2x^2 - 1$ 复合而成，因此

$$(\sqrt{2x^2 - 1})' = \frac{1}{2\sqrt{u}} \cdot (4x) = \frac{2x}{\sqrt{2x^2 - 1}}.$$

定理 2 - 2 - 3 的结论可以推广到多层次复合的情况. 例如，设 $y = f(u)$，$u = \varphi(v)$，$v = \psi(x)$，则

复合函数 $y = f\{\varphi[\psi(x)]\}$ 的导数为

$$\frac{\mathrm{d}y}{\mathrm{d}x} = \frac{\mathrm{d}y}{\mathrm{d}u} \cdot \frac{\mathrm{d}u}{\mathrm{d}v} \cdot \frac{\mathrm{d}v}{\mathrm{d}x}.$$

【例 2 - 2 - 12】求函数 $y = \cos^2(3 - 2x)$ 的导数.

解　$y = \cos^2(3 - 2x)$ 可看作由 $y = u^2$，$u = \cos v$，$v = 3 - 2x$ 复合而成，因此

$$[\cos^2(3 - 2x)]' = 2u \cdot (-\sin v) \cdot (-2)$$

$$= 2\cos(3 - 2x) \cdot [-\sin(3 - 2x)] \cdot (-2)$$

$$= 2\sin(6 - 4x).$$

在熟练掌握复合函数的求导公式后，求导时将不必写出中间过程和中间变量.

【例 2 - 2 - 13】求函数 $y = \ln\left(x - \sqrt{1 + x^2}\right)$ 的导数.

解　$y' = \dfrac{1}{x - \sqrt{1 + x^2}}\ \left(x - \sqrt{1 + x^2}\right)'$

$\qquad = \dfrac{1}{x - \sqrt{1 + x^2}}\left(1 - \dfrac{2x}{2\sqrt{1 + x^2}}\right)$

$\qquad = \dfrac{1}{x - \sqrt{1 + x^2}}\ \dfrac{\sqrt{1 + x^2} - x}{\sqrt{1 + x^2}}$

$\qquad = -\dfrac{1}{\sqrt{1 + x^2}}.$

【例 2 - 2 - 14】求函数 $y = \arctan(\sin 2x)$ 的导数.

解　$y' = \left[\arctan(\sin 2x)\right]'$

$\qquad = \dfrac{1}{1 + \sin^2 2x}(\sin 2x)'$

$\qquad = \dfrac{1}{1 + \sin^2 2x}\cos 2x \cdot (2x)'$

$\qquad = \dfrac{1}{1 + \sin^2 2x}\cos 2x \cdot 2$

$\qquad = \dfrac{2\cos 2x}{1 + \sin^2 2x}.$

2. 2. 4　隐函数的导数

前面我们介绍的求导法则都是针对显函数的. 所谓**显函数**就是把函数 y 直接表示成自变量 x 的函数 $y = f(x)$，如 $y = x - 1$，$y = \tan 2x$. 在很多实际问题中，我们所遇到的 x 与 y 之间的函数关系是由方程 $F(x, y) = 0$ 所确定的，即 y 与 x 之间的函数关系隐含在方程中，这样的函数称为**隐函数**. 例如，

$$xy + 2x = 1 + e^x, \cos(xy) - 2y + 3 = 0, \sin x + xe^y - xy = 0, 2x - y + 1 = 0, x^2 - y^2 = 9.$$

把一个隐函数化成显函数，叫作隐函数的显化. 例如 $2x - y + 1 = 0$ 可以化为 $y = 2x + 1$，就把隐函数化成了显函数. 隐函数的显化有时是有困难的，甚至是不可能的. 但在实际问题中，有时需要计算隐函数的导数，因此，我们希望有一种方法，不管隐函数能否显化，都能直接由方程算出它所确定的隐函数的导数来. 下面通过具体例子来说明这种方法.

隐函数求导的方法是：方程两边分别对 x 求导，并在求导过程中将 y 看成 x 的函数，就得到一个含有 y' 的方程式，然后从中解出 y' 即可.

【例 2 - 2 - 15】由方程 $x^2 - y^2 = 9$ 所确定的隐函数的导数 y'.

解 方程两边分别对 x 求导，得

$$2x - 2y \cdot y' = 0,$$

由此解出

$$y' = \frac{x}{y}.$$

【例 2－2－16】 求由方程 $e^y - xy = e$ 所确定的隐函数的导数 y'.

解 方程两边分别对 x 求导，得

$$e^y \cdot y' - (y + xy') = 0,$$

即

$$(e^y - x) \cdot y' = y,$$

由此解出

$$y' = \frac{y}{e^y - x}.$$

【例 2－2－17】 求椭圆 $\dfrac{x^2}{16} + \dfrac{y^2}{9} = 1$ 在点 $\left(2, \dfrac{3}{2}\sqrt{3}\right)$ 处的切线方程.

解 由导数的几何意义可知，所求切线的斜率为 $k = y'$.
椭圆方程两边分别对 x 求导，得

$$\frac{x}{8} + \frac{2yy'}{9} = 0.$$

因此

$$y' = -\frac{9x}{16y}.$$

将点 $\left(2, \dfrac{3}{2}\sqrt{3}\right)$ 代入上式，得

$$k = y'\big|_{x=2} = -\frac{\sqrt{3}}{4}.$$

故所求的切线方程为

$$y - \frac{3}{2}\sqrt{3} = -\frac{\sqrt{3}}{4}(x - 2),$$

即

$$\sqrt{3}x + 4y - 8\sqrt{3} = 0.$$

对于幂指函数 $y = [f(x)]^{g(x)}$ 或若干个因子的幂的乘积或商的导数问题，我们介绍一种对数求导法求导数比用通常的方法简便些.

对数求导法：先将方程两边同时取自然对数，再应用隐函数求导法求导.

【例 2－2－18】 求 $y = x^{\cos x}$ $(x > 0)$ 的导数.

解 对方程两边同时取自然对数，得

$$\ln y = \cos x \cdot \ln x.$$

上式两边同时对 x 求导，得

$$\frac{1}{y}y' = -\sin x \cdot \ln x + \cos x \cdot \frac{1}{x}.$$

解得

$$y' = y\left(\frac{\cos x}{x} - \sin x \cdot \ln x\right) = x^{\cos x}\left(\frac{\cos x}{x} - \sin x \cdot \ln x\right).$$

对于一般形式的幂指函数 $y = [f(x)]^{g(x)}$，如果 $f(x)$，$g(x)$ 都可导，则可像〖例 2-2-18〗那样利用对数求导法求出幂指函数的导数，也可把幂指函数表示为

$$y = [f(x)]^{g(x)} = e^{\ln[f(x)]^{g(x)}} = e^{g(x) \cdot \ln[f(x)]}$$

这样便可以直接求得

$$y' = e^{g(x) \cdot \ln[f(x)]}\left\{g'(x)\ln[f(x)] + g(x)\frac{f'(x)}{f(x)}\right\}$$

$$= [f(x)]^{g(x)}\left\{g'(x)\ln[f(x)] + g(x)\frac{f'(x)}{f(x)}\right\}$$

【例 2-2-19】 求 $y = \dfrac{(x+1)^2 \sqrt{x-2}}{(x-1)^3}$ 的导数.

解　对上式两边取对数，得

$$\ln y = 2\ln(x+1) + \frac{1}{2}\ln(x-2) - 3\ln(x-1).$$

上式两边同时对 x 求导，得

$$\frac{1}{y}y' = \frac{2}{x+1} + \frac{1}{2} \cdot \frac{1}{x-2} - \frac{3}{x-1}.$$

解得

$$y' = y\left(\frac{2}{x+1} + \frac{1}{2} \cdot \frac{1}{x-2} - \frac{3}{x-1}\right)$$

$$= \frac{(x+1)^2 \sqrt{x-2}}{(x-1)^3}\left(\frac{2}{x+1} + \frac{1}{2} \cdot \frac{1}{x-2} - \frac{3}{x-1}\right).$$

【例 2-2-20】 求 $y = \dfrac{xe^{x^3}}{(x+2)^5}$ 的导数.

解　对上式两边取对数，得

$$\ln y = \ln x + x^3 - 5\ln(x+2).$$

上式两边同时对 x 求导，得

$$\frac{y'}{y} = \frac{1}{x} + 3x^2 - \frac{5}{x+2}.$$

解得

$$y' = \frac{xe^{x^3}}{(x+2)^5}\left(\frac{1}{x} + 3x^2 - \frac{5}{x+2}\right).$$

从上述几个例子可以看出用对数求导方法比直接应用求导法则更为清晰、简便.

现在把上面已经推导出来的基本初等函数的导数公式列出如下.

基本初等函数的求导公式

（1）$(C)' = 0$.

（2）$(x^\alpha)' = \alpha x^{\alpha-1}$.

（3）$(a^x)' = a^x \ln a$.

（4）$(e^x)' = e^x$.

（5）$(\log_a x)' = \dfrac{1}{x \ln a}$.

（6）$(\ln x)' = \dfrac{1}{x}$.

（7）$(\sin x)' = \cos x$.

（8）$(\cos x)' = -\sin x$.

（9）$(\tan x)' = \sec^2 x$.

（10）$(\cot x)' = -\csc^2 x$.

（11）$(\sec x)' = \sec x \cdot \tan x$.

（12）$(\csc x)' = -\csc x \cdot \cot x$

（13）$(\arcsin x)' = \dfrac{1}{\sqrt{1-x^2}}$.

（14）$(\arccos x)' = -\dfrac{1}{\sqrt{1-x^2}}$.

（15）$(\arctan x)' = \dfrac{1}{1+x^2}$.

（16）$(\text{arccot} x)' = -\dfrac{1}{1+x^2}$.

*2.2.5　由参数方程所确定的函数的导数

一般地，若参数方程

$$\begin{cases} x = \varphi(t), \\ y = \psi(t) \end{cases}$$

确定 y 与 x 之间的函数关系，那么称此函数关系所表达的函数就是由参数方程所确定的函数.

在实际问题中，需要计算由参数方程所确定的函数的导数. 但从参数方程中消去参数 t 有时会有困难. 因此，我们希望有一种方法能直接由参数方程算出它所确定的函数的导数来. 下面就来讨论由参数方程所确定的函数的求导方法.

如果函数 $x = \varphi(t)$ 具有单调连续的反函数 $t = \varphi^{-1}(x)$，那么它与函数 $y = \psi(t)$ 构成一个复合函数，这时由参数方程所确定的函数可以看成是由函数 $y = \psi(t)$ 及 $t = \varphi^{-1}(x)$ 复合而成的函数 $y = \psi[\varphi^{-1}(x)]$. 现在，要计算这个复合函数的导数，只要假定函数 $x = \varphi(t)$，$y = \psi(t)$ 都可导，并且 $\varphi'(t) \neq 0$，就可以根据复合函数的求导法则与反函数的求导法则，得到

$$\frac{dy}{dx} = \frac{dy}{dt} \cdot \frac{dt}{dx} = \frac{dy}{dt} \cdot \frac{1}{\dfrac{dx}{dt}} = \frac{\dfrac{dy}{dt}}{\dfrac{dx}{dt}} = \frac{\psi'(t)}{\varphi'(t)},$$

即

$$\frac{dy}{dx} = \frac{\dfrac{dy}{dt}}{\dfrac{dx}{dt}}$$

或

$$\frac{\mathrm{d}y}{\mathrm{d}x} = \frac{\psi'(t)}{\varphi'(t)}.$$

这就是由参数方程 $\begin{cases} x = \varphi(t), \\ y = \psi(t) \end{cases}$ 所确定的函数的导数公式.

【例 2 - 2 - 21】 求由参数方程 $\begin{cases} x = 2\sin t, \\ y = \cos 2t \end{cases}$ 所确定的函数 $y = f(x)$ 的导数 $\dfrac{\mathrm{d}y}{\mathrm{d}x}$.

解　因为 $\dfrac{\mathrm{d}y}{\mathrm{d}t} = -2\sin 2t$，$\dfrac{\mathrm{d}x}{\mathrm{d}t} = 2\cos t$，所以

$$\frac{\mathrm{d}y}{\mathrm{d}x} = \frac{\dfrac{\mathrm{d}y}{\mathrm{d}t}}{\dfrac{\mathrm{d}x}{\mathrm{d}t}} = \frac{-2\sin 2t}{2\cos t} = -2\sin t.$$

【例 2 - 2 - 22】 试求由椭圆的参数方程

$$\begin{cases} x = a\cos t, \\ y = b\sin t \end{cases}$$

所确定的函数 $y = f(x)$ 的导数及椭圆在 $t = \dfrac{\pi}{4}$ 相应的点处的切线方程.

解　因为 $\dfrac{\mathrm{d}y}{\mathrm{d}t} = b\cos t$，$\dfrac{\mathrm{d}x}{\mathrm{d}t} = -a\sin t$，所以

$$\frac{\mathrm{d}y}{\mathrm{d}x} = \frac{b\cos t}{-a\sin t} = -\frac{b}{a}\cot t.$$

所求切线的斜率为 $\dfrac{\mathrm{d}y}{\mathrm{d}x}\bigg|_{t=\frac{\pi}{4}} = -\dfrac{b}{a}$. 椭圆在 $t = \dfrac{\pi}{4}$ 处相应的点的坐标为：

$$x_0 = a\cos\frac{\pi}{4} = \frac{\sqrt{2}}{2}a, \quad y_0 = b\sin\frac{\pi}{4} = \frac{\sqrt{2}}{2}b.$$

代入点斜式方程，即得椭圆在 $t = \dfrac{\pi}{4}$ 相应的点处的切线方程为：

$$y - \frac{\sqrt{2}}{2}b = -\frac{b}{a}\left(x - \frac{\sqrt{2}}{2}a\right),$$

化简得

$$bx + ay - \sqrt{2}ab = 0.$$

2.2.6　高阶导数

在物理学中，不但需要了解物体运动的速度，还需要了解物体运动速度的变化率，即加速度问题. 例如：自由落体的运动方程为

$$S = \frac{1}{2} g t^2.$$

物体在 t 时刻的瞬时速度为

$$v = \frac{dS}{dt} = \left(\frac{1}{2} g t^2 \right)' = g t,$$

物体在 t 时刻的加速度为

$$a = \frac{dv}{dt} = (g t)' = g.$$

因此，加速度是速度函数的导数，也就是路程 S 的导函数的导数，这就产生了高阶导数的概念.

定义 2 - 2 - 1　如果函数 $y = f(x)$ 在点 x_0 可导，$f'(x)$ 也在点 x_0 可导，则称 $f'(x)$ 在点 x_0 的导数为 $y = f(x)$ 在点 x_0 的**二阶导数**，记作

$$f''(x_0), \ y'' \big|_{x = x_0}, \ \frac{d^2 y}{dx^2} \bigg|_{x = x_0}.$$

同时称函数 $y = f(x)$ 在点 x_0 为二阶可导.

若函数 $f(x)$ 在区间 I 上每一点都二阶可导（对区间端点，仅考虑相应的单侧导数），则称 $f(x)$ 为 I 上的**二阶导函数**（或简称**二阶导数**）. 记作 $f''(x)$，y''或$\frac{d^2 y}{dx^2}$.

即

$$y'' = (y')' = \frac{d}{dx} \left(\frac{dy}{dx} \right) = \frac{d^2 y}{dx^2}.$$

若函数 $y = f(x)$ 的二阶导数 $f''(x)$ 的导数存在，则称该导数为 $y = f(x)$ 的**三阶导数**，记作 $f'''(x)$，y'''或$\frac{d^3 y}{dx^3}$.

一般地，若 $y = f(x)$ 的 $n - 1$ 阶导数 $f^{(n-1)}$ 的导数存在，则称该导数为 $y = f(x)$ 的 n 阶导数，记作

$$f^{(n)}(x), y^{(n)} 或 \frac{d^n y}{dx^n} (n \geqslant 4).$$

函数的二阶以及二阶以上的导数统称为**高阶导数**. 函数 $f(x)$ 在点 x_0 处的 n 阶导数记作 $f^{(n)}(x_0)$，$y^{(n)} \big|_{x = x_0}$或$\frac{d^n y}{dx^n} \bigg|_{x = x_0}$.

根据上述定义可得，求高阶导数就是相继多次地求一阶导数，故应用前面学过的求导方法即可计算出高阶导数.

【**例 2 - 2 - 23**】设 $f(x) = x^4$，求 $f^{(n)}(x)$.

解　$f'(x) = 4 x^3$,

$\qquad f''(x) = (4 x^3)' = 12 x^2$,

$$f'''(x) = (12x^2)' = 24x,$$

$$f^{(4)}(x) = (24x)' = 24 = 4!,$$

$$f^{(n)}(x) = 0 \quad (n > 4).$$

由此可见：一般地，对于 n 次多项式 $P(x) = a_0 x^n + a_1 x^{n-1} + \cdots + a_{n-1} x + a_n$，每求导一次，其幂次降低一次，第 n 阶导数为一常数，大于 n 阶的导数都等于 0.

即

$$P^{(n)}(x) = a_0 n!, \quad P^{(k)}(x) = 0(k > n).$$

【例 2 - 2 - 24】设 $y = e^{ax}$，求 $y^{(n)}$.

解　$y' = (e^{ax})' = a e^{ax},$

$$y'' = (a e^{ax})' = a^2 e^{ax}.$$

由数学归纳法得

$$y^{(n)} = a^n e^{ax}.$$

特殊地，

$$(e^x)^{(n)} = e^x.$$

【例 2 - 2 - 25】求 $y = \sin x$ 和 $y = \cos x$ 的各阶导数.

解　$(\sin x)' = \cos x = \sin\left(x + \dfrac{\pi}{2}\right);$

$$(\sin x)'' = \left[\sin\left(x + \dfrac{\pi}{2}\right)\right]' = \cos\left(x + \dfrac{\pi}{2}\right)$$

$$= \sin\left[\left(x + \dfrac{\pi}{2}\right) + \dfrac{\pi}{2}\right] = \sin\left(x + 2 \cdot \dfrac{\pi}{2}\right).$$

设当 $n = k$ 时有以下式子成立

$$(\sin x)^{(k)} = \sin\left(x + k \cdot \dfrac{\pi}{2}\right),$$

那么当 $n = k + 1$ 时，有

$$(\sin x)^{(k+1)} = \left[\sin\left(x + k \cdot \dfrac{\pi}{2}\right)\right]' = \cos\left(x + k \cdot \dfrac{\pi}{2}\right)$$

$$= \sin\left[\left(x + k \cdot \dfrac{\pi}{2}\right) + \dfrac{\pi}{2}\right] = \sin\left[x + (k+1)\dfrac{\pi}{2}\right],$$

由数学归纳法得

$$(\sin x)^{(n)} = \sin\left(x + n \cdot \dfrac{\pi}{2}\right) = \sin\left(x + \dfrac{n\pi}{2}\right).$$

同理，可求得

$$(\cos x)^{(n)} = \cos\left(x + \dfrac{n\pi}{2}\right).$$

【例 2 - 2 - 26】求由方程 $x + 3y + \cos y = 2$ 所确定的隐函数 y 的二阶导数 y''.

解　方程两边分别对 x 求导，得

$$1 + 3y' - y'\sin y = 0$$

即 $y' = \dfrac{-1}{3 - \sin y}$　　　　　　　　　　　　　　　　　　　　　(2-2-1)

再将 y' 对 x 求导，得

$$y'' = \frac{-y'\cos y}{(3 - \sin y)^2}$$　　　　　　　　　　　　　　　　　(2-2-2)

将式（2-2-1）代入式（2-2-2），得

$$y'' = \frac{\cos y}{(3 - \sin y)^3}.$$

在参数方程 $\begin{cases} x = \varphi(t), \\ y = \psi(t) \end{cases}$ 中，如果 $x = \varphi(t)$，$y = \psi(t)$ 还是二阶可导的，那么根据参

数方程的一阶求导公式 $\dfrac{\mathrm{d}y}{\mathrm{d}x} = \dfrac{\psi'(t)}{\varphi'(t)}$ 又可得到其二阶求导公式：

$$\frac{\mathrm{d}^2 y}{\mathrm{d}x^2} = \frac{\mathrm{d}}{\mathrm{d}x}\left(\frac{\mathrm{d}y}{\mathrm{d}x}\right) = \frac{\mathrm{d}}{\mathrm{d}x}\left[\frac{\psi'(t)}{\varphi'(t)}\right] = \frac{\mathrm{d}}{\mathrm{d}t}\left[\frac{\psi'(t)}{\varphi'(t)}\right] \cdot \frac{\mathrm{d}t}{\mathrm{d}x}$$

$$= \frac{\dfrac{\mathrm{d}}{\mathrm{d}t}\left[\dfrac{\psi'(t)}{\varphi'(t)}\right]}{\dfrac{\mathrm{d}x}{\mathrm{d}t}} = \frac{\dfrac{\mathrm{d}}{\mathrm{d}t}\left[\dfrac{\psi'(t)}{\varphi'(t)}\right]}{\varphi'(t)}.$$

【例 2-2-27】求由参数方程 $\begin{cases} x = \sin t, \\ y = 2\cos t \end{cases}$ 所确定的函数 $y = f(x)$ 的二阶导数 $\dfrac{\mathrm{d}^2 y}{\mathrm{d}x^2}$.

解　$\dfrac{\mathrm{d}y}{\mathrm{d}x} = \dfrac{\dfrac{\mathrm{d}y}{\mathrm{d}t}}{\dfrac{\mathrm{d}x}{\mathrm{d}t}} = \dfrac{-2\sin t}{\cos t} = -2\tan t.$

$$\frac{\mathrm{d}^2 y}{\mathrm{d}x^2} = \frac{\dfrac{\mathrm{d}}{\mathrm{d}t}\left[\dfrac{\psi'(t)}{\varphi'(t)}\right]}{\dfrac{\mathrm{d}x}{\mathrm{d}t}} = \frac{\dfrac{\mathrm{d}}{\mathrm{d}t}(-2\tan t)}{\dfrac{\mathrm{d}x}{\mathrm{d}t}} = \frac{-2\sec^2 t}{\cos t} = -2\sec^3 t.$$

习题 2-2

1. 求下列函数的导数.

（1）$y = x^2 + \sqrt{x} - \dfrac{3}{\sqrt{x}}$；　　　　　　　（2）$y = x^2 e^x - e$；

（3）$y = \tan x + 2\arcsin x$；　　　　　　（4）$y = x^3 \ln x$；

（5）$y = \sin x \cos x$；　　　　　　　　　（6）$y = 2e^x \sin x$；

（7）$y = \dfrac{e^x}{x^2} + \ln 5$；　　　　　　　　　（8）$y = x\cos x \ln x.$

2. 求下列函数的导数.

（1）$y = (3x - 2)^5$；　　　　（2）$y = \sqrt{2 - x^2}$；

（3）$y = \ln\ln x$；　　　　　　（4）$y = \arctan(e^x)$；

（5）$y = \ln\cos x$；　　　　　（6）$y = \arcsin(\sqrt{x})$；

（7）$y = \dfrac{1}{\sqrt{4 - x^2}}$；　　　（8）$y = e^{\sqrt{1 - \cos x}}$；

（9）$y = \ln \dfrac{\sqrt{x^2 - 1}}{\sqrt[3]{5x - 2}}$；　　（10）$y = \sin\ln(1 + 4x)$.

3. 求由下列方程所确定的隐函数的导数.

（1）$x^2 - y^2 + \cos y = 3$；　　（2）$x^3 - \sin y - ye^x = e$；

（3）$y = \sin(x - y)$；　　　　（4）$\cos y + xe^y = 0$；

（5）$x^3 y^2 - \sin x = e^{xy}$；　　（6）$x^2 + xy - e^y = 5$.

4. 求下列参数方程所确定的函数的导数 $\dfrac{\mathrm{d}y}{\mathrm{d}x}$.

（1）$\begin{cases} x = e^{-t} - 1, \\ y = 2e^{3t} + 4. \end{cases}$　　（2）$\begin{cases} x = t\ln t, \\ y = 2t^3. \end{cases}$

（3）$\begin{cases} x = a(t^2 - \sin t), \\ y = a(2 + \cos t). \end{cases}$　　（4）$\begin{cases} x = \sin^2 t, \\ y = \cos t + 2. \end{cases}$

5. 求下列函数的二阶导数.

（1）$y = e^{3x + 1}$；　　　　　（2）$y = e^{-x}\cos x$；

（3）$y = x\sin x$；　　　　　（4）$y = x^2(\sqrt{x} - 1)$；

（5）$y = \ln(1 - x^2)$；　　　　（6）$y = \sqrt{1 - x^2}$.

6. 求由下列方程所确定的隐函数的二阶导数.

（1）$x - y + \sin y = 0$；　　　（2）$y = \sin(x - y)$.

7. 求下列参数方程所确定的函数的二阶导数 $\dfrac{\mathrm{d}^2 y}{\mathrm{d}x^2}$.

（1）$\begin{cases} x = e^{3t}, \\ y = 5e^{-3t}. \end{cases}$　　（2）$\begin{cases} x = \sin 2t, \\ y = 5\cos 2t. \end{cases}$

2.3　微分

2.3.1　微分的概念

我们先来看一个具体问题. 一块正方形的金属薄片由于受到温度变化的影响，其边长从 x_0 变到 $x_0 + \Delta x$，问这块薄片的面积改变了多少？

解 设此薄片的边长为 x，面积为 A，则有 $A=x^2$，见图 $2-2$. 薄片受到温度变化的影响时，面积的改变量为

$$\Delta A = (x_0 + \Delta x)^2 - x_0^2 = 2x_0\Delta x + (\Delta x)^2$$

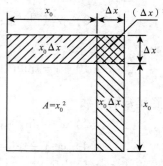

图 2 - 2

从以上式子可看出，ΔA 分成两部分，第一部分 $2x_0\Delta x$ 是 Δx 的线性函数，即图 $2-2$ 中带有斜线的两个矩形面积之和. 而第二部分 $(\Delta x)^2$ 是图 $2-2$ 中带有交叉斜线的小正方形的面积，当 $\Delta x \to 0$ 时，$(\Delta x)^2$ 是比 Δx 高阶的无穷小，即 $(\Delta x)^2 = o(\Delta x)$. 从而 $\Delta A = 2x_0\Delta x + o(\Delta x)$. 由此可得，当边长的改变很微小，即 $|\Delta x|$ 很小时，面积的改变量 ΔA 可近似地用第一部分（Δx 的线性部分 $2x_0\Delta x$）来代替.

下面根据以上例子引入微分的概念.

定义 2 - 3 - 1 设函数 $y=f(x)$ 在点 x_0 的某个邻域 $U(x_0)$ 内有定义，当给 x_0 一个增量 Δx，$x_0 + \Delta x \in U(x_0)$ 时，相应地，函数 $y=f(x)$ 有增量 $\Delta y = f(x_0 + \Delta x) - f(x_0)$. 如果存在一个常数 A，使得 Δy 可表示为

$$\Delta y = A\Delta x + o(\Delta x), (\Delta x \to 0).$$

则称 $A\Delta x$ 为函数 $y=f(x)$ 在点 x_0 的**微分**，记作

$$\mathrm{d}y\big|_{x=x_0} = A\Delta x \ \text{或}\ \mathrm{d}f(x)\big|_{x=x_0} = A\Delta x.$$

并称函数 $y=f(x)$ 在点 x_0 **可微**.

如果函数 $y=f(x)$ 在区间 I 上每一点处都可微，则称函数 $y=f(x)$ 为区间 I 上的可微函数，记作 $\mathrm{d}y$ 或 $\mathrm{d}f(x)$.

由上述定义可知，Δy 与 $\mathrm{d}y$ 之间的关系是

$$\Delta y = \mathrm{d}y + o(\Delta x), (\Delta x \to 0).$$

因此，$\mathrm{d}y$ 是 Δy 的主部. 又由于 $\mathrm{d}y = A\Delta x$ 是 Δx 的线性函数，故当 $A \neq 0$ 时，我们称 $\mathrm{d}y$ 是 Δy 的线性主部. 因此经常用微分 $\mathrm{d}y$ 来近似代替 Δy. 即 $|\Delta x|$ 很小时，有

$$\Delta y \approx \mathrm{d}y.$$

【例 2 - 3 - 1】 求函数 $y=x^2$ 在 $x=2$ 处的微分.

解 $\Delta y = (2 + \Delta x)^2 - 2^2 = 4\Delta x + (\Delta x)^2$

$\qquad = 4\Delta x + o(\Delta x), (\Delta x \to 0).$

故由微分的定义可知，函数 $y=x^2$ 在 $x=2$ 处可微，且微分为

$$\mathrm{d}y\big|_{x=2}=4\Delta x$$

根据导数与微分的定义容易得出以下定理.

定理 2-3-1　函数 $y=f(x)$ 在点 x_0 可导的充分必要条件是函数 $y=f(x)$ 在点 x_0 可微.

证明　充分性：若函数 $y=f(x)$ 在点 x_0 可导，则由导数的定义知

$$f'(x)=\lim_{\Delta x\to 0}\frac{\Delta y}{\Delta x}.$$

根据无穷小与极限的关系，上式可以写成

$$\frac{\Delta y}{\Delta x}=f'(x)+\alpha,\quad\left(\lim_{\Delta x\to 0}\alpha=0\right).$$

两边同时乘以 Δx，可得到

$$\Delta y=f'(x_0)\Delta x+\alpha\Delta x.$$

又由于 $\lim\limits_{\Delta x\to 0}\dfrac{\alpha\Delta x}{\Delta x}=\lim\limits_{\Delta x\to 0}\alpha=0.$ 故 $\alpha\Delta x=o(\Delta x)$. 因此

$$\Delta y=f'(x_0)\Delta x+o(\Delta x)(\Delta x\to 0).$$

根据微分的定义可知，函数 $y=f(x)$ 在点 x_0 处可微且 $\mathrm{d}y\big|_{x=x_0}=f'(x_0)\Delta x.$

必要性：若函数 $y=f(x)$ 在点 x_0 可微，则由微分的定义知

$$\Delta y=A\Delta x+o(\Delta x),(\Delta x\to 0).$$

上式两边同时除以 Δx（$\Delta x\neq 0$），得

$$\frac{\Delta y}{\Delta x}=A+\frac{o(\Delta x)}{\Delta x},$$

上式两边再同时取极限，得

$$\lim_{\Delta x\to 0}\frac{\Delta y}{\Delta x}=A+\lim_{\Delta x\to 0}\frac{o(\Delta x)}{\Delta x}=A+0=A.$$

根据导数的定义可知，函数 $y=f(x)$ 在点 x_0 处可导且 $f'(x_0)=A.$
证毕.

由以上定理可知，对于一元函数来说，可微与可导是两个等价的概念且函数 $y=f(x)$ 在点 x_0 的微分可写成

$$\mathrm{d}y\big|_{x=x_0}=f'(x_0)\Delta x.$$

若函数 $y=f(x)$ 为区间 I 上的可微函数，则函数 $y=f(x)$ 在 I 上任一点 x 处的微分记作

$$\mathrm{d}y=f'(x)\Delta x,x\in I.$$

特别地，当 $y=x$ 时，$\mathrm{d}x=(x)'\Delta x=\Delta x.$ 即 $\mathrm{d}x=\Delta x.$ 因此，函数 $y=f(x)$ 在点 x 处的微分可改写为

$$\mathrm{d}y=f'(x)\mathrm{d}x.$$

上式两边同时除以 $\mathrm{d}x$（$\mathrm{d}x\neq 0$）可得

$$f'(x) = \frac{\mathrm{d}y}{\mathrm{d}x}.$$

这说明，函数 $y = f(x)$ 的导数 $f'(x)$ 就等于函数的微分 $\mathrm{d}y$ 与自变量微分 $\mathrm{d}x$ 的商，因此，导数也常称为**微商**. 在这之前，$\frac{\mathrm{d}y}{\mathrm{d}x}$ 总被作为一个整体的运算符号来看待，在本节我们学习了微分的概念之后，也可以把它看作一个分式了.

【例 2 – 3 – 2】设 $y = x^2 - 5x + 10$，求 $\mathrm{d}y$ 与 $\mathrm{d}y \mid_{x=1}$.

解　$\mathrm{d}y = (x^2 - 5x + 10)' \mathrm{d}x = (2x - 5) \mathrm{d}x.$

$\mathrm{d}y \mid_{x=1} = (2 \cdot 1 - 5) \mathrm{d}x = -3\mathrm{d}x.$

2.3.2　微分的几何意义

下面给出微分的几何意义，以便大家对微分有比较直观的了解.

如图 2 – 3 所示，设曲线的方程为 $y = f(x)$，设点 $P(x, y)$ 为曲线 $y = f(x)$ 上一点，当给自变量 x 一个增量 Δx 时，就得到曲线上另一点 $Q(x + \Delta x, y + \Delta y)$，则

$$\Delta x = PM, \Delta y = f(x_0 + \Delta x) - f(x_0) = QM.$$

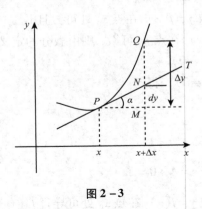

图 2 – 3

过点 P 作曲线的切线 PT 且设切线 PT 的倾斜角为 α，则 $\tan\alpha = f'(x)$. 从而

$$MN = PM \cdot \tan\alpha = f'(x)\Delta x = \mathrm{d}y.$$

由此可见，函数的微分 $\mathrm{d}y$ 的几何意义是：当自变量 x 有增量 Δx 时，在点 $P(x, y)$ 处的切线上与 Δx 所对应的纵坐标的增量.

由于 $|\Delta y - \mathrm{d}y| = QM - MN = QN$，故当 $|\Delta x|$ 很小时，QN 的长度比 $|\Delta x|$ 小得多. 因此，在点 P 的附近，切线段可以近似代替曲线段. 在数学上，像这样在局部范围内用线性函数来近似代替非线性函数，称为非线性函数的局部线性化，这是微分学的基本思想方法之一. 这种思想方法经常采用在工程问题和自然科学的研究中.

2.3.3 微分的计算

由于函数 $y = f(x)$ 的微分 $\mathrm{d}y = f'(x)\mathrm{d}x$. 故要计算函数的微分，只需先计算函数的导数，再乘以自变量的微分. 因此，根据导数的四则运算法则与求导公式，可推出相应的微分的四则运算法则与微分公式.

2.3.3.1 微分的四则运算法则

设函数 $u(x), v(x)$ 都可微，则

（1） $\mathrm{d}(u \pm v) = \mathrm{d}u \pm \mathrm{d}v$；

（2） $\mathrm{d}(uv) = v\mathrm{d}u + u\mathrm{d}v$；

（3） $\mathrm{d}(Cu) = C\mathrm{d}u$；

（4） $\mathrm{d}\left(\dfrac{u}{v}\right) = \dfrac{v\mathrm{d}u - u\mathrm{d}v}{v^2}\ (v(x) \neq 0)$.

2.3.3.2 基本微分公式

（1） $\mathrm{d}C = 0$，（C 为常数）；   （2） $\mathrm{d}(x^a) = ax^{a-1}\mathrm{d}x$；

（3） $\mathrm{d}(a^x) = a^x \ln a\mathrm{d}x$；   （4） $\mathrm{d}(e^x) = e^x\mathrm{d}x$；

（5） $\mathrm{d}(\log_a x) = \dfrac{1}{x\ln a}\mathrm{d}x$；   （6） $\mathrm{d}(\ln x) = \dfrac{1}{x}\mathrm{d}x$；

（7） $\mathrm{d}(\sin x) = \cos x\mathrm{d}x$；   （8） $\mathrm{d}(\cos x) = -\sin x\mathrm{d}x$；

（9） $\mathrm{d}(\tan x) = \sec^2 x\mathrm{d}x$；   （10） $\mathrm{d}(\cot x) = -\csc^2 x\mathrm{d}x$；

（11） $\mathrm{d}(\sec x) = \sec x \cdot \tan x\mathrm{d}x$；   （12） $\mathrm{d}(\csc x) = -\csc x \cdot \cot x\mathrm{d}x$；

（13） $\mathrm{d}(\arcsin x) = \dfrac{1}{\sqrt{1-x^2}}\mathrm{d}x$；   （14） $\mathrm{d}(\arccos x) = -\dfrac{1}{\sqrt{1-x^2}}\mathrm{d}x$；

（15） $\mathrm{d}(\arctan x) = \dfrac{1}{1+x^2}\mathrm{d}x$；   （16） $\mathrm{d}(\text{arccot}\,x) = -\dfrac{1}{1+x^2}\mathrm{d}x$.

【例 2 - 3 - 3】 求 $y = e^x + 2\ln x - 3x$ 的微分.

解 $\begin{aligned}[t] \mathrm{d}y &= \mathrm{d}(e^x + 2\ln x - 3x)\\ &= \mathrm{d}(e^x) + \mathrm{d}(2\ln x) - \mathrm{d}(3x)\\ &= e^x\mathrm{d}x + \dfrac{2}{x}\mathrm{d}x - 3\mathrm{d}x\\ &= \left(e^x + \dfrac{2}{x} - 3\right)\mathrm{d}x. \end{aligned}$

【例 2 - 3 - 4】 求 $y = e^x \cos x$ 的微分.

解 $\begin{aligned}[t] \mathrm{d}y &= \mathrm{d}(e^x \cos x) = \cos x\mathrm{d}e^x + e^x\mathrm{d}(\cos x)\\ &= e^x \cos x\mathrm{d}x - e^x \sin x\mathrm{d}x\\ &= e^x(\cos x - \sin x)\mathrm{d}x. \end{aligned}$

【例 2 - 3 - 5】 求 $y = \dfrac{e^x}{x^2}$ 的微分.

解 $dy = d\left(\dfrac{e^x}{x^2}\right) = \dfrac{x^2 d(e^x) - e^x d(x^2)}{x^4} = \dfrac{x^2 e^x - 2xe^x}{x^4}dx = \dfrac{(x-2)e^x}{x^3}dx.$

2.3.3.3 一阶微分形式的不变性

设 $y = f(u)$，$u = \varphi(x)$ 都可导，则复合函数 $y = f[\varphi(x)]$ 的微分为

$dy = f'(u)\varphi'(x)dx,$

由于 $du = \varphi'(x)dx$，故复合函数 $y = f[\varphi(x)]$ 的微分也可以写为

$dy = f'(u)du.$

由此可见，无论 u 是中间变量还是自变量，函数的微分 $dy = f'(u)du$ 的形式保持不变，这个性质通常称为一阶微分形式的不变性.

【例 2 - 3 - 6】 求 $y = \ln(2x - 1)$ 的微分.

解法一 把 $2x+1$ 看作中间变量 u，即 $u = 2x + 1$，则

$$dy = d(\ln u) = \frac{1}{u}du = \frac{1}{2x-1}d(2x-1)$$

$$= \frac{1}{2x-1} \cdot 2dx$$

$$= \frac{2}{2x-1}dx.$$

解法二 由于

$$\frac{dy}{dx} = y' = \frac{2}{2x-1}.$$

故

$$dy = y'dx = \frac{2}{2x-1}dx.$$

由于函数 $y = f(x)$ 的导数 $f'(x)$ 可看作函数的微分 dy 与自变量的微分 dx 的商，而在计算微分时不必分辨是自变量还是中间变量，故有时用微分来计算隐函数的导数比较简单.

【例 2 - 3 - 7】 由方程 $e^y = x^2 y$ 所确定的隐函数，求 $\dfrac{dy}{dx}$ 与 dy.

解 等式两边同时取微分，得

$d(e^y) = d(x^2 y),$

即

$e^y dy = y dx^2 + x^2 dy,$

移项，得

$(e^y - x^2)dy = 2xy dx,$

故

$$\frac{\mathrm{d}y}{\mathrm{d}x} = \frac{2xy}{e^y - x^2}.$$

$$\mathrm{d}y = \frac{2xy}{e^y - x^2}\mathrm{d}x.$$

2.3.4　微分在近似计算中的应用

2.3.4.1　函数的近似计算

根据微分的定义有

$$\Delta y = f(x_0 + \Delta x) - f(x_0) = f'(x_0)\Delta x + o(\Delta x)\,(\Delta x \to 0).$$

当 $|\Delta x|$ 很小时，有

$$f(x_0 + \Delta x) - f(x_0) \approx f'(x_0)\Delta x.$$

即

$$f(x_0 + \Delta x) \approx f(x_0) + f'(x_0)\Delta x. \tag{2-3-1}$$

令 $x = x_0 + \Delta x$，即 $\Delta x = x - x_0$，那么上式可写为

$$f(x) \approx f(x_0) + f'(x_0)(x - x_0). \tag{2-3-2}$$

【例 2-3-8】 计算 $\sqrt{1.006}$ 的近似值.

解　设 $f(x) = \sqrt{x}$. 令 $x = 1.006$，$x_0 = 1$，

根据上面的公式 $f(x) \approx f(x_0) + f'(x_0)(x - x_0)$，得

$$f(1.006) \approx f(1) + f'(1)(1.006 - 1).$$

由于 $f'(x) = \dfrac{1}{2\sqrt{x}}$，故 $f'(1) = \dfrac{1}{2\sqrt{1}} = \dfrac{1}{2}$，且 $f(1) = \sqrt{1} = 1$，

于是

$$\sqrt{1.006} \approx 1 + \frac{1}{2}(1.006 - 1) = 1.003.$$

【例 2-3-9】 计算 $\sin 32°$ 的近似值.

解　设 $f(x) = \sin x$，令 $x_0 = 30° = \dfrac{\pi}{6}$，$\Delta x = 2° = \dfrac{\pi}{90}$.

由于 $f'(x) = \cos x$，故 $f'(x_0) = \cos\dfrac{\pi}{6} = \dfrac{\sqrt{3}}{2}$，且 $f(x_0) = \sin\dfrac{\pi}{6} = \dfrac{1}{2}$.

根据上面的公式 $f(x_0 + \Delta x) \approx f(x_0) + f'(x_0)\Delta x$，得

$$\sin 32° \approx \sin\frac{\pi}{6} + \cos\frac{\pi}{6} \cdot \frac{\pi}{90}$$

$$= \frac{1}{2} + \frac{\sqrt{3}}{2} \cdot \frac{\pi}{90} \approx 0.5302.$$

*2.3.4.2　误差分析

在实际工作中，常常需要计算一些由公式 $y = f(x)$ 所确定的量. 由于各种原因，

我们所得到的数据 x 往往带有误差（称为直接误差），而根据这些带有误差的数据 x 计算出来的 y 也会有误差（称为间接误差）．下面讨论怎样利用微分来对间接误差进行估计．

设某一个量的真实数值（以后称为真值）为 A，它的近似值为 a，则 $|A-a|$ 为 a 的**绝对误差**，称 $\dfrac{|A-a|}{|a|}$ 为 a 的**相对误差**．一般来说，在实际问题中所涉及的量，它的真值虽然存在，但往往找不到，所以绝对误差与相对误差也就无法求得．因此，我们可以从实际出发规定出绝对误差的上界 δ_A（称为绝对误差限，以后简称为绝对误差）及相对误差上界 $\dfrac{\delta_A}{a}$（称为相对误差限，以后简称为相对误差）．这样一来，当我们根据直接测量值 x 按公式 $y=f(x)$ 计算 y 值时，如果已知 x 的误差为 δ_x，即

$$|\Delta x| \leqslant \delta_x,$$

则当 $y' \neq 0$ 时，y 的误差

$$|\Delta y| \approx |dy| \approx |y'| \cdot |\Delta x| \leqslant |y'| \cdot \delta_x,$$

即 y 的绝对误差为

$$\delta_y = |y'| \cdot \delta_x, \tag{2-3-3}$$

而 y 的相对误差为

$$\frac{\delta_y}{|y|} = \left|\frac{y'}{y}\right| \cdot \delta_x. \tag{2-3-4}$$

【例 2-3-10】 测量球半径 r，其相对误差为何值时，才能保证球的体积由公式

$$V = \frac{4}{3}\pi r^3$$

计算后相对误差不超过 3%．

解 由公式（2-3-4）有

$$\frac{\delta_V}{|V|} = \left|\frac{V'}{V}\right| \cdot \delta_r = \left|\frac{4\pi r^2}{\frac{4}{3}\pi r^3}\right| \cdot \delta_r = 3\frac{\delta_r}{|r|}.$$

由此可见，要使得 $\dfrac{\delta_V}{|V|} \leqslant 3\%$，就要求

$$\frac{\delta_r}{|r|} \leqslant \frac{1}{3} \times 3\% = 1\%.$$

习题 2-3

1. 设 $y = x^3 + x$，当 $x=1$，$\Delta x = 0.1$ 时，求 dy 与 Δy．

2. 求下列各函数的微分．

（1）$y = e^{2x}\sin x$；　　　　　　（2）$y = \tan^2(1+2x)$；

（3）$y = \arcsin\sqrt{1-x}$；　　　（4）$y = x^{4x}$；

（5）$y = \dfrac{1}{x} + \sqrt{x}$；

（6）$y = x\ln 2x$；

（7）$y = x^2\cos 3x$；

（8）$y = \dfrac{x}{1-x^2}$.

3. 将适当的函数填入下列括号内，使等式成立.

（1）$\mathrm{d}(\ ) = 3\mathrm{d}x$；

（2）$\mathrm{d}(\ ) = 2x\mathrm{d}x$；

（3）$\mathrm{d}(\ ) = \cos x\mathrm{d}x$；

（4）$\mathrm{d}(\ ) = \sin 2x\mathrm{d}t$；

（5）$\mathrm{d}(\ ) = \dfrac{1}{2+x}\mathrm{d}x$；

（6）$\mathrm{d}(\ ) = e^{-x}\mathrm{d}x$；

（7）$\mathrm{d}(\ ) = \dfrac{1}{2\sqrt{x}}\mathrm{d}x$；

（8）$\mathrm{d}(\ ) = \sec^2 2x\mathrm{d}x$.

4. 求 $\sqrt{3}$ 的近似值.

2.4　中值定理

前面我们从分析变化率问题出发，引入了导数的概念，并讨论了导数的计算方法. 本节中，我们将讨论如何应用导数来推断函数及曲线所应具有的某些性态，并利用这些知识解决一些实际问题. 为此，先介绍微分学的几个中值定理，它们是导数应用的理论基础.

2.4.1　罗尔定理

如果函数 $f(x)$ 满足如下条件：

（1）在闭区间 $[a,b]$ 上连续.

（2）在开区间 (a,b) 内可导.

（3）$f(a) = f(b)$. 则在 (a,b) 内至少存在一点 ξ，使得

$f'(\xi) = 0, (a < \xi < b)$.

证明　因为 $f(x)$ 在闭区间 $[a,b]$ 上是连续，故由闭区间上连续函数的性质可知，函数 $f(x)$ 在闭区间 $[a,b]$ 上必有最小值 m 与最大值 M.

下面分两种情况讨论：

（1）如果 $m = M$，则 $f(x)$ 在闭区间 $[a,b]$ 上恒等于常数 m. 于是在 (a,b) 内任意一点都可取作 ξ，使得 $f'(\xi) = 0$.

（2）如果 $m < M$，由 $f(a) = f(b)$ 知，m，M 中至少有一个不是区间 $[a,b]$ 的端点的函数值，不妨设 $M \neq f(a)$，并设 ξ 为 (a,b) 内的一点，使得 $f(\xi) = M$.

由于函数 $f(x)$ 在点 ξ 处取得最大值，所以只要 $\xi + \Delta x \in (a,b)$，便有

$f(\xi + \Delta x) \leqslant f(\xi)$，

即

$$f(\xi + \Delta x) - f(\xi) \leqslant 0,$$

当 $\Delta x > 0$ 时，有

$$\frac{f(\xi + \Delta x) - f(\xi)}{\Delta x} \leqslant 0;$$

当 $\Delta x < 0$ 时，有

$$\frac{f(\xi + \Delta x) - f(\xi)}{\Delta x} \geqslant 0.$$

因为 $f(x)$ 在开区间 (a,b) 内可导，而 $\xi \in (a,b)$，所以 $f(x)$ 在点 ξ 处可导．即

$$f'(\xi) = f'_-(\xi) = f'_+(\xi).$$

又

$$f'(\xi) = f'_-(\xi) = \lim_{\Delta x \to 0-0} \frac{f(\xi + \Delta x) - f(\xi)}{\Delta x} \geqslant 0,$$

$$f'(\xi) = f'_+(\xi) = \lim_{\Delta x \to 0+0} \frac{f(\xi + \Delta x) - f(\xi)}{\Delta x} \leqslant 0.$$

故必有

$$f'(\xi) = 0.$$

证毕．

罗尔（Rolle）定理的几何意义是：如果一条连续、光滑的曲线 $y = f(x)$ 在两个端点处的纵坐标相等，那么在这条曲线上至少能找到一点，使得曲线在该点处的切线平行于 x 轴（见图 2－4）．

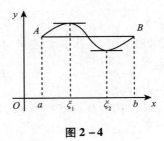

图 2－4

【例 2－4－1】 验证函数 $f(x) = x^2 - 5x + 6$ 在区间 $[2,3]$ 上满足罗尔定理．

解 因为 $f(x) = x^2 - 5x + 6$ 是初等函数，所以 $f(x)$ 在区间 $[2,3]$ 上连续；由于 $f'(x) = 2x - 5$，所以 $f'(x)$ 在区间 $(2,3)$ 内可导；又 $f(2) = f(3) = 0$．故函数 $f(x)$ 满足罗尔定理的三个条件．令 $f'(x) = 2x - 5 = 0$，则取 $\xi = \dfrac{5}{2} \in (2,3)$．使得

$$f'(\xi) = 0.$$

【例 2－4－2】 不必求出函数的导数，判定函数 $f(x) = (x-2)(x-3)(x-5)$ 的导数方程 $f'(x) = 0$ 有几个实根，并指出它们所在的范围．

解　由于 $f(x)$ 是（$-\infty$，$+\infty$）内的可导函数，且

$$f(2)=f(3)=f(5)=0.$$

故 $f(x)$ 在区间 $[2,3]$ 和 $[3,5]$ 上分别都满足罗尔定理，因此，在区间 $(2,3)$ 内至少存在一点 ξ_1，使得 $f'(\xi_1)=0$，即 $x=\xi_1$ 是导数方程 $f'(x)=0$ 的一个实根；在区间 $(3,5)$ 内至少存在一点 ξ_2，使得 $f'(\xi_2)=0$，即 $x=\xi_2$ 也是导数方程 $f'(x)=0$ 的一个实根；又由于 $f'(x)=0$ 是二次多项式函数，故它只有两个实根且分别位于区间 $(2,3)$ 和 $(3,5)$ 内．

2.4.2　拉格朗日中值定理

如果函数 $f(x)$ 满足如下条件：

（1）在闭区间 $[a,b]$ 上连续；

（2）在开区间 (a,b) 内可导．

则在区间 (a,b) 内至少存在一点 ξ，使

$$f(b)-f(a)=f'(\xi)(b-a).$$

即

$$f'(\xi)=\frac{f(b)-f(a)}{b-a}.$$

证明　作辅助函数

$$\varphi(x)=f(x)-f(a)-\frac{f(b)-f(a)}{b-a}(x-a),$$

显然

$$\varphi(a)=\varphi(b)=0,$$

且 $\varphi(x)$ 在闭区间 $[a,b]$ 上连续，在开区间 (a,b) 内可导，故由罗尔定理可知，在 (a,b) 内至少存在一点 ξ，使

$$\varphi'(\xi)=0.$$

即

$$\varphi'(\xi)=f'(\xi)-\frac{f(b)-f(a)}{b-a}=0.$$

故

$$f'(\xi)=\frac{f(b)-f(a)}{b-a}.$$

即

$$f(b)-f(a)=f'(\xi)(b-a).$$

证毕．

拉格朗日中值定理的几何意义是：如果一条连续、光滑的曲线 $y=f(x)$ 的两个端点分别为 $A(a,f(a))$ 和 $B(b,f(b))$，那么在这条曲线上至少能找到一点，使得曲线在

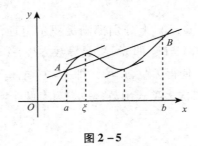

该点处的切线平行于直线 AB（见图 $2-5$）.

图 2 - 5

定理中的公式
$$f(b) - f(a) = f'(\xi)(b - a), (a < \xi < b).$$

称为**拉格朗日中值公式**.

拉格朗日公式还有下面几种等价表示形式.

设 $a = x$，$b = x + \Delta x$. 则上述公式也可以写成
$$f(x + \Delta x) - f(x) = f'(\xi) \cdot \Delta x, (\xi \text{ 介于 } x \text{ 与 } x + \Delta x \text{ 之间}). \tag{2 - 4 - 1}$$

由于对介于 x 与 $x + \Delta x$ 之间的 ξ，一定存在一个值 θ（$0 < \theta < 1$），使得 $\xi = x + \theta \Delta x$（只要取 $\theta = \dfrac{\xi - x}{\Delta x}$ 即可），故公式又可以写成下面的形式
$$f(x + \Delta x) - f(x) = f'(x + \theta \Delta x) \cdot \Delta x, (0 < \theta < 1). \tag{2 - 4 - 2}$$

拉格朗日中值定理在微分学中占有重要地位，有时也称该定理为微分中值定理，它建立了函数在区间上的增量与函数在该区间内某点处导数之间的联系，从而使我们可以利用导数去研究函数及曲线在区间上的某些性态.

【例 2 - 4 - 3】 证明不等式
$$|\cos b - \cos a| \leqslant |b - a|.$$

解 设 $f(x) = \cos x$，在区间 $[a, b]$ 上满足拉格朗日中值定理的条件. 因此，有
$$f(b) - f(a) = f'(\xi)(b - a).$$
即
$$\cos b - \cos a = -\sin \xi \cdot (b - a), (\xi \text{ 在 } a \text{ 与 } b \text{ 之间}).$$
所以
$$|\cos b - \cos a| = |-\sin \xi| |b - a| \leqslant |b - a|.$$

作为拉格朗日中值定理的一个应用，我们来导出以后讲积分学时很有用的两个推论.

推论 2 - 4 - 1 如果函数 $f(x)$ 在区间 (a, b) 内每一点处的导数都是零，即 $f'(x) = 0$（$a < x < b$），那么函数 $f(x)$ 在区间 (a, b) 内为一常数，即
$$f(x) = C, (C \text{ 为常数}).$$

证明 在区间 (a, b) 内任取两点 x_1，x_2，设 $x_1 < x_2$. 因为函数 $f(x)$ 在区间 $(a,$

b) 内可导, 所以 $f(x)$ 在区间 (a,b) 上连续. 则 $f(x)$ 在 $[x_1,x_2]$ 上连续, 并且在 (x_1,x_2) 内可导.

根据拉格朗日中值定理, 在 (x_1,x_2) 内至少存在一点 ξ, 使得

$$f(x_2) - f(x_1) = f'(\xi) \cdot (x_2 - x_1).$$

已知 $f'(\xi) = 0$, 所以 $f(x_2) - f(x_1) = 0$, 即

$$f(x_2) = f(x_1).$$

由于 x_1, x_2 是任意的, 因此 $f(x)$ 在区间 (a,b) 内函数值总是相等的, 这表明 $f(x)$ 在区间 (a,b) 内恒为一个常数. 即

$$f(x) = C, \quad (a < x < b).$$

推论 2 – 4 – 2　如果函数 $f(x)$ 与 $g(x)$ 在区间 (a,b) 内每一点处的导数都相等, 即有 $f'(x) \equiv g'(x)$, 那么这两个函数在 (a,b) 内最多相差一个常数, 即

$$f(x) = g(x) + C.$$

证明　令 $h(x) = f(x) - g(x)$, 则 $h'(x) = [f(x) - g(x)]' = f'(x) - g'(x) = 0$. 根据推论 2 – 4 – 1 知函数

$$h(x) = C, (a < x < b).$$

即

$$f(x) = g(x) + C, (a < x < b).$$

这就证明了函数 $f(x)$ 与 $g(x)$ 在区间 (a,b) 内最多相差一个常数.

【例 2 – 4 – 4】 求证 $\arcsin x + \arccos x = \dfrac{\pi}{2}$ $(-1 \leqslant x \leqslant 1)$.

证明　设 $f(x) = \arcsin x + \arccos x$, 当 $-1 < x < 1$ 时有

$$f'(x) = \frac{1}{\sqrt{1-x^2}} + \frac{-1}{\sqrt{1-x^2}} \equiv 0.$$

由推论 2 – 4 – 1, $f(x)$ 在区间 $(-1,1)$ 内为一常数 C. 即

$$\arcsin x + \arccos x = C.$$

下面确定常数 C 的值, 不妨取 $x = 0 \in (-1,1)$, 得

$$C = f(0) = \arcsin 0 + \arccos 0 = 0 + \frac{\pi}{2}$$

所以当 $-1 < x < 1$ 时, 有

$$\arcsin x + \arccos x = \frac{\pi}{2}$$

对于 $x = \pm 1$ 时, 等式显然成立, 故命题得证.

*2.4.3　柯西中值定理

如果函数 $f(x)$ 和 $g(x)$ 满足:

(1) 在闭区间 $[a,b]$ 上连续.

（2）在开区间 (a,b) 内可导.

（3）并且在 (a,b) 内每一点处均有 $g'(x)\neq0$.

则在 (a,b) 内至少存在一点 ξ，使得

$$\frac{f(b)-f(a)}{g(b)-g(a)}=\frac{f'(\xi)}{g'(\xi)}.$$

（这里只给出柯西中值定理的内容，证明从略）.

在柯西（Cauchy）中值定理中，若取 $g(x)=x$，则有 $g(b)-g(a)=b-a$，$g'(x)=1$，即得拉格朗日中值定理 $f(b)-f(a)=f'(\xi)(b-a)$. 可见柯西中值定理是拉格朗日中值定理的推广.

习题 2-4

1. 验证函数 $f(x)=x^2-1$ 在区间 $[-1,1]$ 上满足罗尔定理.

2. 不用求出函数的导数，判定函数 $f(x)=(x-1)(x-3)(x-5)(x-7)$ 的导数方程 $f'(x)=0$ 有几个实根，并指出它们所在的区间.

3. 证明当 $x>0$ 时，$\frac{x}{1+x}<\ln(1+x)<x$.

4. 验证函数 $f(x)=\frac{1}{x}$ 在区间 $[1,2]$ 上是否满足拉格朗日中值定理的条件？若满足，求适合定理的 ξ 值.

*5. 对于函数 $f(x)=x^3$ 及 $g(x)=x^2+1$，在闭区间 $[1,2]$ 上验证柯西中值定理的正确性.

2.5　洛必达法则

我们在第 1 章学习无穷小（大）量阶的比较时，已经遇到过两个无穷小（大）量或两个无穷大量之比的极限. 由于这种极限可能存在，也可能不存在，因此，我们把两个无穷小（大）量或两个无穷大量之比的极限统称为未定式，并分别记为 $\frac{0}{0}$ 或 $\frac{\infty}{\infty}$ 型未定式. 例如，$\lim\limits_{x\to0}\frac{x-\sin x}{x^3}$ 就是 $\frac{0}{0}$ 型；$\lim\limits_{x\to+\infty}\frac{\ln x}{x}$ 就是 $\frac{\infty}{\infty}$ 型. 现在我们将以导数为工具研究未定式极限，这个方法通常称为洛必达（L'Hospital）法则. 柯西中值定理则是建立洛必达法则的理论依据.

2.5.1　$\frac{0}{0}$ 型未定式

定理 2-5-1（洛必达法则Ⅰ）　设函数 $f(x)$ 和 $g(x)$ 在点 x_0 的某去心邻域内有

定义，且满足下列条件：

（1）$\lim\limits_{x \to x_0} f(x) = 0$，$\lim\limits_{x \to x_0} g(x) = 0$；

（2）$f'(x)$ 和 $g'(x)$ 在点 x_0 的某去心邻域内都存在，且 $g'(x) \neq 0$；

（3）$\lim\limits_{x \to x_0} \dfrac{f'(x)}{g'(x)} = A$（$A$ 可为有限数或 ∞）.

则

$$\lim_{x \to x_0} \frac{f(x)}{g(x)} = \lim_{x \to x_0} \frac{f'(x)}{g'(x)} = A.$$

*证明　因为 $\lim\limits_{x \to x_0} f(x) = 0$，$\lim\limits_{x \to x_0} g(x) = 0$，而极限 $\lim\limits_{x \to x_0} \dfrac{f(x)}{g(x)}$ 与函数 $f(x)$ 及 $g(x)$ 在点 x_0 处是否有定义无关，所以可重新定义 $f(x_0) = 0$，$g(x_0) = 0$，则

$$\lim_{x \to x_0} f(x) = f(x_0), \quad \lim_{x \to x_0} g(x) = g(x_0).$$

即 $f(x)$ 及 $g(x)$ 在点 x_0 处连续.

设 x 是 x_0 的某邻域内的一点. 由于 $f(x)$ 和 $g(x)$ 在邻域内处处可导，故 $f(x)$ 和 $g(x)$ 在 $[x_0, x]$（或 $[x, x_0]$）上都是连续的；在 (x_0, x)（或 (x, x_0)）上都是可导的. 应用柯西中值定理，于是至少存在一点 ξ，使

$$\frac{f(x)}{g(x)} = \frac{f(x) - 0}{g(x) - 0} = \frac{f(x) - f(x_0)}{g(x) - g(x_0)} = \frac{f'(\xi)}{g'(\xi)}, (\xi \text{ 介于 } x_0 \text{ 及 } x \text{ 之间}).$$

令 $x \to x_0$，并对上式两端求极限，注意到 $x \to x_0$ 时，$\xi \to x_0$，得

$$\lim_{x \to x_0} \frac{f(x)}{g(x)} = \lim_{x \to x_0} \frac{f'(\xi)}{g'(\xi)} = \lim_{\xi \to x_0} \frac{f'(\xi)}{g'(\xi)} = A.$$

即

$$\lim_{x \to x_0} \frac{f(x)}{g(x)} = A.$$

注意对于当 $x \to \infty$ 时的 $\dfrac{0}{0}$ 型未定式，只要作一个简单的变换 $t = \dfrac{1}{x}$，就有：当 $x \to \infty$ 时，$t \to 0$. 因此便可以使用洛必达法则 I，但是当我们计算 $x \to \infty$ 这一过程的极限时，不必再进行变换，只要像洛必达法则 I 那样直接对未定式的分子分母求导即可.

【例 2 - 5 - 1】求极限 $\lim\limits_{x \to 0} \dfrac{\sin x}{x}$.

解　由于

$$\lim_{x \to 0} \sin x = 0, \quad \lim_{x \to 0} x = 0.$$

故这是一个 $\dfrac{0}{0}$ 型未定式，由洛必达法则 I，得

$$\lim_{x \to 0} \frac{\sin x}{x} = \lim_{x \to 0} \frac{(\sin x)'}{(x)'} = \lim_{x \to 0} \frac{\cos x}{1} = 1.$$

【例 2 – 5 – 2】 求极限 $\lim\limits_{x\to1}\dfrac{x^2+2x-3}{x^2-1}$.

解 这是一个 $\dfrac{0}{0}$ 型未定式，由洛必达法则 I，得

$$\lim_{x\to1}\frac{x^2+2x-3}{x^2-1}=\lim_{x\to1}\frac{2x+2}{2x}=2.$$

有时需要多次应用洛必达法则 I 才能求出极限.

【例 2 – 5 – 3】 求极限 $\lim\limits_{x\to0}\dfrac{x-\sin x}{2x^3}$.

解 这是一个 $\dfrac{0}{0}$ 型未定式，由洛必达法则 I，得

$$\lim_{x\to0}\frac{x-\sin x}{2x^3}=\lim_{x\to0}\frac{1-\cos x}{6x^2}=\lim_{x\to0}\frac{\sin x}{12x}=\lim_{x\to0}\frac{\cos x}{12}=\frac{1}{12}.$$

【例 2 – 5 – 4】 求 $\lim\limits_{x\to0}\dfrac{e^{x^3}-1-3x^3}{x^3}$.

解 这是一个 $\dfrac{0}{0}$ 型未定式，由洛必达法则 I，得

$$\lim_{x\to0}\frac{e^{x^3}-1-3x^3}{x^3}=\lim_{x\to0}\frac{3x^2e^{x^3}-9x^2}{3x^2}=\lim_{x\to0}(e^{x^3}-3)=-2.$$

【例 2 – 5 – 5】 求极限 $\lim\limits_{x\to0}\dfrac{a^x-1}{x}$ $(a>0)$.

解 这是一个 $\dfrac{0}{0}$ 型未定式，由洛必达法则 I，得

$$\lim_{x\to0}\frac{a^x-1}{x}=\lim_{x\to0}\frac{(a^x-1)'}{(x)'}=\lim_{x\to0}\frac{a^x\ln a}{1}=\ln a.$$

【例 2 – 5 – 6】 求极限 $\lim\limits_{x\to0}\dfrac{2-e^x-e^{-x}}{1-\cos x}$.

解 这是一个 $\dfrac{0}{0}$ 型未定式，由洛必达法则 I，得

$$\lim_{x\to0}\frac{2-e^x-e^{-x}}{1-\cos x}=\lim_{x\to0}\frac{-e^x+e^{-x}}{\sin x}=\lim_{x\to0}\frac{-e^x-e^{-x}}{\cos x}=-2.$$

【例 2 – 5 – 7】 求极限 $\lim\limits_{x\to+\infty}\dfrac{\arctan x-\dfrac{\pi}{2}}{\dfrac{1}{x}}$.

解 这是一个 $\dfrac{0}{0}$ 型未定式，由洛必达法则 I，得

$$\lim_{x\to+\infty}\frac{\arctan x-\dfrac{\pi}{2}}{\dfrac{1}{x}}=\lim_{x\to+\infty}\frac{\dfrac{1}{1+x^2}}{-\dfrac{1}{x^2}}=\lim_{x\to+\infty}\frac{-x^2}{1+x^2}=-1.$$

从以上例子不难看出，洛必达法则是求未定式的一种很有效的方法，但未定式种类很多，只使用一种方法并不一定能完全奏效，最好与其他求极限的方法结合使用，例如，能化简时应尽可能先化简，可利用重要极限或等价无穷小量替换时，应尽可能应用，这样可使得运算过程简化.

【例 2 - 5 - 8】 求 $\lim\limits_{x\to 0}\dfrac{\tan x - x}{x^2\sin x}$.

解　显然，直接利用洛必达法则，在对分母求导时比较麻烦，这时如果用一个等价无穷小量替换，那么运算就简便很多，其运算如下：

$$\lim_{x\to 0}\frac{\tan x - x}{x^2\sin x}=\lim_{x\to 0}\frac{\tan x - x}{x^3}=\lim_{x\to 0}\frac{\sec^2 x - 1}{3x^2}=\lim_{x\to 0}\frac{\tan^2 x}{3x^2}=\lim_{x\to 0}\frac{x^2}{3x^2}=\frac{1}{3}.$$

同理，上述〖例 2 - 5 - 3〗中求极限 $\lim\limits_{x\to 0}\dfrac{x - \sin x}{2x^3}$ 还可以有另一种解法.

$$\lim_{x\to 0}\frac{x - \sin x}{2x^3}=\lim_{x\to 0}\frac{1 - \cos x}{6x^2}=\lim_{x\to 0}\frac{\frac{x^2}{2}}{6x^2}=\frac{1}{12}.$$

2.5.2　$\dfrac{\infty}{\infty}$ 型未定式

定理 2 - 5 - 2（洛必达法则Ⅱ）　设函数 $f(x)$ 和 $g(x)$ 在点 x_0 的某去心邻域内有定义，且满足下列条件：

（1）$\lim\limits_{x\to x_0}f(x)=\infty$，$\lim\limits_{x\to x_0}g(x)=\infty$；

（2）$f'(x)$ 和 $g'(x)$ 在点 x_0 的某去心邻域内都存在，且 $g'(x)\neq 0$；

（3）$\lim\limits_{x\to x_0}\dfrac{f'(x)}{g'(x)}=A$（$A$ 可为有限数或 ∞）.

则

$$\lim_{x\to x_0}\frac{f(x)}{g(x)}=\lim_{x\to x_0}\frac{f'(x)}{g'(x)}=A.$$

证明从略.

与定理 2 - 5 - 1 类似，对于当 $x\to\infty$ 时的 $\dfrac{\infty}{\infty}$ 型未定式也可以使用洛必达法则Ⅱ.

【例 2 - 5 - 9】 求极限 $\lim\limits_{x\to +\infty}\dfrac{x^2}{e^{2x}}$.

解　由于

$$\lim_{x\to +\infty}x^2=+\infty,\quad \lim_{x\to +\infty}e^{2x}=+\infty.$$

这是一个 $\dfrac{\infty}{\infty}$ 型未定式，由洛必达法则Ⅱ，得

$$\lim_{x\to +\infty}\frac{x^2}{e^{2x}}=\lim_{x\to +\infty}\frac{2x}{2e^{2x}}=\lim_{x\to +\infty}\frac{2}{4e^{2x}}=0.$$

【例 2 – 5 – 10】 求极限 $\lim\limits_{x \to 0^+} \dfrac{\cot x}{\dfrac{1}{x}}$.

解 这是一个 $\dfrac{\infty}{\infty}$ 型未定式，由洛必达法则 Ⅱ，得

$$\lim_{x \to 0^+} \frac{\cot x}{\dfrac{1}{x}} = \lim_{x \to 0^+} \frac{x}{\tan x} = \lim_{x \to 0} \frac{1}{\sec^2 x} = \lim_{x \to 0^+} \cos^2 x = 1.$$

【例 2 – 5 – 11】 求极限 $\lim\limits_{x \to +\infty} \dfrac{\ln x}{x}$.

解 这是一个 $\dfrac{\infty}{\infty}$ 型未定式，由洛必达法则 Ⅱ，得

$$\lim_{x \to +\infty} \frac{\ln x}{x} = \lim_{x \to +\infty} \frac{\dfrac{1}{x}}{1} = \lim_{x \to +\infty} \frac{1}{x} = 0.$$

注意： 本节定理给出的是求未定式的一种方法．不能对任何比式极限都按洛必达法则求解．首先必须注意它是不是未定式极限，其次看是否满足洛必达法则的其他条件．当定理条件满足时，则可以用洛必达法则．但当定理条件不满足时，就不能使用该法则．比如，当 $\lim\limits_{\substack{x \to x_0 \\ (x \to \infty)}} \dfrac{f'(x)}{g'(x)}$ 不存在且不为 ∞ 时，则未必 $\lim\limits_{\substack{x \to x_0 \\ (x \to \infty)}} \dfrac{f(x)}{g(x)}$ 不存在．这时洛必达法则失效，应改用其他方法求极限．我们一起来看下面的例子．

【例 2 – 5 – 12】 求极限 $\lim\limits_{x \to \infty} \dfrac{x + \sin x}{x}$.

解 $\lim\limits_{x \to \infty} \dfrac{x + \sin x}{x} = \lim\limits_{x \to \infty} \left(1 + \dfrac{\sin x}{x}\right) = 1.$

本例子虽然属于 $\dfrac{\infty}{\infty}$ 型，且满足洛必达法则 Ⅱ 的条件（1）和条件（2），但

$$\frac{(x + \sin x)'}{(x)'} = \frac{1 + \cos x}{1} = 1 + \cos x.$$

由于 $\lim\limits_{x \to \infty} (1 + \cos x)$ 是不存在的，故这时洛必达法则失效，应改用其他方法求极限．

2.5.3 其他待定型

其他还有一些未定式如 $0 \cdot \infty$，1^∞，0^∞，∞^0，$\infty - \infty$．这些未定式总可以通过适当变换转化为 $\dfrac{0}{0}$ 型或 $\dfrac{\infty}{\infty}$ 型，然后再应用洛必达法则．

2.5.3.1 $0 \cdot \infty$ 型化为 $\dfrac{0}{0}$ 型或 $\dfrac{\infty}{\infty}$ 型

具体方法是：通过代数恒等式变形，如

$$0 \cdot \infty = \frac{0}{\frac{1}{\infty}} = \frac{0}{0} \quad 或 \quad 0 \cdot \infty = \frac{\infty}{\frac{1}{0}} = \frac{\infty}{\infty}.$$

究竟把 $0 \cdot \infty$ 型化为 $\frac{0}{0}$ 型还是 $\frac{\infty}{\infty}$ 型要视具体问题而定.

【例 2 - 5 - 13】求极限 $\lim\limits_{x \to 0^+} x^2 \ln x$.

解 这是一个 $0 \cdot \infty$ 型未定式, 故通过变形可将其化为 $\frac{\infty}{\infty}$ 型未定式.

$$\lim_{x \to 0^+} x^2 \ln x = \lim_{x \to 0^+} \frac{\ln x}{\frac{1}{x^2}} = \lim_{x \to 0^+} \frac{\frac{1}{x}}{-\frac{2}{x^3}} = \lim_{x \to 0^+} \left(-\frac{x^2}{2} \right) = 0.$$

【例 2 - 5 - 14】求极限 $\lim\limits_{x \to +\infty} x \left(\arctan x - \frac{\pi}{2} \right)$.

解 这是一个 $\infty \cdot 0$ 型未定式, 故通过变形可将其化为 $\frac{0}{0}$ 型未定式.

$$\lim_{x \to +\infty} x \left(\arctan x - \frac{\pi}{2} \right) = \lim_{x \to +\infty} \frac{\arctan x - \frac{\pi}{2}}{\frac{1}{x}} = \lim_{x \to +\infty} \frac{\frac{1}{1 + x^2}}{-\frac{1}{x^2}} = \lim_{x \to +\infty} \frac{-x^2}{1 + x^2} = -1.$$

2.5.3.2 $\infty - \infty$ 一般可化为 $\frac{0}{0}$ 型

具体方法是:

$$\infty - \infty = \frac{1}{\frac{1}{\infty}} - \frac{1}{\frac{1}{\infty}} = \frac{\frac{1}{\infty} - \frac{1}{\infty}}{\frac{1}{\infty} \cdot \frac{1}{\infty}} = \frac{0}{0}.$$

在实际计算中, 有时可不必采用上述步骤, 而只需要经过通分就可化为 $\frac{0}{0}$ 型.

【例 2 - 5 - 15】求极限 $\lim\limits_{x \to 1} \left(\frac{1}{\ln x} - \frac{1}{x - 1} \right)$.

解 这是 $\infty - \infty$ 型未定式, 通过 "通分" 将其化为 $\frac{0}{0}$ 未定型.

$$\lim_{x \to 1} \left(\frac{1}{\ln x} - \frac{1}{x - 1} \right) = \lim_{x \to 1} \frac{x - 1 - \ln x}{(x - 1) \ln x}$$

$$= \lim_{x \to 1} \frac{1 - \frac{1}{x}}{\ln x + \frac{x - 1}{x}}$$

$$= \lim_{x \to 1} \frac{x - 1}{x \ln x + x - 1}$$

$$= \lim_{x \to 1} \frac{1}{\ln x + 1 + 1} = \frac{1}{2}.$$

【例 2 - 5 - 16】 求极限 $\lim\limits_{x\to 0}\left(\dfrac{1}{x}-\dfrac{1}{e^x-1}\right)$.

解 这是 $\infty-\infty$ 型未定式, 通过 "通分" 将其化为 $\dfrac{0}{0}$ 未定型.

$$\lim_{x\to 0}\left(\frac{1}{x}-\frac{1}{e^x-1}\right)=\lim_{x\to 0}\frac{e^x-1-x}{x(e^x-1)}$$

$$=\lim_{x\to 0}\frac{e^x-1-x}{x^2}$$

$$=\lim_{x\to 0}\frac{e^x-1}{2x}$$

$$=\lim_{x\to 0}\frac{e^x}{2}=\frac{1}{2}.$$

2.5.3.3 1^∞, 0^0, ∞^0 型未定式, 由于它们都是来源于幂指函数 $[f(x)]^{g(x)}$ 的极限, 故通常可以用取对数的方法或利用

$$[f(x)]^{g(x)}=e^{\ln[f(x)]^{g(x)}}=e^{g(x)\ln[f(x)]}.$$

化为 $0\cdot\infty$ 型未定式, 然后再化为 $\dfrac{0}{0}$ 型或 $\dfrac{\infty}{\infty}$ 型计算.

【例 2 - 5 - 17】 求极限 $\lim\limits_{x\to 0^+}(\cos x)^{\frac{1}{2x^2}}$.

解 这是 1^∞ 型未定式.

$$\lim_{x\to 0^+}(\cos x)^{\frac{1}{2x^2}}=\lim_{x\to 0^+}e^{\ln(\cos x)^{\frac{1}{2x^2}}}.$$

又由于

$$\lim_{x\to 0^+}\ln(\cos x)^{\frac{1}{2x^2}}=\lim_{x\to 0^+}\frac{\ln(\cos x)}{2x^2}=\lim_{x\to 0^+}\frac{-\tan x}{4x}=-\frac{1}{4}.$$

所以

$$\lim_{x\to 0^+}(\cos x)^{\frac{1}{2x^2}}=\lim_{x\to 0^+}e^{\ln(\cos x)^{\frac{1}{2x^2}}}=e^{-\frac{1}{4}}.$$

【例 2 - 5 - 18】 求 $\lim\limits_{x\to 0}x^{\sin x}$.

解 这是 0^0 型未定式. 令 $y=x^{\sin x}$, 则 $\ln y=(\sin x)\ln x$.

由于

$$\lim_{x\to 0}(\sin x)\ln x=\lim_{x\to 0}\frac{\ln x}{\dfrac{1}{\sin x}}=\lim_{x\to 0}\frac{\dfrac{1}{x}}{\dfrac{-\cos x}{\sin^2 x}}$$

$$=\lim_{x\to 0}\frac{-\sin^2 x}{x\cos x}=\lim_{x\to 0}\frac{-\sin x}{x}\tan x=0.$$

故

$$\lim_{x\to 0}y=e^{\lim\limits_{x\to 0}(\sin x)\ln x}=e^0=1.$$

【例 2 - 5 - 19】 求极限 $\lim\limits_{x\to\infty} x^{\frac{1}{x}}$.

解　这是 ∞^0 型未定式.

$$\lim\limits_{x\to+\infty} x^{\frac{1}{x}} = \lim\limits_{x\to+\infty} e^{\frac{1}{x}\ln x}.$$

由于

$$\lim\limits_{x\to+\infty} \frac{1}{x}\ln x = \lim\limits_{x\to+\infty} \frac{\ln x}{x} = \lim\limits_{x\to+\infty} \frac{\dfrac{1}{x}}{1} = 0.$$

故

$$\lim\limits_{x\to+\infty} x^{\frac{1}{x}} = \lim\limits_{x\to+\infty} e^{\frac{1}{x}\ln x} = e^0 = 1.$$

习题 2 - 5

1. 求下列极限.

(1) $\lim\limits_{x\to0} \dfrac{3^x-1}{5^x-1}$;

(2) $\lim\limits_{x\to\frac{\pi}{2}} \dfrac{\cos x}{x-\dfrac{\pi}{2}}$;

(3) $\lim\limits_{x\to0} \dfrac{e^x-e^{-x}-x}{x-\sin x}$;

(4) $\lim\limits_{x\to0} \dfrac{x-\sin x}{x^2\sin x}$;

(5) $\lim\limits_{x\to0^+} \dfrac{\ln\tan 3x}{\ln\tan 2x}$;

(6) $\lim\limits_{x\to+\infty} \dfrac{\ln x}{x^m}$ $(m>0)$;

(7) $\lim\limits_{x\to+\infty} \dfrac{\cos x+x}{x}$;

(8) $\lim\limits_{x\to0^+} x\ln x$;

(9) $\lim\limits_{x\to\infty} x\ln\left(\dfrac{x+m}{x-m}\right)$ $(m\neq0)$;

(10) $\lim\limits_{x\to+\infty} x^{-3}e^x$;

(11) $\lim\limits_{x\to\frac{\pi}{2}} (\tan x-\sec x)$;

(12) $\lim\limits_{x\to0} \left(\dfrac{1}{x}-\dfrac{1}{\sin x}\right)$;

(13) $\lim\limits_{x\to+\infty} (2+x)^{\frac{1}{x}}$;

(14) $\lim\limits_{x\to0^+} x^x$.

2. 验证极限 $\lim\limits_{x\to0} \dfrac{x^2\sin\dfrac{1}{x}}{\sin x}$ 存在，但不能用洛必达法则得出.

2.6　函数单调性与极值

本章利用导数来研究函数的单调性、极值、凹凸性、拐点等，最后用定性方法作出函数的图形. 此外，通过求极值与最值还可解决一些应用问题，从中可以体会到微分法对于函数性质的研究是非常重要的.

2.6.1　函数的单调性

在前面我们已经给出了函数在区间上单调的定义, 有时用定义判断函数的单调性是比较困难的, 现在我们以拉格朗日中值定理为依据利用导数来研究函数的单调性.

如果函数 $y = f(x)$ 在 (a, b) 上单调递增, 那么它的图形是一条沿 x 轴正向上升的曲线, 这时曲线上各点处的切线斜率是正的, 亦即 $f'(x) > 0$ (见图 2-6 (a)); 反之, 如果函数 $y = f(x)$ 在 (a, b) 上单调递减, 那么它的图形是一条沿 x 轴正向下降的曲线, 其上各点处的切线斜率是负的, 亦即 $f'(x) < 0$ (见图 2-6 (b)).

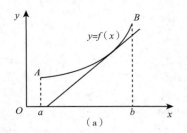 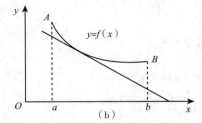

图 2-6

由此可见, 可导函数的单调性与导数的符号有着密切的联系; 反过来, 能否用导数的符号来判定函数的单调性呢?

定理 2-6-1 (函数单调性的充分条件)　设函数 $f(x)$ 在区间 (a, b) 内可导, 且导函数 $f'(x)$ 不变号.

(1) 若 $f'(x) > 0$, 则 $f(x)$ 在区间 (a, b) 内是单调递增的;

(2) 若 $f'(x) < 0$, 则 $f(x)$ 在区间 (a, b) 内是单调递减的.

证明　在 (a, b) 内任取 x_1, x_2, 不妨设 $x_1 < x_2$, 由于函数 $f(x)$ 在区间 (a, b) 内可导, 因而它在闭区间 $[x_1, x_2]$ 上连续, 在开区间 (x_1, x_2) 内可导. 根据拉格朗日中值定理有

$f(x_2) - f(x_1) = f'(\xi)(x_2 - x_1), (x_1 < \xi < x_2)$.

(1) 已知 $f'(x) > 0$, 所以 $f'(\xi) > 0$. 而 $x_2 - x_1 > 0$, 则有

$f(x_2) - f(x_1) > 0$.

即

$f(x_2) > f(x_1)$.

由于 x_1, x_2 是任意的, 因此, 函数 $f(x)$ 在 (a, b) 内是单调递增的.

同理可证 (2).

注: 若将定理中的开区间换成闭区间或无穷区间, 定理的结论依然成立.

需要指出的是, 这个定理只是判定函数单调性的充分条件, 而不是必要条件. 如果当函数 $f(x)$ 的导数 $f'(x)$ 在区间 (a, b) 内, 除了在个别点处为零外, 均有

$f'(x)>0$（或 $f'(x)<0$），则函数 $f(x)$ 在该区间内仍然是单调递增（或单调递减）的．例如，在区间 $(-\infty, +\infty)$ 内，函数 $f(x)=x^3$ 的导数 $f'(x)=3x^2$ 在 $x=0$ 处为零，除此之外，都有 $f'(x)>0$．因而函数 $f(x)=x^3$ 在 $(-\infty, +\infty)$ 内仍然是单调递增的．

【例 2 - 6 - 1】 讨论函数 $f(x)=e^x-x-2$ 的单调性.

解 函数的定义域为 $(-\infty, +\infty)$.

$$f'(x)=e^x-1.$$

令 $f'(x)=0$. 解得

$$x=0.$$

当 $x\in(-\infty,0)$ 时，$f'(x)<0$，函数 $f(x)$ 在 $(-\infty,0]$ 上单调递减；

当 $x\in(0,+\infty)$ 时，$f'(x)>0$，函数 $f(x)$ 在 $[0,+\infty)$ 上单调递增.

【例 2 - 6 - 2】 讨论函数 $f(x)=\dfrac{3}{2}\sqrt[3]{x^2}$ 的单调性.

解 函数的定义域为 $(-\infty, +\infty)$.

$$f'(x)=\frac{1}{\sqrt[3]{x}}.$$

在 $(-\infty, +\infty)$ 内，函数的导数没有等于零的点．易见，当 $x=0$ 时，函数的导数不存在，

当 $x\in(-\infty,0)$ 时，$f'(x)<0$，函数 $f(x)$ 在 $(-\infty,0]$ 上单调递减；

当 $x\in(0,+\infty)$ 时，$f'(x)>0$，函数 $f(x)$ 在 $[0,+\infty)$ 上单调递增.由此可见，导数不存在的点也可能是函数增减区间的分界点.

从〖例 2 - 6 - 1〗中看出，有些函数在它的定义区间上不是单调的，但是当我们用使导数为零的点来划分函数的定义区间以后，就可以使函数在各个部分区间上单调.从〖例 2 - 6 - 2〗中可看出，如果函数在某些点处不可导，则划分函数的定义区间的分点，还应包括这些导数不存在的点．一般地，有如下结论.

如果函数 $f(x)$ 在定义区间上连续，除去有限个导数不存在的点外，导数都存在且在区间内只有有限个使导数为零的点，那么只要用这些点来划分函数 $f(x)$ 的定义区间，就能保证 $f'(x)$ 在各个部分区间内保持固定符号，从而函数 $f(x)$ 在每个部分区间上都是单调的.

求函数 $f(x)$ 的单调区间的步骤可归纳为：

（1）求出函数 $f(x)$ 的定义域；

（2）求出函数 $f(x)$ 的导数 $f'(x)$；

（3）求出函数在其定义域内使 $f'(x)=0$ 的点和导数不存在的点，这些点将定义域分成若干子区间；

（4）判断 $f'(x)$ 在每个子区间内的符号，并根据每个子区间内 $f'(x)$ 的符号来确定 $f(x)$ 的单调性.

在解题过程中，一般采用列表方式进行讨论.

【例 2 - 6 - 3】判断 $f(x) = 2x^3 - 9x^2 + 12x + 5$ 的单调性.

解 函数的定义域为 $(-\infty, +\infty)$. 则

$$f'(x) = 6x^2 - 18x + 12 = 6(x-1)(x-2).$$

令 $f'(x) = 0$. 解得 $x_1 = 1$，$x_2 = 2$. 它们把定义域 $(-\infty, +\infty)$ 分成三个区间，如表 2 - 1 所示.

表 2 - 1

x	$(-\infty, 1)$	1	$(1, 2)$	2	$(2, +\infty)$
$f'(x)$	+	0	−	0	+
$f(x)$	↗		↘		↗

由表 2 - 1 可知，函数 $f(x)$ 在区间 $(-\infty, 1)$ 和 $(2, +\infty)$ 上单调递增，而在区间 $(1, 2)$ 上单调递减. 利用函数的单调性还可以证明一些不等式.

【例 2 - 6 - 4】证明：当 $x > 0$ 时，有不等式 $x > \ln(1+x)$.

证明 设 $f(x) = x - \ln(1+x)$. 只需证 $f(x) > 0$ $(x > 0)$ 即可.

由于

$$f'(x) = \frac{x}{1+x}.$$

当 $x > 0$ 时，有 $f'(x) > 0$. 故 $f(x)$ 单调递增. 又 $f(0) = 0$. 所以有：

当 $x > 0$ 时，

$$f(x) > f(0) = 0.$$

则当 $x > 0$ 时，有

$$x - \ln(1+x) > 0.$$

即

$$x > \ln(1+x).$$

2.6.2 函数的极值

定义 2 - 6 - 1 设函数 $y = f(x)$ 在 $U(x_0)$ 内有定义，如果对于任意的 $x \in \overset{\circ}{U}(x_0)$ 都有：

(1) $f(x) < f(x_0)$，那么就称 $f(x_0)$ 是函数 $f(x)$ 的一个**极大值**；

(2) $f(x) > f(x_0)$，那么就称 $f(x_0)$ 是函数 $f(x)$ 的一个**极小值**.

函数的极大值与极小值统称为函数的**极值**，使函数取得极值的点称为**极值点**. 例如，函数 $f(x) = x^2$ 在点 $x = 0$ 处取得极小值 $f(0) = 0$，那么点 $x = 0$ 就是函数 $f(x) = x^2$ 的极小值点.

注意：此函数的极值概念是一个局部属性．即如果 $f(x_0)$ 是函数的一个极大值，那只是就点 x_0 附近的一个局部范围来讲的，它是局部范围的最大值，关于极小值也是类似的．而最值是整体性的概念，是指 $f(x)$ 在整个定义域上的最大值和最小值．如图 2-7 所示，$f(x_1)$ 是极大值，$f(x_2)$ 是极小值．就整个区间 $[a,b]$ 来说，$f(b)$ 是最大值，$f(x_2)$ 是最小值．

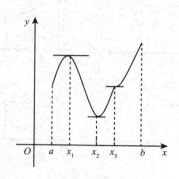

图 2-7

下面，我们来讨论函数取得极值的必要条件和充分条件．

定理 2-6-2（函数取得极值的必要条件）　设函数 $f(x)$ 在点 x_0 处可导，并且在点 x_0 处 $f(x)$ 取得极值，则它在该点的导数 $f'(x_0)=0$．

定理 2-6-2 的证明从略．该定理又称为费马定理．

它的几何意义是，当一条连续光滑的曲线 $y=f(x)$ 在点 $(x_0,f(x_0))$ 处取得极值时，它在该点的切线一定平行于 x 轴．我们把使得导数 $f'(x)=0$ 的点，称为函数 $f(x)$ 的**驻点**（或称为**稳定点**）．

所以，费马定理告诉我们：可导函数 $f(x)$ 的极值点一定是它的驻点．特别要注意的是，费马定理的逆定理是不成立的，即驻点不一定是极值点．

例如，函数 $f(x)=x^3$ 的导数为 $f'(x)=3x^2$，令 $f'(x)=0$，解得 $x=0$ 是函数 $f(x)=x^3$ 的驻点．但显然 $x=0$ 却不是函数 $f(x)=x^3$ 的极值点．因此，函数的驻点只是可能的极值点．

此外，函数在它的导数不存在的点处也可能取得极值．例如，函数 $f(x)=|x|$ 在点 $x=0$ 处不可导，但函数在该点取得极小值．

那么，如何判定函数在驻点或不可导的点处究竟是否取得极值？如果是的话，究竟取得极大值还是极小值？下面我们给出两个判定极值的充分条件．

定理 2-6-3（极值的第一充分条件）　设函数 $y=f(x)$ 在 $\mathring{U}(x_0)$ 内可导，且在 x_0 点连续．

（1）若当 $x\in\mathring{U}_-(x_0)$ 时，$f'(x)>0$；当 $x\in\mathring{U}_+(x_0)$ 时，$f'(x)<0$，则函数 $f(x)$ 在 x_0 处取得极大值．

（2）若当 $x\in\mathring{U}_-(x_0)$ 时，$f'(x)<0$；当 $x\in\mathring{U}_+(x_0)$ 时，$f'(x)>0$，则函数 $f(x)$

在 x_0 处取得极小值.

（3）若当 $x \in \mathring{U}(x_0)$ 时，恒有 $f'(x) > 0$ 或恒有 $f'(x) < 0$，则函数 $f(x)$ 在 x_0 处没有极值.

定理 2-6-3 证明从略（见图 2-8）.

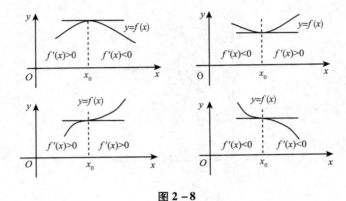

图 2-8

求函数 $f(x)$ 的极值点和相应的极值的步骤如下.

（1）求出函数 $f(x)$ 的定义域；

（2）求出函数 $f(x)$ 的导数 $f'(x)$；

（3）求出 $f(x)$ 在定义域内所有的驻点和不可导点；

（4）判断 $f'(x)$ 在每个驻点或不可导点的左、右两侧附近的符号，从而确定该点是否为极值点，并进一步确定是极大值还是极小值.

在解题过程中，一般采用列表方式来进行讨论.

【例 2-6-5】 求函数 $f(x) = 2x^3 - 9x^2 + 12x + 5$ 的极值.

解 函数的定义域为 $(-\infty, +\infty)$.

$$f'(x) = 6x^2 - 18x + 12 = 6(x-1)(x-2).$$

令 $f'(x) = 0$，得驻点

$$x_1 = 1, \quad x_2 = 2.$$

它们把定义域 $(-\infty, +\infty)$ 分成三个区间，如表 2-2 所示.

表 2-2

x	$(-\infty, 1)$	1	$(1,2)$	2	$(2, +\infty)$
$f'(x)$	+	0	−	0	+
$f(x)$	↗	极大值 10	↘	极小值 9	↗

由表 2-2 可知，在 $x_1 = 1$ 处，函数 $f(x)$ 有极大值 $f(1) = 10$；在 $x_2 = 2$ 处，函数 $f(x)$ 有极小值 $f(2) = 9$.

【例 2 - 6 - 6】 求函数 $f(x) = x + \frac{3}{2}\sqrt[3]{x^2}$ 的极值.

解 函数的定义域为 $(-\infty, +\infty)$.

$$f'(x) = 1 + x^{-\frac{1}{3}} = \frac{1 + \sqrt[3]{x}}{\sqrt[3]{x}}.$$

令 $f'(x) = 0$，得驻点

$$x_1 = -1.$$

此外，函数 $f(x)$ 在点 $x_2 = 0$ 处不可导但连续.

以上两点均可能为极值点. 它们把定义域 $(-\infty, +\infty)$ 分成了三个子区间，如表 2 - 3 所示.

表 2 - 3

x	$(-\infty, -1)$	-1	$(-1, 0)$	0	$(0, +\infty)$
$f'(x)$	+	0	−	0	+
$f(x)$	↗	极大值 1	↘	极小值 0	↗

由表 2 - 3 可知，在 $x_1 = -1$ 处，函数 $f(x)$ 取得极大值 $f(1) = 1$；在 $x_2 = 0$ 处，函数 $f(x)$ 取得极小值 $f(0) = 0$.

当函数 $f(x)$ 在驻点处的二阶导数存在并且不为零时，还可以用下列定理来判定函数 $f(x)$ 的极值.

定理 2 - 6 - 4（极值的第二充分条件） 设函数 $f(x)$ 在点 x_0 处具有二阶导数，且 $f'(x_0) = 0$，$f''(x_0) \neq 0$，则：

(1) 当 $f''(x_0) < 0$ 时，则函数 $f(x)$ 在点 x_0 处取得极大值；

(2) 当 $f''(x_0) > 0$ 时，则函数 $f(x)$ 在点 x_0 处取得极小值.

证明 (1) 因为 $f''(x_0) < 0$，故

$$\lim_{x \to x_0} \frac{f'(x) - f'(x_0)}{x - x_0} < 0,$$

由极限不等式的性质可知，在 $U(x_0)$ 内有

$$\frac{f'(x) - f'(x_0)}{x - x_0} < 0, (x \neq x_0).$$

又由于 $f'(x_0) = 0$，所以

$$\frac{f'(x)}{x - x_0} < 0, \quad (x \neq x_0).$$

由此可见，当 $x \in \mathring{U}_-(x_0)$ 时，$f'(x) > 0$；当 $x \in \mathring{U}_+(x_0)$ 时，$f'(x) < 0$. 根据极值的第一充分条件的定理可知，函数 $f(x)$ 在点 x_0 处取得极大值.

同理可证 (2).

注意：函数 $f(x)$ 在点 x_0 处具有二阶导数，且 $f'(x_0) = 0$，如果 $f''(x_0) = 0$，那么函数 $f(x)$ 在点 x_0 处可能取得极值，也可能没有极值.

例如，函数 $f(x) = x^3$，有 $f'(0) = f''(0) = 0$，但 $f(x) = x^3$ 在 $x = 0$ 处没有极值；而函数 $f(x) = x^4$，有 $f'(0) = f''(0) = 0$，但 $f(x) = x^4$ 在 $x = 0$ 处取得极小值.

综上所述，若函数在驻点处的二阶导数为零，那么还是得用极值的第一充分条件的定理来判定.

【例 2-6-7】 求函数 $f(x) = x^2 + \dfrac{128}{x}$ 的极值.

解 函数的定义域为 $(-\infty, 0) \cup (0, +\infty)$.

$$f'(x) = 2x - \frac{128}{x^2}.$$

令 $f'(x) = 0$. 得驻点

$$x_1 = 4.$$

又

$$f''(x) = 2 + \frac{256}{x^3}.$$

则

$$f''(4) = 6 > 0.$$

根据函数取得极值的第二充分条件可知，函数 $f(x)$ 的极小值为 $f(4) = 48$.

【例 2-6-8】 求函数 $f(x) = x^3 - 6x^2 - 2$ 的极值.

解 函数的定义域为 $(-\infty, +\infty)$.

$$f'(x) = 3x^2 - 12x = 3x(x-4).$$

令 $f'(x) = 0$. 得驻点

$$x_1 = 0, \quad x_2 = 4.$$

又

$$f''(x) = 6x - 12.$$

则

$$f''(0) = -12 < 0, f''(4) = 12 > 0.$$

故函数 $f(x)$ 的极大值为 $f(0) = -2$，极小值为 $f(4) = -34$.

*【例 2-6-9】 试问 a 为何值时，函数 $f(x) = a\sin x + \dfrac{1}{3}\sin 3x$ 在 $x = \dfrac{\pi}{3}$ 处取得极值. 它是极大值还是极小值，并求出极值.

解 函数的定义域为 $(-\infty, +\infty)$.

$$f'(x) = a\cos x + \cos 3x.$$

由已知得 $f'\left(\dfrac{\pi}{3}\right) = 0$，从而有 $\dfrac{a}{2} - 1 = 0$，即 $a = 2$.

又当 $a=2$ 时, $f''(x)=-2\sin x-3\sin 3x$, 且

$$f''\left(\frac{\pi}{3}\right)=-\sqrt{3}<0.$$

因此, 函数 $f(x)$ 在 $x=\frac{\pi}{3}$ 处取得极大值, 且极大值 $f\left(\frac{\pi}{3}\right)=\sqrt{3}$.

2.6.3　函数的最大值与最小值

在工程技术、工农业生产以及科学实验中, 往往会遇到这样一类问题: 在一定条件下, 怎样才能使 "产品最多" "用料最省" "成本最低" "效率最高" 等, 这类问题在数学上可归结为求目标函数的最大值或最小值问题.

在第 1 章中, 由最值定理知道闭区间上的连续函数一定存在最大值和最小值. 如果一个函数在开区间内取得最值, 则该最值一定也是函数的一个极值. 而由上面的讨论我们得知连续函数取得极值的点只可能在该函数的驻点或不可导点处, 另外函数的最值也可能在区间端点处取得. 因此, 可得出以下结论.

求函数在闭区间上的最值的步骤如下.

（1）求函数的导数 $f'(x)$, 确定出函数在指定区间内的驻点和不可导点;

（2）求所给区间上的所有驻点、不可导点及边界点的函数值并进行比较;

（3）上述驻点、不可导点及边界点的函数值中最大的即为最大值, 最小的即为最小值.

【例 2-6-10】 求函数 $f(x)=2x^3-6x^2$ 在区间 $[-1,5]$ 上的最大值与最小值.

解　$f'(x)=6x^2-12x=6x(x-2)$.

令 $f'(x)=0$. 得驻点

$x_1=0$, $x_2=2$.

由于

$f(0)=0$, $f(2)=-8$, $f(-1)=-5$, $f(5)=100$.

故函数 $f(x)$ 在区间 $[-1,5]$ 上的最大值是 $f(5)=100$. 最小值是 $f(2)=-8$.

【例 2-6-11】 求函数 $f(x)=x^3-3x^2-9x+4$ 在区间 $[1,4]$ 上的最大值与最小值.

解　$f'(x)=3x^2-6x-9=3(x+1)(x-3)$.

令 $f'(x)=0$, 得 $f(x)$ 在区间 $[1,4]$ 的驻点

$x_1=3$, $(x_2=-1$ 不在区间内舍去$)$.

由于

$f(3)=-22$, $f(1)=-7$, $f(4)=-15$.

故函数 $f(x)$ 在区间 $[1,4]$ 上的最大值是 $f(1)=-7$, 最小值是 $f(3)=-22$.

*【例 2-6-12】 求函数 $f(x)=|x^2-3x+2|$ 在 $[-3,4]$ 上的最大值与最小值.

解　$f(x)=\begin{cases} x^2-3x+2, & x\in[-3,1]\cup[2,4], \\ -x^2+3x-2, & x\in(1,2). \end{cases}$

故

$$f'(x) = \begin{cases} 2x-3, & x \in (-3,1) \cup (2,4), \\ -2x+3, & x \in (1,2). \end{cases}$$

则 $f(x)$ 在 $(-3,4)$ 内的驻点为 $x = \dfrac{3}{2}$，不可导点为 $x_1 = 1$，$x_2 = 2$.

由于

$$f(-3) = 20, f(1) = 0, f\left(\frac{3}{2}\right) = \frac{1}{4}, f(2) = 0, f(4) = 6.$$

故函数 $f(x)$ 在区间 $[-3,4]$ 上的最大值是 $f(-3) = 20$，最小值是 $f(1) = 0$.

需要指出的是，在某些实际问题中，根据问题的特点就可断定可导函数 $f(x)$ 必在其区间内部有最大值（或最小值），而当 $f(x)$ 在其区间内部又有唯一驻点 x_0 时，则不必讨论 $f(x_0)$ 是不是极值就可断定 $f(x_0)$ 是最大值（或最小值）.

【例 2−6−13】 设有一张边长为 a 的正方形铁皮，从四个角截去同样大小的正方形小方块后做成一个无盖的方盒子，问截去的小方块边长为多少时盒子的容积最大？

解 设小方块的边长为 x，则方盒的底边长为 $a-2x$，那么它的容积为

$$V(x) = x(a-2x)^2, \quad x \in \left(0, \frac{a}{2}\right).$$

$$V'(x) = (a-2x)^2 - 4x(a-2x) = (a-2x)(a-6x).$$

令 $V'(x) = 0$，得区间 $\left(0, \dfrac{a}{2}\right)$ 内唯一驻点

$$x = \frac{a}{6}.$$

根据问题的特点可以判断必定有最大值. 故当 $x = \dfrac{a}{6}$ 时，$V(x)$ 取得最大值 $\dfrac{2a^3}{27}$.

习题 2−6

1. 判断函数 $f(x) = x^3 - 6x^2 + 9x - 1$ 的单调性.

2. 判断函数 $f(x) = x - \arctan x$ 的单调性.

3. 证明：当 $x > 1$ 时，$2\sqrt{x} > 5 - \dfrac{1}{x}$.

4. 求下列函数的极值.

(1) $f(x) = 2x^3 - x^4 + 5$;   (2) $f(x) = (x-2)x^{\frac{2}{3}}$;

(3) $f(x) = (x^2-2)^2 - 3$;   (4) $f(x) = (x^2-1)^2 + 2$;

(5) $f(x) = x - \ln(1+x) + 1$;   (6) $f(x) = 2x + \tan x - 1$.

5. 求下列函数在指定区间上的最大值与最小值.

(1) 函数 $f(x) = 2x^3 + 3x^2 - 36x + 1$ 在 $[-4,3]$ 上；

（2）函数 $f(x) = x - x\sqrt{x} + 1$ 在区间 $[0,4]$ 上.

6. 某车间靠墙壁需要盖一间长方形小屋，现有的存砖只能够砌 20m 长的墙壁，问围成怎样的长方形才能使得这间小屋的面积最大？

7. 如图，已知 $AB = 100\text{km}$，$AC = 20\text{km}$，公路 CD 与铁路 DB 运费比为 5：3，为使 CDB 总运费最省，应如何选择 D 点？

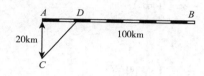

2.7　曲线的凹凸性与函数的图象

上一节中，我们研究了函数单调性的判别方法. 函数的单调性反映在图形上，就是曲线的上升或下降. 但是，曲线在上升或下降的过程中，还有一个弯曲方向的问题. 在几何上，曲线的弯曲方向是用曲线的"凹凸性"来描述的. 下面我们就来研究曲线的凹凸性及其判别方法.

2.7.1　曲线的凹凸性

定义 2-7-1　若曲线弧位于它每一点的切线的上方，则称此曲线弧是凹的；若曲线弧位于它每一点的切线的下方，则称此曲线弧是凸的.

如图 2-9 所示，我们还可以得出：对于凹的曲线弧，其切线的斜率 $f'(x)$ 随着 x 的增大而增大，即 $f'(x)$ 单调增加；对于凸的曲线弧，其切线的斜率 $f'(x)$ 随着 x 的增大而减少，即 $f'(x)$ 单调减少. 而在上一节中已得出函数 $f'(x)$ 的单调性又可用它的导数即 $f(x)$ 的二阶导数 $f''(x)$ 的符号来判别，因此，曲线弧 $y = f(x)$ 的凹凸性与 $f''(x)$ 的符号有关. 下面我们就给出曲线凹凸性的判别方法.

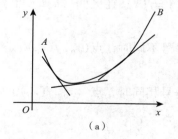
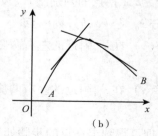

（a）　　　　　　　　　　（b）

图 2-9

定理 2－7－1（曲线凹凸性的判别法） 设函数 $f(x)$ 在 $[a,b]$ 上连续，在 (a,b) 内具有一阶和二阶导数，那么在区间 (a,b) 内有：

（1） 当 $f''(x) > 0$ 时，曲线弧 $y = f(x)$ 是凹的；

（2） 当 $f''(x) < 0$ 时，曲线弧 $y = f(x)$ 是凸的.

【例 2－7－1】 判断曲线 $y = e^x$ 的凹凸性.

解 函数的定义域为 $(-\infty, +\infty)$.

而
$$y' = e^x, \quad y'' = e^x > 0.$$

因此曲线 $y = e^x$ 在 $(-\infty, +\infty)$ 上是凹的.

【例 2－7－2】 判断曲线 $y = x^3$ 的凹凸性.

解 函数的定义域为 $(-\infty, +\infty)$，因为
$$y' = 3x^2, \quad y'' = 6x.$$

则当 $x \in (-\infty, 0)$ 时，$y'' < 0$；当 $x \in (0, +\infty)$ 时，$y'' > 0$.

所以，当 $x \in (-\infty, 0)$ 时，曲线弧是凸的，当 $x \in (0, +\infty)$ 时，曲线弧是凹的.

【例 2－7－3】 讨论曲线 $y = x^3 - 3x^2$ 的凹凸区间.

解 函数的定义域为 $(-\infty, +\infty)$，因为
$$y' = 3x^2 - 6x, \quad y'' = 6x - 6 = 6(x - 1).$$

则当 $x \in (-\infty, 1)$ 时，$y'' < 0$；当 $x \in (1, +\infty)$ 时，$y'' > 0$.

所以，当 $x \in (-\infty, 1)$ 时，曲线弧是凸的，当 $x \in (1, +\infty)$ 时，曲线弧是凹的.

2.7.2　曲线的拐点

定义 2－7－2 连续曲线的凹弧与凸弧的分界点，称为曲线的**拐点**.

例如，函数 $y = x^3$，当 $x \in (-\infty, 0)$ 时，曲线弧是凸的，当 $x \in (0, +\infty)$ 时，曲线弧是凹的. 因此 $(0, 0)$ 点是它的拐点. 一般来说，函数 $y = f(x)$ 的二阶导数为零或二阶导数不存在的点都可能是拐点. 那如何判别这些点是否是曲线的拐点呢? 下面我们给出曲线拐点的判别法.

定理 2－7－2（拐点的判别法） 设函数 $y = f(x)$ 在区间 (a,b) 上具有二阶连续导数 $f''(x)$，若 x_0 是 (a,b) 内一点.

（1） 当 $f''(x)$ 在 x_0 附近的左右两侧的符号不同时，点 $(x_0, f(x_0))$ 是 $y = f(x)$ 的一个拐点；

（2） 当 $f''(x)$ 在 x_0 附近的左右两侧的符号相同时，点 $(x_0, f(x_0))$ 不是 $y = f(x)$ 的一个拐点.

由上述定理可得到求拐点的步骤如下.

（1） 求出函数 $f(x)$ 的定义域；

（2） 求出函数 $f(x)$ 的二阶导数 $f''(x)$；

（3）求出在定义域内所有使 $f''(x)=0$ 的点和所有二阶导数 $f''(x)$ 不存在的点 x_0；

（4）考察 $f''(x)$ 在求出的每一个使 $f''(x)=0$ 的点或二阶导数不存在的点 x_0 的左右两侧邻近的符号．若 $f''(x)$ 在 x_0 的左右两侧邻近的符号相反，则点 $(x_0,f(x_0))$ 是拐点；若 $f''(x)$ 在 x_0 的左右两侧邻近的符号相同，则点 $(x_0,f(x_0))$ 不是拐点．

【例 2-7-4】 求曲线 $y=\dfrac{9}{10}x^{\frac{5}{3}}+1$ 的拐点．

解　（1）函数的定义域为 $(-\infty,+\infty)$．

（2）$y'=\dfrac{3}{2}x^{\frac{2}{3}}$，$y''=x^{-\frac{1}{3}}=\dfrac{1}{\sqrt[3]{x}}$．

（3）该函数没有二阶导数为零的点；二阶导数不存在的点为 $x=0$．

（4）点 $x=0$ 把定义域 $(-\infty,+\infty)$ 分成两个区间，如表 2-4 所示．

表 2-4

x	$(-\infty,0)$	0	$(0,+\infty)$
$f''(x)$	$-$	0	$+$
$f(x)$	凸的	拐点	凹的

由表 2-4 可知，函数 $f(x)$ 在区间 $(0,+\infty)$ 上是凹的．在区间 $(-\infty,0)$ 上是凸的，曲线 $y=x^{\frac{5}{3}}$ 的拐点为 $(0,1)$．

【例 2-7-5】 求函数 $f(x)=x^4-2x^3+5x-3$ 的凹凸区间及拐点．

解　（1）函数的定义域为 $(-\infty,+\infty)$．

（2）$f'(x)=4x^3-6x^2+5$，$f''(x)=12x^2-12x=12x(x-1)$．

（3）令 $f''(x)=0$，得 $x_1=0$，$x_2=1$．该函数没有二阶导数不存在的点．

（4）这两点把定义域 $(-\infty,+\infty)$ 分成三个区间，如表 2-5 所示．

表 2-5

x	$(-\infty,0)$	0	$(0,1)$	1	$(1,+\infty)$
$f''(x)$	$+$	0	$-$	0	$+$
$f(x)$	凹的	拐点	凸的	拐点	凹的

由表 2-5 可知，函数 $f(x)$ 在区间 $(-\infty,0)$ 与 $(1,+\infty)$ 上是凹的．在区间 $(0,1)$ 上是凸的，曲线 $f(x)$ 的拐点为 $(0,-3),(1,1)$．

2.7.3　曲线的渐近线

定义 2-7-3　若点 M 沿曲线 $y=f(x)$ 离坐标原点无限远移时，M 与某一条直线 L 的距离趋近于零，则称直线 L 为曲线 $y=f(x)$ 的一条渐近线，并且：

（1）若 $\lim\limits_{x \to +\infty} f(x) = A$ 或 $\lim\limits_{x \to -\infty} f(x) = B$，则称直线 $y = A$ 或 $y = B$ 为曲线 $y = f(x)$ 的**水平渐近线**.

（2）若 $\lim\limits_{x \to x_0^+} f(x) = \infty$ 或 $\lim\limits_{x \to x_0^-} f(x) = \infty$，则称直线 $x = x_0$ 为曲线 $y = f(x)$ 的**铅直渐近线**.

【例 2 - 7 - 6】 求曲线 $y = \dfrac{x^4}{x^2 - 3x + 2}$ 的渐近线.

解 由于

$$\lim_{x \to 1} \frac{x^4}{x^2 - 3x + 2} = \infty,$$

$$\lim_{x \to 2} \frac{x^4}{x^2 - 3x + 2} = \infty,$$

故直线 $x = 1$，$x = 2$ 是曲线的两条铅直渐近线.

【例 2 - 7 - 7】 求曲线 $y = e^{-x^2}$ 的渐近线.

解 由于

$$\lim_{x \to \infty} e^{-x^2} = 0,$$

故直线 $y = 0$ 是曲线的水平渐近线.

【例 2 - 7 - 8】 求曲线 $y = \dfrac{1}{x - 2}$ 的渐近线.

解 由于

$$\lim_{x \to \infty} \frac{1}{x - 2} = 0,$$

$$\lim_{x \to 2} \frac{1}{x - 2} = \infty.$$

故直线 $y = 0$ 是曲线的水平渐近线，直线 $x = 2$ 是曲线的铅直渐近线.

2.7.4 函数的作图

利用导数描绘函数图形的一般步骤如下.

（1）求出函数 $f(x)$ 的定义域以及函数具有的某些特性（如奇偶性、周期性、有界性等），并求出函数的一阶导数 $f'(x)$ 和二阶导数 $f''(x)$；

（2）求出一阶导数 $f'(x)$ 和二阶导数 $f''(x)$ 在函数 $f(x)$ 的定义域内的全部零点，并求出函数 $f(x)$ 的间断点及 $f'(x)$ 和 $f''(x)$ 不存在的点，这些点将函数的定义域分成几个子区间；

（3）列表讨论函数的单调性与极值、凹凸性与拐点；

（4）求出渐近线，确定图形的变化趋势；

（5）算出 $f'(x)$ 和 $f''(x)$ 的零点以及不存在的点所对应的函数值，确定出图形上相应的点；再适当选取一些辅助点，比如找出曲线和坐标轴的交点；最后综合上述讨论的结果便可画出函数 $y = f(x)$ 的图形.

在具体作图时，要具体情况具体分析，不一定要对上述几点都讨论.

【例 $2-7-9$】 作函数 $y = x^3 - x^2 - x + 1$ 的图形.

解 （1）所给函数 $y = f(x)$ 的定义域为 $(-\infty, +\infty)$.

$f'(x) = 3x^2 - 2x - 1 = (3x + 1)(x - 1)$,

$f''(x) = 6x - 2$.

（2）$f'(x) = 0$ 的根为 $x_1 = -\dfrac{1}{3}$，$x_2 = 1$. $f''(x) = 0$ 的根为 $x_3 = \dfrac{1}{3}$.

这些点将 $(-\infty, +\infty)$ 分成四个部分区间：$\left(-\infty, -\dfrac{1}{3}\right]$、$\left[-\dfrac{1}{3}, \dfrac{1}{3}\right]$、$\left[\dfrac{1}{3}, 1\right]$、$[1, +\infty]$.

（3）分析如表 $2-6$ 所示.

表 $2-6$

x	$\left(-\infty, -\dfrac{1}{3}\right)$	$-\dfrac{1}{3}$	$\left(-\dfrac{1}{3}, \dfrac{1}{3}\right)$	$\dfrac{1}{3}$	$\left(\dfrac{1}{3}, 1\right)$	1	$(1, +\infty)$
$f'(x)$	+	0	−	−	−	0	+
$f''(x)$	−	−	−	0	+	+	+
$f(x)$	↗	极大	↘	拐点	↘	极小	↗

注：↗ 表示曲线弧上升且是凸的；↘ 表示曲线弧下降且是凸的；↗ 表示曲线弧上升且是凹的；↘ 表示曲线弧下降且是凹的.

（4）当 $x \to +\infty$ 时，$y \to +\infty$；当 $x \to -\infty$ 时，$y \to -\infty$.

（5）计算出 $x = -\dfrac{1}{3}$，$\dfrac{1}{3}$，1 处的函数值：

$$f\left(-\dfrac{1}{3}\right) = \dfrac{32}{27}, \quad f\left(\dfrac{1}{3}\right) = \dfrac{16}{27}, \quad f(1) = 0.$$

从而得到函数 $y = x^3 - x^2 - x + 1$ 图形上的三个点：

$$\left(-\dfrac{1}{3}, \dfrac{32}{27}\right), \left(\dfrac{1}{3}, \dfrac{16}{27}\right), (1, 0).$$

适当补充一些点，例如，计算出

$$f(-1) = 0, f(0) = 1, f\left(\dfrac{3}{2}\right) = \dfrac{5}{8}.$$

利用上面的结果，便作出了函数的图形（见图 $2-10$）.

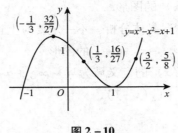

图 2 – 10

习题 2 – 7

1. 判断下列曲线的凹凸性.

（1）$y = x^4 - 2$；

（2）$y = 2x - 3x^2$；

（3）$y = 2x + \dfrac{1}{x} - 1 \ (x > 0)$；

（4）$y = x \arctan x + 5$.

2. 求出下列各函数的凹凸区间与拐点.

（1）$y = 2x^3 - 3x^2 - 36x + 25$；

（2）$f(x) = x^3 - 3x^2 + 2x + 5$；

（3）$y = xe^{-x} + 1$；

（4）$y = \ln(x^2 + 1)$；

（5）$y = (x+2)^4 + e^x - 1$；

（6）$y = e^{\arctan x} - x + \dfrac{1}{2}$.

3. 问 a，b 为何值时，点（2,15）为曲线 $y = ax^3 + bx^2 - 1$ 的拐点？

4. 作出函数 $y = 2 + \dfrac{36x}{(x+3)^2}$ 的图形.

*2.8 曲率

前面我们已经了解到了曲线的弯曲方向有两种：凹弧和凸弧. 而各段弧的弯曲程度也可能不一样，曲线的弯曲程度在数学上就用曲率来表示. 曲率具有实际应用性，比如在设计火车铁轨时，我们都知道在弯道的时候，若弯曲得很厉害，离心力就会很大，这样很容易造成火车脱轨. 因此自然而然地就产生了这么一个问题：该如何恰当地设计一个曲线弯曲程度的度量标准呢？于是曲率的计算公式也就应运而生了. 在研究曲率之前，先来介绍弧微分的概念.

2.8.1 弧微分

设函数 $y = f(x)$ 在区间 (a,b) 内具有连续导数，在曲线 $y = f(x)$ 上取定点 A 作为度量弧长的基点，并规定 x 增大方向为曲线的正向. 对于曲线上任一点 $M(x,y)$，规

定有向弧段 $\overparen{AM}$ 的值 s（简称弧 s）如下：s 的绝对值等于该段弧的长度，当有向弧段 $\overparen{AM}$ 的方向与曲线的正向相同时，$s>0$；当有向弧段 $\overparen{AM}$ 的方向与曲线的正向相反时，$s<0$. 显然，弧 s 与 x 存在函数关系：$s=s\,(x)$，且 $s(x)$ 是 x 的单调增加函数. 下面求 $s\,(x)$ 的导数及微分.

现要求弧长 $s=s(x)$ 的微分 $\mathrm{d}s$. 而由于给出的是曲线方程 $y=f(x)$，$s=s(x)$ 是未知的，故需寻求一种关系，使 $\mathrm{d}s$ 能由 $y=f(x)$ 或其导数来表示出.

如图 $2-11$ 所示，设 x，$x+\Delta x$ 为区间 (a,b) 内两个邻近的点，它们在曲线 $y=f(x)$ 上的对应点为 M，N. 并设对应于 x 的增量 Δx，弧 s 的增量为 Δs，那么

$$\Delta s=\overparen{AN}-\overparen{AM}=\overparen{MN}.$$

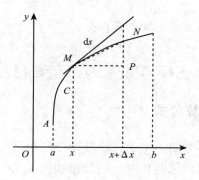

图 $2-11$

因此，弧长 s 关于 x 的变化率为

$$\frac{\mathrm{d}s}{\mathrm{d}x}=s'=\lim_{\Delta x\to0}\frac{\Delta s}{\Delta x}.$$

在直角三角形 MPN 中，

$$|MN|^2=|MP|^2+|PN|^2=(\Delta x)^2+(\Delta y)^2.$$

$$\left(\frac{\Delta s}{\Delta x}\right)^2=\left(\frac{\overparen{MN}}{\Delta x}\right)^2=\left(\frac{\overparen{MN}}{|MN|}\right)^2\cdot\frac{|MN|^2}{(\Delta x)^2}$$

$$=\left(\frac{\overparen{MN}}{|MN|}\right)^2\cdot\frac{(\Delta x)^2+(\Delta y)^2}{(\Delta x)^2}$$

$$=\left(\frac{\overparen{MN}}{|MN|}\right)^2\cdot\left[1+\left(\frac{\Delta y}{\Delta x}\right)^2\right].$$

$$\frac{\Delta s}{\Delta x}=\pm\sqrt{\left(\frac{\overparen{MN}}{|MN|}\right)^2\cdot\left[1+\left(\frac{\Delta y}{\Delta x}\right)^2\right]}.$$

令 $\Delta x\to0$ 取极限，由于 $\Delta x\to0$ 时，$N\to M$，这时弧的长度与弦的长度之比的极限等于 1，即

$$\lim_{N \to M} \frac{|\overset{\frown}{MN}|}{|MN|} = 1,$$

又由于

$$\lim_{\Delta x \to 0} \frac{\Delta y}{\Delta x} = y',$$

所以得

$$\frac{\mathrm{d}s}{\mathrm{d}x} = \pm \sqrt{1 + y'^2}.$$

由于 $s = s(x)$ 是单调增加函数，故根号前应取正号，因此有

$$\mathrm{d}s = \pm \sqrt{1 + y'^2}\,\mathrm{d}x.$$

这就是**弧微分公式**.

【**例 2 – 8 – 1**】求曲线 $y = x^3 + 2x$ 的弧微分.

解 由于 $y' = 3x^2 + 2$，故

$$\mathrm{d}s = \sqrt{1 + y'^2}\,\mathrm{d}x = \sqrt{1 + (3x^2 + 2)^2}\,\mathrm{d}x = \sqrt{9x^4 + 12x^2 + 5}\,\mathrm{d}x.$$

2.8.2 曲率及其计算公式

由直觉认识到：直线不弯曲，半径较小的圆弯曲程度比半径较大的圆厉害，而有些曲线的不同部分有着不同的弯曲程度，例如抛物线 $y = x^2$ 在顶点附近弯曲得比远离顶点的部分要厉害些.

在一些工程技术中，有时需要我们来研究曲线的弯曲程度，例如机床的转轴、船体结构中的钢梁等，它们在荷载作用下会弯曲变形，因此在设计时必须对它们的弯曲有着一定的限制，这也就要求我们定量地研究它们的弯曲程度. 为此需要首先来讨论如何用数量描述曲线的弯曲程度.

有了弧微分的概念，便可对曲线的弯曲程度进行研究了. 为了从数量上刻画曲线的弯曲程度，需要先从几何图形上直观地分析曲线的弯曲程度与哪些量有关.

设有两条光滑的曲线 l 与 l'，在这两条曲线上各取长度相等的弧段 $\overset{\frown}{M_1N_1}$ 和 $\overset{\frown}{M_2N_2}$. 如图 2 – 12（a）、图 2 – 12（b）所示，弧段 $\overset{\frown}{M_1N_1}$ 比较平直，当动点沿弧段从 M_1 移动到 N_1 时，切线转过的角度 $\Delta\alpha_1$ 不大，而弧段 $\overset{\frown}{M_2N_2}$ 弯曲得比较厉害，角 $\Delta\alpha_2$ 就比较大.

然而切线转过的角度的大小并不能完全反映曲线的弯曲程度. 例如，从图 2 – 12（c）中可以看出，两段曲线弧 $\overset{\frown}{M_3N_3}$ 和 $\overset{\frown}{M_4N_4}$ 尽管切线转过的角都是 $\Delta\alpha_3$，但弯曲程度却不相同，短弧段比长弧段弯曲得厉害些. 由此可见，曲线弧的弯曲程度还与弧段的长度有关.

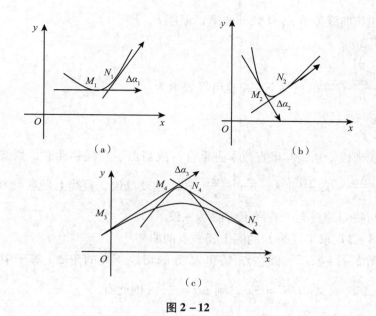

图 2 – 12

由以上分析，我们引入用来描述曲线弯曲程度的曲率的概念.

设曲线 C 是光滑的，在曲线 C 上选定一点 A 作为度量弧 s 的基点. 设曲线上点 M 对应于弧 s，在点 C 处切线的倾角为 α（这里可假定曲线 C 所在的平面上已设立了 xOy 坐标系），曲线上另一点 N 处的切线的倾角为 $\alpha + \Delta\alpha$，那么，弧段 $\overset{\frown}{MN}$ 的长度为 $|\Delta s|$，当动点从 M 移动到 N 时切线转过的角度为 $|\Delta\alpha|$（见图 2 – 13）.

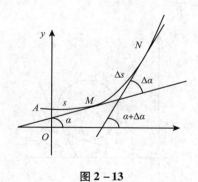

图 2 – 13

我们可以用比值 $\left|\dfrac{\Delta\alpha}{\Delta s}\right|$ 即单位弧段上切线转过的角度的大小来表达弧段 $\overset{\frown}{MN}$ 的平均弯曲程度，并把该比值叫作弧段 $\overset{\frown}{MN}$ 的平均曲率，记为 $\overline{K}$，即

$$\overline{K} = \left|\frac{\Delta\alpha}{\Delta s}\right|.$$

类似于从平均速度引入瞬时速度的方法，当 $\Delta s \to 0$ 时（即 $N \to M$ 时），上述平均

曲率的极限叫作曲线 C 在点 M 处的曲率,记作 K,即

$$K = \lim_{\Delta s \to 0} \left| \frac{\Delta \alpha}{\Delta s} \right|.$$

在 $\lim\limits_{\Delta s \to 0} \dfrac{\Delta \alpha}{\Delta s} = \dfrac{\mathrm{d}\alpha}{\mathrm{d}s}$ 存在的条件下,K 也可以表示为

$$K = \left| \frac{\mathrm{d}\alpha}{\mathrm{d}s} \right|.$$

对于直线来说,切线与该直线本身重合,故当点沿直线移动时,切线的倾角 α 不变,$\Delta \alpha = 0$,$\dfrac{\Delta \alpha}{\Delta s} = 0$,因此 $K = \lim\limits_{\Delta s \to 0} \left| \dfrac{\mathrm{d}\alpha}{\mathrm{d}s} \right| = 0$. 这就是说,直线上任意点 M 处的曲率等于零. 这也与我们的直觉"直线不弯曲"一致.

【例 $2-8-2$】求半径为 R 的圆上任一点的曲率.

解　如图 $2-14$ 所示,圆在点 M 和 M' 处的切线所夹的角 $\Delta \alpha$ 等于中心角 MOM',即 $\angle MOM' = \Delta \alpha$. 又 $\angle MOM' = \dfrac{\Delta s}{R}$,则 $\Delta \alpha = \dfrac{\Delta s}{R}$. 因此有

$$\frac{\Delta \alpha}{\Delta s} = \frac{1}{R}.$$

则

$$\overline{K} = \left| \frac{\Delta \alpha}{\Delta s} \right| = \frac{1}{R}.$$

圆上任一点的曲率为

$$K = \lim_{\Delta s \to 0} \left| \frac{\mathrm{d}\alpha}{\mathrm{d}s} \right| = \lim_{\Delta s \to 0} \frac{1}{R} = \frac{1}{R}.$$

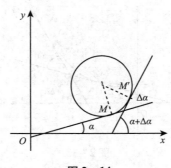

图 $2-14$

上述结论可以表明,圆上任一点处的曲率 K 都等于半径 R 的倒数,即圆周的弯曲程度各处都一样,且半径越小曲率越大,即圆弯曲得越厉害.

一般情况下,我们可根据 $K = \left| \dfrac{\mathrm{d}\alpha}{\mathrm{d}s} \right|$ 来导出便于实际计算曲率的公式.

设曲线的直角坐标方程是 $y = f(x)$ 且 $f(x)$ 具有二阶导数(这时 $f'(x)$ 连续,从而曲线是光滑的). 因为切线的斜率为 $\tan \alpha = y'$,两边同时微分得

$$\sec^2\alpha \mathrm{d}\alpha = y'' \mathrm{d}x,$$

因此

$$\mathrm{d}\alpha = \frac{1}{\sec^2\alpha}y''\mathrm{d}x = \frac{1}{1+\tan^2\alpha}y''\mathrm{d}x = \frac{y''}{1+(y')^2}\mathrm{d}x,$$

即

$$\mathrm{d}\alpha = \frac{y''}{1+(y')^2}\mathrm{d}x.$$

又因为

$$\mathrm{d}s = \sqrt{1+(y')^2}\,\mathrm{d}x,$$

所以

$$K = \left|\frac{\mathrm{d}\alpha}{\mathrm{d}s}\right| = \frac{\dfrac{|y''|}{1+(y')^2}}{\sqrt{1+(y')^2}} = \frac{|y''|}{\left[1+(y')^2\right]^{\frac{3}{2}}}.$$

由此可得曲率的计算公式为

$$K = \frac{|y''|}{\left[1+(y')^2\right]^{\frac{3}{2}}}. \tag{2-8-1}$$

【例 2-8-3】 计算等边双曲线 $xy=1$ 在点 $(1,1)$ 处的曲率.

解　由 $y = \dfrac{1}{x}$,得

$$y' = -\frac{1}{x^2}, \quad y'' = \frac{2}{x^3}.$$

因此,

$$y'\big|_{x=1} = -1, \quad y''\big|_{x=1} = 2.$$

故曲线 $xy=1$ 在点 $(1,1)$ 处的曲率为

$$K = \frac{|y''|}{\left[1+(y')^2\right]^{\frac{3}{2}}} = \frac{2}{\left[1+(-1)^2\right]^{\frac{3}{2}}} = \frac{\sqrt{2}}{2}.$$

【例 2-8-4】 求抛物线 $y = ax^2 + bx + c$ 上哪一点处的曲率最大.

解　由于

$$y' = 2ax + b, \quad y'' = 2a.$$

因此

$$K = \frac{|y''|}{\left[1+(y')^2\right]^{\frac{3}{2}}} = \frac{|2a|}{\left[1+(2ax+b)^2\right]^{\frac{3}{2}}}.$$

因为 K 的分子是常数 $|2a|$,所以当分母最小时 K 最大. 容易看出,当 $2ax+b=0$,即当 $x = -\dfrac{b}{2a}$ 时,K 的分母最小,故 K 有最大值 $|2a|$. 而 $x = -\dfrac{b}{2a}$ 所对应的点为抛物线的顶点. 由此可得,抛物线在顶点处的曲率最大.

在一些实际问题中，$|y'|$ 同 1 比较起来是很小的（有的工程技术书上把这种关系记成 $|y'| \ll 1$），故可忽略不计．这时，由于
$$1 + (y')^2 \approx 1,$$
可得到曲率的近似计算公式
$$K = \frac{|y''|}{[1 + (y')^2]^{\frac{3}{2}}} \approx |y''|.$$

由于当 $|y'| \ll 1$ 时，曲率 K 可近似于 $|y''|$．经过该简化之后，对于一些复杂问题的计算和讨论就变得方便多了．

2.8.3 曲率圆与曲率半径

设曲线 $y = f(x)$ 在点 $M(x, y)$ 处的曲率为 K（$K \neq 0$）．在点 M 处的曲线法线上凹的一侧取一点 A，使得 $AM = \dfrac{1}{K} = \rho$．以 A 为圆心、ρ 为半径作圆，这个圆就叫作曲线在点 M 处的**曲率圆**，曲率圆的圆心 A 叫作曲线在点 M 处的**曲率中心**，曲率圆的半径 ρ 叫作曲线在点 M 处的**曲率半径**，如图 2 – 15 所示．

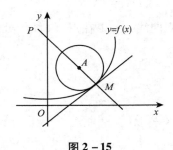

图 2 – 15

由上述规定可知，曲率圆与曲线在点 M 处有相同的切线和曲率，且在点 M 邻近有相同的凹向．故在实际问题中，常常用曲率圆在点 M 邻近的一段圆弧来近似代替曲线弧，以便问题简化．

按照上述规定，曲线在点 M 处的曲率 K（$K \neq 0$）与曲线在点 M 处的曲率半径 ρ 有如下关系：
$$\rho = \frac{1}{K}, \quad K = \frac{1}{\rho}.$$
这就说明：曲线上一点处的曲率半径与曲线在该点处的曲率互为倒数．

【例 2 – 8 – 5】设工件内表面的截线为抛物线 $y = 0.4x^2$．现在要用砂轮磨削其内表面．问：用直径多大的砂轮才比较合适？

解 为了在磨削时不使得砂轮和工件接触处附近的那部分工件被磨去太多，砂轮的半径不应该大于抛物线上各点处曲率半径中的最小值．由上面的例题可知，抛物线在顶点处的曲率最大，即抛物线在顶点处的曲率半径最小．所以，只需要求出抛物线

$y = 0.4x^2$ 在顶点 $(0,0)$ 处的曲率半径.

由于

$$y' = 0.8x, \quad y'' = 0.8.$$

故

$$y' \big|_{x=0} = 0, \quad y'' \big|_{x=0} = 0.8.$$

从而抛物线 $y = 0.4x^2$ 在顶点 $(0,0)$ 处的曲率为

$$K = \frac{|y''|}{[1 + (y')^2]^{\frac{3}{2}}} = \frac{0.8}{[1 + (0)^2]^{\frac{3}{2}}} = 0.8.$$

因此, 求出抛物线在顶点处的曲率半径为

$$\rho = \frac{1}{K} = 1.25.$$

所以选用砂轮的半径不得超过 1.25 单位长, 即直径不得超过 2.50 单位长.

对于使用砂轮磨削一般工件的内表面时, 也有着类似的结论, 即选用的砂轮的半径不应该超过此工件内表面的截线上各点处的曲率半径中的最小值.

习题 2 - 8

1. 求直线 $y = ax + b$ 上任一点处的曲率.

2. 求椭圆 $4x^2 + y^2 = 4$ 在点 $(0, 2)$ 处的曲率.

3. 求曲线 $y = e^x$ 上哪一点处的曲率最大.

4. 求抛物线 $y = x^2 - 4x + 3$ 在其顶点处的曲率及曲率半径.

5. 求抛物线 $y = ax^2$ $(a > 0)$ 上各点处的曲率, 并求 $x = a$ 处的曲率半径.

6. 求立方抛物线 $y = ax^3$ $(a > 0)$ 上各点处的曲率, 并求 $x = a$ 处的曲率半径.

第3章　一元函数积分学

3.1　不定积分的概念与性质

就像加法的逆运算是减法，乘法的逆运算是除法一样，微分法也有它的逆运算，那就是本章要学习的积分法.

3.1.1　不定积分的定义

已知曲线上每一点处的切线斜率或者斜率满足的规律，求曲线方程. 可以看出，这是一个与求导数相反的问题.

定义 3 - 1 - 1　设 $f(x)$ 是一个定义在区间 X 上的已知函数，如果存在函数 $F(x)$，使得

$$F'(x) = f(x) \quad \text{或} \quad \mathrm{d}F(x) = f(x)\mathrm{d}x$$

则称 $F(x)$ 是 $f(x)$ 在区间 X 上的一个**原函数**.

因为 $(x^3)' = 3x^2$，故 x^3 是 $3x^2$ 的一个原函数，但 $(x^3 + 1)' = (x^3 + 2)' = (x^3 + 3)' = \cdots = 3x^2$，因此，$3x^2$ 的原函数不是唯一的.

说明：（1）原函数的存在性：若 $f(x)$ 在某区间上连续，那么它的原函数必定存在.

（2）若 $f(x)$ 存在原函数，那么原函数不是唯一的.

定理 3 - 1 - 1　如果 $F(x)$ 是 $f(x)$ 的一个原函数，那么 $F(x) + C$ 是 $f(x)$ 的所有原函数，其中 C 为任意常数.

证　由于 $F'(x) = f(x)$，又 $[F(x) + C]' = F'(x) = f(x)$，因此，函数 $F(x) + C$ 中的每一个函数都是 $f(x)$ 的原函数.

另外，设 $G(x)$ 是 $f(x)$ 的任意一个原函数，即 $G'(x) = f(x)$. 那么

$$[G(x) - F(x)]' = G'(x) - F'(x) = f(x) - f(x) = 0.$$

故 $G(x) - F(x) = C$，或 $G(x) = F(x) + C$，由此可得 $f(x)$ 的任意一个原函数均可写为 $F(x) + C$ 的形式.

定义 3 - 1 - 2　函数 $f(x)$ 的所有原函数就叫作 $f(x)$ 的不定积分，记为 $\int f(x)\mathrm{d}x$.

其中，"$\int$" 叫作**积分号**，$f(x)$ 叫做**被积函数**，x 叫作**积分变量**，$f(x)\mathrm{d}x$ 称为**被积表达式**.

根据定义，若 $F(x)$ 是 $f(x)$ 在区间 X 上的一个原函数，则 $F(x)+C$ 就是 $f(x)$ 的不定积分.即

$$\int f(x)\mathrm{d}x = F(x) + C.$$

因此，不定积分 $\int f(x)\mathrm{d}x$ 可以表示 $f(x)$ 的所有原函数.

【**例 3 - 1 - 1**】求不定积分 $\int 2x\mathrm{d}x$.

解　$\because (x^2)' = 2x$，$\therefore x^2$ 是 $2x$ 的一个原函数.

故

$$\int 2x\mathrm{d}x = x^2 + C.$$

【**例 3 - 1 - 2**】求不定积分 $\int e^x\mathrm{d}x$.

解　$\because (e^x)' = e^x$，$\therefore e^x$ 是 e^x 的一个原函数.

故

$$\int e^x\mathrm{d}x = e^x + C.$$

【**例 3 - 1 - 3**】求不定积分 $\int \dfrac{1}{x}\mathrm{d}x$.

解　当 $x>0$ 时，$(\ln x)' = \dfrac{1}{x}$，

$$\therefore \int \frac{1}{x}\mathrm{d}x = \ln x + C.$$

当 $x<0$ 时，$[\ln(-x)]' = \dfrac{-1}{-x} = \dfrac{1}{x}$，

$$\therefore \int \frac{1}{x}\mathrm{d}x = \ln(-x) + C.$$

合并以上两式，可以得到 $\int \dfrac{1}{x}\mathrm{d}x = \ln|x| + C, (x \neq 0)$.

【**例 3 - 1 - 4**】设曲线过点 $(0,1)$ 且在该曲线上任一点处的切线斜率为 $3x^2$，求曲线的方程.

解　设所求曲线的方程为 $y = f(x)$，那么由题意知：$y' = 3x^2$，

因此，$y = \int 3x^2\mathrm{d}x = x^3 + C$.

又由于曲线过点 $(0,1)$，故 $1 = 0^3 + C$，得 $C = 1$，

所以所求方程为 $y = x^3 + 1$.

$f(x)$ 的一个原函数 $F(x)$ 的图象称为 $f(x)$ 的一条积分曲线，其方程为 $y = F(x)$.
不定积分 $\int f(x)\mathrm{d}x$ 在几何上表示为曲线 $y = F(x)$ 沿 y 轴上下平移一定距离得到的一族
积分曲线，它们的方程是 $y = F(x) + C$. 这一族积分曲线的特征是，它们在横坐标相同
的点处的切线斜率也相等，即这些点处的切线互相平行（见图 3 - 1）.

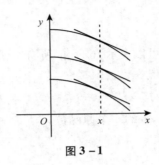

图 3 - 1

3.1.2　基本积分表

由于求不定积分其实是求导数的逆运算，故由导数公式就可以得出相应的积分公式.
例如，因为 $\left(\dfrac{x^{\alpha+1}}{\alpha+1}\right)' = x^{\alpha}$，故 $\dfrac{x^{\alpha+1}}{\alpha+1}$ 是 x^{α} 的一个原函数，于是

$$\int x^{\alpha}\mathrm{d}x = \frac{x^{\alpha+1}}{\alpha+1} + C, (\alpha \neq -1).$$

类似地还可以得到其他的积分公式。下面我们就把一些基本的积分公式给列成一
个表，这个表通常称为**基本积分表**.

（1）$\int 0\mathrm{d}x = C$（k 为常数）；

（2）$\int x^{\alpha}\mathrm{d}x = \dfrac{x^{\alpha+1}}{\alpha+1} + C$（$\alpha \neq -1$）；

（3）$\int \dfrac{1}{x}\mathrm{d}x = \ln|x| + C$；

（4）$\int a^{x}\mathrm{d}x = \dfrac{a^{x}}{\ln a} + C$；

（5）$\int e^{x}\mathrm{d}x = e^{x} + C$；

（6）$\int \cos x\mathrm{d}x = \sin x + C$；

（7）$\int \sin x\mathrm{d}x = -\cos x + C$；

（8）$\int \dfrac{1}{\cos^{2}x}\mathrm{d}x = \int \sec^{2}x\mathrm{d}x = \tan x + C$；

（9）$\int \dfrac{1}{\sin^{2}x}\mathrm{d}x = \int \csc^{2}x\mathrm{d}x = -\cot x + C$；

（10）$\int \sec x \tan x \mathrm{d}x = \sec x + C$；

（11）$\int \csc x \cot x \mathrm{d}x = -\csc x + C$；

（12）$\int \dfrac{1}{1 + x^2} \mathrm{d}x = \arctan x + C$；

（13）$\int \dfrac{1}{\sqrt{1 - x^2}} \mathrm{d}x = \arcsin x + C$．

以上这些积分基本公式就是积分运算的基础，必须牢记．

从公式（2）和公式（3）还可以看出来，幂函数 x^α 的不定积分是

$$\int x^\alpha \mathrm{d}x = \begin{cases} \dfrac{x^{\alpha+1}}{\alpha + 1} + C, \alpha \neq -1, \\ \ln|x| + C, \alpha = -1. \end{cases}$$

由此可得，幂函数（除 x^{-1} 外）的原函数仍为幂函数．

3.1.3　不定积分的性质

性质 3 – 1 – 1　通过不定积分的定义可知，求不定积分的运算和求导运算是互逆的，如果对函数先求积分然后求导数则等于该函数自身，如果对函数先求导数然后求积分就等于该函数自身与一个常数之和，即

$$\left[\int f(x) \mathrm{d}x \right]' = f(x)，$$

$$\int f'(x) \mathrm{d}x = f(x) + C．$$

由不定积分的定义，还可以推导出不定积分运算的以下两条重要性质．

性质 3 – 1 – 2　两个函数代数和的积分就等于两个函数积分的代数和，即

$$\int [f(x) \pm g(x)] \mathrm{d}x = \int f(x) \mathrm{d}x \pm \int g(x) \mathrm{d}x．$$

此条性质对有限多个函数的和也是成立的．它表明：和函数可逐项积分．

性质 3 – 1 – 3　被积函数中的常数因子可以提到积分号外，即

$$\int k f(x) \mathrm{d}x = k \int f(x) \mathrm{d}x，(k \text{ 为常数，且 } k \neq 0)．$$

这两个性质是很容易证明的，只需验证右端的导数等于左端中的被积函数，并且右端含有一个任意常数 C．

利用不定积分的性质与基本积分表，可以求出一些简单函数的不定积分．

【例 3 – 1 – 5】 求不定积分 $\int (5e^x - \sin x) \mathrm{d}x$．

解　$\int (5e^x - \sin x) \mathrm{d}x = 5 \int e^x \mathrm{d}x - \int \sin x \mathrm{d}x = 5e^x + \cos x + C．$

注意：在逐项积分后，不必在每一个积分的结果都"$+C$"，只需在总的结果中"$+C$"就行了.

【例 3 - 1 - 6】 求不定积分 $\int\left(\dfrac{1}{\sqrt{x^3}} - \dfrac{1}{x}\right)dx$.

解 $\int\left(\dfrac{1}{\sqrt{x^3}} - \dfrac{1}{x}\right)dx = \int\dfrac{1}{\sqrt{x^3}}dx - \int\dfrac{1}{x}dx = -2\dfrac{1}{\sqrt{x}} - \ln|x| + C.$

【例 3 - 1 - 7】 求不定积分 $\int(\sqrt{x} + 2)\left(x - \dfrac{1}{\sqrt{x}}\right)dx$.

解 $\int(\sqrt{x} + 2)(x - \dfrac{1}{\sqrt{x}})dx = \int\left(x\sqrt{x} + 2x - 1 - \dfrac{2}{\sqrt{x}}\right)dx$

$$= \int x\sqrt{x}dx + \int 2xdx - \int 1dx - \int\dfrac{2}{\sqrt{x}}dx$$

$$= \dfrac{2}{5}x^{\frac{5}{2}} + x^2 - x - 4x^{\frac{1}{2}} + C.$$

【例 3 - 1 - 8】 求不定积分 $\int\left(\dfrac{1}{x} + \dfrac{x}{2}\right)^2 dx$.

解 $\int\left(\dfrac{1}{x} + \dfrac{x}{3}\right)^2 dx = \int\left(\dfrac{1}{x^2} + \dfrac{2}{3} + \dfrac{x^2}{9}\right)dx = -\dfrac{1}{x} + \dfrac{2}{3}x + \dfrac{1}{27}x^3 + C.$

【例 3 - 1 - 9】 求不定积分 $\int\dfrac{2x^2 - 3x + 1}{x}dx$.

解 $\int\dfrac{2x^2 - 3x + 1}{x}dx = \int\left(2x - 3 + \dfrac{1}{x}\right)dx$

$$= 2\int xdx - \int 3dx + \int\dfrac{1}{x}dx$$

$$= x^2 - 3x + \ln|x| + C.$$

【例 3 - 1 - 10】 求不定积分 $\int\dfrac{x^2}{x^2 + 1}dx$.

解 $\int\dfrac{x^2}{x^2 + 1}dx = \int\dfrac{x^2 + 1 - 1}{x^2 + 1}dx = \int 1dx - \int\dfrac{1}{x^2 + 1}dx$

$$= x - \arctan x + C.$$

【例 3 - 1 - 11】 求不定积分 $\int 2^x e^x dx$.

解 $\int 2^x e^x dx = \int(2e)^x dx = \dfrac{(2e)^x}{\ln 2e} + C = \dfrac{2^x e^x}{1 + \ln 2} + C.$

【例 3 - 1 - 12】 求不定积分 $\int 2\cos^2\dfrac{x}{2}dx$.

解 $\int 2\cos^2\dfrac{x}{2}dx = \int(1 + \cos x)dx = \int 1dx + \int\cos xdx$

$$= x + \sin x + C.$$

【例 3 – 1 –13】 求不定积分 $\int \tan^2 x \mathrm{d}x$.

解
$$
\begin{aligned}
\int \tan^2 x \mathrm{d}x &= \int (\sec^2 x - 1) \mathrm{d}x \\
&= \int \sec^2 x \mathrm{d}x - \int 1 \mathrm{d}x \\
&= \tan x - x + C.
\end{aligned}
$$

*****【例 3 – 1 –14】** 求不定积分 $\displaystyle\int \frac{\cos 2x}{\sin^2 x \cos^2 x} \mathrm{d}x$.

解
$$
\int \frac{\cos 2x}{\sin^2 x \cos^2 x} \mathrm{d}x = \int \frac{\cos^2 x - \sin^2 x}{\sin^2 x \cos^2 x} \mathrm{d}x = \int \frac{1}{\sin^2 x} \mathrm{d}x - \int \frac{1}{\cos^2 x} \mathrm{d}x
$$
$$
= -\cot x - \tan x + C.
$$

*****【例 3 – 1 –15】** 求不定积分 $\displaystyle\int \frac{1}{4 \sin^2 \frac{x}{2} \cos^2 \frac{x}{2}} \mathrm{d}x$.

解
$$
\int \frac{1}{4 \sin^2 \frac{x}{2} \cos^2 \frac{x}{2}} \mathrm{d}x = \int \frac{1}{(\sin x)^2} \mathrm{d}x = \int \csc^2 x \mathrm{d}x = -\cot x + C.
$$

注意：当不定积分不能直接利用基本积分表与不定积分的性质计算时，需要先把被积函数进行化简或做一些恒等变形后再进行计算．要检验计算的结果是否正确，只需要对结果进行求导，看其导数是否是等于被积函数的．例如，要检查〖例 3 – 1 – 5〗的结果是否正确，只需要计算
$$
(5e^x + \cos x + C)' = 5e^x - \sin x,
$$
就可以断定计算结果一定是正确的．

习题 3 –1

1. 填空.

(1) $( )' = -\dfrac{1}{1+x^2}$;　　　　(2) $( )' = 3\cos x$;

(3) $\dfrac{\mathrm{d}}{\mathrm{d}x}( ) = x^2 + 1$;　　　　(4) $\dfrac{\mathrm{d}}{\mathrm{d}x}( ) = e^x + \sin x$;

(5) $\mathrm{d}( ) = \dfrac{1}{x}\mathrm{d}x$;　　　　(6) $\mathrm{d}( ) = (\cos x + \sin x)\mathrm{d}x$.

2. 求下列不定积分.

(1) $\displaystyle\int 2x^5 \mathrm{d}x$;　　　　(2) $\displaystyle\int \sqrt[3]{x^5} \mathrm{d}x$;

(3) $\displaystyle\int \frac{2}{x^3} \mathrm{d}x$;　　　　(4) $\displaystyle\int \frac{1}{2\sqrt{x}} \mathrm{d}x$;

(5) $\int (\sin x + \cos x)\,\mathrm{d}x$; 　　(6) $\int a^x e^x \,\mathrm{d}x$;

(7) $\int \dfrac{5 \cdot 2^x - 4 \cdot 3^x}{2^x}\,\mathrm{d}x$; 　　(8) $\int \left(2e^x + \dfrac{3}{x}\right)\mathrm{d}x$;

(9) $\int \dfrac{(1+x)^2}{\sqrt{x}}\,\mathrm{d}x$; 　　(10) $\int 2\sin^2 \dfrac{x}{2}\,\mathrm{d}x$;

(11) $\int 2\cot^2 x\,\mathrm{d}x$; 　　(12) $\int \dfrac{1}{\sin^2 x \cos^2 x}\,\mathrm{d}x$;

(13) $\int \dfrac{x^2-1}{x^2+1}\,\mathrm{d}x$; 　　(14) $\int \dfrac{3x^4+2x^2}{x^2+1}\,\mathrm{d}x$;

(15) $\int \csc x(\csc x + \cot x)\,\mathrm{d}x$; 　　(16) $\int e^{x+1}\,\mathrm{d}x$.

3. 设 $\sin x + 2e^x$ 是 $f(x)$ 的一个原函数，求函数 $f(x)$.

4. 设 $\int f(x)\,\mathrm{d}x = \sin \dfrac{x^2}{2} + C$，求 $f'(x)$.

3.2　换元积分法

利用基本积分表和积分的运算性质，我们已经可以求一些函数的不定积分了，但在很多情况下，有些简单函数的不定积分也很难用直接积分法求出，例如 $\int \cos 2x\,\mathrm{d}x$，$\int \tan x\,\mathrm{d}x$. 在本节，我们将进一步学习其他的积分方法。

3.2.1　第一换元积分法（凑微分法）

定理 3 - 2 - 1　若积分 $\int g(x)\,\mathrm{d}x$ 可以化为 $\int f[\varphi(x)]\varphi'(x)\,\mathrm{d}x$ 的形式，并且设 $f(u)$ 具有原函数 $F(u)$，$u = \varphi(x)$ 可导，那么有换元公式

$$\int f[\varphi(x)]\varphi'(x)\,\mathrm{d}x = \int f[\varphi(x)]\,\mathrm{d}\varphi(x) = \int f(u)\,\mathrm{d}u = F(u) + C = F[\varphi(x)] + C.$$

被积表达式中的 $\mathrm{d}x$ 可以当作变量 x 的微分，因此，等式 $\varphi'(x)\,\mathrm{d}x = \mathrm{d}u$ 可应用到被积表达式中。

【例 3 - 2 - 1】 求不定积分 $\int \cos 3x\,\mathrm{d}x$.

解　被积函数 $\cos 3x$ 是复合函数：$\cos 3x = \cos u$，$u = 3x$，作变换 $u = 3x$，则有

$$\int \cos 3x\,\mathrm{d}x = \frac{1}{3}\int \cos 3x\,\mathrm{d}(3x) = \frac{1}{3}\int \cos u\,\mathrm{d}u = \frac{1}{3}\sin u + c = \frac{1}{3}\sin 3x + C.$$

【例 3 - 2 - 2】 求不定积分 $\int (2x-1)^3\,\mathrm{d}x$.

解 被积函数 $(2x-1)^3$ 是复合函数：$(2x-1)^3 = u^3$，$u = 2x-1$，作变换 $u = 2x-1$，则有

$$\int (2x-1)^3 dx = \frac{1}{2} \int (2x-1)^3 d(2x-1) = \frac{1}{2} \int u^3 du$$

$$= \frac{1}{8} u^4 + c = \frac{1}{8} (2x-1)^4 + C.$$

【例 3 - 2 - 3】求不定积分 $\int 2x e^{x^2} dx$.

解 被积函数中的一个因子是复合函数：$e^{x^2} = e^u$，$u = x^2$，剩余的因子恰好为中间变量 $u = x^2$ 的导数，因此

$$\int 2x e^{x^2} dx = \int e^{x^2} d(x^2) = \int e^u du = e^u + c = e^{x^2} + C.$$

【例 3 - 2 - 4】求不定积分 $\int \frac{1}{\sqrt{1-3x}} dx$.

解 被积函数 $\frac{1}{\sqrt{1-3x}} = (1-3x)^{-\frac{1}{2}}$ 是复合函数：$(1-3x)^{-\frac{1}{2}} = u^{-\frac{1}{2}}$，$u = 1-3x$，作变换 $u = 1-3x$，则有

$$\int \frac{1}{\sqrt{1-3x}} dx = -\frac{1}{3} \int (1-3x)^{-\frac{1}{2}} d(1-3x) = -\frac{1}{3} \int u^{-\frac{1}{2}} du$$

$$= -\frac{2}{3} u^{\frac{1}{2}} + c = -\frac{2}{3} (1-3x)^{\frac{1}{2}} + C.$$

【例 3 - 2 - 5】求不定积分 $\int \frac{1}{x \ln x} dx$.

解 设 $u = \ln x$，则 $du = \frac{1}{x} dx$. 故

$$\int \frac{1}{x \ln x} dx = \int \frac{1}{\ln x} d(\ln x) = \int \frac{1}{u} du = \ln |u| + c = \ln |\ln x| + C.$$

【例 3 - 2 - 6】求不定积分 $\int \sin^3 x \cos x \, dx$.

解 被积函数中的一个因子为复合函数：$\sin^3 x = u^3$，$u = \sin x$；剩余的因子 $\cos x$ 恰好为中间变量 $u = \sin x$ 的导数，因此

$$\int \sin^3 x \cos x \, dx = \int \sin^3 x \, d\sin x = \int u^3 du = \frac{u^4}{4} + c = \frac{\sin^4 x}{4} + C.$$

说明：在对变量代换的方法熟悉以后，可以略去中间换元的步骤，直接凑微分后求积分即可.

【例 3 - 2 - 7】求不定积分 $\int \frac{\sin \sqrt{x}}{\sqrt{x}} dx$.

解 $\int \frac{\sin \sqrt{x}}{\sqrt{x}} dx = 2 \int \sin \sqrt{x} \, d\sqrt{x} = -2\cos \sqrt{x} + c.$

【例 3 - 2 - 8】 求不定积分 $\int \dfrac{e^x}{1 + e^{2x}} \mathrm{d}x$.

解　$\int \dfrac{e^x}{1 + e^{2x}} \mathrm{d}x = \int \dfrac{1}{1 + e^{2x}} \mathrm{d}e^x = \int \dfrac{1}{1 + (e^x)^2} \mathrm{d}e^x = \arctan e^x + C.$

【例 3 - 2 - 9】 求不定积分 $\int \dfrac{1}{\sqrt{a^2 - x^2}} \mathrm{d}x$.

解　$\int \dfrac{1}{\sqrt{a^2 - x^2}} \mathrm{d}x = \dfrac{1}{a} \int \dfrac{1}{\sqrt{1 - \left(\dfrac{x}{a}\right)^2}} \mathrm{d}x = \int \dfrac{1}{\sqrt{1 - \left(\dfrac{x}{a}\right)^2}} \mathrm{d}\left(\dfrac{x}{a}\right)$

$$= \arcsin \dfrac{x}{a} + C.$$

类似地

$$\int \dfrac{1}{a^2 + x^2} \mathrm{d}x = \dfrac{1}{a} \arctan \dfrac{x}{a} + C.$$

【例 3 - 2 - 10】 求不定积分 $\int \dfrac{2}{x^2 - a^2} \mathrm{d}x$.

解　$\int \dfrac{2}{x^2 - a^2} \mathrm{d}x = \dfrac{1}{a} \int \left(\dfrac{1}{x - a} - \dfrac{1}{x + a}\right) \mathrm{d}x$

$$= \dfrac{1}{a} \left(\int \dfrac{1}{x - a} \mathrm{d}x - \int \dfrac{1}{x + a} \mathrm{d}x\right)$$

$$= \dfrac{1}{a} \left[\int \dfrac{1}{x - a} \mathrm{d}(x - a) - \int \dfrac{1}{x + a} \mathrm{d}(x + a)\right]$$

$$= \dfrac{1}{a} (\ln|x - a| - \ln|x + a|) + C$$

$$= \dfrac{1}{a} \ln \left|\dfrac{x - a}{x + a}\right| + C.$$

【例 3 - 2 - 11】 求不定积分 $\int \tan x \mathrm{d}x$.

解　$\int \tan x \mathrm{d}x = \int \dfrac{\sin x}{\cos x} \mathrm{d}x = - \int \dfrac{1}{\cos x} \mathrm{d}(\cos x) = - \ln|\cos x| + C.$

类似地

$$\int \cot x \mathrm{d}x = \ln|\sin x| + C.$$

【例 3 - 2 - 9】、【例 3 - 2 - 10】 和 【例 3 - 2 - 11】 中的五个积分今后可以作为公式使用.

【例 3 - 2 - 12】 求不定积分 $\int \dfrac{1}{x^2} \sin \dfrac{1}{x} \mathrm{d}x$.

解　$\int \dfrac{1}{x^2} \sin \dfrac{1}{x} \mathrm{d}x = - \int \sin \dfrac{1}{x} \mathrm{d}\left(\dfrac{1}{x}\right) = \cos \dfrac{1}{x} + C.$

【例 3 - 2 - 13】 求不定积分 $\int \cos^2 x \mathrm{d}x$.

解　$\int \cos^2 x \mathrm{d}x = \int \dfrac{1 + \cos 2x}{2} \mathrm{d}x = \int \dfrac{1}{2} \mathrm{d}x + \dfrac{1}{2} \int \cos 2x \mathrm{d}x$

$\qquad\qquad = \dfrac{x}{2} + \dfrac{1}{4} \int \cos 2x \mathrm{d}(2x) = \dfrac{x}{2} + \dfrac{1}{4} \sin 2x + C.$

【例 3 - 2 - 14】 求不定积分 $\int \dfrac{1}{1 - \cos x} \mathrm{d}x$.

解　$\int \dfrac{1}{1 - \cos x} \mathrm{d}x = \int \dfrac{1}{2 \sin^2 \dfrac{x}{2}} \mathrm{d}x = \int \csc^2 \dfrac{x}{2} \mathrm{d}\dfrac{x}{2} = -\cot \dfrac{x}{2} + C.$

【例 3 - 2 - 15】 求不定积分 $\int \sec x \mathrm{d}x$.

解　$\int \sec x \mathrm{d}x = \int \dfrac{1}{\cos x} \mathrm{d}x = \int \dfrac{\mathrm{d}\left(x + \dfrac{\pi}{2}\right)}{\sin\left(x + \dfrac{\pi}{2}\right)}$

$\qquad\qquad = \ln \left| \csc\left(x + \dfrac{\pi}{2}\right) - \cot\left(x + \dfrac{\pi}{2}\right) \right| + C$

$\qquad\qquad = \ln | \sec x + \tan x | + C.$

【例 3 - 2 - 16】 求不定积分 $\int \csc x \mathrm{d}x$.

解　$\int \csc x \mathrm{d}x = \int \dfrac{1}{\sin x} \mathrm{d}x = \int \dfrac{1}{2 \sin \dfrac{x}{2} \cos \dfrac{x}{2}} \mathrm{d}x$

$\qquad\qquad = \int \dfrac{1}{\tan \dfrac{x}{2} \cos^2 \dfrac{x}{2}} \mathrm{d}\left(\dfrac{x}{2}\right)$

$\qquad\qquad = \int \dfrac{\mathrm{d}\tan \dfrac{x}{2}}{\tan \dfrac{x}{2}} = \ln \left| \tan \dfrac{x}{2} \right| + C.$

由于

$$\tan \dfrac{x}{2} = \dfrac{\sin \dfrac{x}{2}}{\cos \dfrac{x}{2}} = \dfrac{2 \sin^2 \dfrac{x}{2}}{\sin x} = \dfrac{1 - \cos x}{\sin x} = \csc x - \cot x.$$

所以上述不定积分也可写成

$$\int \csc x \mathrm{d}x = \ln | \csc x - \cot x | + C.$$

*【例 3 – 2 – 17】 求不定积分 $\int\cos2x\cos4x\mathrm{d}x$.

解
$$\int\cos2x\cos4x\mathrm{d}x = \frac{1}{2}\int(\cos2x + \cos6x)\mathrm{d}x$$
$$= \frac{1}{2}\Big[\frac{1}{2}\int\cos2x\mathrm{d}(2x) + \frac{1}{6}\int\cos6x\mathrm{d}(6x)\Big]$$
$$= \frac{1}{4}\sin2x + \frac{1}{12}\sin6x + C.$$

注：从以上例题可看出，在运用换元积分法时，有时需要先对被积函数做适当的代数运算或三角运算，再去凑微分，技巧性较强，没有一般规律可循. 从而需要我们在练习过程中，要随时归纳、总结，积累一些经验，才能做到灵活运用. 下面给出了几种常见的凑微分形式.

(1) $\int f(ax + b)\mathrm{d}x = \frac{1}{a}\int f(ax + b)\mathrm{d}(ax + b)$;

(2) $\int f(ax^n + b)x^{n-1}\mathrm{d}x = \frac{1}{na}\int f(ax^n + b)\mathrm{d}(ax^n + b)$;

(3) $\int f(\ln x)\cdot\frac{\mathrm{d}x}{x} = \int f(\ln x)\mathrm{d}(\ln x)$;

(4) $\int f\left(\frac{1}{x}\right)\cdot\frac{\mathrm{d}x}{x^2} = -\int f\left(\frac{1}{x}\right)\mathrm{d}\left(\frac{1}{x}\right)$;

(5) $\int f(e^x)e^x\mathrm{d}x = \int f(e^x)\mathrm{d}(e^x)$;

(6) $\int f(\sin x)\cos x\mathrm{d}x = \int f(\sin x)\mathrm{d}(\sin x)$;

(7) $\int f(\cos x)\sin x\mathrm{d}x = -\int f(\cos x)\mathrm{d}(\cos x)$;

(8) $\int f(\tan x)\sec^2 x\mathrm{d}x = \int f(\tan x)\mathrm{d}(\tan x)$;

(9) $\int f(\cot x)\csc^2 x\mathrm{d}x = -\int f(\cot x)\mathrm{d}(\cot x)$;

(10) $\int f(\arcsin x)\frac{\mathrm{d}x}{\sqrt{1 - x^2}} = \int f(\arcsin x)\mathrm{d}(\arcsin x)$;

(11) $\int f(\arctan x)\frac{\mathrm{d}x}{1 + x^2} = \int f(\arctan x)\mathrm{d}(\arctan x)$.

3.2.2 第二换元积分法

第一换元积分法需要选择新的积分变量 $u = \varphi(x)$，但是对于有些被积函数则需要作反向的换元，即令 $x = \varphi(t)$，将 t 看作新的积分变量，才可以积出来.

定理 3 – 2 – 2 设 $x = \varphi(t)$ 是单调、可导的函数，且 $\varphi'(t) \neq 0$，又设 $f[\varphi(t)]\varphi'(t)$

具有原函数 $\Phi(t)$，那么有以下换元公式

$$\int f(x)\mathrm{d}x = \int f[\varphi(t)]\varphi'(t)\mathrm{d}t = \Phi(t) + C = \Phi[\varphi^{-1}(x)] + C.$$

其中，$t = \varphi^{-1}(x)$ 是 $x = \varphi(t)$ 的反函数.

　　这种方法叫作**第二换元积分法**.

　　在使用第二换元积分法时，关键在于要恰当地选择变换 $x = \varphi(t)$. 对于 $x = \varphi(t)$，要求其是单调、可导的，且其反函数 $t = \varphi^{-1}(x)$ 存在.

3.2.2.1　简单根式代换

【例 3 - 2 - 18】求不定积分 $\displaystyle\int \frac{x}{2\sqrt{x-1}}\mathrm{d}x$.

解　设 $\sqrt{x-1} = t$，即 $x = t^2 + 1$，$\mathrm{d}x = 2t\mathrm{d}t$，则

$$\int \frac{x}{2\sqrt{x-1}}\mathrm{d}x = \int \frac{t^2+1}{2t}\cdot 2t\mathrm{d}t$$

$$= \int (t^2 + 1)\mathrm{d}t$$

$$= \frac{1}{3}t^3 + t + C$$

$$= \frac{1}{3}\sqrt{(x-1)^3} + \sqrt{x-1} + C.$$

【例 3 - 2 - 19】求不定积分 $\displaystyle\int \frac{1}{1-\sqrt{x}}\mathrm{d}x$.

解　为消去根式，令 $\sqrt{x} = t$，$x = t^2$，$\mathrm{d}x = 2t\mathrm{d}t$，则

$$\int \frac{\mathrm{d}x}{1-\sqrt{x}} = \int \frac{2t\mathrm{d}t}{1-t} = 2\int \frac{t-1+1}{1-t}\mathrm{d}t = 2\int \left(-1 + \frac{1}{1-t}\right)\mathrm{d}t$$

$$= -2t - 2\ln(1-t) + C = 2\sqrt{x} - 2\ln(1-\sqrt{x}) + C.$$

【例 3 - 2 - 20】求不定积分 $\displaystyle\int \frac{1}{1-\sqrt[3]{x+1}}\mathrm{d}x$.

解　设 $u = \sqrt[3]{x+1}$. 即 $x = u^3 - 1$，$\mathrm{d}x = 3u^2\mathrm{d}u$，则

$$\int \frac{1}{1-\sqrt[3]{x+1}}\mathrm{d}x = \int \frac{1}{1-u}\cdot 3u^2\mathrm{d}u = 3\int \frac{u^2-1+1}{1-u}\mathrm{d}u$$

$$= -3\int (u+1)\mathrm{d}u - 3\int \frac{1}{u-1}\mathrm{d}u$$

$$= -\frac{3}{2}u^2 - 3u - 3\ln|u-1| + C$$

$$= -\frac{3}{2}\sqrt[3]{(x+1)^2} - 3\sqrt[3]{x+1} - 3\ln|\sqrt[3]{x+1} - 1| + C.$$

【**例 3 – 2 – 21**】 求不定积分 $\int \dfrac{1}{\sqrt{x}\,(1+\sqrt[3]{x})}\mathrm{d}x$.

解 为消去根式，令 $\sqrt[6]{x}=t$ 即 $x=t^6$，则 $\mathrm{d}x=6t^5\mathrm{d}t$ 代入后，得

$$\int \frac{1}{\sqrt{x}\,(1+\sqrt[3]{x})}\mathrm{d}x = \int \frac{6t^5}{t^3(1+t^2)}\mathrm{d}t = 6\int \frac{t^2}{(1+t^2)}\mathrm{d}t = 6\int \frac{t^2+1-1}{(1+t^2)}\mathrm{d}t$$

$$= 6\Big[\int \mathrm{d}t - \int \frac{1}{(1+t^2)}\mathrm{d}t\Big] = 6t - 6\arctan t + C$$

$$= 6\sqrt[6]{x} - 6\arctan \sqrt[6]{x} + C.$$

从以上例子可看出，如果被积函数中含有一个被开方式为一次式的根式 $\sqrt[n]{ax+b}$，令 $\sqrt[n]{ax+b}=t$ 就可以消去根式，从而求出积分.

3.2.2.2　三角代换

当被积函数含有一个被开方式为二次式的根式时，可以利用三角代换消去根式.

一般地，当被积函数含有 $\sqrt{a^2-x^2}$，作代换 $x=a\sin t$；当被积函数含有 $\sqrt{x^2+a^2}$，作代换 $x=a\tan t$；当被积函数含有 $\sqrt{x^2-a^2}$，作代换 $x=a\sec t$.

【**例 3 – 2 – 22**】 求不定积分 $\int \sqrt{a^2-x^2}\,\mathrm{d}x\ (a>0)$.

解 作三角代换 $x=a\sin t\Big(-\dfrac{\pi}{2}<t<\dfrac{\pi}{2}\Big)$，则 $\mathrm{d}x=a\cos t\mathrm{d}t$，因此

$$\int \sqrt{a^2-x^2}\,\mathrm{d}x = \int a\cos t\, a\cos t\mathrm{d}t = a^2\int \cos^2 t\mathrm{d}t$$

$$= a^2\int \frac{1+\cos 2t}{2}\mathrm{d}t = \frac{a^2}{2}\Big(t+\frac{\sin 2t}{2}\Big)+C.$$

为了把变量还原成 x，根据 $\sin t=\dfrac{x}{a}$ 作如图 3 – 2 所示的辅助三角形，则有

$$\cos t=\frac{\sqrt{a^2-x^2}}{a},\ \sin 2t=2\sin t\cos t=2\cdot\frac{x}{a}\cdot\frac{\sqrt{a^2-x^2}}{a},\ t=\arcsin\frac{x}{a},\ 代入得$$

$$\int \sqrt{a^2-x^2}\,\mathrm{d}x = \frac{a^2}{2}\arcsin\frac{x}{a}+\frac{x}{2}\sqrt{a^2-x^2}+C.$$

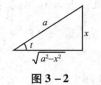

图 3 – 2

【**例 3 – 2 – 23**】 求不定积分 $\int \dfrac{1}{\sqrt{x^2+a^2}}\mathrm{d}x\ (a>0)$.

解 作三角代换，令 $x=a\tan t\Big(-\dfrac{\pi}{2}<t<\dfrac{\pi}{2}\Big)$，则 $\mathrm{d}x=a\sec^2 t\mathrm{d}t$，因此

$$\int \frac{1}{\sqrt{x^2 + a^2}}\mathrm{d}x = \int \frac{a\sec^2 t}{a\sec t}\mathrm{d}t = \int \sec t\,\mathrm{d}t = \ln|\sec t + \tan t| + C.$$

为了把 $\sec t$ 和 $\tan t$ 换为 x 的函数，根据 $\tan t = \dfrac{x}{a}$ 作如图 3-3 所示的辅助三角形，

则有 $\sec t = \dfrac{\sqrt{a^2 + x^2}}{a}$，代入得

$$\int \frac{1}{\sqrt{x^2 + a^2}}\mathrm{d}x = \ln\left(\frac{x}{a} + \frac{\sqrt{x^2 + a^2}}{a}\right) + C_1 = \ln(x + \sqrt{x^2 + a^2}) + C.$$

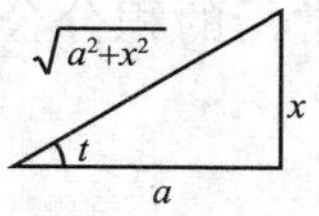

图 3-3

【例 3-2-24】 求不定积分 $\displaystyle\int \frac{1}{\sqrt{x^2 - a^2}}\mathrm{d}x\ (a > 0)$.

解　当 $x > a$ 时，设 $x = a\sec t\left(0 < t < \dfrac{\pi}{2}\right)$，则 $\mathrm{d}x = a\sec t\tan t\,\mathrm{d}t$，因此

$$\int \frac{1}{\sqrt{x^2 - a^2}}\mathrm{d}x = \int \frac{a\sec t\tan t}{a\tan t}\mathrm{d}t = \int \sec t\,\mathrm{d}t = \ln(\sec t + \tan t) + C.$$

根据 $\sec t = \dfrac{x}{a}$ 作如图 3-4 所示的辅助三角形，则有

$\tan t = \dfrac{\sqrt{x^2 - a^2}}{a}$，代入得

$$\int \frac{1}{\sqrt{x^2 - a^2}}\mathrm{d}x = \ln\left(\frac{x}{a} + \frac{\sqrt{x^2 - a^2}}{a}\right) + C_1$$

$$= \ln(x + \sqrt{x^2 - a^2}) + C, (C = C_1 - \ln a).$$

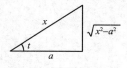

图 3-4

当 $x < -a$ 时，令 $x = -u$，那么 $u > a$，由上面的结果得

$$\int \frac{\mathrm{d}x}{\sqrt{x^2 - a^2}} = -\int \frac{\mathrm{d}u}{\sqrt{u^2 - a^2}} = -\ln(u + \sqrt{u^2 - a^2}) + C$$

$$= -\ln(-x + \sqrt{x^2 - a^2}) + C = \ln\frac{(-x - \sqrt{x^2 - a^2})}{a^2} + C$$

$$= \ln(-x - \sqrt{x^2 - a^2}) + C_1, (C_1 = C - 2\ln a).$$

把当 $x > a$ 及 $x < -a$ 内的结果结合起来，可得

$$\int \frac{\mathrm{d}x}{\sqrt{x^2 - a^2}} = \ln|x + \sqrt{x^2 - a^2}| + C.$$

3.2.3　补充公式

在本节的例题中，有一些积分是以后经常会遇到的．因此它们通常也被当作公式来使用．除了基本积分表外，这样常用的积分公式我们再添加下面几个（其中常数 $a > 0$）．

(1) $\int \tan x \mathrm{d}x = -\ln|\cos x| + C$;

(2) $\int \cot x \mathrm{d}x = \ln|\sin x| + C$;

(3) $\int \sec x \mathrm{d}x = \ln|\sec x + \tan x| + C$;

(4) $\int \csc x \mathrm{d}x = \ln|\csc x - \cot x| + C$;

(5) $\int \frac{1}{a^2 + x^2} \mathrm{d}x = \frac{1}{a}\arctan \frac{x}{a} + C$;

(6) $\int \frac{1}{x^2 - a^2} \mathrm{d}x = \frac{1}{2a}\ln\left|\frac{x - a}{x + a}\right| + C$;

(7) $\int \frac{1}{\sqrt{a^2 - x^2}} \mathrm{d}x = \arcsin \frac{x}{a} + C$;

(8) $\int \frac{\mathrm{d}x}{\sqrt{x^2 + a^2}} = \ln(x + \sqrt{x^2 + a^2}) + C$;

(9) $\int \frac{\mathrm{d}x}{\sqrt{x^2 - a^2}} = \ln|x + \sqrt{x^2 - a^2}| + C$.

习题 3 - 2

1. 计算下列各不定积分.

(1) $\int \sin 5x \mathrm{d}x$;

(2) $\int \frac{\mathrm{d}x}{\sqrt[3]{1 - 2x}}$;

(3) $\int \frac{1}{1 + \cos x} \mathrm{d}x$;

(4) $\int \cos(2x - 1) \mathrm{d}x$;

(5) $\int \frac{1}{x^2} e^{\frac{1}{x}} \mathrm{d}x$;

(6) $\int e^{\sin x} \cos x \mathrm{d}x$;

(7) $\displaystyle\int \frac{1 + \ln x}{x}\mathrm{d}x$；　　　　　　　(8) $\displaystyle\int 2x e^{-x^2}\mathrm{d}x$；

(9) $\displaystyle\int (x^2 - 4x + 1)^5 (2x - 4)\mathrm{d}x$；　(10) $\displaystyle\int \frac{\cos x}{\sin^5 x}\mathrm{d}x$；

(11) $\displaystyle\int e^x \sqrt{2 + 3e^x}\,\mathrm{d}x$；　　　(12) $\displaystyle\int \frac{\ln(3 + x)}{3 + x}\mathrm{d}x$；

(13) $\displaystyle\int \frac{\sin(\sqrt{x} - 2)}{\sqrt{x}}\mathrm{d}x$；　　(14) $\displaystyle\int \frac{e^x}{e^x + 1}\mathrm{d}x$；

(15) $\displaystyle\int \cos^5 x \sin x\,\mathrm{d}x$；　　　(16) $\displaystyle\int \frac{\mathrm{d}x}{\sqrt{16 - 9x^2}}\mathrm{d}x$；

(17) $\displaystyle\int x \sin x^2\,\mathrm{d}x$；　　　　(18) $\displaystyle\int \frac{1}{9 + x^2}\mathrm{d}x$；

(19) $\displaystyle\int \frac{\mathrm{d}x}{x \ln x}$；　　　　　(20) $\displaystyle\int \left(1 - \frac{1}{x^2}\right)\sin\left(x + \frac{1}{x}\right)\mathrm{d}x$；

(21) $\displaystyle\int \frac{x \cos \sqrt{1 + x^2}}{\sqrt{1 + x^2}}\mathrm{d}x$；　(22) $\displaystyle\int \cos\varphi \cdot \cos(\sin\varphi)\,\mathrm{d}\varphi$.

2. 求下列不定积分.

(1) $\displaystyle\int \frac{\sqrt{x}}{1 + \sqrt{x}}\mathrm{d}x$；　　　　　(2) $\displaystyle\int \frac{\sqrt{x + 1} - 1}{\sqrt{x + 1} + 1}\mathrm{d}x$；

(3) $\displaystyle\int \frac{1}{1 + \sqrt[3]{x + 1}}\mathrm{d}x$；　　　(4) $\displaystyle\int \sqrt{1 - 4x^2}\,\mathrm{d}x$；

(5) $\displaystyle\int \frac{3 + x}{\sqrt{4 - x^2}}\mathrm{d}x$；　　　(6) $\displaystyle\int \frac{1}{\left(\sqrt{9 + x^2}\right)^3}\mathrm{d}x$.

3.3　分部积分法

换元积分法在我们计算不定积分时起到了很重要的作用，但是只用这种方法是远远不够的，因为像 $\displaystyle\int \ln x\,\mathrm{d}x$，$\displaystyle\int x e^x\,\mathrm{d}x$ 等类型的积分无法利用换元积分法计算出来．接下来，我们介绍另外一种常用到的积分方法——**分部积分法**。

定理 3 - 3 - 1　设函数 $u = u(x)$，$v = v(x)$ 具有连续的导数，那么有下列分部积分公式：

$$\int u\,\mathrm{d}v = uv - \int v\,\mathrm{d}u.$$

证明　根据函数乘积的微分公式，有

$$d(uv) = udv + vdu$$

移项得

$$udv = d(uv) - vdu.$$

两边同时积分得

$$\int udv = uv - \int vdu. \qquad (3-3-1)$$

分部积分公式的意义是，它可以把求 $\int udv$ 的积分问题转化成求 $\int vdu$ 的积分，当后者比较容易求出时，分部积分公式这时就起到了化难为易的作用.

运用分部积分法的关键是要恰当地选择好 u 和 dv，其选择的原则是：

（1）要从 dv 中容易求出 v；

（2）$\int vdu$ 要比 $\int udv$ 容易积出.

【例 3 - 3 - 1】 求不定积分 $\int xe^x dx$.

解 设 $u = x$，$dv = e^x dx$，那么 $du = dx$，$v = e^x$. 于是

$$\int xe^x dx = \int xde^x = xe^x - \int e^x dx = xe^x - e^x + C.$$

【例 3 - 3 - 2】 求不定积分 $\int x\cos x dx$.

解 设 $u = x$，$du = \cos x dx$，那么 $du = dx$，$v = \sin x$ 代入式（3 - 3 - 1），得

$$\int x\cos x dx = \int xd\sin x = x\sin x - \int \sin x dx = x\sin x + \cos x + C.$$

从以上两个例子可看出，当被积函数为幂函数与指数函数或者幂函数与三角函数的乘积时，应当选取幂函数作为 u，将指数函数或三角函数与 dx 去凑微分.

当熟悉了分部积分法后，u 与 dv 可以不必具体写出来.

【例 3 - 3 - 3】 求不定积分 $\int x\ln x dx$.

解 $\int x\ln x dx = \dfrac{1}{2}\int \ln x dx^2 = \dfrac{1}{2}x^2\ln x - \dfrac{1}{2}\int x^2 \cdot \dfrac{1}{x}dx$

$$= \dfrac{1}{2}x^2\ln x - \dfrac{1}{2}\int x dx = \dfrac{1}{2}x^2\ln x - \dfrac{1}{4}x^2 + C.$$

【例 3 - 3 - 4】 求不定积分 $\int x^3\ln x dx$.

解 $\int x^3\ln x dx = \int \ln x d\left(\dfrac{1}{4}x^4\right) = \dfrac{x^4}{4}\ln x - \dfrac{1}{4}\int x^4 d\ln x$

$$= \dfrac{x^4}{4}\ln x - \dfrac{1}{4}\int x^3 dx = \dfrac{x^4}{4}\ln x - \dfrac{1}{16}x^4 + C.$$

【例 3 - 3 - 5】 求不定积分 $\int x\arctan x dx$.

解 $\displaystyle\int x\arctan x\,\mathrm{d}x = \frac{1}{2}\int \arctan x\,\mathrm{d}x^2 = \frac{1}{2}x^2\arctan x - \frac{1}{2}\int x^2 \cdot \frac{1}{1+x^2}\mathrm{d}x$

$\displaystyle\qquad\qquad\qquad = \frac{1}{2}x^2\arctan x - \frac{1}{2}\int\left(1 - \frac{1}{1+x^2}\right)\mathrm{d}x$

$\displaystyle\qquad\qquad\qquad = \frac{1}{2}x^2\arctan x - \frac{1}{2}x + \frac{1}{2}\arctan x + C.$

由〖例 $3-3-3$〗、〖例 $3-3-4$〗、〖例 $3-3-5$〗可以看出,当被积函数为幂函数与对数函数或幂函数与反三角函数的乘积时,应当选取对数函数或反三角函数作为 u,将幂函数与 $\mathrm{d}x$ 去凑微分.

【例 $3-3-6$】 求不定积分 $\displaystyle\int \arcsin x\,\mathrm{d}x$.

解 $\displaystyle\int \arcsin x\,\mathrm{d}x = x\arcsin x - \int x\,\mathrm{d}\arcsin x$

$\displaystyle\qquad\qquad\quad = x\arcsin x - \int x\,\frac{1}{\sqrt{1-x^2}}\mathrm{d}x$

$\displaystyle\qquad\qquad\quad = x\arcsin x + \frac{1}{2}\int (1-x^2)^{-\frac{1}{2}}\mathrm{d}(1-x^2)$

$\displaystyle\qquad\qquad\quad = x\arcsin x + \sqrt{1-x^2} + C.$

〖例 $3-3-6$〗中的被积函数是单一的函数,可以看成被积表达式已经是 $u\mathrm{d}v$ 的形式,因此直接应用公式即可.

【例 $3-3-7$】 求不定积分 $\displaystyle\int x^2 e^x\,\mathrm{d}x$.

解 $\displaystyle\int x^2 e^x\,\mathrm{d}x = \int x^2\,\mathrm{d}e^x = x^2 e^x - \int e^x\,\mathrm{d}x^2$

$\displaystyle\qquad\qquad\;\; = x^2 e^x - 2\int x e^x\,\mathrm{d}x = x^2 e^x - 2\int x\,\mathrm{d}e^x$

$\displaystyle\qquad\qquad\;\; = x^2 e^x - 2(x e^x - e^x) + C.$

〖例 $3-3-7$〗运用了两次分部积分公式才将结果计算出来.

【例 $3-3-8$】 求不定积分 $\displaystyle\int e^x\cos x\,\mathrm{d}x$.

解 $\displaystyle\int e^x\cos x\,\mathrm{d}x = \int e^x\,\mathrm{d}(\sin x) = e^x\sin x - \int \sin x\,\mathrm{d}e^x$

$\displaystyle\qquad\qquad\quad = e^x\sin x - \int e^x\sin x\,\mathrm{d}x = e^x\sin x + \int e^x\,\mathrm{d}\cos x$

$\displaystyle\qquad\qquad\quad = e^x\sin x + e^x\cos x - \int e^x\cos x\,\mathrm{d}x.$

将再次出现的 $\displaystyle\int e^x\cos x\,\mathrm{d}x$ 移到左端,合并后除以 2 得出所求积分为

$$\int e^x\cos x\,\mathrm{d}x = \frac{1}{2}e^x(\sin x + \cos x) + C.$$

〖例 3 – 3 – 8〗的求解过程中，运用了两次分部积分后出现"循环现象"，这时所求积分需用解方程的方法求出.

*【例 3 – 3 – 9】 求不定积分 $\int \sec^3 x \mathrm{d}x$.

解
$$\int \sec^3 x \mathrm{d}x = \int \sec x \cdot \sec^2 x \mathrm{d}x$$
$$= \int \sec x \mathrm{d}\tan x$$
$$= \sec x \tan x - \int \sec x \tan^2 x \mathrm{d}x$$
$$= \sec x \tan x - \int \sec x (\sec^2 x - 1) \mathrm{d}x$$
$$= \sec x \tan x - \int \sec^3 x \mathrm{d}x + \int \sec x \mathrm{d}x$$
$$= \sec x \tan x + \ln |\sec x + \tan x| - \int \sec^3 x \mathrm{d}x.$$

因此
$$\int \sec^3 x \mathrm{d}x = \frac{1}{2}(\sec x \tan x + \ln |\sec x + \tan x|) + C.$$

【例 3 – 3 – 10】 求不定积分 $\int e^{\sqrt{x}} \mathrm{d}x$.

解 令 $x = t^2$，则 $\mathrm{d}x = 2t\mathrm{d}t$. 因此
$$\int e^{\sqrt{x}} \mathrm{d}x = 2\int t e^t \mathrm{d}t$$
$$= 2e^t(t - 1) + C = 2e^{\sqrt{x}}(\sqrt{x} - 1) + C.$$

*【例 3 – 3 – 11】 求不定积分 $\int \dfrac{xe^x}{\sqrt{e^x - 1}} \mathrm{d}x$.

解 令 $t = \sqrt{e^x - 1}$，则 $e^x = 1 + t^2$，$x = \ln(1 + t^2)$，$\mathrm{d}x = \dfrac{2t}{1 + t^2}\mathrm{d}t$. 于是

$$\int \frac{xe^x}{\sqrt{e^x - 1}} \mathrm{d}x = \int \frac{\ln(1 + t^2) \cdot (1 + t^2)}{t} \cdot \frac{2t}{1 + t^2} \mathrm{d}x$$
$$= 2\int \ln(1 + t^2) \mathrm{d}t = 2\left[t\ln(1 + t^2) - \int \frac{2t^2}{1 + t^2} \mathrm{d}t \right]$$
$$= 2t\ln(1 + t^2) - 4\int \left(1 - \frac{1}{1 + t^2} \right) \mathrm{d}t$$
$$= 2t\ln(1 + t^2) - 4t + 4\arctan t + C$$
$$= 2\sqrt{e^x - 1}\ln(e^x) - 4\sqrt{e^x - 1} + 4\arctan\sqrt{e^x - 1} + C$$
$$= 2x\sqrt{e^x - 1} - 4\sqrt{e^x - 1} + 4\arctan\sqrt{e^x - 1} + C.$$

习题 3 - 3

1. 求下列不定积分.

(1) $\int x\sin x\,\mathrm{d}x$；

(2) $\int (1+x)e^x\,\mathrm{d}x$；

(3) $\int \ln x\,\mathrm{d}x$；

(4) $\int \mathrm{arccot}x\,\mathrm{d}x$；

(5) $\int \dfrac{\ln x}{2\sqrt{x}}\,\mathrm{d}x$；

(6) $\int x^2\arctan x\,\mathrm{d}x$；

(7) $\int \dfrac{\ln x}{x^2}\,\mathrm{d}x$；

(8) $\int \left(\dfrac{1}{x}+\ln x\right)e^x\,\mathrm{d}x$；

(9) $\int e^x\sin x\,\mathrm{d}x$；

(10) $\int xe^{2x}\,\mathrm{d}x$；

(11) $\int a^x x^2\,\mathrm{d}x$；

(12) $\int \arctan\sqrt{x}\,\mathrm{d}x$.

2. 计算不定积分 $\int xf''(x)\,\mathrm{d}x$.

*3.4 有理函数的积分

前面我们介绍了计算不定积分的两种重要的积分法——换元积分法和分部积分法. 这一节介绍有理函数的积分和可化为有理函数的积分.

3.4.1 有理函数的积分

有理函数指的是由两个多项式的商所表示的函数, 即具有以下形式的函数:
$$\frac{P(x)}{Q(x)}=\frac{a_0x^n+a_1x^{n-1}+\cdots+a_{n-1}x+a_n}{b_0x^m+b_1x^{m-1}+\cdots+b_{m-1}x+b_m}.$$
其中, m 和 n 都是非负整数; $a_0,a_1,a_2,\cdots,a_n$ 及 $b_0,b_1,b_2,\cdots,b_m$ 都是实数, 并且 $a_0\neq 0$, $b_0\neq 0$. 当 $n<m$ 时, 称这样的有理函数为**真分式**; 而当 $n\geq m$ 时, 称这样的有理函数为**假分式**.

假分式总可以化为一个多项式与一个真分式的和的形式. 例如:
$$\frac{x^3+x+1}{x^2+1}=\frac{x(x^2+1)+1}{x^2+1}=x+\frac{1}{x^2+1}.$$

对于真分式 $\dfrac{P(x)}{Q(x)}$, 若分母可以分解为两个多项式的乘积 $Q(x)=Q_1(x)Q_2(x)$, 并且 $Q_1(x)$ 和 $Q_2(x)$ 没有公因式, 则它可以拆分成两个真分式的和 $\dfrac{P(x)}{Q(x)}=\dfrac{P_1(x)}{Q_1(x)}$

$+\dfrac{P_2(x)}{Q_2(x)}$，上述步骤就称为把真分式化为部分分式之和. 若 $Q_1(x)$ 或 $Q_2(x)$ 还能再分解为两个没有公因式的多项式的乘积，则可以拆分成更简单的部分分式.

下面我们列举几个真分式的积分的例子.

求真分式的不定积分时，若分母可因式分解，则先因式分解，再化成部分分式，然后再积分.

【例 3 – 4 – 1】 求不定积分 $\displaystyle\int \dfrac{x+3}{x^2-5x+6}\mathrm{d}x$.

解 被积函数分母可以分解成 $(x-2)(x-3)$，因此可设

$$\dfrac{x+3}{(x-2)(x-3)}=\dfrac{A}{x-3}+\dfrac{B}{x-2}.$$

其中，A、B 为待定系数. 上式两端去分母之后，得

$$x+3=A(x-2)+B(x-3).$$

即

$$x+3=(A+B)x+(-2A-3B).$$

比较上式左右两端同次幂的系数，则有

$$\begin{cases} A+B=1, \\ 2A+3B=-3. \end{cases}$$

解得

$$\begin{cases} A=6, \\ B=-5. \end{cases}$$

因此

$$\int \dfrac{x+3}{x^2-5x+6}\mathrm{d}x=\int \dfrac{x+3}{(x-2)(x-3)}\mathrm{d}x=\int\left(\dfrac{6}{x-3}-\dfrac{5}{x-2}\right)\mathrm{d}x$$

$$=\int \dfrac{6}{x-3}\mathrm{d}x-\int \dfrac{5}{x-2}\mathrm{d}x=6\ln|x-3|-5\ln|x-2|+C.$$

【例 3 – 4 – 2】 求不定积分 $\displaystyle\int \dfrac{1}{x(x^2+1)}\mathrm{d}x$.

解 设 $\dfrac{1}{x(x^2+1)}=\dfrac{A}{x}+\dfrac{Bx+C}{x^2+1}$，那么

$$1=A(x^2+1)+(Bx+C)x.$$

即

$$1=(A+B)x^2+Cx+A.$$

则有

$$\begin{cases} A+B=0, \\ C=0, \\ A=1. \end{cases}$$

解得

$$\begin{cases} A = 1, \\ B = -1, \\ C = 0. \end{cases}$$

因此

$$\int \frac{1}{x(x^2 + 1)} dx = \int \left(\frac{1}{x} - \frac{x}{x^2 + 1} \right) dx = \int \frac{1}{x} dx - \frac{1}{2} \int \frac{1}{x^2 + 1} d(x^2 + 1)$$

$$= \ln|x| - \frac{1}{2} \ln(x^2 + 1) + C.$$

【例 3 - 4 - 3】求不定积分 $\int \dfrac{2x + 5}{(x + 1)(x^2 + 4x + 6)} dx$.

解　设 $\dfrac{2x + 5}{(x + 1)(x^2 + 4x + 6)} = \dfrac{A}{x + 1} + \dfrac{Bx + C}{x^2 + 4x + 6}$，那么

$$2x + 5 = A(x^2 + 4x + 6) + (x + 1)(Bx + C)$$

即

$$2x + 5 = (A + B)x^2 + (4A + B + C)x + (6A + C)$$

则有

$$\begin{cases} A + B = 0, \\ 4A + B + C = 2, \\ 6A + C = 5. \end{cases}$$

解得

$$\begin{cases} A = 1, \\ B = -1, \\ C = -1. \end{cases}$$

因此

$$\int \frac{2x + 5}{(x + 1)(x^2 + 4x + 6)} dx$$

$$= \int \frac{1}{x + 1} dx - \int \frac{x + 1}{x^2 + 4x + 6} dx$$

$$= \ln|x + 1| - \frac{1}{2} \int \frac{(x^2 + 4x + 6)'}{x^2 + 4x + 6} dx + \int \frac{1}{x^2 + 4x + 6} dx$$

$$= \ln|x + 1| - \frac{1}{2} \ln(x^2 + 4x + 6) + \int \frac{1}{2 + (x + 2)^2} dx$$

$$= \ln|x + 1| - \frac{1}{2} \ln(x^2 + 4x + 6) + \frac{1}{\sqrt{2}} \arctan \frac{x + 2}{\sqrt{2}} + C.$$

3.4.2　三角函数有理式的积分

三角函数有理式指的是由三角函数与常数经过有限次四则运算后所构成的函数,

其特点是分子分母都包含三角函数的和差与乘积运算. 由于各种三角函数都可用 $\sin x$ 及 $\cos x$ 的有理式表示，因此，三角函数有理式其实也就是 $\sin x$、$\cos x$ 的有理式.

用于三角函数有理式积分的变换有：

把 $\sin x$、$\cos x$ 表示成 $\tan\dfrac{x}{2}$ 的函数，然后作变换 $u=\tan\dfrac{x}{2}$.

$$\sin x=2\sin\frac{x}{2}\cos\frac{x}{2}=\frac{2\tan\dfrac{x}{2}}{\sec^2\dfrac{x}{2}}=\frac{2\tan\dfrac{x}{2}}{1+\tan^2\dfrac{x}{2}}=\frac{2u}{1+u^2},$$

$$\cos x=\cos^2\frac{x}{2}-\sin^2\frac{x}{2}=\frac{1-\tan^2\dfrac{x}{2}}{\sec^2\dfrac{x}{2}}=\frac{1-u^2}{1+u^2}.$$

$$x=2\arctan u,\quad \mathrm{d}x=\frac{2}{1+u^2}\mathrm{d}u.$$

变换后原积分就变成了有理函数的积分.

【例 3-4-4】求不定积分 $\displaystyle\int\frac{\mathrm{d}x}{2+\cos x}$.

解 作变换 $u=\tan\dfrac{x}{2}$，那么 $\mathrm{d}x=\dfrac{2}{1+u^2}\mathrm{d}u$，$\cos x=\dfrac{1-u^2}{1+u^2}$，

因此

$$\int\frac{\mathrm{d}x}{2+\cos x}=\int\frac{\dfrac{2\mathrm{d}u}{1+u^2}}{2+\dfrac{1-u^2}{1+u^2}}=2\int\frac{1}{3+u^2}\mathrm{d}u=\frac{2}{\sqrt{3}}\int\frac{1}{1+\left(\dfrac{u}{\sqrt{3}}\right)^2}\mathrm{d}\frac{u}{\sqrt{3}}$$

$$=\frac{2}{\sqrt{3}}\arctan\frac{u}{\sqrt{3}}+C=\frac{2}{\sqrt{3}}\arctan\left(\frac{1}{\sqrt{3}}\tan\frac{x}{2}\right)+C.$$

【例 3-4-5】求不定积分 $\displaystyle\int\frac{\cos x}{1+\sin x}\mathrm{d}x$.

解 $\displaystyle\int\frac{\cos x}{1+\sin x}\mathrm{d}x=\int\frac{1}{1+\sin x}\mathrm{d}(\sin x+1)$

$$=\ln(1+\sin x)+C.$$

【例 3-4-6】求不定积分 $\displaystyle\int\frac{1}{1+\sin x+\cos x}\mathrm{d}x$.

解 作变换 $u=\tan\dfrac{x}{2}$，那么 $\sin x=\dfrac{2u}{1+u^2}$，$\cos x=\dfrac{1-u^2}{1+u^2}$，$\mathrm{d}x=\dfrac{2}{1+u^2}\mathrm{d}u$.

因此

$$\int\frac{1}{1+\sin x+\cos x}\mathrm{d}x=\int\frac{1}{1+\dfrac{2u}{1+u^2}+\dfrac{1-u^2}{1+u^2}}\cdot\frac{2}{1+u^2}\mathrm{d}x$$

$$= \int \frac{\mathrm{d}u}{1+u} = \ln|1+u| + C = \ln\left|1 + \tan\frac{x}{2}\right| + C.$$

注：并不是所有三角函数有理式的积分都需要通过变换为有理函数的积分.

习题 3 – 4

求下列不定积分.

(1) $\displaystyle\int \frac{x+6}{x^2+3x-10}\mathrm{d}x$;　　　　(2) $\displaystyle\int \frac{\sin x}{1+\sin x+\cos x}\mathrm{d}x$;

(3) $\displaystyle\int \frac{1}{(1+2x)(1+x^2)}\mathrm{d}x$;　　　(4) $\displaystyle\int \cos^3 x\sin^2 x\mathrm{d}x$;

(5) $\displaystyle\int \frac{1}{\sqrt{x+1}+\sqrt[3]{x+1}}\mathrm{d}x$;　　(6) $\displaystyle\int \frac{1}{1+\sqrt{x}}\mathrm{d}x$.

3.5　定积分的概念与性质

3.5.1　引例

3.5.1.1　曲边梯形的面积

在平面直角坐标系中，由连续曲线 $y=f(x)$ $(f(x)\geq 0)$ 与直线 $x=a$，$x=b$ 以及 x 轴围成的平面图形，称为**曲边梯形**（见图 3 – 5），其中曲线弧称为**曲边**.

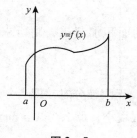

图 3 – 5

我们都知道，矩形的高是不变的，它的面积可以按公式

矩形面积 = 底 × 高

来计算. 但曲边梯形在底边上各点处的高 $f(x)$ 在区间 $[a,b]$ 上却是变动的，因此它的面积不可以直接按上述公式来计算. 然而，因为曲边梯形的高 $f(x)$ 在区间 $[a,b]$ 上是在连续变化的，如果是在很小的一段区间上它的变化就很小，可近似于不变. 所以，若将区间 $[a,b]$ 划分为很多小区间，在每个小区间上可以用其中某一点处的高

来近似代替该小区间上的**窄曲边梯形**的高，那么，每个窄曲边梯形就可以近似地看成这样得到的**窄矩形**. 我们就可以把所有这些窄矩形面积的和作为所求曲边梯形面积的近似值，再把区间 $[a,b]$ 无限细分下去，使每个小区间的长度都趋于零，这时所有窄矩形面积之和的极限就可以定义为**曲边梯形的面积**. 以上定义同时也给出了我们计算曲边梯形面积的方法，现详细叙述于下.

（1）分割：用分点 $a = x_0 < x_1 < x_2 < \cdots < x_{i-1} < x_i < \cdots < x_n = b$ 把区间 $[a,b]$ 分成 n 个小区间

$$[x_0, x_1], [x_1, x_2], \cdots, [x_{i-1}, x_i], \cdots, [x_{n-1}, x_n],$$

其中，第 i 个小区间的长度为 $\Delta x_i = x_i - x_{i-1}(i = 1, 2, 3, \cdots, n)$，过每一个分点 $x_i(i = 1, 2, \cdots, n-1)$ 作 x 轴的垂线，把曲边梯形分成 n 个小曲边梯形（见图 3 – 6），其面积记为 ΔS_i，$(i = 1, 2, \cdots, n)$，那么整个曲边梯形的面积为 $\sum_{i=1}^{n} \Delta S_i$.

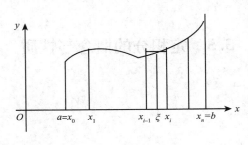

图 3 – 6

（2）近似：在每个小区间 $[x_{i-1}, x_i]$ 上任取一点 ξ_i（$x_{i-1} \leqslant \xi_i \leqslant x_i$），以 Δx_i 为底、$f(\xi_i)$ 为高的小矩形的面积近似求出同底的小曲边梯形的面积，即 $\Delta S_i \approx f(\xi_i) \Delta x_i$（$i = 1, 2, \cdots, n$）.

（3）求和：将 n 个小矩形的面积加起来，则所求曲边梯形面积的近似值为 $S = \sum_{i=1}^{n} \Delta S_i \approx \sum_{i=1}^{n} f(\xi_i) \Delta x_i$.

（4）取极限：当区间 $[a,b]$ 无限细分时，即当分点数 n 无限增大，每个小区间的长度 $\Delta x_i(i = 1, 2, 3, \cdots, n)$ 就无限变小，那么当 $\lambda = \max_{1 \leqslant i \leqslant n} \{\Delta x_i\}$ 趋于零时，S_n 的极限就是所求的曲边梯形面积的精确值，即 $S = \lim_{\lambda \to 0} S_n = \lim_{\lambda \to 0} \sum_{i=1}^{n} f(\xi_i) \Delta x_i$.

3.5.1.2 变速直线运动的路程

设一物体作变速直线运动，已知速度 $u = u(t)$ 是时间 t 在 $[T_1, T_2]$ 的函数，求在这段时间间隔内物体所走过的路程 S.

（1）分割：将时间 t 的区间 $[T_1, T_2]$ 用分点 $T_1 = t_0 < t_1 < t_2 < \cdots < t_{i-1} < t_i < \cdots < t_{n-1} < t_n = T_2$ 分为 n 个小区间 $[t_{i-1}, t_i]$，记

$\Delta t_i = t_i - t_{i-1}(i = 1, 2, \cdots, n).$

（2）近似：在每个小区间 $[t_{i-1}, t_i]$ 上，以任一时刻 τ_i 处的速度 $u(\tau_i)$ 近似地代替这段时间内各时刻的速度，那么在时间间隔 $[t_{i-1}, t_i]$ 内物体所走过的路程 ΔS_i 可以用 $u(\tau_i)\Delta t_i$ 作为它的近似值，即

$\Delta S_i \approx u(\tau_i)\Delta t_i (i = 1, 2, \cdots, n).$

（3）求和：将上面这些近似值加起来，就得到了整个时间间隔 $[T_1, T_2]$ 内所走过的路程 S 的近似值

$$S = \sum_{i=1}^{n}\Delta S_i \approx \sum_{i=1}^{n}u(\tau_i)\Delta t_i.$$

（4）取极限：当区间 $[T_1, T_2]$ 分得越细时，上面的近似程度就越高. 记 $\lambda = \max\{\Delta t_1, \Delta t_2, \cdots, \Delta t_n\}$，若将区间 $[a, b]$ 无限细分，即当 $\lambda \to 0$ 时，和式 $\sum_{i=1}^{n}u(\tau_i)\Delta t_i$ 的极限即为所求路程 S 的精确值，即

$$S = \lim_{\lambda \to 0}\sum_{i=1}^{n}u(\tau_i)\Delta t_i.$$

3.5.2　定积分的概念

由前述两个引例可以看出：曲边梯形的面积及变速直线运动的路程这两个问题的实际意义虽然不同，因为前者是几何量，后者是物理量，但它们都由一个函数及其自变量的变化区间决定，即：

曲边梯形的高 $f(x)$ 及其底边上的点 x 的变化区间 $[a, b]$；

直线运动的速度 $u = u(t)$ 及时间 t 的变化区间 $[T_1, T_2]$.

因此，计算这两个量的方法与步骤是相同的. 抓住它们在数量关系上共同的特性与本质加以概括，便可得到下面定积分的定义.

定义 3 - 5 - 1　设函数 $f(x)$ 在区间 $[a, b]$ 上有界，利用点 $a = x_0 < x_1 < x_2 < \cdots < x_i < \cdots < x_n = b$，

把区间 $[a, b]$ 分为 n 个小区间：$[x_0, x_1], [x_1, x_2], \cdots, [x_{i-1}, x_i], \cdots, [x_{n-1}, x_n]$，各个小区间的长度记为 $\Delta x_i = x_i - x_{i-1}(i = 1, 2, 3, \cdots, n)$，在每个小区间 $[x_{i-1}, x_i]$ 上任取一点 $\xi_i (x_{i-1} \leqslant \xi_i \leqslant x_i)$，作乘积 $f(\xi_i)\Delta x_i (i = 1, 2, \cdots, n)$，并作和式 $S_n = \sum_{i=1}^{n}f(\xi_i)\Delta x_i$，也可称为积分和，当 $n \to \infty$ 时，Δx_i 中最大者 $\lambda = \max_{1 \leqslant i \leqslant n}\{\Delta x_i\}$ 趋向于零，如果 S_n 的极限存在，且极限值与区间 $[a, b]$ 的划分方法及点 ξ_i 的取法无关，则称函数 $f(x)$ 在区间 $[a, b]$ 上**可积**，并称此极限值为函数 $f(x)$ 在区间 $[a, b]$ 上的**定积分**，记作 $\int_a^b f(x)\mathrm{d}x$，即

$$\int_a^b f(x)\mathrm{d}x = \lim_{\lambda \to 0}\sum_{i=1}^{n}f(\xi_i)\Delta x_i.$$

其中，$f(x)$ 称为**被积函数**，$[a,b]$ 称为**积分区间**；a 称为**积分下限**，b 称为**积分上限**，x 称为**积分变量**，$f(x)\mathrm{d}x$ 称为**被积表达式**.

根据定积分的概念，上面的实例就可以用定积分来表示.

（1）曲边梯形的面积 S 其实就是该梯形的曲边 $y=f(x)(f(x)\geqslant0)$ 在区间 $[a,b]$ 上的定积分，即

$$S=\int_a^b f(x)\mathrm{d}x.$$

（2）物体作变速直线运动所经过的路程 S 就是速度函数 $u=u(t)$ 在区间 $[T_1,T_2]$ 上的定积分，即

$$S=\int_{T_1}^{T_2} u(t)\mathrm{d}t.$$

需要注意的是：

（1）定积分 $\int_a^b f(x)\mathrm{d}x$ 是一个确定的常数. 它仅与被积函数 $f(x)$ 和积分区间 $[a,b]$ 有关，与积分变量字母的选取无关. 即

$$\int_a^b f(x)\mathrm{d}x=\int_a^b f(t)\mathrm{d}t=\int_a^b f(u)\mathrm{d}u.$$

（2）定积分的定义中，一般下限 a 总是小于上限 b 的，为了今后使用方便，我们规定：

当 $a>b$ 时，$\int_a^b f(x)\mathrm{d}x=-\int_b^a f(x)\mathrm{d}x$；

当 $a=b$ 时，$\int_a^a f(x)\mathrm{d}x=0.$

（3）若 $f(x)$ 在区间 $[a,b]$ 上可积，那么 $f(x)$ 在区间 $[a,b]$ 上有界，即函数 $f(x)$ 有界是其可积的必要条件. 通常情况下，我们说在闭区间上的连续函数是可积的. 另外，若 $f(x)$ 在区间 $[a,b]$ 上有界，且仅有有限个间断点，那么 $f(x)$ 在 $[a,b]$ 上可积.

3.5.3 定积分的几何意义

若 $x\in[a,b]$ 时，$y=f(x)$ 连续，那么定积分的几何意义可以分为以下三种情况.

（1）$f(x)\geqslant0$，$\int_a^b f(x)\mathrm{d}x$ 表示曲边梯形的面积；

（2）$f(x)<0$，$\int_a^b f(x)\mathrm{d}x$ 表示曲边梯形的面积的负值；

（3）若 $f(x)$ 在 $[a,b]$ 上有正有负时，如图 3-7 所示，则 $\int_a^b f(x)\mathrm{d}x$ 等于曲线 $y=f(x)$ 在 x 轴上方部分面积与下方部分面积的代数和，即

$$\int_a^b f(x)\mathrm{d}x=S_1-S_2+S_3.$$

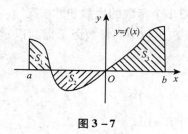

图 3－7

【例 3－5－1】 利用定义计算定积分 $\int_0^1 x^2 \mathrm{d}x$.

解　如图 3－8 所示，将区间 [0，1] 分成 n 等份，把分点和小区间长度记为

$$x_i = \frac{i}{n} (i = 1,2,\cdots,n-1),\Delta x_i = \frac{1}{n} (i = 1,2,\cdots,n).$$

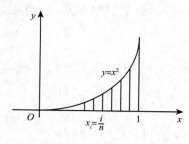

图 3－8

取 $\xi_i = x_i (i = 1,2,\cdots,n)$，得积分和

$$\sum_{i=1}^{n} f(\xi_i)\Delta x_i = \sum_{i=1}^{n} \xi_i^2 \Delta x_i = \sum_{i=1}^{n} \left(\frac{i}{n}\right)^2 \cdot \frac{1}{n}$$

$$= \frac{1}{n^3} \sum_{i=1}^{n} i^2 = \frac{1}{n^3} \cdot \frac{1}{6} n(n+1)(2n+1)$$

$$= \frac{1}{6}\left(1 + \frac{1}{n}\right)\left(2 + \frac{1}{n}\right).$$

由于 $\lambda = \frac{1}{n}$，当 $\lambda \to 0$ 时，$n \to \infty$，故

$$\int_0^1 x^2 \mathrm{d}x = \lim_{\lambda \to 0} \sum_{i=1}^{n} f(\xi_i)\Delta x_i = \lim_{n \to \infty} \frac{1}{6}\left(1 + \frac{1}{n}\right)\left(2 + \frac{1}{n}\right) = \frac{1}{3}.$$

3.5.4　定积分的性质

定积分具有以下性质，并设性质中所涉及的函数在积分区间上都是可积的.

性质 3－5－1　两个函数代数和的定积分等于它们的定积分的代数和，即

$$\int_a^b [f(x) \pm g(x)]\mathrm{d}x = \int_a^b f(x)\mathrm{d}x \pm \int_a^b g(x)\mathrm{d}x,$$

这个性质可以推广到有限多个函数的代数和的情况.

性质 3 - 5 - 2 可以将被积函数中的常数因子提到积分号外面，即

$$\int_a^b kf(x)\,\mathrm{d}x = k\int_a^b f(x)\,\mathrm{d}x.$$

性质 3 - 5 - 3 对于任意点 C，有

$$\int_a^b f(x)\,\mathrm{d}x = \int_a^c f(x)\,\mathrm{d}x + \int_c^b f(x)\,\mathrm{d}x.$$

这个性质称为定积分的可加性，应注意的是，C 的任意性意味着，不管 $C\in[a,b]$，还是 $C\notin[a,b]$，此性质均成立.

性质 3 - 5 - 4 若被积函数 $f(x)\equiv 1$，则

$$\int_a^b 1\,\mathrm{d}x = \int_a^b \mathrm{d}x = b - a.$$

性质 3 - 5 - 5 若在区间 $[a,b]$ 上，恒有 $f(x)\geqslant 0$，则

$$\int_a^b f(x)\,\mathrm{d}x \geqslant 0 \quad (a < b).$$

推论 3 - 5 - 1 若在区间 $[a,b]$ 上，恒有 $f(x)\leqslant g(x)$，则

$$\int_a^b f(x)\,\mathrm{d}x \leqslant \int_a^b g(x)\,\mathrm{d}x \quad (a < b).$$

推论 3 - 5 - 2 $\left|\int_a^b f(x)\,\mathrm{d}x\right| \leqslant \int_a^b |f(x)|\,\mathrm{d}x \quad (a < b)$.

证 由于

$$-|f(x)| \leqslant f(x) \leqslant |f(x)|,$$

故由推论 3 - 5 - 1 及性质 3 - 5 - 2 可得

$$-\int_a^b |f(x)|\,\mathrm{d}x \leqslant \int_a^b f(x)\,\mathrm{d}x \leqslant \int_a^b |f(x)|\,\mathrm{d}x,$$

即

$$\left|\int_a^b f(x)\,\mathrm{d}x\right| \leqslant \int_a^b |f(x)|\,\mathrm{d}x.$$

性质 3 - 5 - 6 设 M 及 m 分别为函数 $f(x)$ 在区间 $[a,b]$ 上的最大值与最小值，则有

$$m(b - a) \leqslant \int_a^b f(x)\,\mathrm{d}x \leqslant M(b - a).$$

性质 3 - 5 - 7（积分中值定理） 若函数 $f(x)$ 在区间 $[a,b]$ 上连续，那么在区间 $[a,b]$ 内至少存在一点 ξ，使得

$$\int_a^b f(x)\,\mathrm{d}x = f(\xi)(b - a) \quad (a < \xi < b).$$

性质 3 - 5 - 7 的**几何意义**为：由曲线 $y = f(x)$ 以及直线 $x = a$，$x = b$ 和 x 轴所围成的曲边梯形的面积就等于以区间 $[a,b]$ 为底，$[a,b]$ 内某点 ξ 处的函数值 $f(\xi)$ 为高的矩形的面积（见图 3 - 9）.

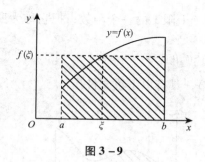

图 3 - 9

一般地，把积分中值定理得到的数值 $f(\xi) = \dfrac{1}{b-a}\displaystyle\int_a^b f(x)\mathrm{d}x$，称为函数 $f(x)$ 在区间 $[a,b]$ 上的平均值.

习题 3 - 5

1. 运用定积分的几何意义计算下列积分.

(1) $\displaystyle\int_0^1 2x\mathrm{d}x$；
(2) $\displaystyle\int_{-R}^R \sqrt{R^2 - x^2}\,\mathrm{d}x$；

(3) $\displaystyle\int_{-\frac{\pi}{2}}^{\frac{\pi}{2}} \cos x\mathrm{d}x$；
(4) $\displaystyle\int_{-\pi}^{\pi} \sin x\mathrm{d}x$.

2. 根据几何意义如何理解定积分 $\displaystyle\int_a^a f(x)\mathrm{d}x = 0$？

3. 运用定积分的性质，比较下列各对积分哪一个的值较大.

(1) $\displaystyle\int_0^1 x^2\mathrm{d}x$ 还是 $\displaystyle\int_0^1 x^3\mathrm{d}x$？
(2) $\displaystyle\int_1^2 x^2\mathrm{d}x$ 还是 $\displaystyle\int_1^2 x^3\mathrm{d}x$？

(3) $\displaystyle\int_1^2 \ln x\mathrm{d}x$ 还是 $\displaystyle\int_1^2 (\ln x)^2\mathrm{d}x$？
(4) $\displaystyle\int_0^e e^x\mathrm{d}x$ 还是 $\displaystyle\int_0^1 (1 + x)\mathrm{d}x$？

3.6 微积分基本公式

3.6.1 变上限的定积分

设函数 $f(x)$ 在区间 $[a,b]$ 上连续，如果仅计算定积分 $\displaystyle\int_a^b f(x)\mathrm{d}x$，那么它是一个确定的常数. 如果固定下限，使上限在区间 $[a,b]$ 上变动，即取 x 为区间 $[a,b]$ 上任意一点，由于 $f(x)$ 在 $[a,b]$ 上连续，则在 $[a,x]$ 上也连续，所以 $f(x)$ 在 $[a,x]$ 上也可积. 由于定积分 $\displaystyle\int_a^x f(t)\mathrm{d}t$ 的值依赖上限 x（见图 3 - 10），因此定积分

$\int_a^x f(t)\,dt\ (a \le x \le b)$ 是关于上限 x 的一个函数，把它称为**变上限的定积分**，记作

$$\Phi(x) = \int_a^x f(t)\,dt, x \in [a,b].$$

变上限的定积分 $\Phi(x)$，具有以下重要性质.

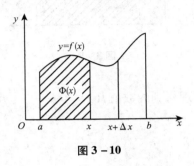

图 3 – 10

定理 3 – 6 – 1 若函数 $f(x)$ 在区间 $[a,b]$ 上连续，则

$$\Phi(x) = \int_a^x f(t)\,dt, x \in [a,b].$$

在 $[a,b]$ 上可导，并且 $\Phi(x)$ 的导数就等于被积函数在积分上限 x 处的值，即

$$\Phi'(x) = \left[\int_a^x f(t)\,dt\right]' = f(x)\ (a \le x \le b).$$

因此，$\Phi(x) = \int_a^x f(t)\,dt$ 是 $f(x)$ 在 $[a,b]$ 上的一个原函数.

*证 设给 x 一个增量 Δx，那么函数 $\Phi(x)$ 相应的增量为

$$\Delta\Phi(x) = \Phi(x + \Delta x) - \Phi(x) = \int_a^{x+\Delta x} f(t)\,dt - \int_a^x f(t)\,dt$$

$$= \int_a^x f(t)\,dt + \int_x^{x+\Delta x} f(t)\,dt - \int_a^x f(t)\,dt = \int_x^{x+\Delta x} f(t)\,dt.$$

根据定积分中值定理得

$$\Delta\Phi(x) = \int_x^{x+\Delta x} f(t)\,dt = f(\xi)\Delta x,$$

其中，ξ 在 x 和 $x + \Delta x$ 之间，用 Δx 除以上式两端得

$$\frac{\Delta\Phi(x)}{\Delta x} = f(\xi).$$

由于 $y = f(x)$ 在 $[a,b]$ 上连续，当 $\Delta x \to 0$，即 $\xi \to x$ 时，有 $f(\xi) \to f(x)$.

因此，令 $\Delta x \to 0$，上式两端同时取极限便可得到 $\Phi'(x) = f(x)$.

由定理 3 – 6 – 1 得知，$\Phi(x) = \int_a^x f(t)\,dt$ 是连续函数 $f(x)$ 在 $[a,b]$ 上的一个原函数（且仍为连续函数），即

$$\Phi'(x) = \frac{d}{dx}\left[\int_a^x f(t)\,dt\right] = f(x).$$

【例 3 - 6 - 1】 求 $\Phi(x) = \int_0^x \sin t^2 \mathrm{d}t$ 在 $x = 0, x = \sqrt{\dfrac{\pi}{4}}$ 处的导数.

解　由于 $\Phi'(x) = \dfrac{\mathrm{d}}{\mathrm{d}x} \int_0^x \sin t^2 \mathrm{d}t = \sin x^2$，因此，$\Phi'(0) = \sin 0 = 0, \Phi'\left(\sqrt{\dfrac{\pi}{4}}\right) =$

$\sin \dfrac{\pi}{4} = \dfrac{\sqrt{2}}{2}$.

【例 3 - 6 - 2】 求 $\dfrac{\mathrm{d}}{\mathrm{d}x}\left[\int_1^{x^2} e^t \mathrm{d}t\right]$.

解　这里 $\int_1^{x^2} e^t \mathrm{d}t$ 是 x^2 的函数，因此是 x 的复合函数，令 $u = x^2$，则有

$$\Phi(u) = \int_1^u e^t \mathrm{d}t, u = x^2.$$

利用复合函数的求导公式，得

$$\dfrac{\mathrm{d}}{\mathrm{d}x}\left[\int_1^{x^2} e^t \mathrm{d}t\right] = \dfrac{\mathrm{d}}{\mathrm{d}x}[\Phi(u)] = \Phi'(u) \cdot \dfrac{\mathrm{d}u}{\mathrm{d}x}$$

$$= e^u \cdot 2x = 2x e^{x^2}.$$

【例 3 - 6 - 3】 求 $\lim\limits_{x \to 0} \dfrac{\int_0^{2x} \sin t^2 \mathrm{d}t}{x^3}$.

解　这是一个 $\dfrac{0}{0}$ 型未定式，利用洛必达法则，有

$$\lim\limits_{x \to 0} \dfrac{\int_0^{2x} \sin t^2 \mathrm{d}t}{x^3} = \lim\limits_{x \to 0} \dfrac{\left(\int_0^{2x} \sin t^2 \mathrm{d}t\right)'}{(x^3)'}$$

$$= \lim\limits_{x \to 0} \dfrac{\sin(2x)^2 \cdot (2x)'}{3x^2} = \lim\limits_{x \to 0} \dfrac{2\sin 4x^2}{3x^2}$$

$$= \dfrac{8}{3} \lim\limits_{x \to 0} \dfrac{\sin 4x^2}{4x^2} = \dfrac{8}{3}.$$

3.6.2　微积分基本定理

定理 3 - 6 - 2　设函数 $f(x)$ 在区间 $[a, b]$ 上连续，$F(x)$ 是 $f(x)$ 的一个原函数，那么

$$\int_a^b f(x) \mathrm{d}x = F(b) - F(a).$$

上述公式称为**牛顿—莱布尼茨公式**，也可称为微积分基本公式.

证　由定理 3 - 6 - 1 得知，$\Phi(x) = \int_a^x f(t) \mathrm{d}t$ 是 $f(x)$ 的一个原函数，又由于 $F(x)$ 也是 $f(x)$ 的一个原函数，而两个原函数之间仅相差一个常数，故

$$\int_a^x f(t)\,dt = F(x) + C,(a \leqslant x \leqslant b),$$

上式中，令 $x = a$ 得 $C = -F(a)$，代入上式可得

$$\int_a^x f(t)\,dt = F(x) - F(a),$$

再令 $x = b$，并且将积分变量 t 换为 x，则得到

$$\int_a^b f(x)\,dx = F(b) - F(a).$$

定理 3 - 6 - 2 称为微积分基本定理. 它揭示了定积分与不定积分的内在联系，并把定积分的计算问题转化为不定积分的计算问题.

通常把 $F(b) - F(a)$ 记为 $[F(x)]_a^b$，因此牛顿—莱布尼茨公式可写为

$$\int_a^b f(x)\,dx = [F(x)]_a^b.$$

【例 3 - 6 - 4】 求定积分 $\displaystyle\int_0^1 \frac{dx}{1 + x^2}$.

解 因为 $\arctan x$ 是 $\dfrac{1}{1 + x^2}$ 的一个原函数，故

$$\int_0^1 \frac{dx}{1 + x^2} = [\arctan x]_0^1 = \frac{\pi}{4} - 0 = \frac{\pi}{4}.$$

【例 3 - 6 - 5】 求定积分 $\displaystyle\int_0^1 (x^2 - 1)\,dx$.

解 $\displaystyle\int_0^1 (x^2 - 1)\,dx = \int_0^1 x^2\,dx - \int_0^1 1\,dx = \left[\frac{x^3}{3}\right]_0^1 - [x]_0^1 = -\frac{2}{3}$

【例 3 - 6 - 6】 求定积分 $\displaystyle\int_0^\pi \sqrt{\cos 2x + 1}\,dx$.

解 $\displaystyle\int_0^\pi \sqrt{\cos 2x + 1}\,dx = \int_0^\pi \sqrt{2\cos^2 x}\,dx = \sqrt{2}\int_0^\pi |\cos x|\,dx$

$$= \sqrt{2}\int_0^{\frac{\pi}{2}} \cos x\,dx + \sqrt{2}\int_{\frac{\pi}{2}}^\pi (-\cos x)\,dx$$

$$= \sqrt{2}[\sin x]_0^{\frac{\pi}{2}} - \sqrt{2}[\sin x]_{\frac{\pi}{2}}^\pi = 2\sqrt{2}.$$

【例 3 - 6 - 7】 求定积分 $\displaystyle\int_0^3 f(x)\,dx$，其中 $f(x) = \begin{cases} \sqrt{x}, & 0 \leqslant x < 1, \\ 2e^x, & 1 \leqslant x \leqslant 3. \end{cases}$

解 $\displaystyle\int_0^3 f(x)\,dx = \int_0^1 \sqrt{x}\,dx + 2\int_1^3 e^x\,dx = \left[\frac{2x^{\frac{3}{2}}}{3}\right]_0^1 + 2[e^x]_1^3 = \frac{2}{3} + 2(e^3 - e).$

注：当被积函数是分段函数或者含有绝对值符号时，应当利用定积分的可加性把积分区间分成若干个子区间，按照每个子区间把所求的定积分拆成几个定积分之和，使每个定积分都能够满足牛顿—莱布尼茨公式使用的条件.

习题 3 – 6

1. 求下列定积分.

(1) $\displaystyle\int_1^2 \frac{3}{x}\,\mathrm{d}x$;

(2) $\displaystyle\int_0^3 \sqrt{3-x}\,\mathrm{d}x$;

(3) $\displaystyle\int_0^1 x^{10}\,\mathrm{d}x$;

(4) $\displaystyle\int_1^4 \frac{1}{2}\sqrt{x}\,\mathrm{d}x$;

(5) $\displaystyle\int_0^2 \mathrm{e}^x\,\mathrm{d}x$;

(6) $\displaystyle\int_0^1 10^x\,\mathrm{d}x$;

(7) $\displaystyle\int_0^{\frac{\pi}{2}} \sin x\,\mathrm{d}x$;

(8) $\displaystyle\int_0^1 x\mathrm{e}^{x^2}\,\mathrm{d}x$;

(9) $\displaystyle\int_0^{\frac{\pi}{2}} \sin(\pi+2x)\,\mathrm{d}x$;

(10) $\displaystyle\int_0^{\pi} \cos\left(\frac{\pi}{4}+\frac{x}{4}\right)\mathrm{d}x$;

(11) $\displaystyle\int_1^e \frac{\ln x}{x}\,\mathrm{d}x$;

(12) $\displaystyle\int_0^{\pi} \sqrt{1-\sin^2 x}\,\mathrm{d}x$;

(13) $\displaystyle\int_1^3 \frac{\ln^2 x}{x}\,\mathrm{d}x$;

(14) $\displaystyle\int_0^{\frac{\pi}{4}} \frac{\tan x}{\cos^2 x}\,\mathrm{d}x$.

2. 求下列极限.

(1) $\displaystyle\lim_{x\to 0} \frac{\int_0^x \cos t^3\,\mathrm{d}t}{x}$;

(2) $\displaystyle\lim_{x\to 0} \frac{\left(\int_0^x \mathrm{e}^{t^2}\,\mathrm{d}t\right)^2}{\int_0^x t\mathrm{e}^{2t^2}\,\mathrm{d}t}$.

3. 若 $f(x)$ 连续，求 $F'(x)$.

(1) $F(x)=\displaystyle\int_0^{x^3} f(t)\,\mathrm{d}t$;

(2) $F(x)=\displaystyle\int_x^b f(t)\,\mathrm{d}t$.

3.7　定积分的换元积分法与分部积分法

由微积分基本公式可知，求定积分 $\displaystyle\int_a^b f(x)\,\mathrm{d}x$ 的问题可转化为求被积函数 $f(x)$ 的原函数在区间 $[a,b]$ 上的增量的问题，因此，求不定积分时使用的换元法与分部积分法在求定积分时仍然适用. 本节将具体讨论这些方法，并注意它们与在不定积分中的差异.

3.7.1　定积分的换元积分法

定理 3 – 7 – 1　设函数 $f(x)$ 在区间 $[a,b]$ 上连续，若函数 $x=\varphi(t)$ 满足以下条件.

（1）当 $t = \alpha$ 时，$x = \varphi(\alpha) = a$；当 $t = \beta$ 时，$x = \varphi(\beta) = b$.

（2）当 t 在 $[\alpha, \beta]$ 上变化时，$x = \varphi(t)$ 的值在 $[a, b]$ 上变化；

（3）$\varphi'(t)$ 在 $[\alpha, \beta]$ 上连续.

那么有换元积分公式

$$\int_a^b f(x)\,\mathrm{d}x = \int_\alpha^\beta f[\varphi(t)]\varphi'(t)\,\mathrm{d}t.$$

证 由假设可知，$f(x)$ 在区间 $[a, b]$ 上连续，因此 $f(x)$ 在区间 $[a, b]$ 上是可积的；$f[\varphi(t)]\varphi'(t)$ 在区间 $[\alpha, \beta]$（或 $[\beta, \alpha]$）上也是连续的，因此也是可积的. 设 $f(x)$ 的一个原函数为 $F(x)$，由牛顿—莱布尼兹公式，有

$$\int_a^b f(x)\,\mathrm{d}x = [f(x)]_a^b = F(b) - F(a).$$

另外，由于 $f[\varphi(t)]\varphi'(t)$ 在区间 $[\alpha, \beta]$ 上可积，其原函数为 $F[\varphi(t)]$，这是因为

$$\{F[\varphi(t)]\}' = F'[\varphi(t)] \cdot \varphi'(t) = f[\varphi(t)] \cdot \varphi'(t)$$

因此，有

$$\int_\alpha^\beta f[\varphi(t)] \cdot \varphi'(t)\,\mathrm{d}t = \{F[\varphi(t)]\}\big|_\alpha^\beta$$
$$= F[\varphi(\beta)] - F[\varphi(\alpha)]$$
$$= F[b] - F[a].$$

所以，得

$$\int_a^b f(x)\,\mathrm{d}x = \int_\alpha^\beta f[\varphi(t)]\varphi'(t)\,\mathrm{d}t.$$

注意：

（1）以上公式与不定积分的换元积分公式类似，从左到右使用该公式时，相当于不定积分的第二类换元法；从右到左使用该公式时，相当于不定积分的第一类换元法.

（2）使用定积分换元积分公式时须注意"**换元必换限**".

【例 3 - 7 - 1】求定积分 $\int_0^{\frac{\pi}{2}} \sin^2 x \cos x\,\mathrm{d}x$.

解 令 $\sin x = t$，当 $x = 0$ 时，$t = 0$；当 $x = \dfrac{\pi}{2}$ 时，$t = 1$，则

$$\int_0^{\frac{\pi}{2}} \sin^2 x \cos x\,\mathrm{d}x = \int_0^1 t^2\,\mathrm{d}t = \left[\frac{t^3}{3}\right]_0^1 = \frac{1}{3}.$$

【例 3 - 7 - 2】求定积分 $\int_0^1 x e^{-x^2}\,\mathrm{d}x$.

解 令 $t = -x^2$，则 $\mathrm{d}t = -2x\,\mathrm{d}x$.

当 $x = 0$ 时，$t = 0$；当 $x = 1$ 时，$t = -1$，则

$$\int_0^1 x e^{-x^2}\,\mathrm{d}x = -\frac{1}{2}\int_0^{-1} e^t\,\mathrm{d}t = -\frac{1}{2}[e^t]_0^{-1} = \frac{1}{2}\left(1 - \frac{1}{e}\right).$$

【例 3 - 7 - 3】 求定积分 $\int_1^e \dfrac{1}{x\sqrt{\ln x + 1}}dx$.

解　令 $t = \ln x$，则 $dt = \dfrac{1}{x}dx$.

当 $x = 1$ 时，$t = 0$；当 $x = e$ 时，$t = 1$，则

$$\int_1^e \frac{1}{x\sqrt{\ln x + 1}}dx = \int_0^1 \frac{1}{\sqrt{t+1}}dt = \int_0^1 \frac{1}{\sqrt{t+1}}d(t+1)$$

$$= 2\left[(t+1)^{\frac{1}{2}}\right]_0^1 = 2(\sqrt{2}-1).$$

【例 3 - 7 - 4】 求定积分 $\int_{-1}^1 \dfrac{x}{\sqrt{5-4x}}dx$.

解　令 $\sqrt{5-4x} = t$ 即 $x = \dfrac{5-t^2}{4}$，$dx = -\dfrac{t}{2}dt$.

当 $x = -1$ 时，$t = 3$；当 $x = 1$ 时，$t = 1$，那么

$$\int_{-1}^1 \frac{x}{\sqrt{5-4x}}dx = \int_3^1 \frac{5-t^2}{4t} \cdot \left(-\frac{t}{2}\right)dt$$

$$= \int_3^1 \frac{t^2-5}{8}dt$$

$$= \left[\frac{1}{24}t^3 - \frac{5}{8}t\right]_3^1$$

$$= \frac{1}{6}$$

$$= 2\left[(t+1)^{\frac{1}{2}}\right]_0^2 = 2(\sqrt{3}-1).$$

【例 3 - 7 - 5】 求定积分 $\int_0^2 \dfrac{\sqrt{4-x^2}}{2}dx$.

解　令 $x = 2\sin t$，则 $dx = 2\cos t dt$.

当 $x = 0$ 时，$t = 0$；当 $x = 2$ 时，$t = \dfrac{\pi}{2}$，则

$$\int_0^2 \frac{\sqrt{4-x^2}}{2}dx = \int_0^{\frac{\pi}{2}} 2\cos t \cdot \cos t dt = 2\int_0^{\frac{\pi}{2}} \cos^2 t dt$$

$$= \int_0^{\frac{\pi}{2}} (1 + \cos 2t)dt$$

$$= \left[t + \frac{1}{2}\sin 2t\right]_0^{\frac{\pi}{2}}$$

$$= \frac{\pi}{2}.$$

【例 3 - 7 - 6】 求定积分 $\int_0^\pi \sqrt{\sin x - \sin^3 x}\,dx$.

解 $\displaystyle\int_0^\pi \sqrt{\sin x - \sin^3 x}\,\mathrm{d}x = \int_0^\pi \sqrt{\sin x(1-\sin^2 x)}\,\mathrm{d}x$

$\displaystyle\qquad = \int_0^\pi \sqrt{\sin x}\,|\cos x|\,\mathrm{d}x = \int_0^{\frac{\pi}{2}} \sqrt{\sin x}\,\mathrm{d}\sin x - \int_{\frac{\pi}{2}}^\pi \sqrt{\sin x}\,\mathrm{d}\sin x$

$\displaystyle\qquad = \int_0^{\frac{\pi}{2}} \sqrt{\sin x}\,\mathrm{d}\sin x - \int_{\frac{\pi}{2}}^\pi \sqrt{\sin x}\,\mathrm{d}\sin x$

$\displaystyle\qquad = \left[\frac{2}{3}(\sin x)^{\frac{3}{2}}\right]_0^{\frac{\pi}{2}} - \left[\frac{2}{3}(\sin x)^{\frac{3}{2}}\right]_{\frac{\pi}{2}}^\pi$

$\displaystyle\qquad = \frac{4}{3}.$

【例 3-7-7】证明设 $f(x)$ 在区间 $[-a, a]$ 上连续（$a>0$），那么：

（1）当 $f(x)$ 为偶函数时，有 $\displaystyle\int_{-a}^a f(x)\,\mathrm{d}x = 2\int_0^a f(x)\,\mathrm{d}x$；

（2）当 $f(x)$ 为奇函数时，有 $\displaystyle\int_{-a}^a f(x)\,\mathrm{d}x = 0$.

证明 由于 $\displaystyle\int_{-a}^a f(x)\,\mathrm{d}x = \int_{-a}^0 f(x)\,\mathrm{d}x + \int_0^a f(x)\,\mathrm{d}x$，对于等号右边的第一项，令 $x = -t$，则 $\mathrm{d}x = -\mathrm{d}t$.

当 $x = -a$ 时，$t = a$；当 $x = 0$ 时，$t = 0$，则

$\displaystyle\int_{-a}^0 f(x)\,\mathrm{d}x \xlongequal{\,\text{令}\,x=-t\,} -\int_a^0 f(-t)\,\mathrm{d}t = \int_0^a f(-t)\,\mathrm{d}t = \int_0^a f(-x)\,\mathrm{d}x,$

因此，当 $f(x)$ 为偶函数时，

$\displaystyle\int_{-a}^a f(x)\,\mathrm{d}x = \int_0^a f(-x)\,\mathrm{d}x + \int_0^a f(x)\,\mathrm{d}x$

$\displaystyle\qquad = \int_0^a [f(-x) + f(x)]\,\mathrm{d}x = \int_{-a}^a 2f(x)\,\mathrm{d}x = 2\int_0^a f(x)\,\mathrm{d}x.$

当 $f(x)$ 为奇函数时，则 $f(-x) + f(x) = 0$，从而

$\displaystyle\int_{-a}^a f(x)\,\mathrm{d}x = \int_0^a [f(-x) + f(x)]\,\mathrm{d}x = 0.$

本例子的结果今后可以作为定理去使用，在计算对称区间上的定积分时，若能判定被积函数的奇偶性，利用此结果可以使计算得到简化.

【例 3-7-8】求定积分 $\displaystyle\int_{-2}^2 xe^{x^2}\,\mathrm{d}x$.

解 由于被积函数 xe^{x^2} 是奇函数，故

$\displaystyle\int_{-2}^2 xe^{x^2}\,\mathrm{d}x = 0.$

3.7.2 定积分的分部积分法

定理 3-7-2 设 $u = u(x)$ 与 $v = v(x)$ 在区间 $[a, b]$ 上有连续的导函数 $u'(x)$，

$v'(x)$，那么

$$(uv)' = u'v + uv'.$$

在上式的等号两端同时取区间 $[a,b]$ 上的定积分，可得

$$\int_a^b (uv)' \mathrm{d}x = \int_a^b u'v\mathrm{d}x + \int_a^b uv'\mathrm{d}x,$$

即

$$[uv]_a^b = \int_a^b v\mathrm{d}u + \int_a^b u\mathrm{d}v,$$

移项得

$$\int_a^b u\mathrm{d}v = [uv]_a^b - \int_a^b v\mathrm{d}u.$$

上述公式称为**定积分的分部积分公式**.

【**例 3 − 7 − 9**】求定积分 $\int_1^5 \ln x\mathrm{d}x$.

解　$\int_1^5 \ln x\mathrm{d}x = [x\ln x]_1^5 - \int_1^5 x\mathrm{d}\ln x = [x\ln x]_1^5 - \int_1^5 \dfrac{x}{x}\mathrm{d}x$

$$= 5\ln 5 - 0 - [x]_1^5 = 5\ln 5 - 4.$$

【**例 3 − 7 − 10**】求定积分 $\int_0^1 x^2 e^x\mathrm{d}x$.

解　$\int_0^1 x^2 e^x\mathrm{d}x = \int_0^1 x^2\mathrm{d}e^x = [x^2 e^x]_0^1 - \int_0^1 e^x\mathrm{d}x^2$

$$= e - 0 - 2\int_0^1 e^x \cdot x\mathrm{d}x = e - 2\int_0^1 x\mathrm{d}e^x$$

$$= e - [2x \cdot e^x]_0^1 + 2\int_0^1 e^x\mathrm{d}x = e - 2e + 2[e^x]_0^1$$

$$= -e + 2e - 2 = e - 2.$$

【**例 3 − 7 − 11**】求定积分 $\int_0^{\frac{\pi}{2}} \cos x \cdot e^x\mathrm{d}x$.

解　$\int_0^{\frac{\pi}{2}} \cos x \cdot e^x\mathrm{d}x = \int_0^{\frac{\pi}{2}} \cos x\mathrm{d}e^x$

$$= [e^x \cdot \cos x]_0^{\frac{\pi}{2}} - \int_0^{\frac{\pi}{2}} e^x\mathrm{d}\cos x = -1 + \int_0^{\frac{\pi}{2}} e^x\sin x\mathrm{d}x$$

$$= -1 + \int_0^{\frac{\pi}{2}} \sin x\mathrm{d}e^x = -1 + [e^x \cdot \sin x]_0^{\frac{\pi}{2}} - \int_0^{\frac{\pi}{2}} e^x\mathrm{d}\sin x$$

$$= -1 + e^{\frac{\pi}{2}} - \int_0^{\frac{\pi}{2}} e^x\cos x\mathrm{d}x.$$

移项得到

$$2\int_0^{\frac{\pi}{2}} e^x\cos x\mathrm{d}x = e^{\frac{\pi}{2}} - 1,$$

$$\therefore \int_0^{\frac{\pi}{2}} e^x \cos x = \frac{1}{2}(e^{\frac{\pi}{2}} - 1).$$

【例 3 - 7 - 12】 求定积分 $\int_0^1 e^{\sqrt{x}} \mathrm{d}x$.

解 令 $t = \sqrt{x}$，则有 $\mathrm{d}x = 2t\mathrm{d}t$.

当 $x = 0$ 时，$t = 0$；当 $x = 1$ 时，$t = 1$，那么

$$\int_0^1 e^{\sqrt{x}} \mathrm{d}x = 2\int_0^1 e^t t \mathrm{d}t = 2\int_0^1 t \mathrm{d}e^t$$

$$= 2\left[te^t\right]_0^1 - 2\int_0^1 e^t \mathrm{d}t = 2e - 2\left[e^t\right]_0^1 = 2.$$

习题 3 - 7

1. 求下列定积分.

(1) $\int_0^{2\pi} x\sin x \mathrm{d}x$;

(2) $\int_0^{\frac{\pi}{4}} \frac{x\mathrm{d}x}{1 + \cos 2x}$;

(3) $\int_0^3 \frac{x}{\sqrt{1 + x}} \mathrm{d}x$;

(4) $\int_0^a \frac{1}{x + \sqrt{a^2 - x^2}} \mathrm{d}x. \ (a > 0)$;

(5) $\int_0^4 \frac{1}{1 + \sqrt{x}} \mathrm{d}x$;

(6) $\int_0^1 x^2 \sqrt{1 - x^2} \mathrm{d}x$;

(7) $\int_1^4 \frac{\ln x}{\sqrt{x}} \mathrm{d}x$;

(8) $\int_0^{\sqrt{3}} \arctan x \mathrm{d}x$.

2. 求下列定积分.

(1) $\int_{-\frac{\pi}{3}}^{\frac{\pi}{3}} x^6 \sin x \mathrm{d}x$;

(2) $\int_{-1}^1 \frac{2 + x\cos x}{\sqrt{1 - x^2}} \mathrm{d}x$.

3.8 反常积分

前面我们讨论的定积分有两个限制：积分区间为有限区间与被积函数有界. 这类定积分称为**常义积分**. 然而在实际问题中需要突破这两种限制，即积分区间为无穷区间或被积函数无界，这类积分称为**反常积分**或**广义积分**.

3.8.1 无穷限的反常积分

定义 3 - 8 - 1 设函数 $f(x)$ 在无限区间 $[a, +\infty)$ 上连续，不妨设 $b > a$. 若极限 $\lim\limits_{b \to +\infty} \int_a^b f(x)\mathrm{d}x$ 存在，则称此极限为函数 $f(x)$ 在无穷区间 $[a, +\infty)$ 上的**无穷积分**，

记作 $\int_a^{+\infty} f(x)\mathrm{d}x$，即

$$\int_a^{+\infty} f(x)\mathrm{d}x = \lim_{b\to+\infty} \int_a^b f(x)\mathrm{d}x,$$

这时也称无穷积分 $\int_a^{+\infty} f(x)\mathrm{d}x$ **收敛**，若上述极限不存在，就称无穷积分 $\int_a^{+\infty} f(x)\mathrm{d}x$ **发散**.

　　类似地，可定义函数 $f(x)$ 在 $(-\infty, b]$ 和 $(-\infty, +\infty)$ 上的无穷积分：

$$\int_{-\infty}^b f(x)\mathrm{d}x = \lim_{a\to-\infty} \int_a^b f(x)\mathrm{d}x \ (a < b).$$

$$\int_{-\infty}^{+\infty} f(x)\mathrm{d}x = \lim_{a\to-\infty} \int_a^0 f(x)\mathrm{d}x + \lim_{b\to+\infty} \int_0^b f(x)\mathrm{d}x.$$

无穷积分 $\int_{-\infty}^{+\infty} f(x)\mathrm{d}x$ 收敛的充分必要条件是 $\lim\limits_{a\to-\infty} \int_a^0 f(x)\mathrm{d}x$ 与 $\lim\limits_{b\to+\infty} \int_0^b f(x)\mathrm{d}x$ 都存在.
　　上述积分统称为无穷限的反常积分.

　　如果 $F(x)$ 是 $f(x)$ 的一个原函数，记 $F(+\infty) = \lim\limits_{x\to+\infty} F(x)$，$F(-\infty) = \lim\limits_{x\to-\infty} F(x)$，那么无穷限的反常积分可以表示为（若极限存在）：

$$\int_a^{+\infty} f(x)\mathrm{d}x = F(x)\ \big|_a^{+\infty} = F(+\infty) - F(a);$$

$$\int_{-\infty}^b f(x)\mathrm{d}x = F(x)\ \big|_{-\infty}^b = F(b) - F(-\infty);$$

$$\int_{-\infty}^{+\infty} f(x)\mathrm{d}x = F(x)\ \big|_{-\infty}^{+\infty} = F(+\infty) - F(-\infty).$$

【**例 3 - 8 - 1**】求无穷积分 $\int_{-\infty}^{+\infty} \dfrac{1}{1+x^2}\mathrm{d}x$.

解　$\displaystyle\int_{-\infty}^{+\infty} \frac{1}{1+x^2}\mathrm{d}x = \big[\arctan x\big]_{-\infty}^{+\infty}$

$$= \lim_{x\to+\infty} \arctan x - \lim_{x\to-\infty} \arctan x$$

$$= \frac{\pi}{2} - \left(-\frac{\pi}{2}\right) = \pi.$$

【**例 3 - 8 - 2**】判断无穷积分 $\int_1^{+\infty} \dfrac{1}{2\sqrt{x}}\mathrm{d}x$ 的敛散性.

　　解　由于

$$\int_1^{+\infty} \frac{1}{2\sqrt{x}}\mathrm{d}x = \big[\sqrt{x}\big]_1^{+\infty} = +\infty.$$

故此无穷积分发散.

【**例 3 - 8 - 3**】求无穷积分 $\int_0^{+\infty} e^{-ax}\mathrm{d}x \ (a > 0)$.

　　解　$\displaystyle\int_0^{+\infty} e^{-ax}\mathrm{d}x = -\frac{1}{a} \int_0^{+\infty} e^{-ax}\mathrm{d}(-ax)$

$$= -\frac{1}{a}\left[e^{-ax}\right]_0^{+\infty} = \frac{1}{a}e^0 = \frac{1}{a}.$$

【例 3 - 8 - 4】 讨论无穷积分 $\int_a^{+\infty}\frac{1}{x^p}\mathrm{d}x$ $(a>0)$ 的敛散性.

解 当 $p=1$ 时, $\int_a^{+\infty}\frac{1}{x^p}\mathrm{d}x = \int_a^{+\infty}\frac{1}{x}\mathrm{d}x = \left[\ln x\right]_a^{+\infty} = +\infty$.

当 $p<1$ 时, $\int_a^{+\infty}\frac{1}{x^p}\mathrm{d}x = \left[\frac{1}{1-p}x^{1-p}\right]_a^{+\infty} = +\infty$.

当 $p>1$ 时, $\int_a^{+\infty}\frac{1}{x^p}\mathrm{d}x = \left[\frac{1}{1-p}x^{1-p}\right]_a^{+\infty} = \frac{a^{1-p}}{p-1}$.

综上可得, 当 $p>1$ 时, 此无穷积分是收敛的, 且其值为 $\frac{a^{1-p}}{p-1}$; 当 $p\leq1$ 时, 此无穷积分是发散的.

** 3.8.2　无界函数的反常积分

另一类反常积分则是关于无界函数的积分问题.

若函数 $f(x)$ 在点 a 的任一邻域内都无界, 则点 a 称为函数 $f(x)$ 的**瑕点**, 也称为**无界间断点**. 无界函数的反常积分又称为**瑕积分**.

定义 3 - 8 - 2　设函数 $f(x)$ 在区间 $(a,b]$ 上连续, 且 $\lim\limits_{x\to a^+}f(x)=\infty$, 即点 a 为 $f(x)$ 的瑕点, 取 $t>0$, 那么函数 $f(x)$ 在 $(a,b]$ 上的反常积分定义为

$$\int_a^b f(x)\mathrm{d}x = \lim_{t\to a^+}\int_t^b f(x)\mathrm{d}x.$$

若极限 $\lim\limits_{t\to a^+}\int_t^b f(x)\mathrm{d}x$ 存在, 则称此反常积分是**收敛**的; 否则称此反常积分是**发散**的.

类似地, 函数 $f(x)$ 在 $[a,b)$ (其中 b 为瑕点) 上的反常积分可定义为

$$\int_a^b f(x)\mathrm{d}x = \lim_{t\to b^-}\int_a^t f(x)\mathrm{d}x.$$

若极限 $\lim\limits_{t\to b^-}\int_a^t f(x)\mathrm{d}x$ 存在, 则称此反常积分**收敛**; 否则称此反常积分**发散**.

函数 $f(x)$ 在 $[a,c)\cup(c,b]$ (其中 c 为瑕点) 上的反常积分定义为

$$\int_a^b f(x)\mathrm{d}x = \lim_{t\to c^-}\int_a^t f(x)\mathrm{d}x + \lim_{t\to c^+}\int_t^b f(x)\mathrm{d}x.$$

若极限 $\lim\limits_{t\to c^-}\int_a^t f(x)\mathrm{d}x$ 和极限 $\lim\limits_{t\to c^+}\int_t^b f(x)\mathrm{d}x$ 都存在, 则称此反常积分**收敛**; 否则称此反常积分**发散**.

反常积分的计算如下.

若 $F(x)$ 为 $f(x)$ 的原函数，则：

当 a 为瑕点时，

$$\int_a^b f(x)\,\mathrm{d}x = \lim_{t \to a^+}\int_t^b f(x)\,\mathrm{d}x = \lim_{t \to a^+}\big[F(x)\big]_t^b = F(b) - \lim_{t \to a^+}F(t) = F(b) - \lim_{x \to a^+}F(x).$$

可以采用如下简记形式：

$$\int_a^b f(x)\,\mathrm{d}x = \big[F(x)\big]_a^b = F(b) - \lim_{x \to a^+}F(x).$$

类似地，

当 b 为瑕点时，$\displaystyle\int_a^b f(x)\,\mathrm{d}x = \big[F(x)\big]_a^b = \lim_{x \to b^-}F(x) - F(a).$

当 c $(a < c < b)$ 为瑕点时，

$$\int_a^b f(x)\,\mathrm{d}x = \int_a^c f(x)\,\mathrm{d}x + \int_c^b f(x)\,\mathrm{d}x = \Big[\lim_{x \to c^-}F(x) - F(a)\Big] + \Big[F(b) - \lim_{x \to c^+}F(x)\Big].$$

【例 3 - 8 - 5】 求反常积分 $\displaystyle\int_0^1 \frac{1}{\sqrt{1-x^2}}\,\mathrm{d}x.$

解　由于 $\displaystyle\lim_{x \to 1^-}\frac{1}{\sqrt{1-x^2}} = +\infty$，故点 1 是被积函数的瑕点.

$$\int_0^1 \frac{1}{\sqrt{1-x^2}}\,\mathrm{d}x = \big[\arcsin x\big]_0^1 = \lim_{x \to 1^-}\arcsin x - 0 = \frac{\pi}{2}.$$

【例 3 - 8 - 6】 判断反常积分 $\displaystyle\int_{-1}^1 \frac{1}{x^2}\,\mathrm{d}x$ 的收敛性.

解　由于函数 $\dfrac{1}{x^2}$ 在区间 $[-1,1]$ 上除 $x = 0$ 外连续，且 $\displaystyle\lim_{x \to 0}\frac{1}{x^2} = \infty$.

故点 0 为被积函数的瑕点，由定义有

$$\int_{-1}^1 \frac{1}{x^2}\,\mathrm{d}x = \int_{-1}^0 \frac{1}{x^2}\,\mathrm{d}x + \int_0^1 \frac{1}{x^2}\,\mathrm{d}x.$$

因为

$$\int_{-1}^0 \frac{1}{x^2}\,\mathrm{d}x = \Big[-\frac{1}{x}\Big]_{-1}^0 = \lim_{x \to 0^-}\Big(-\frac{1}{x}\Big) - 1 = +\infty,$$

即反常积分 $\displaystyle\int_{-1}^0 \frac{1}{x^2}\,\mathrm{d}x$ 发散，故反常积分 $\displaystyle\int_{-1}^1 \frac{1}{x^2}\,\mathrm{d}x$ 发散.

习题 3 - 8

1. 计算下列无穷积分.

(1) $\displaystyle\int_0^{+\infty} e^{-10x}\,\mathrm{d}x$；　　　　　　(2) $\displaystyle\int_0^{+\infty} \frac{\mathrm{d}x}{100 + x^2}$.

*2. 求广义积分 $\displaystyle\int_0^6 (x-4)^{-\frac{2}{3}}\,\mathrm{d}x.$

3.9 定积分在几何学上的应用

3.9.1 元素法

在讨论定积分的应用时，经常采用所谓**元素法**. 为了说明这种方法，我们先来回顾一下前面讨论过的曲边梯形的面积问题.

设 $y=f(x)$ 在区间 $[a,b]$ 上连续，由曲线 $y=f(x)(f(x)\geqslant0)$ 和直线 $x=a$，$x=b$ $(a<b)$ 及 x 轴所围成的曲边梯形的面积为 $S=\int_a^b f(x)\mathrm{d}x$，求此曲边梯形面积的步骤如下.

（1）分割：用分点将区间 $[a,b]$ 分成 n 个小区间，相应地就把曲边梯形分成了 n 个窄曲边梯形，第 i 个窄曲边梯形面积记为 $\Delta A_i(i=1,2,\cdots,n)$，则整个曲边梯形的面积为 $A=\sum_{i=1}^n \Delta A_i$.

（2）近似：计算 ΔA_i 的近似值 $\Delta A_i\approx f(\xi_i)\Delta x_i(i=1,2,\cdots n)$.

（3）求和：得 A 的近似值 $A=\sum_{i=1}^n \Delta A_i\approx\sum_{i=1}^n f(\xi_i)\Delta x_i$.

（4）取极限：得 $A=\lim_{\lambda\to0}\sum_{i=1}^n f(\xi_i)\Delta x_i=\int_a^b f(x)\mathrm{d}x$.

显然，所求面积 A 与区间 $[a,b]$ 有关. 若把区间 $[a,b]$ 分成许多部分区间，那么所求面积也相应地被分成许多部分面积 ΔA_i，因此，所求面积就等于所有部分面积之和 $A=\sum_{i=1}^n \Delta A_i$. 这一性质称为所求量（面积 A）对区间 $[a,b]$ 具有**可加性**. 此外，用 $f(\xi_i)\Delta x_i$ 近似代替部分量 ΔA_i 时，要求它们只相差一个比 Δx_i 高阶的无穷小量，以使得和式 $\sum_{i=1}^n f(\xi_i)\Delta x_i$ 的极限是 A 的精确值，从而 A 可表示为定积分：

$$A=\int_a^b f(x)\mathrm{d}x.$$

在推导 A 的积分表达式的四个步骤中，关键的是第二步，这一步是要确定 ΔA_i 的近似值 $f(\xi_i)\Delta x_i$，使得

$$A=\lim_{\lambda\to0}\sum_{i=1}^n f(\xi_i)\Delta x_i=\int_a^b f(x)\mathrm{d}x.$$

为了方便起见，省略下标 i，用 ΔA 表示任一小区间 $[x,x+\mathrm{d}x]$ 上的窄曲边梯形的面积，那么

$$A=\sum\Delta A.$$

取 $[x,x+\mathrm{d}x]$ 的左端点 x 为 ξ，以点 x 处的函数值 $f(x)$ 为高、$\mathrm{d}x$ 为底的矩形的

面积 $f(x)\mathrm{d}x$ 为 ΔA 的近似值，即 $\Delta A \approx f(x)\mathrm{d}x$. 上式右端 $f(x)\mathrm{d}x$ 叫作**面积元素**，记为 $\mathrm{d}A = f(x)\mathrm{d}x$.

则

$$A = \sum f(x)\mathrm{d}x,$$

所以

$$A = \lim \sum f(x)\mathrm{d}x = \int_a^b f(x)\mathrm{d}x.$$

一般地，若某一实际问题中的所求量 U 符合下列条件.

（1）U 是与一个变量 x 的变化区间 $[a,b]$ 有关的量.

（2）U 在区间 $[a,b]$ 上具有可加性，即如果把区间 $[a,b]$ 分成许多个部分区间，则 U 相应地分成许多部分量，那么 U 就等于所有部分量之和.

（3）部分量 ΔU_i 的近似值可表示为 $f(\xi_i)\Delta x_i$；那么就可以考虑用定积分来表示这个量 U，通常写出这个量 U 的积分表达式的步骤为：

①根据给出问题的具体情况，选取一个变量例如 x 为积分变量，并确定它的变化区间 $[a,b]$.

②把区间 $[a,b]$ 分成 n 个小区间，并取其中一小区间记作 $[x, x+\mathrm{d}x]$，求出相应于这个小区间的部分量 ΔU 的近似值. 若 $\Delta U \approx f(x)\mathrm{d}x$，那么就把 $f(x)\mathrm{d}x$ 称为 U 的元素，记为 $\mathrm{d}U$，即 $\mathrm{d}U = f(x)\mathrm{d}x$.

③以所求量 U 的元素 $\mathrm{d}U = f(x)\mathrm{d}x$ 为被积表达式，在区间 $[a,b]$ 上积分，得

$$U = \int_a^b f(x)\mathrm{d}x.$$

这就是所求量 U 的积分表达式.

这种方法通常称为**元素法**（或微元法）. 下面将应用该方法来讨论一些几何、物理中的问题.

3.9.2　定积分的几何应用

3.9.2.1　平面图形的面积

（1）直角坐标情形.

根据定积分的定义可知，由曲线 $y = f(x)\,(f(x) \geqslant 0)$ 与直线 $x = a$，$x = b$ $(a < b)$，$y = 0$ 所围成的曲边梯形的面积为

$$S = \int_a^b f(x)\mathrm{d}x = \int_a^b y\mathrm{d}x.$$

当 $f(x) \leqslant 0$ 时，由曲线 $y = f(x)$，x 轴与直线 $x = a$，$x = b$ 所围成的平面图形（见图 3 − 11）的面积为

$$S = \int_a^b [0 - f(x)]\mathrm{d}x = -\int_a^b f(x)\mathrm{d}x.$$

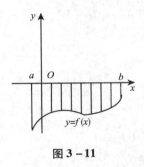

图 3 – 11

当 $f(x)$ 在 $[a,b]$ 上有正有负时，由曲线 $y = f(x)$，x 轴及直线 $x = a$，$x = b$（见图 3 – 12）的面积为

$$\int_a^b f(x)\,\mathrm{d}x = A_1 - A_2 + A_3.$$

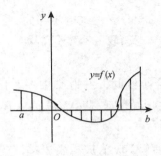

图 3 – 12

一般地，由曲线 $y = f(x)$，$y = g(x)$ 与直线 $x = a$，$x = b$ 所围平面图形的面积 S（见图 3 – 13），我们可以看成是由曲线 $y = f(x)$ 和 $y = g(x)$ 及 $x = a$，$x = b$，x 轴所围成的两个曲边梯形面积的差，即 $S = \int_a^b f(x)\,\mathrm{d}x - \int_a^b g(x)\,\mathrm{d}x = \int_a^b [f(x) - g(x)]\,\mathrm{d}x.$ 对于 $f(x)$，$g(x)$ 不全在 x 轴上方的情形（见图 3 – 14），也会有相应的结论.

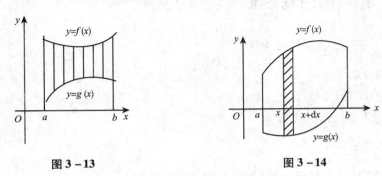

图 3 – 13   图 3 – 14

类似地，由连续曲线 $x = \varphi(y)$，$x = \psi(y)(\varphi(y) \geqslant \psi(y))$ 与直线 $y = c$，$y = d$ 所围成的平面图形的面积（见图 3 – 15）为 $S = \int_c^d [\varphi(y) - \psi(y)]\,\mathrm{d}y.$

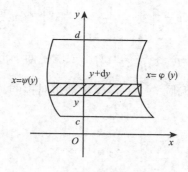

图 3 – 15

【例 3 – 9 – 1】计算由两条抛物线 $y = x^2$ 与 $x = y^2$ 所围成的平面图形的面积.

解　如图 3 – 16 所示，先求出两条曲线的交点的坐标,

解方程组 $\begin{cases} y = x^2, \\ x = y^2, \end{cases}$ 得交点（0,0）和（1,1）. 选取 x 为积分变量，那么积分区间为 $[0,1]$，所求的面积为

$$S = \int_0^1 (\sqrt{x} - x^2)\,\mathrm{d}x = \left(\frac{2}{3} x\sqrt{x} - \frac{1}{3} x^3 \right)\Big|_0^1 = \frac{1}{3}.$$

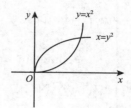

图 3 – 16

【例 3 – 9 – 2】计算由曲线 $y^2 = x$ 与直线 $x + y = 2$ 所围成的平面图形的面积.

解　如图 3 – 17 所示，先求出两条曲线交点的坐标.

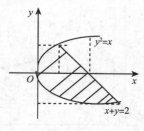

图 3 – 17

解方程组 $\begin{cases} y^2 = x, \\ x + y = 2, \end{cases}$ 得交点（1,1），（4,-2），然后将平面图形投影到 y 轴，可得到所求面积为

$$S = \int_{-2}^{1} [(2-y) - y^2] dy = \left[2y - \frac{1}{2}y^2 - \frac{1}{3}y^3 \right]_{-2}^{1} = \frac{9}{2}.$$

【例 3 – 9 – 3】 计算椭圆 $\frac{x^2}{a^2} + \frac{y^2}{b^2} = 1$ 所围成的平面图形的面积.

解 如图 3 – 18 所示，椭圆关于两坐标轴都是对称的，故所求的面积 S 为

$$S = 4\int_0^a y dx.$$

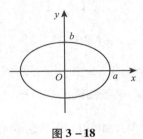

图 3 – 18

利用定积分的换元积分法，令 $x = a\cos t$，则 $y = b\sin t$，$dx = -a\sin t dt$. 当 $x = 0$ 时 $t = \frac{\pi}{2}$，当 $x = a$ 时 $t = 0$，因此

$$S = 4\int_{\frac{\pi}{2}}^{0} b\sin t(-a\sin t) dt = -4ab\int_{\frac{\pi}{2}}^{0} \sin^2 t dt$$

$$= 4ab\int_0^{\frac{\pi}{2}} \frac{1-\cos 2t}{2} dt = 2ab\left(t - \frac{1}{2}\sin 2t\right)\Big|_0^{\frac{\pi}{2}} = ab\pi.$$

即椭圆的面积等于 πab. 今后这也可以作为公式使用.

（2）极坐标情形.

某些平面图形用极坐标来计算它们的面积会比较方便.

设由曲线 $\rho = \rho(\theta)$ 及射线 $\theta = \alpha$，$\theta = \beta$ 可围成一图形（简称为**曲边扇形**），现在我们计算它的面积（见图 3 – 19）. 这里设 $\rho(\theta)$ 在 $[\alpha,\beta]$ 上连续，且 $\rho(\theta) \geq 0$.

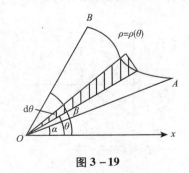

图 3 – 19

接下来，我们用元素法推导计算曲边扇形的面积公式.

不妨取极角 θ 为积分变量，其变化区间为 $[\alpha,\beta]$. 相应于任一小区间 $[\theta,\theta+d\theta]$

的窄曲边扇形的面积可用半径为 $\rho = \rho(\theta)$、中心角为 $\mathrm{d}\theta$ 的圆扇形的面积进行近似代替，便可得到这窄曲边扇形面积的近似值，即曲边扇形的面积元素为

$$\mathrm{d}S = \frac{1}{2}\left[\rho(\theta)\right]^2\mathrm{d}\theta.$$

进而得到所求曲边扇形的面积公式为

$$S = \int_{\alpha}^{\beta} \frac{1}{2}\left[\rho(\theta)\right]^2\mathrm{d}\theta.$$

【例 3 – 9 – 4】计算阿基米德螺线 $\rho = a\theta\ (a>0)$ 上 θ 由 0 变到 2π 的一段弧和极轴所围成的平面图形（见图 3 – 20）的面积.

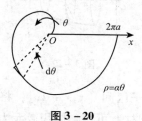

图 3 – 20

解 所求的平面图形的面积为

$$S = \int_0^{2\pi} \frac{1}{2}(a\theta)^2\mathrm{d}\theta = \frac{1}{2}a^2\left[\frac{1}{3}\theta^3\right]_0^{2\pi} = \frac{4}{3}a^2\pi^3.$$

【例 3 – 9 – 5】计算由心形线 $\rho = a(1+\cos\theta)\ (a>0)$ 所围成的平面图形的面积.

解 因为图形关于极轴对称（见图 3 – 21），故所求面积为

$$S = 2 \cdot \frac{1}{2}\int_0^{\pi} a^2(1+\cos\theta)^2\mathrm{d}\theta$$

$$= a^2\int_0^{\pi}(1+2\cos\theta+\cos^2\theta)\mathrm{d}\theta$$

$$= a^2\int_0^{\pi}\left(\frac{3}{2}+2\cos\theta+\frac{1}{2}\cos2\theta\right)\mathrm{d}\theta$$

$$= a^2\left[\frac{3}{2}\theta+2\sin\theta+\frac{1}{4}\sin2\theta\right]_0^{\pi} = \frac{3}{2}\pi a^2.$$

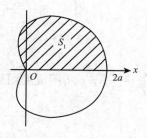

图 3 – 21

3.9.2.2 体积

（1）旋转体的体积．

由曲线 $y = f(x)(f(x) \geq 0)$，直线 $x = a$ 与 $x = b$ 以及 x 轴所围成的曲边梯形绕 x 轴旋转一周而形成的立体就是一个旋转体（见图 3 – 22）．该旋转体的体积可以用微元法求出来．

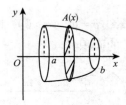

图 3 – 22

在区间 $[a, b]$ 上任取一个子区间 $[x, x + \mathrm{d}x]$，将该子区间上的旋转体视为底面积为 $\pi [f(x)]^2$、高为 $\mathrm{d}x$ 的薄圆柱，可得到体积微元为

$$dV = \pi [f(x)]^2 \mathrm{d}x = \pi y^2 \mathrm{d}x,$$

因此旋转体的体积为

$$V = \pi \int_a^b y^2 \mathrm{d}x = \pi \int_a^b [f(x)]^2 \mathrm{d}x.$$

类似地，由连续曲线 $x = \varphi(y)(\varphi(y) \geq 0)$，直线 $y = c$，$y = d$ 及 y 轴所围成的曲边梯形绕 y 轴旋转一周而形成的立体（见图 3 – 23）的体积为

$$V = \pi \int_c^d x^2 \mathrm{d}y = \pi \int_c^d [\varphi(y)]^2 \mathrm{d}y.$$

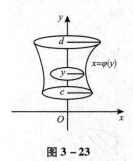

图 3 – 23

【例 3 – 9 – 6】计算由椭圆 $\dfrac{x^2}{a^2} + \dfrac{y^2}{b^2} = 1$ 所围成的图形绕 x 轴旋转一周而形成的旋转体的体积．

解 该旋转椭球体可以看作是由上半椭圆 $y = \dfrac{b}{a} \sqrt{a^2 - x^2}$ 及 x 轴所围成的图形绕 x 轴旋转而成（见图 3 – 24）．

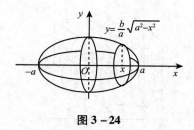

图 3－24

故其体积为

$$V = \int_{-a}^{a} \pi y^2 \, \mathrm{d}x = \pi \int_{-a}^{a} \left[\frac{b}{a} \sqrt{a^2 - x^2} \right]^2 \mathrm{d}x = \frac{\pi b^2}{a^2} \int_{-a}^{a} (a^2 - x^2) \, \mathrm{d}x$$

$$= \pi \frac{b^2}{a^2} \left[a^2 x - \frac{1}{3} x^3 \right]_{-a}^{a} = \frac{4}{3} \pi a b^2.$$

【**例 3－9－7**】计算由曲线 $y = x^2$，$x = y^2$，绕 y 轴旋转一周而形成的旋转体的体积.

解　如图 3－25 所示，由 $\begin{cases} y = x^2, \\ y^2 = x, \end{cases}$ 得 $\begin{cases} y_1 = 0, \\ y_2 = 1. \end{cases}$

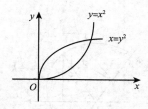

图 3－25

所以 $V = \int_{0}^{1} \left(\pi y - \pi \left[y^2 \right]^2 \right) \mathrm{d}y = \pi \int_{0}^{1} (y - y^4) \, \mathrm{d}y$

$$= \pi \left[\frac{y^2}{2} - \frac{y^5}{5} \right]_{0}^{1} = \frac{3}{10} \pi.$$

（2）平行截面为已知的立体的体积.

设一物体被垂直于某直线的平面所截得的面积是已知的，则可利用定积分来求该物体的体积.

不妨设上述直线为 x 轴，那么在 x 处的截面面积 $A(x)$ 是 x 的已知连续函数，求该物体介于 $x = a$ 和 $x = b$（$a < b$）之间的体积（见图 3－26）.

为了求体积，在微小区间 $[x, x + \mathrm{d}x]$ 上可以近似认为 $A(x)$ 不变，即把 $[x, x + \mathrm{d}x]$ 上的立体薄片近似看作以 $A(x)$ 为底、$\mathrm{d}x$ 为高的柱片，因此得体积元素 $\mathrm{d}V = A(x)\mathrm{d}x$，再以 $A(x)\mathrm{d}x$ 为被积表达式，在 x 的变化区间 $[a, b]$ 上作积分，则得到所求立体的体积为

$$V = \int_{a}^{b} A(x) \, \mathrm{d}x.$$

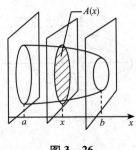

图 3 – 26

【例 3 – 9 – 8】 设底圆半径为 R 的圆柱，被一与圆柱面交成 α 角并且过底圆直径的平面所截，求所截下的楔形体的体积（见图 3 – 27）.

解 如图 3 – 27 所示，取坐标系，那么底圆方程为 $x^2 + y^2 = R^2$，在 x 处垂直于 x 轴作立体的截面，得到一个直角三角形，两直角边分别为 y 及 $y\tan\alpha$，即 $\sqrt{R^2 - x^2}$ 及 $\sqrt{R^2 - x^2}\tan\alpha$，则得到其面积为

$$A(x) = \frac{1}{2}(R^2 - x^2)\tan\alpha.$$

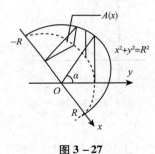

图 3 – 27

因此楔形体的体积为

$$V = \int_{-R}^{R} \frac{1}{2}(R^2 - x^2)\tan\alpha \, \mathrm{d}x = \tan\alpha \int_{0}^{R}(R^2 - x^2)\,\mathrm{d}x$$

$$= \tan\alpha \left[R^2 x - \frac{1}{3}x^3 \right]_{0}^{R} = \frac{2}{3}R^3 \tan\alpha.$$

*（3）平面曲线的弧长.

设 A、B 是曲线弧上的两个端点，在弧 AB 上任取一些分点（见图 3 – 28）：

$$A = P_0, P_1, P_2, \cdots, P_{n-1}, P_n = B,$$

依次连接相邻的分点则得到一内接折线，当分点的数目无限增加并且每一小段 $\overline{P_{i-1}P_i}$ （$i = 1, 2, \cdots, n$）都缩向一点时，若此折线的长 $\sum_{i=1}^{n} |P_{i-1}P_i|$ 的极限存在，则称此极限为曲线弧 AB 的弧长，并称此曲线弧 AB 是可求长的.

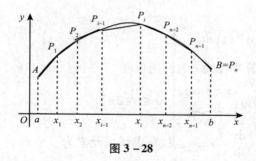

图 3 – 28

定理 3 – 9 – 1 光滑曲线弧是可求长的.

先来看直角坐标情形.

设曲线弧的直角坐标方程为

$$y = f(x), (a < x < b).$$

其中, $f(x)$ 在区间 $[a, b]$ 上一阶连续可导, 现在我们来计算曲线弧的长度.

取横坐标 x 为积分变量, 它的变化区间为 $[a, b]$, 把曲线 $y = f(x)$ 上相应于 $[a, b]$ 上任一小区间 $[x, x+dx]$ 的一段弧的长度, 可用该曲线在点 $(x, f(x))$ 处的切线上相应的一小段的长度来近似代替, 由于切线上这相应的小段的长度为

$$\sqrt{(dx)^2 + (dy)^2} = \sqrt{1 + y'^2}\, dx,$$

故可得弧长元素 (即弧微分)

$$ds = \sqrt{1 + y'^2}\, dx.$$

以 $\sqrt{1 + y'^2}\, dx$ 为被积表达式, 在闭区间 $[a, b]$ 上作定积分, 则可得所求的弧长为

$$s = \int_a^b \sqrt{1 + y'^2}\, dx.$$

【例 3 – 9 – 9】 计算曲线 $y = \dfrac{2}{3} x^{\frac{3}{2}} + 1$ 上相应于 x 从 0 到 1 的一段弧的长度.

解 因为 $y' = x^{\frac{1}{2}}$, 则弧长元素

$$ds = \sqrt{1 + y'^2}\, dx = \sqrt{1 + x}\, dx.$$

所以, 所求弧长为

$$s = \int_0^1 \sqrt{1 + x}\, dx = \left[\frac{2}{3} (1 + x)^{\frac{3}{2}} \right]_0^1 = \frac{2}{3} (2\sqrt{2} - 1).$$

再来看参数方程情形.

设曲线弧由参数方程 $\begin{cases} x = \varphi(t), \\ y = \psi(t) \end{cases}$ $(\alpha \leqslant t \leqslant \beta)$ 给出, 其中 $\varphi(t)$、$\psi(t)$ 在 $[a, b]$ 上连续可导, 由于 $\dfrac{dy}{dx} = \dfrac{\psi'(t)}{\varphi'(t)}$, $dx = \varphi'(t) dt$, 故弧长元素为

$$ds = \sqrt{1 + \frac{\psi'^2(t)}{\varphi'^2(t)}}\, \varphi'(t) dt = \sqrt{\varphi'^2(t) + \psi'^2(t)}\, dt.$$

因此，所求弧长为

$$s = \int_\alpha^\beta \sqrt{\varphi'^2(t) + \psi'^2(t)}\, \mathrm{d}t.$$

【例 3 - 9 - 10】 计算半径为 r 的圆周长度.

解 圆的参数方程为 $\begin{cases} x = r\cos t, \\ y = r\sin t \end{cases} (0 \le t \le 2\pi).$

由于 $\dfrac{\mathrm{d}x}{\mathrm{d}t} = -r\sin t$，$\dfrac{\mathrm{d}y}{\mathrm{d}t} = r\cos t$，故所求弧长元素为

$$\mathrm{d}s = \sqrt{(-r\sin t)^2 + (r\cos t)^2}\, \mathrm{d}t = r\,\mathrm{d}t.$$

因此，所求弧长为

$$s = \int_0^{2\pi} r\,\mathrm{d}t = 2\pi r.$$

【例 3 - 9 - 11】 计算曲线 $\begin{cases} x = a(\cos t + t\sin t) + 2, \\ y = a(\sin t - t\cos t) - 1 \end{cases}$ 相应于 t 从 0 到 π 的一段弧的长度.

解 由于 $\dfrac{\mathrm{d}x}{\mathrm{d}t} = at\cos t$，$\dfrac{\mathrm{d}y}{\mathrm{d}t} = at\sin t$，故弧长元素为

$$\mathrm{d}s = \sqrt{a^2 t^2 \cos^2 t + a^2 t^2 \sin^2 t}\, \mathrm{d}t = at\,\mathrm{d}t.$$

因此，所求弧长为

$$s = \int_0^\pi at\,\mathrm{d}t = \frac{a}{2}\left[t^2\right]_0^\pi = \frac{a}{2}\pi^2.$$

最后来看极坐标情形.

设曲线弧的极坐标方程为

$$\rho = \rho(\theta) \quad (\alpha \le \theta \le \beta).$$

其中，$\rho(\theta)$ 在 $[a, b]$ 上连续可导，那么由直角坐标与极坐标的关系可得曲线的参数方程为

$$\begin{cases} x = \rho(\theta)\cos\theta, \\ y = \rho(\theta)\sin\theta \end{cases} (\alpha \le \theta \le \beta).$$

因此，得弧长元素为

$$\mathrm{d}s = \sqrt{x'^2(\theta) + y'^2(\theta)}\, \mathrm{d}\theta = \sqrt{\rho^2(\theta) + \rho'^2(\theta)}\, \mathrm{d}\theta.$$

故所求弧长为

$$s = \int_\alpha^\beta \sqrt{\rho^2(\theta) + \rho'^2(\theta)}\, \mathrm{d}\theta.$$

【例 3 - 9 - 12】 计算对数螺线 $\rho = e^{a\theta}$ 相应于 θ 从 0 到 φ 的一段弧的长度.

解 由于弧长元素为

$$\mathrm{d}s = \sqrt{(e^{a\theta})^2 + a^2(e^{a\theta})^2}\, \mathrm{d}\theta = \sqrt{1 + a^2}\, e^{a\theta}\, \mathrm{d}\theta.$$

故所求弧长为

$$S = \int_0^\varphi \sqrt{1 + a^2}\, e^{a\theta} \mathrm{d}\theta = \frac{\sqrt{1 + a^2}}{a}\left[e^{a\theta} \right]_0^\varphi = \frac{\sqrt{1 + a^2}}{a}(e^{a\varphi} - 1).$$

【例 3 - 9 - 13】计算阿基米德螺线 $\rho = a\theta$（$a > 0$）相应于 θ 从 0 到 2π 的一段弧的长度.

解　由于弧长元素为

$$\mathrm{d}s = \sqrt{a^2\theta^2 + a^2}\,\mathrm{d}\theta = a\,\sqrt{1 + \theta^2}\,\mathrm{d}\theta.$$

故所求弧长为

$$S = \int_0^{2\pi} a\,\sqrt{1 + \theta^2}\,\mathrm{d}\theta = \frac{a}{2}\left[2\pi\,\sqrt{1 + 4\pi^2} + \ln(2\pi + \sqrt{1 + 4\pi^2}) \right].$$

习题 3 - 9

1. 计算曲线 $y = e^x$，$y = e^{-x}$ 及 $x = 1$ 所围图形的面积 S.

2. 计算由曲线 $y = 2^x$ 与 $y = 1 - x$，$x = 1$ 所围平面图形面积.

3. 计算曲线 $y = e^x$，$y = e^{-x}$ 及 $x = 1$ 所围平面图形绕 x 轴旋转的体积 V_x.

4. 计算曲线 $y = x^3$ 及 $y = 0$，$x = 1$ 所围平面图形绕 y 轴旋转的旋转体体积 V_y.

5. 计算由曲线 $y = \frac{r}{h} \cdot x$ 和直线 $x = 0$，$x = h$（$h > 0$）以及 x 轴所围成的三角形绕 x 轴旋转一周而形成的立体的体积.

6. 计算椭圆 $\frac{x^2}{a^2} + \frac{y^2}{b^2} = 1$ 所围成的图形绕 y 轴旋转一周而形成的立体体积.

*7. 计算由摆线 $x = a(t - \sin t)$，$y = a(1 - \cos t)$ 的一拱和直线 $y = 0$ 所围成的图形分别绕 x 轴、y 轴旋转一周而形成的旋转体的体积.

*8. 计算摆线 $x = a(\theta - \sin\theta)$，$y = a(1 - \cos\theta)$ 的一拱（$0 \leqslant \theta \leqslant 2\pi$）的长度.

*9. 计算心脏线 $r = a(1 + \cos\theta)$（$0 \leqslant \theta \leqslant 2\pi$）的弧长.

第4章　微分方程

在解决实际生活的问题时，经常需要寻找问题中有关变量的函数关系，然而，有些函数关系往往不能直接得到，只能列出未知函数的导数（或微分）与自变量之间的关系式，再从中求解得出所需的函数关系．这种含有导数（或微分）的关系式，就是微分方程，本章主要介绍微分方程的一些基本概念和几种常见微分方程的解法．

4.1　微分方程的基本概念

4.1.1　两个实例

在介绍微分方程的有关基本概念之前，让我们先来看看两个简单的具体例题．

【例 4-1-1】一曲线通过点 $(0,2)$，且在该曲线上任一点 $M(x,y)$ 处的切线斜率等于该点横坐标立方的 4 倍，求这曲线的方程．

解　设所求曲线的方程为 $y = y(x)$，根据导数的几何意义，可知未知函数需满足：

$$\frac{\mathrm{d}y}{\mathrm{d}x} = 4x^3 \quad 或 \quad \mathrm{d}y = 4x^3 \mathrm{d}x. \tag{4-1-1}$$

此外，未知函数 $y = y(x)$ 还要满足：当 $x = 0$ 时，$y = 2.$ （4-1-2）

对式（4-1-1）两边积分，得

$$y = \int 4x^3 \mathrm{d}x,$$

即

$$y = x^4 + C. \tag{4-1-3}$$

其中，C 为任意常数．

把条件（4-1-2）代入式（4-1-3），得 $C = 2$，于是所求曲线的方程为

$$y = x^4 + 2. \tag{4-1-4}$$

【例 4-1-2】质量为 m 的物体，受重力作用自由下落，试求物体下落的位移与时间之间的关系．

解　设所求的下落位移关于时间的函数为 $s = s(t)$．选取坐标系使 s 轴铅直向下，

起点位移为 0，则未知函数应满足：

$$\frac{\mathrm{d}^2 s}{\mathrm{d}t^2} = g. \tag{4-1-5}$$

由于自由落体的起始位移和初速度均为零，未知函数 $s = s(t)$ 满足条件：

$$\begin{cases} s\big|_{t=0} = 0, \\ \dfrac{\mathrm{d}s}{\mathrm{d}t}\bigg|_{t=0} = 0. \end{cases} \tag{4-1-6}$$

对式（4-1-5）两端积分一次，得

$$\frac{\mathrm{d}s}{\mathrm{d}t} = gt + C_1. \tag{4-1-7}$$

再积分一次，得

$$s(t) = \frac{1}{2}gt^2 + C_1 t + C_2. \tag{4-1-8}$$

其中，C_1，C_2 都是任意常数. 把条件 $\dfrac{\mathrm{d}s}{\mathrm{d}t}\bigg|_{t=0} = 0$ 代入式（4-1-7），得

$$C_1 = 0.$$

把条件 $s\big|_{t=0} = 0$ 代入式（4-1-8），得

$$C_2 = 0.$$

将 C_1，C_2 的值代入式（4-1-8），得物体下落的位移与时间之间的关系

$$s(t) = \frac{1}{2}gt^2. \tag{4-1-9}$$

上述两例中的关系式（4-1-1）和式（4-1-5）均含有未知函数的导数，由此我们得出微分方程的概念.

4.1.2　微分方程的基本概念

定义 4-1-1　含有未知函数、未知函数的导数（或微分）与自变量之间关系的方程称为**微分方程**，如式（4-1-1）、式（4-1-5）和式（4-1-7）都是微分方程. 微分方程中出现的未知函数的最高阶导数的阶数称为这个方程的**阶**，如式（4-1-1）和式（4-1-7）是一阶微分方程，而式（4-1-5）是二阶微分方程. 又如，方程

$$xy''' + 2y'' - e^x y' = 2x^5,$$
$$y''' + x^2(y')^7 = e^{2x}.$$

都是三阶微分方程.

一般说，**n 阶微分方程**形如

$$F(x, y, y', \cdots, y^{(n)}) = 0.$$

其中，x 为自变量，y 为未知函数. 即 F 是 $n+2$ 个变量的函数. 这里必须指出，在 n 阶微分方程中，$y^{(n)}$ 是必须出现的，而 $x, y, y', \cdots, y^{(n-1)}$ 等变量则可以不出现. 例如，n

阶微分方程

$$y^{(n)} + 5 = 0$$

中，除 $y^{(n)}$ 外，其他变量都没有出现.

定义 4-1-2 如果把某一个函数 $y = \varphi(x)$ 代入微分方程后，能使该方程成为恒等式，则函数 $y = \varphi(x)$ 称为该微分方程的**解**. 例如，式（4-1-3）和式（4-1-4）这两个是微分方程（4-1-1）的解，式（4-1-8）和式（4-1-9）则是微分方程（4-1-5）的解.

若微分方程的解中含有任意常数，且独立的任意常数的个数（即不能合并而使得任意常数的个数变少）与方程的阶数相同，则称这样的解为微分方程的**通解**. 例如，式（4-1-3）是方程（4-1-1）的通解，因为方程（4-1-1）是一阶的，所以它的通解式（4-1-3）含有一个任意常数，而方程（4-1-5）是二阶的，它的通解式（4-1-8）中含有两个任意常数.

确定微分方程通解中的任意常数的值的条件，称为**初始条件**，例如式（4-1-2）和式（4-1-6）. 由初始条件确定了微分方程的通解中任意常数的值后所得到的解，称为**特解**. 例如，式（4-1-4）和式（4-1-9）分别是方程（4-1-1）和方程（4-1-5）满足初始条件的特解. 我们把求微分方程满足初始条件的特解的问题，称为**初值问题**.

【例 4-1-3】 验证函数 $y = C_1 e^{-2x} + C_2 e^{3x}$ 是方程 $y'' - y' - 6y = 0$ 的通解.

解 $y' = -2C_1 e^{-2x} + 3C_2 e^{3x}$,

$y'' = 4C_1 e^{-2x} + 9C_2$,

将 y', y'' 代入方程，得

$$y'' - y' - 6y = (4C_1 e^{-2x} + 9C_2 e^{3x}) - (-2C_1 e^{-2x} + 3C_2 e^{3x}) - 6(C_1 e^{-2x} + C_2 e^{3x}) = 0.$$

所以函数 $y = C_1 e^{-2x} + C_2 e^{3x}$ 是方程 $y'' - y' - 6y = 0$ 的解. 又因为解中含有的任意常数的个数与方程的阶数相同，且 C_1, C_2 相互独立（即 C_1, C_2 不能合并），所以函数 $y = C_1 e^{-2x} + C_2 e^{3x}$ 是方程的通解.

习题 4-1

1. 指出下列等式中哪些是微分方程，如果是，请说出微分方程的阶数.

(1) $\dfrac{\mathrm{d}y}{\mathrm{d}x} + xy^2 = 2x^3$;

(2) $y^3 + xy^2 - 3x^2 = 0$;

(3) $(y''')^2 - xy'' + 2x^2 y = 0$;

(4) $y\sqrt{2 + x^2}\, \mathrm{d}y - x\sqrt{2 + y^2}\, \mathrm{d}x = 0$;

(5) $y'' = 2y^2 \sin x + y$;

(6) $\mathrm{d}y = (\sin x + 3x^2)\, \mathrm{d}x$.

2. 判断下列各题中的函数是否是所给微分方程的解，如果是，请指出是通解还是特解（其中，C_1, C_2 为任意常数）.

（1）$\dfrac{\mathrm{d}y}{\mathrm{d}x} - 2x = 0$，$y = Cx^2$.　　（2）$y'' = \cos x$，$y = 2x - \cos x$.

（3）$y'' - 4y = 0$，$y = C_1 + C_2 e^{4x}$.　　（4）$y'' + y = 0$，$y = e^{-x}$.

3. 验证函数 $y = C_1 \cos kx + C_2 \sin kx$ 是方程 $y'' + k^2 y = 0$（$k \neq 0$）的通解，并求满足初始条件 $y\big|_{x=0} = 1$，$y'\big|_{x=0} = 0$ 的特解.

4. 设曲线上任一点处的切线斜率与切点的横坐标成反比，且曲线过点（1,3），求该曲线的方程.

4.2　一阶微分方程

一阶微分方程的一般形式为 $F(x, y, y') = 0$，本节只介绍几种常见的一阶微分方程及其解法.

4.2.1　可分离变量的微分方程

一般地，形如

$$\frac{\mathrm{d}y}{\mathrm{d}x} = f(x) g(y)$$

的微分方程，称为**可分离变量的方程**. 这里 $f(x)$，$g(y)$ 分别是变量 x, y 的已知连续函数，且 $g(y) \neq 0$. 求解可分离变量的方程的方法称为**分离变量法**. 具体方法如下：

（1）分离变量，将方程的两端化为分别只含有一个变量的函数及其微分的形式

$$\frac{\mathrm{d}y}{g(y)} = f(x)\mathrm{d}x.$$

（2）两边积分，得

$$\int \frac{\mathrm{d}y}{g(y)} = \int f(x)\mathrm{d}x.$$

（3）求出积分，得通解 $G(y) = F(x) + C$，其中，$G(y)$，$F(x)$ 分别是 $\dfrac{1}{g(y)}$，$f(x)$ 的一个原函数，C 为任意常数.

【例 4 - 2 - 1】 求微分方程 $\dfrac{\mathrm{d}y}{\mathrm{d}x} = e^{x+y}$ 的通解.

解　分离变量，得

$$e^{-y}\mathrm{d}y = e^x \mathrm{d}x,$$

两端同时积分，即

$$\int e^{-y}\mathrm{d}y = \int e^x \mathrm{d}x,$$

可得

$$e^{-y} + e^x = C.$$

这就是原方程的通解.

【例 4 – 2 – 2】 求微分方程 $\sqrt{1-x^2}\,y' = \sqrt{1-y^2}$ 的通解.

解 分离变量，得

$$\frac{\mathrm{d}y}{\sqrt{1-y^2}} = \frac{\mathrm{d}x}{\sqrt{1-x^2}},$$

两边积分，得

$$\arcsin y - \arcsin x = C.$$

这就是原方程的通解.

【例 4 – 2 – 3】 求微分方程 $\dfrac{\mathrm{d}y}{\mathrm{d}x} = -\dfrac{y}{x}$ 的通解.

解 分离变量，得

$$\frac{\mathrm{d}y}{y} = -\frac{1}{x}\mathrm{d}x,$$

两端同时积分，可得

$$\ln|y| = \ln\left|\frac{1}{x}\right| + C_1,$$

化简得

$$|y| = e^{C_1} \cdot \left|\frac{1}{x}\right|,$$

即

$$y = \pm e^{C_1} \cdot \frac{1}{x}.$$

令 $\pm e^{C_1} = C_2$，得

$$y = C_2\frac{1}{x}, \quad (C_2 \neq 0).$$

另外，我们看出 $y=0$ 也是方程的解，所以 $y = \dfrac{C_2}{x}$ 中的 C_2 可以等于 0，因此，C_2 可作为任意常数. 这样，原方程的通解是

$$y = \frac{C}{x}.$$

凡遇到积分后是对数的情形，理应都需作类似于上述的讨论. 但这样的演算过程没有必要重复. 故为方便起见，今后凡遇到积分后是对数情形可以作简化处理. 现以〖例 4 – 2 – 3〗为例，示范如下.

分离变量，得

$$\frac{\mathrm{d}y}{y} = -\frac{1}{x}\mathrm{d}x.$$

两端同时积分，可得

$$\ln y = \ln \frac{1}{x} + \ln C\ (\text{为计算方便，}C\text{ 取为 }\ln C).$$

化简得

$$\ln y = \ln \frac{C}{x},$$

即

$$y = \frac{C}{x}.$$

其中，C 为任意常数.

【例 4-2-4】求微分方程 $y(x^2-1)\mathrm{d}y - 2x(y^2+1)\mathrm{d}x = 0$ 的通解.

解　分离变量，得

$$\frac{y}{y^2+1}\mathrm{d}y = \frac{2x}{x^2-1}\mathrm{d}x,$$

两边积分，得

$$\frac{1}{2}\ln(y^2+1) = \ln(x^2-1) + \frac{1}{2}\ln C.$$

所以，原方程的通解为：
$$y^2 + 1 = C(x^2-1)^2.$$

*4.2.2　齐次方程

在一阶微分方程中，可以直接分离变量的只占少数. 但有些方程，通过适当的变量替换后就可以直接分离变量，齐次方程就是其中的一种.

如果一阶微分方程可化为形如 $\dfrac{\mathrm{d}y}{\mathrm{d}x} = f\left(\dfrac{y}{x}\right)$ 的形式，那么我们就称这类方程叫作**齐次微分方程**，简称**齐次方程**. 例如，方程 $(2xy-y^2)\mathrm{d}x - (2x^2-xy)\mathrm{d}y = 0$，$\dfrac{\mathrm{d}y}{\mathrm{d}x} = 2\sqrt{\dfrac{y}{x}} + \dfrac{y}{x}$，$\dfrac{\mathrm{d}y}{\mathrm{d}x} = \dfrac{x+y}{x-y} = \dfrac{1+\dfrac{y}{x}}{1-\dfrac{y}{x}}$，这些都是齐次方程.

齐次方程的解法是引进新的变量 $u = \dfrac{y}{x}$，可使方程化为可分离变量的方程，然后用可分离的方法来求解.

【例 4-2-5】求微分方程 $\dfrac{\mathrm{d}y}{\mathrm{d}x} = \dfrac{x+2y}{2x-y}$ 的通解.

解　由于 $\dfrac{\mathrm{d}y}{\mathrm{d}x} = \dfrac{x+y}{x-y}$ 可化为 $\dfrac{\mathrm{d}y}{\mathrm{d}x} = \dfrac{1+2\dfrac{y}{x}}{2-\dfrac{y}{x}}$，故令 $u = \dfrac{y}{x}$，则 $y = ux$，故有 $\dfrac{\mathrm{d}y}{\mathrm{d}x} = u +$

$x \dfrac{\mathrm{d}u}{\mathrm{d}x}$，将上述两式代入原方程，得

$$u + x \frac{\mathrm{d}u}{\mathrm{d}x} = \frac{1 + 2u}{2 - u}.$$

整理，得

$$x \frac{\mathrm{d}u}{\mathrm{d}x} = \frac{1 + u^2}{2 - u}.$$

分离变量，得

$$\frac{2 - u}{1 + u^2} \mathrm{d}u = \frac{\mathrm{d}x}{x}.$$

两端同时积分，得

$$2\arctan u - \frac{1}{2}\ln(1 + u^2) = \ln x + \ln C.$$

即

$$\frac{e^{2\arctan u}}{\sqrt{1 + u^2}} = Cx.$$

再将 $u = \dfrac{y}{x}$ 换回化简，便得所给方程的通解为

$$e^{2\arctan \frac{y}{x}} = C\sqrt{x^2 + y^2}.$$

【例 4 - 2 - 6】求微分方程 $y' = \dfrac{y}{x} + \tan\dfrac{y}{x}$ 的通解.

解 令 $u = \dfrac{y}{x}$，代入方程，得 $u + x\dfrac{\mathrm{d}u}{\mathrm{d}x} = u + \tan u$. 化简整理得

$$x \frac{\mathrm{d}u}{\mathrm{d}x} = \tan u.$$

分离变量，得

$$\cot u \mathrm{d}u = \frac{1}{x}\mathrm{d}x.$$

两端同时积分，得

$$\int \cot u \mathrm{d}u = \int \frac{1}{x}\mathrm{d}x.$$

可得

$$\ln\sin u = \ln x + \ln C.$$

即

$$\sin u = Cx.$$

再将 $u = \dfrac{y}{x}$ 换回，便得所给方程的通解为

$$\sin\frac{y}{x} = Cx.$$

即

$$y = x \arcsin Cx.$$

4.2.3　一阶线性微分方程

形如下面形式的方程

$$y' + P(x)y = Q(x).\tag{4-2-1}$$

我们称为**一阶线性微分方程**，简称**一阶线性方程**. 其中 $P(x), Q(x)$ 都是已知连续函数.

若 $Q(x) \equiv 0$，则方程变为

$$y' + P(x)y = 0.\tag{4-2-2}$$

称为**一阶线性齐次微分方程**，简称**线性齐次方程**. 若 $Q(x) \not\equiv 0$ 时，则称方程（4-2-1）为**一阶线性非齐次微分方程**，简称**一阶线性非齐次方程**. 方程（4-2-2）称为方程（4-2-1）所对应的线性齐次方程.

例如，方程 $y' - x^2 y = 0$ 和 $y' + xy - e^x = 0$ 分别是一阶线性齐次方程和一阶线性非齐次方程，而方程 $y' + y^2 - 9 = 0$ 不是线性方程，它是一个非线性方程.

下面我们将依次讨论如何求解一阶线性齐次方程与一阶线性非齐次方程的方法.

4.2.3.1　一阶线性齐次方程的解法

对于一阶**线性齐次**方程（4-2-1），它其实就是一个变量可分离方程. 先分离变量，得

$$\frac{\mathrm{d}y}{y} = -P(x)\mathrm{d}x,$$

两边同时积分，得

$$\ln y = -\int P(x)\mathrm{d}x + \ln C,$$

即可得出一阶线性齐次方程的通解为

$$y = Ce^{-\int P(x)\mathrm{d}x}，（C \text{ 为任意常数}）.\tag{4-2-3}$$

【例 4-2-7】　求方程 $y' - 4xy = 0$ 的通解.

解法一（分离变量法）　原方程可化为

$$\frac{\mathrm{d}y}{\mathrm{d}x} = 4xy,$$

分离变量，得

$$\frac{\mathrm{d}y}{y} = 4x\mathrm{d}x,$$

两边同时积分，得

$$\ln y = 2x^2 + \ln C,$$

可得原方程的通解为

$$y = Ce^{-\int -4x\mathrm{d}x} = Ce^{2x^2}, \ (C \text{ 为任意常数}).$$

解法二（公式法） 这是一个一阶线性齐次微分方程，其中 $P(x) = -4x$，由此算出

$$-\int P(x)\mathrm{d}x = -\int -4x\mathrm{d}x = 2x^2,$$

即可得出方程的通解为

$$y = Ce^{-\int -4x\mathrm{d}x} = Ce^{2x^2}, \ (C \text{ 为任意常数}).$$

【例 4 - 2 - 8】 求方程 $y' + \dfrac{1}{1+x^2}y = 0$ 的通解.

解 这是一个一阶线性齐次方程，其中 $P(x) = \dfrac{1}{1+x^2}$，由此算出

$$-\int P(x)\mathrm{d}x = -\int \frac{1}{1+x^2}\mathrm{d}x = \mathrm{arccot}x,$$

可由通解公式，即可得出方程的通解为

$$y = Ce^{\mathrm{arccot}x}.$$

4.2.3.2 一阶线性非齐次方程的解法

当 $Q(x) \neq 0$ 时，该如何计算方程（4 - 2 - 2）的通解呢？为了求出非齐次线性方程的解，我们可先求其对应的方程（4 - 2 - 1）的解，即式（4 - 2 - 3）；再将式（4 - 2 - 3）的 C 换为 x 的函数 $C(x)$，即可设方程（4 - 2 - 1）有形如 $y = C(x)e^{-\int P(x)\mathrm{d}x}$ 的通解；最后计算出 $C(x)$，这样就可得出方程（4 - 2 - 1）的通解.

下面我们来计算 $C(x)$，先求出 $y' = C'(x)e^{-\int P(x)\mathrm{d}x} - C(x)P(x)e^{-\int P(x)\mathrm{d}x}$，再把 y，y' 代入方程（4 - 2 - 1）中，得

$$C'(x)e^{-\int P(x)\mathrm{d}x} - C(x)P(x)e^{-\int P(x)\mathrm{d}x} + P(x)C(x)e^{-\int P(x)\mathrm{d}x} = Q(x),$$

即

$$C'(x) = Q(x)e^{\int P(x)\mathrm{d}x},$$

两边积分，得

$$C(x) = \int Q(x)e^{\int P(x)\mathrm{d}x}\mathrm{d}x + C,$$

这样就可得出一阶线性非齐次方程的通解公式为

$$y = e^{-\int P(x)\mathrm{d}x}\Big[C + \int Q(x)e^{\int P(x)\mathrm{d}x}\mathrm{d}x \Big]. \tag{4 - 2 - 4}$$

其中，各个不定积分都只表示了对应的被积函数的一个原函数.

我们把这种求通解方法，叫作**常数变易法**.

【例 4 - 2 - 9】 求微分方程 $\dfrac{\mathrm{d}y}{\mathrm{d}x} + 2\,\dfrac{y}{x} = 4x$ 的通解.

解法一（常数变易法） 对应的齐次方程为

$$\frac{dy}{dx} + \frac{2}{x}y = 0,$$

分离变量，得

$$\frac{1}{y}dy = -\frac{2}{x}dx,$$

两边积分，得

$$\ln y = -2\ln x + \ln C,$$

得齐次方程的通解为

$$y = \frac{C}{x^2},$$

设原方程的解为 $y = \dfrac{C(x)}{x^2}$，代入原方程，得

$$\frac{x^2 C'(x) - 2xC(x)}{x^4} + \frac{2}{x} \cdot \frac{C(x)}{x^2} = 4x,$$

化简，得

$$C'(x) = 4x^3,$$

两边积分，得

$$C(x) = x^4 + C,$$

把 $C(x)$ 代入 $y = \dfrac{C(x)}{x}$ 中，可得出原方程的通解为

$$y = \frac{1}{x^2}(x^4 + C).$$

解法二（公式法） 由题意可得

$$P(x) = \frac{2}{x}, \ Q(x) = 4x.$$

把它们代入式 $(4-2-4)$，可得

$$y = e^{-\int \frac{2}{x}dx} \left(C + \int 4xe^{\int \frac{2}{x}dx}dx \right)$$

$$= e^{-2\ln x} \left(C + \int 4xe^{2\ln x}dx \right)$$

$$= \frac{1}{x^2}(x^4 + C).$$

即原方程的通解为

$$y = \frac{1}{x^2}(x^4 + C).$$

【例 4 - 2 - 10】 求解初值问题

$$\begin{cases} y' - y = e^x, \\ y \big|_{x=0} = 1. \end{cases}$$

解 该方程是一阶线性非齐次微分方程，其中，$P(x) = -1$，$Q(x) = e^x$.

把它们代入式（4-2-4），可得

$$y = e^{\int dx}\left(C + \int e^x e^{-\int dx}dx\right) = e^x(C + x).$$

再将 $y\mid_{x=0} = 0$ 代入上式，可求得 $C = 1$.

所以该初值问题的解为 $y = e^x(x+1)$.

【例 4-2-11】 求微分方程 $(2x - y^2)dy - ydx = 0$ 的通解.

解 此方程可化为：$\dfrac{dy}{dx} - \dfrac{y}{2x - y^2} = 0$. 该方程并不是关于未知函数 y 的一阶线性

微分方程. 若我们将 x 看作是 y 的函数，则方程可化为

$$\frac{dx}{dy} = \frac{2x - y^2}{y} = \frac{2}{y}x - y.$$

整理，得

$$\frac{dx}{dy} - \frac{2}{y}x = -y.$$

这样可看作未知函数 x 一阶线性非齐次微分方程，其中，$P(y) = -\dfrac{2}{y}, Q(y) = -y$.

由式（4-2-4）可得

$$x = e^{-\int P(y)dy}\left[C + \int Q(y)e^{\int P(y)dy}dy\right].$$

即

$$x = e^{-\int -\frac{2}{y}dy}\left(C + \int -ye^{\int -\frac{2}{y}dy}dy\right) = y^2\left(C - \int y\frac{1}{y^2}dy\right) = y^2(C - \ln y).$$

*4.2.4 一阶微分方程应用举例

在我们的现实生活和一些工程技术中，会遇到许多问题的研究都要应用微分方程来求解.

我们在应用微分方程解决实际问题的时候，一般可分为以下几个步骤.

（1）建立微分方程：根据实际问题，找出相关未知量与其导数（微分）之间的关系式，建立相应的微分方程，同时确定它的初始条件.

（2）求出微分方程的通解：根据微分方程的类型，运用对应的解题方法，求出它的通解.

（3）确定特解：根据找到的初始条件来求所对应的特解.

【例 4-2-12】 设一艘轮船在水上做直线运动. 当其推进器停止时船的速度为 v_0. 已知船在水上运动时，所受水的阻力与船速的平方成正比（比例系数为 mk，m 为船的质量）. 问经过多少时间船速减为原速的一半.

解 设当 $t = 0$ 时，推进器停止，此时船的速度 $v\mid_{t=0} = v_0$. 船所受的外力为阻力 f.

$$f = mkv^2,$$

由牛顿第二运动定律 $F = ma$，可知

$$-mkv^2 = ma = m\frac{dv}{dt}，（这里阻力与速度方向相反，取负号）.$$

由题意可得

$$\begin{cases} \dfrac{dv}{dt} = -kv^2, \\ v\big|_{t=0} = v_0. \end{cases}$$

该方程是可分离变量的，我们运用分离变量法就得通解为

$$v = \frac{1}{kt + C},$$

再代入初始条件 $v\big|_{t=0} = v_0$，得

$$C = \frac{1}{v_0}.$$

方程的特解为

$$v = \frac{v_0}{1 + kv_0 t}.$$

而 $v = \dfrac{v_0}{2}$ 时，可得

$$t = \frac{1}{kv_0}.$$

即当 $t = \dfrac{1}{kv_0}$ 时，船速减为原速的一半.

在实际问题中，一般是根据相应的理论知识来建立微分方程，再根据我们所学知识，最后求出需要的解.

【例 4 - 2 - 13】 已知物体在空气中冷却的速率与该物体及空气两者的温度差成正比. 设有一瓶热水，水温原来是 $100℃$，空气的温度是 $20℃$，经过 20 小时后，瓶内水温降到 $60℃$，求瓶内水温的变化规律.

解 有题意可设瓶内水温 y 时间 t，它们之间的函数关系为 $y = y(t)$，这样水的冷却速率为 $\dfrac{dy}{dt}$. 根据实现情况，水在冷却的过程中，空气的温度是不变. 即

$$\frac{dy}{dt} = -k(y - 20),$$

其中，k 是比例系数（$k > 0$）. 这样 y 是关于 t 单调减函数，即 $\dfrac{dy}{dt} < 0$，所以上式右端前加负号，可得

$$\begin{cases} \dfrac{dy}{dt} = -k(y - 20), \\ y\big|_{t=0} = 100, \\ y\big|_{t=20} = 60. \end{cases}$$

该方程是可分离变量的，我们运用分离变量法就得通解为

$y - 20 = Ce^{-kt}$.

再把初始条件 $y\big|_{t=0} = 100$ 和 $y\big|_{t=20} = 60$ 代入上式，得

$C = 80$, $k = -\dfrac{1}{20}\ln 0.5 \approx 0.0347$.

因此水温与时间的函数关系为 $y = 80e^{-0.0347t} + 20$.

习题 4 – 2

1. 求下列可分离变量方程的解.

（1） $y\mathrm{d}y - x\mathrm{d}x = 0$；

（2） $3x^2 + 5x - 5y' = 0$；

（3） $(1 + \sin x)yy' = \cos x$；

（4） $y' = 1 + x + y^2 + xy^2$；

（5） $\begin{cases} xy\mathrm{d}x - (1 + y^2)\sqrt{1+x^2}\,\mathrm{d}y = 0, \\ y\big|_{x=0} = \dfrac{1}{e}; \end{cases}$

（6） $\begin{cases} (\ln y)y' = \dfrac{y}{x^2}, \\ y\big|_{x=2} = 1. \end{cases}$

*2. 求下列齐次型方程的解.

（1） $(y^2 + x^2)\mathrm{d}x = xy\mathrm{d}y$；

（2） $xy' - y - \sqrt{y^2 - x^2} = 0$；

（3） $x\dfrac{\mathrm{d}y}{\mathrm{d}x} = y\ln\dfrac{y}{x}$；

（4） $(x^3 + y^3)\mathrm{d}x - 3xy^2\mathrm{d}y = 0$.

3. 求下列一阶线性微分方程的解.

（1） $\dfrac{\mathrm{d}y}{\mathrm{d}x} + xy = 0$；

（2） $\dfrac{\mathrm{d}y}{\mathrm{d}x} - \dfrac{y}{x^2 + 1} = 0$；

（3） $2y' - y = e^x$；

（4） $\begin{cases} y' - y = e^{2x}, \\ y\big|_{x=0} = 0. \end{cases}$

*4. 质量为 m 的降落伞从飞机上下落后，所受空气的阻力与下降速度成正比（比例系数常数 $k > 0$），且伞张开时的速度为 0（$t = 0$）. 求下降的速度 v 与时间 t 的函数关系.

4.3 可降阶的高阶微分方程

上一节我们介绍一阶微分方程的求解方法，从本节开始将讨论如何求解二阶及二阶以上的微分方程，即高阶微分方程的解法. 本节针对一些特定的高阶微分方程求解，它们均可用逐步降低方程阶数的方法来求解. 下面介绍三种常见的可降阶的高阶微分方程的求解方法.

4.3.1　右端仅含自变量 x 的方程：$y^{(n)} = f(x)$

微分方程

$$y^{(n)} = f(x).$$

这种方程右边仅含有自变量 x，即只需把 $y^{(n-1)}$ 作为新的未知函数，那么上式就是以 $y^{(n-1)}$ 为新未知函数的一阶微分方程，即

$$\frac{\mathrm{d}y^{(n-1)}}{\mathrm{d}x} = f(x).$$

两边积分，得

$$y^{(n-1)} = \int f(x)\,\mathrm{d}x + C_1.$$

同理可得

$$y^{(n-2)} = \int \left[\int f(x)\,\mathrm{d}x + C_1 \right] \mathrm{d}x + C_2.$$

以此类推，连续积分 n 次，便可求得方程 $y^{(n)} = f(x)$ 的含有 n 个任意常数的通解.

【例 4 - 3 - 1】　求 $y''' = x^2 - \sin x$ 的通解.

解　对所给方程接连积分三次，得

$$y'' = \frac{x^3}{3} + \cos x + C,$$

$$y' = \frac{x^4}{9} + \sin x + Cx + C_2,$$

$$y = \frac{x^5}{36} - \cos x + C_1 x^2 + C_2 x + C_3 \left(C_1 = \frac{1}{2}C \right).$$

4.3.2　右端不显含未知函数 y 的方程：$y'' = f(x, y')$

微分方程

$$y'' = f(x, y')$$

的右边不显含未知函数 y，设 $y' = p(x)$，那么

$$y'' = p' = \frac{\mathrm{d}p}{\mathrm{d}x},$$

方程可化为 $\dfrac{\mathrm{d}p}{\mathrm{d}x} = f(x, p)$，它是关于变量 x，p 的一阶微分方程.

设其通解为 $p = \varphi(x, C_1)$，即 $\dfrac{\mathrm{d}y}{\mathrm{d}x} = \varphi(x, C_1)$，这是关于 y 的一阶微分方程，对它进行积分，可得原方程的通解为

$$y = \int \varphi(x, C_1)\,\mathrm{d}x + C_2.$$

【例 4 – 3 – 2】 求微分方程 $\begin{cases} (1 + x^2) \ y'' = 2xy', \\ y \mid_{x=0} = 1, \\ y' \mid_{x=0} = 3 \end{cases}$ 的特解.

解 方程属于 $y'' = f(x, y')$ 类型，故令 $y' = p(x)$，得 $y'' = p' = \dfrac{\mathrm{d}p}{\mathrm{d}x}$，原方程化为

$$(1 + x^2) \frac{\mathrm{d}p}{\mathrm{d}x} = 2xp,$$

分离变量，得

$$\frac{\mathrm{d}p}{p} = \frac{2x}{1 + x^2} \mathrm{d}x,$$

两边积分，得

$$\ln p = \ln(1 + x^2) + \ln C_1,$$

即

$$p = y' = C_1(1 + x^2),$$

由 $y' \mid_{x=0} = 3$，得 $C_1 = 3$，即

$$y' = 3(1 + x^2),$$

两边积分得

$$y = x^3 + 3x + C_2.$$

又由 $y \mid_{x=0} = 1$，得 $C_2 = 1$，即所求通解为

$$y = x^3 + 3x + 1.$$

*4.3.3 右端不显含有自变量 x 的方程： $y'' = f(y, y')$

微分方程

$$y'' = f(y, y'),$$

方程中不显含有自变量 x，我们可降阶设 $y' = p(y)$，将 y 看作中间变量，此时

$$y'' = \frac{\mathrm{d}p}{\mathrm{d}x} = \frac{\mathrm{d}p}{\mathrm{d}y} \frac{\mathrm{d}y}{\mathrm{d}x} = p \frac{\mathrm{d}p}{\mathrm{d}y}.$$

这样，方程降阶为 p 与 y 之间的一阶微分方程

$$p \frac{\mathrm{d}p}{\mathrm{d}y} = f(y, p).$$

设它的通解为 $y' = p = \varphi(y, C_1)$，即

$$\frac{\mathrm{d}y}{\mathrm{d}x} = \varphi(y, C_1).$$

分离变量，得

$$\frac{\mathrm{d}y}{\varphi(y, C_1)} = \mathrm{d}x.$$

两边积分，得

$$\int \frac{\mathrm{d}y}{\varphi(y,C_1)} = x + C_2.$$

【例 4 – 3 – 3】求微分方程 $yy'' - y'^2 = 0$ 的通解.

解　方程属于不显含 x 的类型,设 $y' = p(y)$,得

$$y'' = \frac{\mathrm{d}p}{\mathrm{d}x} = \frac{\mathrm{d}p}{\mathrm{d}y} \cdot \frac{\mathrm{d}y}{\mathrm{d}x} = p\frac{\mathrm{d}p}{\mathrm{d}y},$$

代入方程,方程化为

$$yp\frac{\mathrm{d}p}{\mathrm{d}y} - p^2 = 0,$$

或

$$p\left(y\frac{\mathrm{d}p}{\mathrm{d}y} - p\right) = 0.$$

它相当于两个方程:

$$p = 0 \quad 与 \quad y\frac{\mathrm{d}p}{\mathrm{d}y} - p = 0.$$

由第一个方程解得

$$y = C.$$

第二个方程可用分离变量法解.

分离变量,得

$$\frac{\mathrm{d}p}{p} = \frac{\mathrm{d}y}{y}.$$

两边积分,得

$$\ln p = \ln y + \ln C_1.$$

即

$$\frac{\mathrm{d}y}{\mathrm{d}x} = C_1 y.$$

再分离变量、积分,得

$$\ln y = C_1 x + \ln C_2,$$

可得

$$y = C_2 e^{C_1 x}.$$

这是原方程的通解(解 $y = C$ 包含在这个通解中,即 $C_1 = 0$ 的情形).

【例 4 – 3 – 4】求微分方程 $\begin{cases} 2yy'' = 1 + y'^2, \\ y\big|_{x=0} = 1, \\ y'\big|_{x=0} = 1 \end{cases}$ 的特解.

解　由于方程不显含自变量 x,令 $y' = p(y)$,则 $y'' = \frac{\mathrm{d}p}{\mathrm{d}x} = \frac{\mathrm{d}p}{\mathrm{d}y} \cdot \frac{\mathrm{d}y}{\mathrm{d}x} = p\frac{\mathrm{d}p}{\mathrm{d}y}$,

于是原方程化为

$$2yp \frac{\mathrm{d}p}{\mathrm{d}y} = 1 + p^2,$$

分离变量，得

$$\frac{2p\mathrm{d}p}{1 + p^2} = \frac{\mathrm{d}y}{y},$$

两边积分，得

$$\ln(1 + p^2) = \ln y + \ln C_1,$$

即

$$1 + p^2 = C_1 y,$$

由于 $y \big|_{x=0} = 1$，$y' \big|_{x=0} = 1$，代入上式，得 $C_1 = 2$，则 $p^2 = 2y - 1$，即

$$p = \pm \sqrt{2y - 1}.$$

由于方程要求的是满足初始条件 $y' \big|_{x=0} = 1$ 的解，所以取正的一支，即

$$\frac{\mathrm{d}y}{\mathrm{d}x} = \sqrt{2y - 1},$$

分离变量，得

$$\frac{\mathrm{d}y}{\sqrt{2y - 1}} = \mathrm{d}x,$$

两边积分，得

$$\sqrt{2y - 1} = x + C_2.$$

将初始条件 $y \big|_{x=0} = 1$ 代入，得

$$C_2 = 1.$$

即原方程的特解为

$$\sqrt{2y - 1} = x + 1.$$

习题 4 – 3

1. 求下列方程的通解.

（1）$y'' = x - \cos x$；

（2）$y''' = e^{3x} - \cos x$；

（3）$y'' - \dfrac{1}{1 + x^2} = 0$；

（4）$y'' = 1 + (y')^2$；

（5）$y'' = y' + x$.

2. 下列微分方程满足初始条件的特解.

（1）$\begin{cases} y''' = e^{\alpha x}, \\ y \big|_{x=1} = 0, \\ y \big|_{x=1} = 0, \\ y'' \big|_{x=1} = 0. \end{cases}$

（2）$\begin{cases} y'' = 3\sqrt{y}, \\ y \big|_{x=0} = 1, \\ y' \big|_{x=0} = 2. \end{cases}$

4.4　二阶常系数线性微分方程

在 4.2 节介绍了有关一阶线性微分方程的解法，接下来我们来看看二阶线性微分方程的求解。与一阶线性微分方程相比，二阶线性微分方程的求解过程要复杂得多．前面我们给出了一阶线性微分方程统一的求解公式，那二阶线性微分方程有没有统一的求解公式呢？本节我们只讨论当二阶线性微分方程中 y''，y'，y 的系数都是常数时的情况，这种情况有统一的求解方法．接下来我们将介绍二阶常系数线性微分方程的求法，并给出相应的求解公式．

二阶常系数线性微分方程的一般形式是

$$y'' + py' + qy = f(x).$$

其中，p，q 是常数，$f(x)$ 是 x 的已知函数．

当 $f(x) \not\equiv 0$ 时，称方程

$$y'' + py' + qy = f(x) \tag{4-4-1}$$

称为二阶常系数线性非齐次微分方程．

当 $f(x) \equiv 0$ 时，方程变为

$$y'' + py' + qy = 0 \tag{4-4-2}$$

称为二阶常系数线性齐次微分方程．

4.4.1　二阶常系数线性齐次微分方程

定理 4-4-1　如果函数 $y_1(x)$ 与 $y_2(x)$ 是二阶线性齐次方程 $y'' + py' + qy = 0$ 的两个特解，且 $\dfrac{y_2(x)}{y_1(x)} \neq$ 常数，则函数 $y = C_1 y_1(x) + C_2 y_2(x)$（$C_1$，$C_2$ 是任意常数）是二阶线性齐次方程 $y'' + py' + qy = 0$ 的通解．

证明　由于 $y_1(x)$ 与 $y_2(x)$ 是二阶线性齐次方程 $y'' + py' + qy = 0$ 的解，所以

$$y_1''(x) + py_1'(x) + qy_1(x) = 0; \quad y_2''(x) + py_2'(x) + qy_2(x) = 0.$$

将 $y = C_1 y_1(x) + C_2 y_2(x)$ 代入二阶线性齐次方程 $y'' + py' + qy = 0$，得

$$
\begin{aligned}
y'' + py' + qy &= [C_1 y_1(x) + C_2 y_2(x)]'' + p[C_1 y_1(x) + C_2 y_2(x)]' \\
&\quad + q[C_1 y_1(x) + C_2 y_2(x)] \\
&= C_1 [y_1''(x) + py_1'(x) + qy_1(x)] + C_2 [y_2''(x) + py_2'(x) + qy_2(x)] \\
&= C_1 \times 0 + C_2 \times 0 \\
&= 0.
\end{aligned}
$$

即 $y = C_1 y_1(x) + C_2 y_2(x)$ 是二阶线性齐次方程 $y'' + py' + qy = 0$ 的解．

又因为 $\dfrac{y_2(x)}{y_1(x)} \neq$ 常数，所以 C_1，C_2 不能合并，即 y 中含有两个独立的任意常数

C_1，C_2，因此 $y = C_1 y_1(x) + C_2 y_2(x)$ 是二阶线性齐次方程 $y'' + py' + qy = 0$ 的通解.

满足条件 $\dfrac{y_2(x)}{y_1(x)} \neq$ 常数的两个解，称为线性无关的解，否则称为线性相关的解.

由定理可知，要求二阶线性齐次方程 $y'' + py' + qy = 0$ 的通解，可以先求他的两个解 y_1，y_2，且 y_1 和 y_2 线性无关，这样就可得方程的通解为 $y = C_1 y_1(x) + C_2 y_2(x)$. 要如何求出二阶线性齐次方程的两个线性无关的特解呢？通过观察二阶线性齐次方程结构，要使未知函数与它的导数、二阶导数之间只相差常数倍，则它们是同一类函数. 由前面的知识可得，只有指数函数才具有这种性质，可设特解为指数函数 $y = e^{rx}$.

对 $y = e^{rx}$ 求导得

$$y' = re^{rx}, \quad y'' = r^2 e^{rx}$$

把 y''、y' 和 y 代入方程 $y'' + py' + qy = 0$ 中，得

$$e^{rx}(r^2 + pr + q) = 0$$

由于 $e^{rx} \neq 0$，即

$$r^2 + pr + q = 0. \tag{4-4-3}$$

由此可见，只要求出方程（4-4-3）的根，函数 $y = e^{rx}$ 就一定是方程（4-4-2）的解. 这样问题就转化为求解一个一元二次方程根的问题.

我们把代数方程 $r^2 + pr + q = 0$ 称为微分方程 $y'' + py' + qy = 0$ 的**特征方程**，而特征方程的两个根 r_1，r_2 称为**特征根**.

特征方程是一个一元二次方程，其中，r^2、r 的系数即常数项正好依次是方程（4-4-2）中 y''、y' 及 y 的系数. 根据一元二次方程根的求解情况，可分为下列三种不同的情形.

（1）当 $p^2 - 4p > 0$ 时，r_1，r_2 是两个不相等的实根.

由于 $r_1 \neq r_2$，可得 $y_1(x) = e^{r_1 x}$，$y_2(x) = e^{r_2 x}$ 是方程（4-4-2）的两个特解，而 $\dfrac{y_2(x)}{y_1(x)} = e^{(r_1 - r_2)x} \neq$ 常数，即它们线性无关. 由定理 4-4-1，方程（4-4-2）的通解为

$$y = C_1 e^{r_1 x} + C_2 e^{r_2 x}.$$

【例 4-4-1】 求微分方程 $y'' - 2y' - 10y = 0$ 的通解.

解 特征方程为

$$r^2 - 2r - 10 = 0.$$

其特征根为

$$r_1 = -2, \quad r_2 = 5.$$

所以方程的通解为

$$y = C_1 e^{-2x} + C_2 e^{5x}.$$

【例 4-4-2】 求微分方程 $y'' - y' = 0$ 的通解.

解　特征方程为

$$r^2 - r = 0.$$

其特征根为

$$r_1 = 0, \ r_2 = 1.$$

所以方程的通解为

$$y = C_1 + C_2 e^x.$$

（2）当 $p^2 - 4p = 0$ 时，r_1，r_2 是两个相等的实根.

由于 $r_1 = r_2$，这样只得到方程（4 - 4 - 2）的一个特解 $y_1(x) = e^{r_1 x}$，那么还需要求出另一个与 $y_1(x)$ 线性无关的特解 $y_2(x)$. 设 $\dfrac{y_2(x)}{y_1(x)} = u(x) \neq$ 常数，则 $y_2(x) = u(x) y_1(x)$，其中，$u(x)$ 为待定函数.

将 $y_2(x) = u(x) y_1(x) = u(x) e^{r_1 x}$ 代入方程（4 - 4 - 2）中，得

$$[u(x) e^{r_1 x}]'' + p[u(x) e^{r_1 x}]' + qu(x) e^{r_1 x} = 0,$$

即

$$e^{r_1 x}[u''(x) + (2r_1 + p)u'(x) + (r_1^2 + pr_1 + q)u(x)] = 0.$$

因为 r_1 是特征方程 $r^2 + pr + q = 0$ 的二重根，所以 $r_1^2 + pr_1 + q = 0$ 且 $2r_1 + p = 0$，而 $e^{r_1 x} \neq 0$，即

$$u''(x) = 0.$$

解得

$$u(x) = C_1 + C_2 x.$$

这样满足条件的 $u(x)$ 有无穷多个，我们这里取其中一个最简单的且不为常数的 $u(x) = x$，可得到方程（4 - 4 - 2）的另一特解为 $y_2(x) = xe^{r_1 x}$.

从而方程（4 - 4 - 2）的通解为

$$y = (C_1 + C_2 x) e^{r_1 x}.$$

【例 4 - 4 - 3】 求微分方程 $y'' - 6y' + 9y = 0$ 的通解.

解　特征方程为

$$r^2 - 6r + 9 = 0,$$

其特征根为

$$r_1 = r_2 = 3.$$

所以方程的通解为

$$y = (C_1 + C_2 x) e^{3x}.$$

上面两种都是特征方程有两个实根的情况，还有一种情况 $\Delta < 0$，这时方程有一对共轭复根.

（3）当 $p^2 - 4p < 0$ 时，$r_1 = \alpha + i\beta$，$r_2 = \alpha - i\beta$，$(\beta > 0)$ 是一对共轭复根. 其中，$\alpha = -\dfrac{p}{2}$，$\beta = \dfrac{\sqrt{4q - p^2}}{2}$.

由于 $\dfrac{e^{r_1 x}}{e^{r_2 x}} = e^{i 2\beta x} \neq$ 常数，故 $y_1(x) = e^{r_1 x} = e^{(\alpha + i\beta)x}$，$y_2(x) = e^{r_2 x} = e^{(\alpha - i\beta)x}$ 可作方程

（4-4-2）的两个线性无关的特解，但由于这两个特解中含有复数，不便于应用. 为了得到方程（4-4-2）的不含有复数的解，利用欧拉公式

$$e^{i\theta} = \cos\theta + i\sin\theta$$

把 $y_1(x)$ 和 $y_2(x)$ 改写为

$$y_1(x) = e^{r_1 x} = e^{(\alpha + i\beta)x} = e^{\alpha x} e^{i\beta x} = e^{\alpha x}(\cos\beta x + i\sin\beta x);$$

$$y_2(x) = e^{r_2 x} = e^{(\alpha - i\beta)x} = e^{\alpha x} e^{-i\beta x} = e^{\alpha x}(\cos\beta x - i\sin\beta x).$$

利用定理 4-4-1，可得微分方程（4-4-2）的两个解

$$\overline{y}_1(x) = \frac{1}{2}[y_1(x) + y_2(x)] = e^{\alpha x}\cos\beta x;$$

$$\overline{y}_2(x) = \frac{1}{2i}[y_1(x) - y_2(x)] = e^{\alpha x}\sin\beta x.$$

而且 $\overline{y}_1(x)$ 与 $\overline{y}_2(x)$ 线性无关，所以，微分方程（4-4-2）的通解为

$$y = C_1\overline{y}_1(x) + C_2\overline{y}_2(x) = e^{\alpha x}(C_1\cos\beta x + C_2\sin\beta x).$$

由上面讨论我们可以得出，求解二阶常系数齐次线性微分方程的步骤如下.

第一步，写出微分方程的特征方程

$$r^2 + pr + q = 0.$$

第二步，求出特征方程的特征根 r_1，r_2.

第三步，根据 r_1，r_2 的三种不同情况，按下表写出方程的通解.

表 4-1

特征方程 $r^2 + pr + q = 0$ 的两个根	方程 $y'' + py' + qy = 0$ 的通解
两个相异实根 $r_1 \neq r_2$	$y = C_1 e^{r_1 x} + C_2 e^{r_2 x}$
两个相等实根 $r_1 = r_2$	$y = (C_1 + C_2 x) e^{r_1 x}$
一对共轭复根 $r_{1,2} = \alpha \pm i\beta$	$y = e^{\alpha x}(C_1\cos\beta x + C_2\sin\beta x)$

【例 4-4-4】 求微分方程 $y'' + 2y' + 6y = 0$ 的通解.

解 特征方程为

$$r^2 + 2r + 6 = 0.$$

其特征根为

$$r_{1,2} = -1 \pm \sqrt{5}\,i，\quad (\alpha = -1，\beta = \sqrt{5}).$$

所以方程的通解为

$$y = e^{-x}(C_1\cos\sqrt{5}\,x + C_2\sin\sqrt{5}\,x).$$

4.4.2　二阶常系数非齐次线性微分方程

在 4.2 节我们得到，一阶非齐次线性微分方程的通解由两部分构成：一部分是对

应的齐次方程的通解，另一部分是非齐次方程本身的一个特解．这样的结构同样适用于二阶以上的非齐次微分方程．下面我们给出二阶常系数非齐次微分方程解的结构．

定理 4 - 4 - 2　设 $y^*(x)$ 是非齐次线性微分方程（4 - 4 - 1）的一个特解，$Y(x)$ 是与方程（4 - 4 - 1）对应的齐次方程（4 - 4 - 2）的通解，则 $y = Y(x) + y^*(x)$ 是非齐次线性微分方程（4 - 4 - 1）的通解．

证明　因为 $y^*(x)$ 是非齐次线性微分方程（4 - 4 - 1）的解，故有

$$y^{*\prime\prime}(x) + py^{*\prime}(x) + qy^*(x) = f(x).$$

又因为 Y 是齐次线性微分方程（4 - 4 - 2）的解，故有

$$Y''(x) + pY'(x) + qY(x) = 0.$$

因此

$$\left[Y(x) + y^*(x)\right]'' + p\left[Y(x) + y^*(x)\right]' + q\left[Y(x) + y^*(x)\right]$$
$$= \left[Y''(x) + pY'(x) + qY(x)\right] + \left[y^{*\prime\prime}(x) + py^{*\prime}(x) + qy^*(x)\right]$$
$$= 0 + f(x) \equiv f(x).$$

由于 $Y(x)$ 中含有两个独立的任意常数，可知 $y = Y(x) + y^*(x)$ 是非齐次方程（4 - 4 - 1）的通解．

根据定理 4 - 4 - 2 可知，求方程（4 - 4 - 1）的通解时，可先求出它对应的线性齐次方程（4 - 4 - 2）的通解 Y 和方程（4 - 4 - 1）的一个特解 $y^*(x)$，再相加便可得方程（4 - 4 - 1）的通解．Y 的求法我们前面已经讨论，所以只要会求线性非齐次微分方程（4 - 4 - 1）的一个特解，那问题就解决了．

二阶常系数非线性齐次微分方程的 $f(x)$ 形式的多样性，下面仅就 $f(x)$ 的两种常见形式进行讨论．

（1）$f(x) = P_n(x)e^{\lambda x}$（其中 λ 是常数，$P_n(x)$ 是 x 的一个 n 次多项式）

方程（4 - 4 - 1）成为 $y'' + py' + qy = P_n(x)e^{\lambda x}$　　　　　　　　　　　（4 - 4 - 4）

$f(x)$ 是多项式 $P_n(x)$ 与指数函数 $e^{\lambda x}$ 的乘积，而多项式与指数函数的导数仍是同一类函数．我们可设想方程（4 - 4 - 4）的特解为 $y^*(x) = Q(x)e^{\lambda x}$（$Q(x)$ 为 x 的未知多项式）．

对 y^* 求导，得

$$y^{*\prime}(x) = Q'(x)e^{\lambda x} + \lambda Q(x)e^{\lambda x};$$
$$y^{*\prime\prime}(x) = Q''(x)e^{\lambda x} + 2\lambda Q'(x)e^{\lambda x} + \lambda^2 Q(x)e^{\lambda x}.$$

代入方程，消去 $e^{\lambda x}$，得

$$Q''(x) + (2\lambda + p)Q'(x) + (\lambda^2 + p\lambda + q)Q(x) = P_n(x).$$　　　（4 - 4 - 5）

上式两端都是 x 的多项式且相等，左边的 $Q(x)$ 的次数是最高的，等式两边相等，方程左端的最高次数应等于右边多项式的最高次数 n．由于多项式求导一次就降幂一次，故分以下三种情形进行讨论．

① 当 $\lambda^2 + p\lambda + q \neq 0$ 时，即 λ 不是其线性齐次方程的特征方程 $r^2 + pr + q = 0$ 的特征

根，由式（4 - 4 - 5）可知，$Q(x)$ 的次数应和 $P_n(x)$ 的次数 n 相同.

②当 $\lambda^2 + p\lambda + q = 0$，但 $2\lambda + p \neq 0$ 时，即 λ 是特征方程 $r^2 + pr + q = 0$ 的特征单根，式（4 - 4 - 5）左端的次数由 $Q'(x)$ 决定，所以 $Q(x)$ 应为 $n + 1$ 次多项式.

③当 $\lambda^2 + p\lambda + q = 0$ 且 $2\lambda + p = 0$ 时，即 λ 是特征方程 $r^2 + pr + q = 0$ 的特征重根时，式（4 - 4 - 5）变为 $Q''(x) = P_n(x)$，这表明 $Q''(x)$ 的次数应与右端的次数相同，说明 $Q(x)$ 应为 $n + 2$ 次多项式.

综上所述，对于方程（4 - 4 - 4），可设特解为 $y^* = x^k Q_n(x) e^{\lambda x}$. 其中，$Q_n(x)$ 是与 $P_n(x)$ 同次的多项式，其系数待定，而

$$k = \begin{cases} 0, & \lambda \text{ 不是特征根}, \\ 1, & \lambda \text{ 是特征单根}, \\ 2, & \lambda \text{ 是特征重根}. \end{cases}$$

【例 4 - 4 - 5】 求微分方程 $y'' - y' - 2y = x e^x$ 的一个特解.

解 因为 $f(x) = x e^x$，则 $\lambda = 1$ 不是特征方程的特征根，所以，取 $k = 0$.

设方程的一个特解为

$$y^*(x) = (Ax + B) e^x.$$

求导数，得

$$y^{*\prime}(x) = [Ax + (A + B)] e^x,$$
$$y^{*\prime\prime}(x) = [Ax + (2A + B)] e^x,$$

代入原方程，消去 $e^x \neq 0$，即

$$-2Ax + (A - 2B) = x,$$

比较同次项系数，有

$$\begin{cases} -2A = 1, \\ A - 2B = 0. \end{cases}$$

解得

$$\begin{cases} A = -\dfrac{1}{2}, \\ B = -\dfrac{1}{4}. \end{cases}$$

所以原方程的一个特解为

$$y^*(x) = \left(-\frac{1}{2}x - \frac{1}{4} \right) e^x.$$

【例 4 - 4 - 6】 求微分方程 $y'' + 2y' = 3x^2$ 的一个特解.

解 因为 $f(x) = 3x^2 = 3x^2 e^{0x}$，则 $\lambda = 0$ 是特征方程 $r^2 + 2r = 0$ 的特征单根，所以，取 $k = 1$. 设方程的一个特解为

$$y^*(x) = x(Ax^2 + Bx + C).$$

求导数，得

$$y^{*\prime}(x) = 3Ax^2 + 2Bx + C,$$

$$y^{*\prime\prime}(x) = 6Ax + 2B,$$

代入原方程整理，得

$$6Ax^2 + (6A + 4B)x + 2B + 2C = 3x^2,$$

比较同次项系数，有

$$\begin{cases} 6A = 3, \\ 6A + 4B = 0, \\ 2B + 2C = 0. \end{cases}$$

解得

$$\begin{cases} A = \dfrac{1}{2}, \\ B = -\dfrac{3}{4}, \\ C = \dfrac{3}{4}. \end{cases}$$

所以原方程的一个特解为

$$y^{*}(x) = \frac{1}{2}x^3 - \frac{3}{4}x^2 + \frac{3}{4}x.$$

【例 4 – 4 – 7】求微分方程 $y'' - 5y' + 6y = xe^{2x}$ 的通解.

解　对应齐次方程为

$$y'' - 5y' + 6y = 0,$$

其特征方程为

$$r^2 - 5r + 6 = 0,$$

特征根为 $r_1 = 2$，$r_2 = 3$，故对应齐次方程的通解为

$$Y(x) = C_1 e^{2x} + C_2 e^{3x}.$$

由于 $\lambda = 2$ 是特征方程的单根，所以，取 $k = 1$. 故设非齐次方程的特解为

$$y^{*}(x) = x(Ax + B)e^{2x},$$

求导数，得

$$y^{*\prime}(x) = [2Ax^2 + (2A + 2B)x + B]e^{2x},$$

$$y^{*\prime\prime}(x) = [4Ax^2 + (8A + 4B)x + 2A + 4B]e^{2x},$$

代入方程，消去 $e^{2x} \neq 0$，则有

$$-2Ax + 2A - B = x,$$

比较同次项系数，得

$$\begin{cases} -2A = 1, \\ 2A - B = 0. \end{cases}$$

解得

$$A = -\frac{1}{2}, \ B = -1,$$

即

$$y^*(x) = x\left(-\frac{1}{2}x - 1\right)e^{2x}.$$

这样原方程的通解为

$$y = Y(x) + y^*(x) = C_1 e^{2x} + C_2 e^{3x} + x\left(-\frac{1}{2}x - 1\right)e^{2x}.$$

（2）$f(x) = e^{\alpha x}[a\cos\beta x + b\sin\beta x].$

此时方程为

$$y'' + py' + qy = e^{\alpha x}[a\cos\beta x + b\sin\beta x]. \tag{4-4-6}$$

由于指数函数 $e^{\alpha x}$ 的各阶导数仍是指数函数，正弦函数和余弦函数的各阶导数也总是正弦函数或余弦函数，因此方程的特解也应属于同一类型函数的乘积，我们设它的特解为：

$$y^* = x^k e^{\alpha x}(A\cos\beta x + B\sin\beta x).$$

其中，A，B 为待定的常数，而

$$k = \begin{cases} 0, & \alpha \pm i\beta \ \text{不是相应的齐次方程的特征根}, \\ 1, & \alpha \pm i\beta \ \text{是相应的齐次方程的特征根}. \end{cases}$$

【例 4-4-8】 求微分方程 $y'' - y' - 6y = 10\sin x$ 的一个特解.

解 由于 $\alpha = 0$，$\beta = 1$，$\alpha \pm i\beta = \pm i$ 不是特征方程 $r^2 - r - 6 = 0$ 的特征根，所以，取 $k = 0$. 故设方程的一个特解为

$$y^* = A\cos x + B\sin x,$$

求导数，得

$$y^{*\prime} = -A\sin x + B\cos x,$$

$$y^{*\prime\prime} = -A\cos x - B\sin x,$$

代入微分方程，得

$$(-7A - B)\cos x + (A - 7B)\sin x = 10\sin x,$$

比较同类项系数，得

$$\begin{cases} -7A - B = 0, \\ A - 7B = 10. \end{cases}$$

解得

$$\begin{cases} A = \frac{1}{5}, \\ B = -\frac{7}{5}. \end{cases}$$

所以原方程的一个特解为

$$y^* = \frac{1}{5}\cos x - \frac{7}{5}\sin x.$$

【例 4 – 4 – 9】解初值问题

$$\begin{cases} y'' + y = 2\cos x, \\ y \mid _{x=0} = 1, \\ y' \mid _{x=0} = 0. \end{cases}$$

解　方程所对应的齐次方程为

$$y'' + y = 0,$$

特征方程为

$$r^2 + 1 = 0,$$

特征根为

$$r = \pm i.$$

则对应齐次方程的通解为

$$Y = C_1\cos x + C_2\sin x.$$

在方程 $y'' + y = 2\cos x$ 中，$\alpha = 0$，$\beta = 1$，$\alpha \pm i\beta = \pm i$ 是特征方程 $r^2 + 1 = 0$ 的特征根，所以，取 $k = 1$. 设原方程的一个特解为

$$y^* = x\ (A\cos x + B\sin x).$$

求导数，得

$$y^{*}{}' = A\cos x + B\sin x + x(-A\sin x + B\cos x).$$

$$y^{*}{}'' = -2A\sin x - Bx\sin x + 2B\cos x - Ax\cos x.$$

代入微分方程，得

$$-2A\sin x + 2B\cos x = 2\cos x.$$

比较同类项系数，得

$$\begin{cases} -2A = 0, \\ 2B = 1. \end{cases}$$

解得

$$\begin{cases} A = 0, \\ B = 1. \end{cases}$$

即原方程的特解为

$$y^* = x\sin x.$$

从而原方程的通解为

$$y = Y + y^* = C_1\cos x + C_2\sin x + x\sin x.$$

将初始条件代入 y 及 y' 中，得

$$C_1 = 1, \ C_2 = 0.$$

故此初值问题的解为

$y = \cos x + x \sin x.$

习题 4－4

1. 求下列微分方程的通解.

（1）$y'' + 5y' - 6y = 0$；

（2）$\dfrac{\mathrm{d}^2 s}{\mathrm{d}t^2} - 6\dfrac{\mathrm{d}s}{\mathrm{d}t} = 0$；

（3）$y'' + 6y' + 9y = 0$；

（4）$y'' - 4y' + 4y = 0$；

（5）$y'' + 2y' + 2y = 0$；

（6）$y'' + 5y = 0$.

2. 求下列微分方程的特解.

（1）$\begin{cases} y'' - 5y' - 6y = 0, \\ y(0) = 6, \\ y'(0) = 1. \end{cases}$

（2）$\begin{cases} y'' + 4y = 0, \\ y(0) = 0, \\ y'(0) = 2. \end{cases}$

3. 已知特征方程的根为下面的形式，试写出相应的二阶齐次方程和它们的通解.

（1）$r_1 = 2$，$r_2 = 1$；

（2）$r_1 = r_2 = 4$；

（3）$r_1 = -1 + 4i$，$r_2 = -1 - 4i$.

4. 求下列微分方程的一个特解.

（1）$y'' - y' - 2y = x^2 + 1$；

（2）$y'' + y' + 2y = (8x + 13)e^{2x}$；

（3）$y'' - y' = e^x$；

（4）$y'' + 4y' + 4y = 4e^{2x}$；

（5）$y'' + y' - 2y = \sin x$；

（6）$y'' + \omega^2 y = \cos\omega x$.

*5. 一质量为 m 的物体从水面由静止状态开始下降，所受阻力与下降速度成正比（比例系数为 $k > 0$），求物体下降深度与时间 t 的函数关系.

第5章 空间解析几何与向量代数

在平面解析几何中，通过坐标法把平面上的点与一对有序的数对应起来，把平面上的图形和方程对应起来，从而用代数的方法来研究几何问题. 空间解析几何也是按照类似的方法建立起来的. 本章先引入向量的概念，根据向量的线性运算建立空间直角坐标系，然后利用坐标讨论向量的运算，并介绍空间解析几何的有关内容，主要包括平面、直线、空间曲面、曲线及它们的方程表示.

5.1 向量及其线性运算

5.1.1 向量概念

在研究物理学以及其他应用科学时，经常会遇到这样一类量，它们既有大小，又有方向，例如力、力矩、位移、速度、加速度等，这一类量叫作**向量**（或**矢量**）.

在数学上，用一条有方向的线段（称为有向线段）来表示向量. 有向线段的长度表示向量的大小，有向线段的方向表示向量的方向. 以 A 为起点、B 为终点的有向线段所表示的向量记作 $\overrightarrow{AB}$. 有时用黑体字母表示，也可用上加箭头书写体字母表示，例如 a、r、v、F 或 $\vec{a}$、$\vec{r}$、$\vec{v}$、$\vec{F}$ 等.

由于一切向量的共性是它们都有大小和方向，所以在数学上我们只研究与起点无关的向量，并称这种向量为**自由向量**，简称**向量**. 因此，如果向量 a 和 b 的大小相等，且方向相同，则说向量 a 和 b 是**相等的**，记为 $a = b$. 相等的向量经过平移后可以完全重合.

向量的大小叫作向量的**模**. 向量 a、$\vec{a}$、$\overrightarrow{AB}$ 的模分别记为 $|a|$、$|\vec{a}|$、$|\overrightarrow{AB}|$. 模等于 1 的向量叫作**单位向量**. 模等于 0 的向量叫作**零向量**，记作 $\mathbf{0}$ 或 $\vec{0}$. 零向量的起点与终点重合，它的方向可以看作任意的.

向量 a 和 b 的**夹角**记作 $(\widehat{a,b})$ 或 $(\widehat{b,a})$（设 $\varphi = (\widehat{a,b})$，则 $0 \leqslant \varphi \leqslant \pi$）.

两个非零向量如果它们的方向相同或相反，就称这两个向量**平行**. 向量 a 与 b 平行，记作 $a//b$，则有 $(a\hat{,}b)=0$．零向量认为是与任何向量都平行．若 $(a\hat{,}b)=\dfrac{\pi}{2}$，则称这两个向量**垂直**．

当两个平行向量的起点放在同一点时，它们的终点和公共的起点在一条直线上．因此，两向量平行又称两向量**共线**．

类似还有共面的概念．设有 k（$k\geqslant 3$）个向量，当把它们的起点放在同一点时，如果 k 个终点和公共起点在一个平面上，就称这 k 个向量**共面**．

5.1.2　向量的线性运算

5.1.2.1　向量的加减法

向量的加法运算规定如下：

设有两个向量 a 与 b，平移向量使 b 的起点与 a 的终点重合，此时从 a 的起点到 b 的终点的向量 c 称为向量 a 与 b 的和，记作 $a+b$，即 $c=a+b$（见图 5 - 1）．

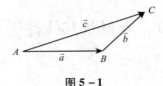

图 5 - 1

上述作出两向量之和的方法叫作向量加法的**三角形法则**．

另外，我们还有向量相加的**平行四边形法则**．

这就是：当向量 a 与 b 不平行时，平移向量使 a 与 b 的起点重合，以 a、b 为邻边作一平行四边形，从公共起点到对角的向量等于向量 a 与 b 的和 $a+b$（见图 5 - 2）．

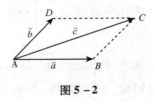

图 5 - 2

向量的加法满足下列运算规律：

（1）交换律　$a+b=b+a$；

（2）结合律　$(a+b)+c=a+(b+c)$．

由于向量的加法符合交换律与结合律，故 n 个向量 $a_1,a_2,\cdots,a_n$（$n\geqslant 3$）相加可写成：

$$a_1+a_2+\cdots+a_n.$$

这 n 个向量相加也可适用于向量相加的三角形法则，即用前一向量的终点作为次一向量的起点，相继作向量 $a_1, a_2, \cdots, a_n$，再以第一向量的起点为起点，以最后一向量的终点为终点作一向量，这个向量即为所求的和.

设 a 为一向量，与 a 的模相同而方向相反的向量叫作 a 的**负向量**，记为 $-a$（见图 5 – 3）.

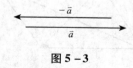

图 5 – 3

我们规定两个向量 b 与 a 的**差**为

$$b - a = b + (-a).$$

即把向量 $-a$ 加到向量 b 上，便得 b 与 a 的差 $b - a$（见图 5 – 4）.

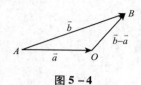

图 5 – 4

特别地，当 $b = a$ 时，有

$$a - a = a + (-a) = 0.$$

显然，任给向量 $\overrightarrow{AB}$ 及点 O，有

$$\overrightarrow{AB} = \overrightarrow{AO} + \overrightarrow{OB} = \overrightarrow{OB} - \overrightarrow{OA}.$$

因此，若把向量 a 与 b 移到同一起点 O，则从 a 的终点 A 向 b 的终点 B 所引向量 $\overrightarrow{AB}$ 便是向量 b 与 a 的差 $b - a$.

由三角形两边之和大于第三边的原理，有

$$|a + b| \leqslant |a| + |b| \quad \text{及} \quad |a - b| \leqslant |a| + |b|,$$

其中，等号在 b 与 a 同向或反向时成立.

5.1.2.2　向量与数的乘法

向量 a 与实数 λ 的乘积记作 λa，规定 λa 是一个向量，它的模 $|\lambda a| = |\lambda| |a|$，它的方向当 $\lambda > 0$ 时与 a 相同，当 $\lambda < 0$ 时与 a 相反.

当 $\lambda = 0$ 时，$|\lambda a| = 0$，即 λa 为零向量，这时它的方向可以是任意的.

特别地，当 $\lambda = \pm 1$ 时，有

$$1a = a, (-1)a = -a.$$

向量与数的乘积满足下列运算规律：

（1）结合律　$\lambda(\mu a) = \mu(\lambda a) = (\lambda \mu)a$；

（2）分配律　$(\lambda + \mu)a = \lambda a + \mu a$；$\lambda(a + b) = \lambda a + \lambda b$.

【例 5 – 1 – 1】 在平行四边形 $ABCD$ 中，设 $\overrightarrow{AB} = \boldsymbol{a}$，$\overrightarrow{AD} = \boldsymbol{b}$. 试用 $\boldsymbol{a}$ 和 $\boldsymbol{b}$ 表示向量 $\overrightarrow{MA}$、$\overrightarrow{MB}$、$\overrightarrow{MC}$、$\overrightarrow{DM}$，其中 M 是平行四边形对角线的交点（见图 5 – 5）.

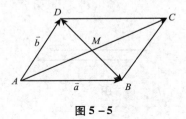

图 5 – 5

解 由于平行四边形的对角线互相平分，所以

$$\boldsymbol{a} + \boldsymbol{b} = \overrightarrow{AC} = 2\overrightarrow{AM} = -2\overrightarrow{MA},$$

于是

$$\overrightarrow{MA} = -\frac{1}{2}(\boldsymbol{a} + \boldsymbol{b});$$

$$\overrightarrow{MC} = -\overrightarrow{MA} = \frac{1}{2}(\boldsymbol{a} + \boldsymbol{b}).$$

因为

$$-\boldsymbol{b} + \boldsymbol{a} = \overrightarrow{DB} = 2\overrightarrow{DM}，\text{所以} \overrightarrow{DM} = \frac{1}{2}(\boldsymbol{a} - \boldsymbol{b})；\overrightarrow{MB} = \overrightarrow{DM} = \frac{1}{2}(\boldsymbol{a} - \boldsymbol{b}).$$

已知：模等于 1 的向量叫作单位向量. 设 $\boldsymbol{a} \neq \boldsymbol{0}$，则向量 $\dfrac{\boldsymbol{a}}{|\boldsymbol{a}|}$ 是与 $\boldsymbol{a}$ 同方向的单位向量，记为 $\boldsymbol{e}_a$. 即 $\boldsymbol{e}_a = \dfrac{\boldsymbol{a}}{|\boldsymbol{a}|}$. 于是 $\boldsymbol{a} = |\boldsymbol{a}|\boldsymbol{e}_a$.

定理 5 – 1 – 1 设向量 $\boldsymbol{a} \neq \boldsymbol{0}$，那么，向量 $\boldsymbol{b}$ 平行于 $\boldsymbol{a}$ 的充分必要条件是：存在唯一的实数 λ，使 $\boldsymbol{b} = \lambda \boldsymbol{a}$.

证 条件的充分性是显然的，下面证明条件的必要性.

设 $\boldsymbol{b} /\!/ \boldsymbol{a}$，取 $|\lambda| = \dfrac{|\boldsymbol{b}|}{|\boldsymbol{a}|}$，当 $\boldsymbol{b}$ 与 $\boldsymbol{a}$ 同向时 λ 取正值，当 $\boldsymbol{b}$ 与 $\boldsymbol{a}$ 反向时 λ 取负值，即 $\boldsymbol{b} = \lambda \boldsymbol{a}$. 这是因为此时 $\boldsymbol{b}$ 与 $\lambda \boldsymbol{a}$ 同向，且

$$|\lambda \boldsymbol{a}| = |\lambda| |\boldsymbol{a}| = \frac{|\boldsymbol{b}|}{|\boldsymbol{a}|} |\boldsymbol{a}| = |\boldsymbol{b}|.$$

再证明数 λ 的唯一性. 设 $\boldsymbol{b} = \lambda \boldsymbol{a}$，又设 $\boldsymbol{b} = \mu \boldsymbol{a}$，两式相减，便得

$(\lambda - \mu)\boldsymbol{a} = \boldsymbol{0}$，即 $|\lambda - \mu| |\boldsymbol{a}| = 0$.

因 $|\boldsymbol{a}| \neq 0$，故 $|\lambda - \mu| = 0$，即 $\lambda = \mu$.

定理证毕.

由定理 5 – 1 – 1，我们知道，给定一个点及一个单位向量就确定了一条数轴. 设点 O 及单位向量 $\boldsymbol{i}$ 确定了数轴 Ox，对于轴上任一点 P，对应一个向量 $\overrightarrow{OP}$，由 $\overrightarrow{OP} /\!/ \boldsymbol{i}$，根

据定理 5 - 1 - 1，必有唯一的实数 x，使 $\overrightarrow{OP} = x\boldsymbol{i}$（实数 x 叫作轴上**有向线段** $\overrightarrow{OP}$ **的值**），并知 $\overrightarrow{OP}$ 与实数 x 一一对应.

于是

点 $P \leftrightarrow$ 向量 $\overrightarrow{OP} = x\boldsymbol{i} \leftrightarrow$ 实数 x，

从而轴上的点 P 与实数 x 有一一对应的关系. 据此，定义实数 x 为轴上点 P 的坐标.

由此可知，轴上点 P 的坐标为 x 的充分必要条件是

$$\overrightarrow{OP} = x\boldsymbol{i}.$$

5.1.3   空间直角坐标系

在空间取定一点 O 和三个两两垂直的单位向量 $\boldsymbol{i}$、$\boldsymbol{j}$、$\boldsymbol{k}$，就确定了三条都以 O 为原点的两两垂直的数轴，依次记为 x 轴（横轴）、y 轴（纵轴）、z 轴（竖轴），统称为**坐标轴**. 它们构成一个空间直角坐标系，称为 $Oxyz$ 坐标系（见图 5 - 6）. 通常把 x 轴和 y 轴配置在水平面上，而 z 轴则是铅垂线；它们的正向通常符合右手规则，即以右手握住 z 轴，当右手的四个手指从正向 x 轴以 $\dfrac{\pi}{2}$ 角度转向正向 y 轴时，大拇指的指向就是 z 轴的正向（见图 5 - 7）.

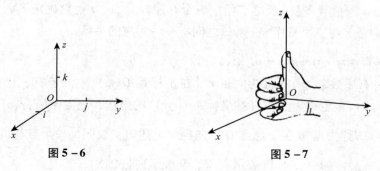

图 5 - 6   图 5 - 7

在空间直角坐标系中，任意两个坐标轴可以确定一个平面，这种平面称为**坐标面**. 由 x 轴及 y 轴所确定的坐标面叫作 xOy 面，另两个由 y 轴及 z 轴所确定的坐标面和由 z 轴及 x 轴所确定的坐标面，分别叫作 yOz 面和 zOx 面.

三个坐标面把空间分成八个部分，每一部分叫作卦限，含有三个正半轴的卦限叫作第一卦限，它位于 xOy 面的上方. 在 xOy 面的上方按逆时针方向排列着第二卦限、第三卦限和第四卦限. 在 xOy 的下方，与第一卦限对应的是第五卦限，按逆时针方向还排列着第六卦限、第七卦限和第八卦限. 八个卦限分别用字母 Ⅰ、Ⅱ、Ⅲ、Ⅳ、Ⅴ、Ⅵ、Ⅶ、Ⅷ 表示（见图 5 - 8）.

任给向量 $\boldsymbol{r}$，对应有点 M，使 $\overrightarrow{OM} = \boldsymbol{r}$，以 OM 为对角线、三条坐标轴为棱作长方体（见图 5 - 9），有

$$\boldsymbol{r} = \overrightarrow{OM} = \overrightarrow{OP} + \overrightarrow{PN} + \overrightarrow{NM} = \overrightarrow{OP} + \overrightarrow{OQ} + \overrightarrow{OR}.$$

设 $\overrightarrow{OP} = x\boldsymbol{i}$，$\overrightarrow{OQ} = y\boldsymbol{j}$，$\overrightarrow{OR} = z\boldsymbol{k}$，则：

$$\boldsymbol{r} = \overrightarrow{OM} = x\boldsymbol{i} + y\boldsymbol{j} + z\boldsymbol{k}.$$

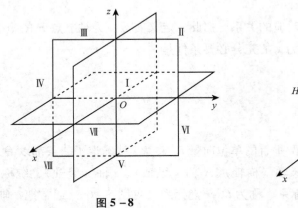
图 5 – 8

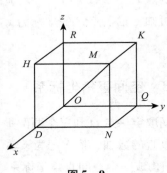
图 5 – 9

上式称为向量 $\boldsymbol{r}$ 的坐标分解式，$x\boldsymbol{i}$、$y\boldsymbol{j}$、$z\boldsymbol{k}$ 称为向量 $\boldsymbol{r}$ 沿三个坐标轴方向的分向量．

显然，给定向量 $\boldsymbol{r}$，就确定了点 M 及 $\overrightarrow{OP} = x\boldsymbol{i}$，$\overrightarrow{OQ} = y\boldsymbol{j}$，$\overrightarrow{OR} = z\boldsymbol{k}$ 三个分向量，进而确定了 x、y、z 三个有序数；反之，给定三个有序数 x、y、z 也就确定了向量 $\boldsymbol{r}$ 与点 M．于是点 M、向量 $\boldsymbol{r}$ 与三个有序 x、y、z 之间有一一对应的关系：

$$M \leftrightarrow \boldsymbol{r} = \overrightarrow{OM} = x\boldsymbol{i} + y\boldsymbol{j} + z\boldsymbol{k} \leftrightarrow (x, y, z).$$

据此，定义：有序数 x、y、z 称为向量 $\boldsymbol{r}$（在坐标系 $Oxyz$）中的坐标，记作 $\boldsymbol{r} = (x, y, z)$；有序数 x、y、z 也称为点 M（在坐标系 $Oxyz$）的**坐标**，记为 $M(x, y, z)$．

向量 $\boldsymbol{r} = \overrightarrow{OM}$ 称为点 M 关于原点 O 的**向径**．上述定义表明，一个点与该点的向径有相同的坐标．记号 (x, y, z) 既表示点 M，又表示向量 $\overrightarrow{OM}$．

坐标面上和坐标轴上的点，其坐标各有一定的特征．例如：点 M 在 yOz 面上，则 $x = 0$；同样，在 zOx 面上的点，$y = 0$；在 xOy 面上的点，$z = 0$. 如果点 M 在 x 轴上，则 $y = z = 0$；同样，在 y 轴上，有 $z = x = 0$；在 z 轴上的点，有 $x = y = 0$. 如果点 M 为原点，则 $x = y = z = 0$.

5.1.4　利用坐标作向量的线性运算

利用向量的坐标，可得向量的一些运算如下：

设 $\boldsymbol{a} = (a_x, a_y, a_z)$，$\boldsymbol{b} = (b_x, b_y, b_z)$. 即：

$$\boldsymbol{a} = a_x\boldsymbol{i} + a_y\boldsymbol{j} + a_z\boldsymbol{k}, \quad \boldsymbol{b} = b_x\boldsymbol{i} + b_y\boldsymbol{j} + b_z\boldsymbol{k}.$$

则：

$$\begin{aligned}
\boldsymbol{a}+\boldsymbol{b} &= (a_x\boldsymbol{i}+a_y\boldsymbol{j}+a_z\boldsymbol{k})+(b_x\boldsymbol{i}+b_y\boldsymbol{j}+b_z\boldsymbol{k})=(a_x+b_x)\boldsymbol{i}+(a_y+b_y)\boldsymbol{j}+(a_z+b_z)\boldsymbol{k}\\
&= (a_x+b_x,a_y+b_y,a_z+b_z).
\end{aligned}$$

$$\begin{aligned}
\boldsymbol{a}-\boldsymbol{b} &= (a_x\boldsymbol{i}+a_y\boldsymbol{j}+a_z\boldsymbol{k})-(b_x\boldsymbol{i}+b_y\boldsymbol{j}+b_z\boldsymbol{k})=(a_x-b_x)\boldsymbol{i}+(a_y-b_y)\boldsymbol{j}+(a_z-b_z)\boldsymbol{k}\\
&= (a_x-b_x,a_y-b_y,a_z-b_z).
\end{aligned}$$

$$\begin{aligned}
\lambda\boldsymbol{a} &= \lambda(a_x\boldsymbol{i}+a_y\boldsymbol{j}+a_z\boldsymbol{k})=(\lambda a_x)\boldsymbol{i}+(\lambda a_y)\boldsymbol{j}+(\lambda a_z)\boldsymbol{k}\\
&= (\lambda a_x,\lambda a_y,\lambda a_z).
\end{aligned}$$

显然，对向量进行加、减及与数相乘的运算，只需对向量的各个坐标分别进行相应的数量运算即可。

由定理 $5-1-1$ 知，当 $\boldsymbol{a}=(a_x,a_y,a_z)\neq 0$，$\boldsymbol{b}=(b_x,b_y,b_z)$，向量 $\boldsymbol{b}/\!/\boldsymbol{a}$ 的充要条件是 $\boldsymbol{b}=\lambda\boldsymbol{a}$，用坐标表示为 $(b_x,b_y,b_z)=\lambda(a_x,a_y,a_z)$，这说明向量 $\boldsymbol{b}$ 与向量 $\boldsymbol{a}$ 对应的坐标成比例，即 $\dfrac{b_x}{a_x}=\dfrac{b_y}{a_y}=\dfrac{b_z}{a_z}$。

【例 $5-1-2$】已知两点 $P_1(x_1,y_1,z_1)$ 和 $P_2(x_2,y_2,z_2)$ 以及实数 $\lambda\neq -1$，在直线 P_1P_2 上求一点 P，使 $\overrightarrow{P_1P}=\lambda\,\overrightarrow{PP_2}$（见图 $5-10$）。

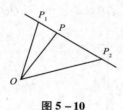

图 $5-10$

解法一　由于 $\overrightarrow{P_1P}=\overrightarrow{OP}-\overrightarrow{OP_1}$，$\overrightarrow{PP_2}=\overrightarrow{OP_2}-\overrightarrow{OP}$，
因此
$$\overrightarrow{OP}-\overrightarrow{OP_1}=\lambda(\overrightarrow{OP_2}-\overrightarrow{OP}),$$
从而
$$\begin{aligned}
\overrightarrow{OP} &= \frac{1}{1+\lambda}(\overrightarrow{OP_1}+\lambda\,\overrightarrow{OP_2})\\
&= \left(\frac{x_1+\lambda x_2}{1+\lambda},\frac{x_1+\lambda x_2}{1+\lambda},\frac{x_1+\lambda x_2}{1+\lambda}\right),
\end{aligned}$$
这就是点 P 的坐标。

解法二　设所求点为 $P(x,y,z)$，则 $\overrightarrow{P_1P}=(x-x_1,y-y_1,z-z_1)$，$\overrightarrow{PP_2}=(x_2-x,y_2-y,z_2-z)$。依题意有 $\overrightarrow{P_1P}=\lambda\,\overrightarrow{PP_2}$，即：
$$(x-x_1,y-y_1,z-z_1)=\lambda(x_2-x,y_2-y,z_2-z),$$
$$(x,y,z)-(x_1,y_1,z_1)=\lambda(x_2,y_2,z_2)-\lambda(x,y,z),$$
$$(x,y,z)=\frac{1}{1+\lambda}(x_1+\lambda x_2,y_1+\lambda y_2,z_1+\lambda z_2),$$

$$x = \frac{x_1 + \lambda x_2}{1 + \lambda}, y = \frac{y_1 + \lambda y_2}{1 + \lambda}, z = \frac{z_1 + \lambda z_2}{1 + \lambda}.$$

点 P 叫作有向线段 $\overrightarrow{P_1 P_2}$ 的**定比分点**. 当 $\lambda = 1$，点 P 的有向线段 $\overrightarrow{P_1 P_2}$ 的中点，其坐标为

$$x = \frac{x_1 + x_2}{2}, \quad y = \frac{y_1 + y_2}{2}, \quad z = \frac{z_1 + z_2}{2}.$$

5.1.5 向量的模、方向角、投影

5.1.5.1 向量的模与两点间的距离公式

设向量 $\boldsymbol{r} = (x, y, z)$，作 $\overrightarrow{OM} = \boldsymbol{r}$（如图 5-9），则

$$\boldsymbol{r} = \overrightarrow{OM} = \overrightarrow{OP} + \overrightarrow{OQ} + \overrightarrow{OR}.$$

按勾股定理可得

$$|\boldsymbol{r}| = |OM| = \sqrt{|OP|^2 + |OQ|^2 + |OR|^2},$$

设 $\overrightarrow{OP} = x\boldsymbol{i}$，$\overrightarrow{OQ} = y\boldsymbol{j}$，$\overrightarrow{OR} = z\boldsymbol{k}$，有 $|OP| = |x|$，$|OQ| = |y|$，$|OR| = |z|$，于是得向量模的坐标表示式

$$|\boldsymbol{r}| = \sqrt{x^2 + y^2 + z^2}.$$

设有点 $A(x_1, y_1, z_1)$、$B(x_2, y_2, z_2)$，则

$$\overrightarrow{AB} = \overrightarrow{OB} - \overrightarrow{OA} = (x_2, y_2, z_2) - (x_1, y_1, z_1) = (x_2 - x_1, y_2 - y_1, z_2 - z_1),$$

于是点 A 与点 B 间的距离为

$$|AB| = |\overrightarrow{AB}| = \sqrt{(x_2 - x_1)^2 + (y_2 - y_1)^2 + (z_2 - z_1)^2}.$$

【例 5-1-3】 设 P 在 y 轴上，它到 $P_1(1, 0, -1)$ 的距离为到点 $P_2(1, 0, 5)$ 的距离的一半，求点 P 的坐标.

解 因为 P 在 y 轴上，设 P 点坐标为 $(0, y, 0)$，则有

$$|PP_1| = \sqrt{1^2 + y^2 + 1^2} = \sqrt{y^2 + 2},$$

$$|PP_2| = \sqrt{1^2 + y^2 + 5^2} = \sqrt{y^2 + 26},$$

$$\because |PP_1| = \frac{1}{2}|PP_2|, \quad \therefore 2\sqrt{y^2 + 2} = \sqrt{y^2 + 26},$$

解得 $y = \pm\sqrt{6}$. 于是，所求点为：$(0, \sqrt{6}, 0)$，$(0, -\sqrt{6}, 0)$.

【例 5-1-4】 已知两点 $A(5, 0, 3)$ 和 $B(3, 1, 1)$，求 $\overrightarrow{AB}$、$|\overrightarrow{AB}|$ 及 $\overrightarrow{AB}$ 的单位向量 $\boldsymbol{e}_{AB}$.

解 因为

$$\overrightarrow{AB} = (3, 1, 1) - (5, 0, 3) = (-2, 1, -2),$$

$$|\overrightarrow{AB}| = \sqrt{(-2)^2 + 1^2 + (-2)^2} = 3,$$

所以

$$e_{AB} = \pm \frac{\overrightarrow{AB}}{|\overrightarrow{AB}|} = \pm \frac{1}{3}(-2,1,-2).$$

5.1.5.2　方向角与方向余弦

已知，当把两个非零向量 a 与 b 的起点放到同一点时，两个向量之间的不超过 π 的夹角称为向量 a 与 b 的夹角，记作 $(\widehat{a,b})$ 或 $(\widehat{b,a})$. 如果向量 a 与 b 中有一个是零向量，规定它们的夹角可以在 0 与 π 之间任意取值.

非零向量 r 与三条坐标轴的夹角 α、β、γ 称为向量 r 的**方向角**.

设 $r = (x,y,z)$，则：

$x = |r|\cos\alpha$，$y = |r|\cos\beta$，$z = |r|\cos\gamma$.

$\cos\alpha$、$\cos\beta$、$\cos\gamma$ 称为向量 r 的**方向余弦**，于是

$$\cos\alpha = \frac{x}{|r|}, \quad \cos\beta = \frac{y}{|r|}, \quad \cos\gamma = \frac{z}{|r|}.$$

从而

$$(\cos\alpha,\cos\beta,\cos\gamma) = \frac{1}{|r|}r = e_r.$$

上式表明，以向量 r 的方向余弦为坐标的向量就是与 r 同方向的单位向量 e_r. 因此

$$\cos^2\alpha + \cos^2\beta + \cos^2\gamma = 1.$$

【例 5 – 1 – 5】已知两点 $M_1(1,\sqrt{2},2)$，$M_2(2,0,1)$，计算向量 $\overrightarrow{M_1M_2}$ 的模、方向余弦和方向角.

解　由 $\overrightarrow{M_1M_2} = (2-1,0-\sqrt{2},1-2) = (1,-\sqrt{2},-1)$，得

$$|\overrightarrow{M_1M_2}| = \sqrt{1^2 + (-\sqrt{2})^2 + (-1)^2} = 2,$$

则 $\cos\alpha = \dfrac{1}{|\overrightarrow{M_1M_2}|} = \dfrac{1}{2}$，$\cos\beta = \dfrac{-\sqrt{2}}{|\overrightarrow{M_1M_2}|} = -\dfrac{\sqrt{2}}{2}$，$\cos\gamma = \dfrac{-1}{|\overrightarrow{M_1M_2}|} = -\dfrac{1}{2}$，

于是有

$$\alpha = \frac{\pi}{3}, \quad \beta = \frac{3}{4}\pi, \quad \gamma = \frac{2\pi}{3}.$$

5.1.5.3　向量在轴上的投影

设点 O 及单位向量 e 确定 u 轴. 任给向量 r，作 $\overrightarrow{OM} = r$，再过点 M 作与 u 轴垂直的平面交 u 轴于点 M'（点 M' 叫作点 M 在 u 轴上的投影），则向量 $\overrightarrow{OM'}$ 称为向量 r 在 u 轴上的分向量（见图 5 – 11）. 设 $\overrightarrow{OM'} = \lambda e$，则数 λ 称为向量 r 在 u 轴上的投影，记作 $Prj_u r$ 或 $(r)_u$.

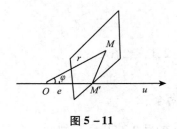

图 5 -11

按此定义，向量 $\boldsymbol{a}$ 在直角坐标系 $Oxyz$ 中的坐标 a_x，a_y，a_z 就是 $\boldsymbol{a}$ 在三条坐标轴上的投影，即

$$a_x = Prj_x\boldsymbol{a}, \quad a_y = Prj_y\boldsymbol{a}, \quad a_z = Prj_z\boldsymbol{a}.$$

向量的投影具有如下性质：

性质 5 - 1 - 1　$(\boldsymbol{a})_u = |\boldsymbol{a}|\cos\varphi$（即 $Prj_u\boldsymbol{a} = |\boldsymbol{a}|\cos\varphi$），其中 φ 为向量与 u 轴的夹角；

性质 5 - 1 - 2　$(\boldsymbol{a}+\boldsymbol{b})_u = (\boldsymbol{a})_u + (\boldsymbol{b})_u$（即 $Prj_u(\boldsymbol{a}+\boldsymbol{b}) = Prj_u\boldsymbol{a} + Prj_u\boldsymbol{b}$）；

性质 5 - 1 - 3　$(\lambda\boldsymbol{a})_u = \lambda(\boldsymbol{a})_u$（即 $Prj_u(\lambda\boldsymbol{a}) = \lambda Prj_u(\boldsymbol{a})$）．

习题 5 -1

1. 设 $\boldsymbol{a} = (2, -1, 0)$，$\boldsymbol{b} = (3, 0, 1)$，求 $3\boldsymbol{a} - 2\boldsymbol{b}$.

2. 求解以向量为未知的线性方程组 $\begin{cases} 5\boldsymbol{x} - 3\boldsymbol{y} = \boldsymbol{a}, \\ 3\boldsymbol{x} - 2\boldsymbol{y} = \boldsymbol{b}, \end{cases}$ 其中 $\boldsymbol{a} = (1, 0, 3)$，$\boldsymbol{b} = (0, 2, -3)$.

3. 在空间直角坐标系中，指出下列各点在哪个卦限？

$A(2, -1, -5)$；$B(3, -2, 1)$；$C(-2, -4, -3)$；$D(-2, -3, 5)$.

4. 求证以 $M_1(4, 3, 1)$、$M_2(7, 1, 2)$、$M_3(5, 2, 3)$ 三点为顶点的三角形是一个等腰三角形.

5. 求点 $A(1, -2, 4)$ 到各坐标轴的距离.

6. 求平行于向量 $\boldsymbol{a} = (1, 1, -2)$ 的单位向量.

7. 设已知两点 $A(-3, -\sqrt{2}, 1))$ 和 $B(-4, 0, 2)$，计算向量 $\overrightarrow{AB}$ 的模、方向余弦和方向角.

8. 设向量 $\boldsymbol{r}$ 的模是 $\sqrt{3}$，它与 u 轴的夹角是 $\dfrac{\pi}{6}$，求 $\boldsymbol{r}$ 在 u 轴上的投影.

5.2　数量积、向量积

5.2.1　两向量的数量积

当某一物体在恒力 $\boldsymbol{F}$ 作用下沿直线从点 M_1 移动到点 M_2. 以 $\boldsymbol{s}$ 表示位移 $\overrightarrow{M_1M_2}$. 由物

理学知道，力 $\boldsymbol{F}$ 所作的功为

$$W = |\boldsymbol{F}||\boldsymbol{s}|\cos\theta,$$

其中，θ 为 $\boldsymbol{F}$ 与 $\boldsymbol{s}$ 的夹角.

类似地，我们有时要对两个向量 $\boldsymbol{a}$ 和 $\boldsymbol{b}$ 作这样的运算，此运算的结果是一个数，它等于 $|\boldsymbol{a}|$、$|\boldsymbol{b}|$ 及它们的夹角 θ 的余弦的乘积，我们把它称为向量 $\boldsymbol{a}$ 和 $\boldsymbol{b}$ 的**数量积**，记作 $\boldsymbol{a}\cdot\boldsymbol{b}$，即

$$\boldsymbol{a}\cdot\boldsymbol{b} = |\boldsymbol{a}||\boldsymbol{b}|\cos\theta.$$

由于 $|\boldsymbol{b}|\cos\theta = |\boldsymbol{b}|\cos(\hat{\boldsymbol{a},\boldsymbol{b}})$，当 $\boldsymbol{a}\neq 0$ 时，$|\boldsymbol{b}|\cos(\hat{\boldsymbol{a},\boldsymbol{b}})$ 是向量 $\boldsymbol{b}$ 在向量 $\boldsymbol{a}$ 的方向上的投影，于是 $\boldsymbol{a}\cdot\boldsymbol{b} = |\boldsymbol{a}| Prj_a\boldsymbol{b}$.

同理，当 $\boldsymbol{b}\neq 0$ 时，$\boldsymbol{a}\cdot\boldsymbol{b} = |\boldsymbol{b}| Prj_b\boldsymbol{a}$.

由数量积的定义可得如下性质：

性质 5-2-1　$\boldsymbol{a}\cdot\boldsymbol{a} = |\boldsymbol{a}|^2$.

因为夹角 $\theta = 0$，所以 $\boldsymbol{a}\cdot\boldsymbol{a} = |\boldsymbol{a}|^2\cos 0 = |\boldsymbol{a}|^2$.

性质 5-2-2　对于两个非零向量 $\boldsymbol{a}$、$\boldsymbol{b}$，如果 $\boldsymbol{a}\cdot\boldsymbol{b} = 0$，则 $\boldsymbol{a}\perp\boldsymbol{b}$；反之，如果 $\boldsymbol{a}\perp\boldsymbol{b}$，则 $\boldsymbol{a}\cdot\boldsymbol{b} = 0$.

因为 $\boldsymbol{a}\cdot\boldsymbol{b} = 0$，且 $|\boldsymbol{a}|\neq 0$，$|\boldsymbol{b}|\neq 0$，所以 $\cos\theta = 0$，即 $\theta = \dfrac{\pi}{2}$，也就是 $\boldsymbol{a}\perp\boldsymbol{b}$；反之，如果 $\boldsymbol{a}\perp\boldsymbol{b}$，那么 $\theta = \dfrac{\pi}{2}$，$\cos\theta = 0$，于是 $\boldsymbol{a}\cdot\boldsymbol{b} = |\boldsymbol{a}||\boldsymbol{b}|\cos\theta = 0$.

由于可认为零向量与任何向量都垂直，则可得 $\boldsymbol{a}\perp\boldsymbol{b}$ 的充要条件为 $\boldsymbol{a}\cdot\boldsymbol{b} = 0$.

数量积符合下列运算律：

（1）交换律　$\boldsymbol{a}\cdot\boldsymbol{b} = \boldsymbol{b}\cdot\boldsymbol{a}$.

（2）分配律　$(\boldsymbol{a}+\boldsymbol{b})\cdot\boldsymbol{c} = \boldsymbol{a}\cdot\boldsymbol{c}+\boldsymbol{b}\cdot\boldsymbol{c}$.

（3）结合律　$(\lambda\boldsymbol{a})\cdot\boldsymbol{b} = \boldsymbol{a}\cdot(\lambda\boldsymbol{b}) = \lambda(\boldsymbol{a}\cdot\boldsymbol{b})$,

$\qquad\qquad (\lambda\boldsymbol{a})\cdot(\mu\boldsymbol{b}) = \lambda\mu(\boldsymbol{a}\cdot\boldsymbol{b})$，$\lambda$、$\mu$ 为数.

证　（1）根据定义可得

$$\boldsymbol{a}\cdot\boldsymbol{b} = |\boldsymbol{a}||\boldsymbol{b}|\cos(\hat{\boldsymbol{a},\boldsymbol{b}}),\ \boldsymbol{b}\cdot\boldsymbol{a} = |\boldsymbol{b}||\boldsymbol{a}|\cos(\hat{\boldsymbol{b},\boldsymbol{a}}),$$

因为 $|\boldsymbol{a}||\boldsymbol{b}| = |\boldsymbol{b}||\boldsymbol{a}|$，且 $\cos(\hat{\boldsymbol{a},\boldsymbol{b}}) = \cos(\hat{\boldsymbol{b},\boldsymbol{a}})$，所以

$$\boldsymbol{a}\cdot\boldsymbol{b} = \boldsymbol{b}\cdot\boldsymbol{a}.$$

（2）当 $\boldsymbol{c} = 0$ 时，等式显然成立；当 $\boldsymbol{c}\neq 0$ 时，有

$$(\boldsymbol{a}+\boldsymbol{b})\cdot\boldsymbol{c} = |\boldsymbol{c}| Prj_c(\boldsymbol{a}+\boldsymbol{b}),$$

由投影的性质，可知

$$Prj_c(\boldsymbol{a}+\boldsymbol{b}) = Prj_c\boldsymbol{a} + Prj_c\boldsymbol{b},$$

所以

$$(\boldsymbol{a}+\boldsymbol{b})\cdot\boldsymbol{c} = |\boldsymbol{c}|(Prj_c\boldsymbol{a}+Prj_c\boldsymbol{b}) = |\boldsymbol{c}| Prj_c\boldsymbol{a}+|\boldsymbol{c}| Prj_c\boldsymbol{b} = \boldsymbol{a}\cdot\boldsymbol{c}+\boldsymbol{b}\cdot\boldsymbol{c}.$$

（3）此规律由数量积性质及投影性质易得，这里不予证明.

下面我们来推导数量积的坐标表示式.

设 $\boldsymbol{a}=(a_x,a_y,a_z)$，$\boldsymbol{b}=(b_x,b_y,b_z)$，按数量积的运算规律可得

$$\boldsymbol{a}\cdot\boldsymbol{b}=(a_x\boldsymbol{i}+a_y\boldsymbol{j}+a_z\boldsymbol{k})\cdot(b_x\boldsymbol{i}+b_y\boldsymbol{j}+b_z\boldsymbol{k})=a_xb_x\boldsymbol{i}\cdot\boldsymbol{i}+a_xb_y\boldsymbol{i}\cdot\boldsymbol{j}+a_xb_z\boldsymbol{i}\cdot\boldsymbol{k}$$
$$+a_yb_x\boldsymbol{j}\cdot\boldsymbol{i}+a_yb_y\boldsymbol{j}\cdot\boldsymbol{j}+a_yb_j\boldsymbol{j}\cdot\boldsymbol{k}+a_zb_x\boldsymbol{k}\cdot\boldsymbol{i}+a_zb_y\boldsymbol{k}\cdot\boldsymbol{j}+a_zb_z\boldsymbol{k}\cdot\boldsymbol{k}.$$

由于 $\boldsymbol{i}$、$\boldsymbol{j}$、$\boldsymbol{k}$ 是互相垂直的单位向量，所以 $\boldsymbol{i}\cdot\boldsymbol{j}=\boldsymbol{j}\cdot\boldsymbol{k}=\boldsymbol{k}\cdot\boldsymbol{i}=0$，$\boldsymbol{j}\cdot\boldsymbol{i}=\boldsymbol{k}\cdot\boldsymbol{j}=\boldsymbol{i}\cdot\boldsymbol{k}=0$，$\boldsymbol{i}\cdot\boldsymbol{i}=\boldsymbol{j}\cdot\boldsymbol{j}=\boldsymbol{k}\cdot\boldsymbol{k}=1.$

因而得

$$\boldsymbol{a}\cdot\boldsymbol{b}=a_xb_x+a_yb_y+a_zb_z.$$

由于 $\boldsymbol{a}\cdot\boldsymbol{b}=|\boldsymbol{a}||\boldsymbol{b}|\cos\theta$，所以当 $\boldsymbol{a}\neq0$、$\boldsymbol{b}\neq0$ 时，有

$$\cos\theta=\frac{\boldsymbol{a}\cdot\boldsymbol{b}}{|\boldsymbol{a}||\boldsymbol{b}|}=\frac{a_xb_x+a_yb_y+a_zb_z}{\sqrt{a_x^2+a_y^2+a_z^2}\sqrt{b_x^2+b_y^2+b_z^2}}.$$

【例 5-2-1】已知三点 $M(1,1,1)$、$A(2,2,1)$ 和 $B(2,3,2)$，求 $\angle AMB$.

解 作向量 $\overrightarrow{MA}$，$\overrightarrow{MB}$，$\angle AMB$ 就是向量 $\overrightarrow{MA}$ 与 $\overrightarrow{MB}$ 的夹角.

$\overrightarrow{MA}=(1,1,0)$，$\overrightarrow{MB}=(0,1,1)$，

因为

$$\overrightarrow{MA}\cdot\overrightarrow{MB}=1\times0+1\times1+0\times1=1,$$
$$|\overrightarrow{MA}|=\sqrt{1^2+1^2+0^2}=\sqrt{2},$$
$$|\overrightarrow{MB}|=\sqrt{0^2+1^2+1^2}=\sqrt{2}.$$

所以

$$\cos\angle AMB=\frac{\overrightarrow{MA}\cdot\overrightarrow{MB}}{|\overrightarrow{MA}||\overrightarrow{MB}|}=\frac{1}{\sqrt{2}\cdot\sqrt{2}}=\frac{1}{2}.$$

从而

$$\angle AMB=\frac{\pi}{3}.$$

5.2.2　两向量的向量积

设向量 $\boldsymbol{c}$ 是由两个向量 $\boldsymbol{a}$ 与 $\boldsymbol{b}$ 按下列方式定出：

$\boldsymbol{c}$ 的模 $|\boldsymbol{c}|=|\boldsymbol{a}||\boldsymbol{b}|\sin\theta$，其中 θ 为 $\boldsymbol{a}$ 与 $\boldsymbol{b}$ 间的夹角，$\boldsymbol{c}$ 的方向垂直于 $\boldsymbol{a}$ 与 $\boldsymbol{b}$ 所决定的平面，$\boldsymbol{c}$ 的指向按右手规则从 $\boldsymbol{a}$ 转向 $\boldsymbol{b}$ 来确定（见图 5-12）. 即以右手握住向量 $\boldsymbol{c}$ 所在的轴，当右手的四个手指从向量 $\boldsymbol{a}$ 方向以 $\frac{\pi}{2}$ 角度转向向量 $\boldsymbol{b}$ 方向时，大拇指的指向就是向量 $\boldsymbol{c}$ 的方向.

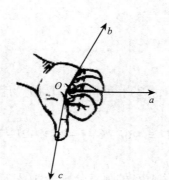

图 5 - 12

那么，向量 c 叫作向量 a 与 b 的**向量积**，记作 $a \times b$，即

$$c = a \times b.$$

由向量积的定义可得如下性质：

性质 5 - 2 - 3　$a \times a = 0$.

因为夹角 $\theta = 0$，所以 $|a \times a| = |a|^2 \sin 0 = 0$，所以 $a \times a = 0$.

性质 5 - 2 - 4　对于两个非零向量 a、b，如果 $a \times b = 0$，则 $a /\!/ b$；反之，如果 $a /\!/ b$，则 $a \times b = 0$.

如果认为零向量与任何向量都平行，则 $a /\!/ b \Leftrightarrow a \times b = 0$.

因为 $a \times b = 0$，且 $|a| \neq 0$，$|b| \neq 0$，所以 $\sin \theta = 0$，即 $\theta = 0$ 或 π，也就是 $a /\!/ b$；反之，如果 $a /\!/ b$，那么 $\theta = 0$ 或 π，于是 $\sin \theta = 0$，从而 $|a \times b| = 0$，即 $a \times b = 0$.

向量积符合下列运算规律：

（1）交换律　$a \times b = -b \times a$.

使用右手规则即可证明.

（2）分配律：$(a + b) \times c = a \times c + b \times c$.

（3）$(\lambda a) \times b = a \times (\lambda b) = \lambda (a \times b)$（$\lambda$ 为数）.

这三个规律这里不予证明.

下面来推导向量积的坐标表示式.

设 $a = a_x i + a_y j + a_z k$，$b = b_x i + b_y j + b_z k$. 按向量积的运算规律可得

$$a \times b = (a_x i + a_y j + a_z k) \times (b_x i + b_y j + b_z k)$$
$$= a_x b_x i \times i + a_x b_y i \times j + a_x b_z i \times k$$

$$+ a_y b_x j \times i + a_y b_y j \times j + a_y b_z j \times k + a_z b_x k \times i + a_z b_y k \times j + a_z b_z k \times k.$$

由于 $i \times i = j \times j = k \times k = 0$，$i \times j = k$，$j \times k = i$，$k \times i = j$，$j \times i = -k$，$k \times j = -i$，$i \times k = -j$，所以

$$a \times b = (a_y b_z - a_z b_y) i + (a_z b_x - a_x b_z) j + (a_x b_y - a_y b_x) k.$$

为了帮助记忆，利用三阶行列式符号，上式可写成

$$\boldsymbol{a}\times\boldsymbol{b}=\begin{vmatrix} \boldsymbol{i} & \boldsymbol{j} & \boldsymbol{k} \\ a_x & a_y & a_z \\ b_x & b_y & b_z \end{vmatrix}.$$

【例 5 - 2 - 2】 设 $\boldsymbol{a}=(1,0,-2)$，$\boldsymbol{b}=(3,-1,1)$，计算 $\boldsymbol{a}\times\boldsymbol{b}$.

解　$\boldsymbol{a}\times\boldsymbol{b}=\begin{vmatrix} \boldsymbol{i} & \boldsymbol{j} & \boldsymbol{k} \\ 1 & 0 & -2 \\ 3 & -1 & 1 \end{vmatrix}=-6\boldsymbol{j}-\boldsymbol{k}-\boldsymbol{j}-2\boldsymbol{i}=-2\boldsymbol{i}-7\boldsymbol{j}-\boldsymbol{k}=(-2,-7,-1).$

【例 5 - 2 - 3】 已知三角形 ABC 的顶点分别是 $A(2,1,4)$、$B(1,2,6)$、$C(3,2,5)$，求三角形 ABC 的面积.

解　根据向量积的定义，可知三角形 ABC 的面积

$$S_{\triangle ABC}=\frac{1}{2}\,|\overrightarrow{AB}|\,|\overrightarrow{AC}|\sin\angle A=\frac{1}{2}\,|\overrightarrow{AB}\times\overrightarrow{AC}|.$$

由于 $\overrightarrow{AB}=-(-1,1,2)$，$\overrightarrow{AC}=(1,1,1)$，因此

$$\overrightarrow{AB}\times\overrightarrow{AC}=\begin{vmatrix} \boldsymbol{i} & \boldsymbol{j} & \boldsymbol{k} \\ -1 & 1 & 2 \\ 1 & 1 & 1 \end{vmatrix}=-\boldsymbol{i}+3\boldsymbol{j}-2\boldsymbol{k}=(-1,3,-2),$$

于是

$$S_{\triangle ABC}=\frac{1}{2}\,|\overrightarrow{AB}\times\overrightarrow{AC}|=\frac{1}{2}\sqrt{(-1)^2+3^2+(-2)^2}=\sqrt{14}.$$

习题 5 - 2

1. 设 $\boldsymbol{a}=(1,0,-2)$，$\boldsymbol{b}=(-1,2,0)$，求 $\boldsymbol{a}\cdot\boldsymbol{b}$，$\boldsymbol{a}\times\boldsymbol{b}$.

2. 设 $\boldsymbol{a}=\boldsymbol{i}-2\boldsymbol{j}-2\boldsymbol{k}$，$\boldsymbol{b}=\boldsymbol{i}+\boldsymbol{j}-2\boldsymbol{k}$，求 $\boldsymbol{a}\cdot\boldsymbol{b}$，$\boldsymbol{a}\times\boldsymbol{b}$，$(-\boldsymbol{a})\cdot2\boldsymbol{b}$，$2\boldsymbol{a}\times3\boldsymbol{b}$.

3. 设 $\boldsymbol{a}=\boldsymbol{i}+\boldsymbol{j}-2\boldsymbol{k}$，$\boldsymbol{b}=\boldsymbol{i}+\boldsymbol{j}+2\boldsymbol{k}$，求 $\cos(\widehat{\boldsymbol{a},\boldsymbol{b}})$.

4. 已知 $M_1(1,-1,2)$，$M_2(2,1,3)$，$M_3(3,-2,4)$，求与 $\overrightarrow{M_1M_2}$，$\overrightarrow{M_2M_3}$ 同时垂直的单位向量.

5. 已知 $A(1,-2,3)$、$B(2,1,1)$，求 $\triangle OAB$ 的面积.

5.3　平面及其方程

5.3.1　平面的点法式方程

如果一非零向量垂直于一平面，这向量就叫作该平面的**法线向量**. 容易知道，平面上的任一向量均与该平面的法线向量垂直.

由于过空间的一点可以而且只能作一平面垂直于一已知直线，因此当平面Π上一点 $M_0(x_0,y_0,z_0)$ 和它的一个法线向量 $\boldsymbol{n}=(A,B,C)$ 为已知时，平面Π的位置就完全确定了．下面我们来建立平面Π的方程．

设 $M(x,y,z)$ 是平面Π上的任一点（见图 $5-13$）．那么向量$\overrightarrow{M_0M}$必与平面Π的法线向量 $\boldsymbol{n}$ 垂直，即它们的数量积等于零：

$$\boldsymbol{n}\cdot\overrightarrow{M_0M}=0.$$

由于 $\boldsymbol{n}=(A,B,C)$，$\overrightarrow{M_0M}=(x-x_0,y-y_0,z-z_0)$，所以

$$A(x-x_0)+B(y-y_0)+C(z-z_0)=0. \tag{5-3-1}$$

这就是平面Π上任一点 M 的坐标 x，y，z 所满足的方程．

反过来，如果 $M(x,y,z)$ 不在平面Π上，那么向量$\overrightarrow{M_0M}$与法线向量 $\boldsymbol{n}$ 不垂直，从而 $\boldsymbol{n}\cdot\overrightarrow{M_0M}\neq0$，即不在平面$\Pi$上的点 M 的坐标 x，y，z 不满足方程（$5-3-1$）．

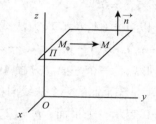

图 $5-13$

由此可知，方程（$5-3-1$）就是平面Π的方程．而平面Π就是方程（$5-3-1$）的图形．由于方程（$5-3-1$）是由平面Π上的一点 $M_0(x_0,y_0,z_0)$ 及它的一个法线向量 $\boldsymbol{n}=(A,B,C)$ 确定的，所以此方程叫作**平面的点法式方程**．

【例 $5-3-1$】 求过点 $(2,1,-1)$ 且以 $\boldsymbol{n}=(1,1,2)$ 为法线向量的平面的方程．

解　根据平面的点法式方程，得所求平面的方程为

$$(x-2)+2(y-1)+2(z+1)=0,$$

即

$$x+2y+2z-2=0.$$

【例 $5-3-2$】 求过三点 $A(1,-1,1)$、$B(-1,1,2)$ 和 $C(2,1,3)$ 的平面的方程．

解　我们可以用$\overrightarrow{AB}\times\overrightarrow{AC}$作为平面的法线向量 $\boldsymbol{n}$．

因为$\overrightarrow{AB}=(-2,2,1)$，$\overrightarrow{AC}=(1,2,2)$，所以

$$\boldsymbol{n}=\overrightarrow{AB}\times\overrightarrow{AC}=\begin{vmatrix} \boldsymbol{i} & \boldsymbol{j} & \boldsymbol{k} \\ -2 & 2 & 1 \\ 1 & 2 & 2 \end{vmatrix}=(2,5,-6).$$

根据平面的点法式方程，得所求平面的方程为

$$2(x-1)+5(y+1)-6(z-1)=0,$$

即

$$2x+5y-6z+9=0.$$

5.3.2 平面的一般方程

由于平面的点法式方程（5-3-1）是 x，y，z 的一次方程，而任一平面都可以用它上面的一点及它的法线向量来确定，所以任一平面都可以用三元一次方程来表示.

反过来，设有三元一次方程

$$Ax+By+Cz+D=0. \tag{5-3-2}$$

我们任取满足该方程的一组数 x_0，y_0，z_0，即

$$Ax_0+By_0+Cz_0+D=0.$$

把上述两等式相减，得

$$A(x-x_0)+B(y-y_0)+C(z-z_0)=0,$$

这正是通过点 $M_0(x_0,y_0,z_0)$ 且以 $\boldsymbol{n}=(A,B,C)$ 为法线向量的平面方程. 由于方程 $Ax+By+Cz+D=0$ 与方程 $A(x-x_0)+B(y-y_0)+C(z-z_0)=0$ 同解，所以任一三元一次方程 $Ax+By+Cz+D=0$ 的图形总是一个平面. 方程 $Ax+By+Cz+D=0$ 称为**平面的一般方程**，其中 x，y，z 的系数就是该平面的一个法线向量 $\boldsymbol{n}$ 的坐标，即 $\boldsymbol{n}=(A,B,C)$.

例如，方程 $2x+y-4z+8=0$ 表示一个平面，$\boldsymbol{n}=(2,1,-4)$ 是该平面的一个法线向量.

对于一些特殊的三元一次方程，应该熟悉它们的图形特点.

当 $D=0$ 时，方程（5-3-2）成为 $Ax+By+Cz=0$，它表示一个通过原点的平面.

当 $A=0$ 时，方程（5-3-2）成为 $By+Cz+D=0$，法线向量 $\boldsymbol{n}=(0,B,C)$ 垂直于 x 轴，它表示一个平行于 x 轴的平面.

当 $B=0$ 时，方程（5-3-2）成为 $Ax+Cz+D=0$，法线向量 $\boldsymbol{n}=(A,0,C)$ 垂直于 y 轴，它表示一个平行于 y 轴的平面.

当 $C=0$ 时，方程（5-3-2）成为 $Ax+By+D=0$，法线向量 $\boldsymbol{n}=(A,B,0)$ 垂直于 z 轴，它表示一个平行于 z 轴的平面.

当 $A=B=0$ 时，方程（5-3-2）成为 $Cz+D=0$，法线向量 $\boldsymbol{n}=(0,0,C)$ 同时垂直于 x 轴和 y 轴，它表示一个平行于 xOy 面的平面.

当 $B=C=0$ 时，方程（5-3-2）成为 $Ax+D=0$，法线向量 $\boldsymbol{n}=(A,0,0)$ 同时垂直于 y 轴和 z 轴，它表示一个平行于 yOz 面的平面.

当 $A=C=0$ 时，方程（5-3-2）成为 $By+D=0$，法线向量 $\boldsymbol{n}=(0,B,0)$ 同时垂直于 x 轴和 z 轴，它表示一个平行于 xOz 面的平面.

【例 5-3-3】 求通过 y 轴和点 $(-2，5，1)$ 的平面的方程.

解 平面通过 y 轴，一方面表明它的法线向量垂直于 y 轴，即 $B=0$；另一方面表

明它必通过原点，即 $D = 0$. 因此，可设这平面的方程为

$Ax + Cz = 0$.

又因为这平面通过点 $(-2, 5, 1)$，所以有

$-2A + C = 0$,

或

$C = -2A$.

将其代入所设方程并除以 A $(A \neq 0)$，便得所求的平面方程为

$x - 2z = 0$.

【例 5 – 3 – 4】 设一平面与 x、y、z 轴的交点依次为 $P(a, 0, 0)$、$Q(0, b, 0)$、$R(0, 0, c)$ 三点（见图 5 – 14），求这平面的方程（其中 $a \neq 0$, $b \neq 0$, $c \neq 0$）.

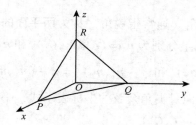

图 5 – 14

解法一 设所求平面的方程为

$Ax + By + Cz + D = 0$.

因为点 $P(a, 0, 0)$、$Q(0, b, 0)$、$R(0, 0, c)$ 都在这平面上，所以点 P、Q、R 的坐标都满足所设方程，即有

$$\begin{cases} aA + D = 0, \\ bB + D = 0, \\ cC + D = 0. \end{cases}$$

由此得

$$A = -\frac{D}{a}, \quad B = -\frac{D}{b}, \quad C = -\frac{D}{c}.$$

将其代入所设方程，得

$$-\frac{D}{a}x - \frac{D}{b}y - \frac{D}{c}z + D = 0,$$

即

$$\frac{x}{a} + \frac{y}{b} + \frac{z}{c} = 1.$$

解法二 因为 $\overrightarrow{PQ} = (-a, b, 0)$, $\overrightarrow{PR} = (-a, 0, c)$，则

$$\vec{n} = \overrightarrow{P_1P_2} \times \overrightarrow{P_1P_3} = \begin{vmatrix} \vec{i} & \vec{j} & \vec{k} \\ -a & b & 0 \\ -a & 0 & c \end{vmatrix} = bc\vec{i} + ac\vec{j} + ab\vec{k} = (bc, ac, ab),$$

根据平面的点法式方程，可得

$$bc(x-a) + ac(y-0) + ab(z-0) = 0.$$

方程两端同时除以 abc，即得 $\dfrac{x}{a} + \dfrac{y}{b} + \dfrac{z}{c} = 1$.

上述方程叫作**平面的截距式方程**，而 a、b、c 依次叫作平面在 x、y、z 轴上的**截距**.

5.3.3 两平面的夹角

两平面的法线向量的夹角（通常指锐角）称为**两平面的夹角**.

设平面 Π_1 和 Π_2 的法线向量分别为 $\boldsymbol{n}_1 = (A_1, B_1, C_1)$ 和 $\boldsymbol{n}_2 = (A_2, B_2, C_2)$，那么平面 Π_1 和 Π_2 的夹角 θ 应是 $(\widehat{\boldsymbol{n}_1, \boldsymbol{n}_2})$ 和 $(\widehat{-\boldsymbol{n}_1, \boldsymbol{n}_2}) = \boldsymbol{\pi} - (\widehat{\boldsymbol{n}_1, \boldsymbol{n}_2})$ 两者中的锐角，因此，$\cos\theta = |\cos(\widehat{\boldsymbol{n}_1, \boldsymbol{n}_2})|$. 按两向量夹角余弦的坐标表示式，平面 Π_1 和 Π_2 的夹角 θ 可由

$$\cos\theta = \frac{|A_1A_2 + B_1B_2 + C_1C_2|}{\sqrt{A_1^2 + B_1^2 + C_1^2} \cdot \sqrt{A_2^2 + B_2^2 + C_2^2}}$$

来确定.

从两向量垂直、平行的充分必要条件立即推得下列结论：

平面 Π_1 和 Π_2 垂直相当于 $A_1A_2 + B_1B_2 + C_1C_2 = 0$；

平面 Π_1 和 Π_2 平行或重合相当于 $\dfrac{A_1}{A_2} = \dfrac{B_1}{B_2} = \dfrac{C_1}{C_2}$.

【例 5-3-5】求两平面 $x + y - \sqrt{2}z - 5 = 0$ 和 $x - y - \sqrt{2}z + 6 = 0$ 的夹角.

解 由已知，可得 $\boldsymbol{n}_1 = (1, 1, \sqrt{2})$，$\boldsymbol{n}_2 = (1, -1, -\sqrt{2})$，则有

$$\cos\theta = \frac{|A_1A_2 + B_1B_2 + C_1C_2|}{\sqrt{A_1^2 + B_1^2 + C_1^2} \cdot \sqrt{A_2^2 + B_2^2 + C_2^2}}$$

$$= \frac{|1 \times 1 + 1 \times (-1) + (-\sqrt{2}) \times (-\sqrt{2})|}{\sqrt{1^2 + (-1)^2 + (-\sqrt{2})^2} \cdot \sqrt{1^2 + 1^2 + (-\sqrt{2})^2}}$$

$$= \frac{1}{2},$$

所以，所求夹角为 $\theta = \dfrac{\pi}{3}$.

【例 5-3-6】设 $P_0(x_0, y_0, z_0)$ 是平面 $Ax + By + Cz + D = 0$ 外一点，求 P_0 到该平面的距离（见图 5-15）.

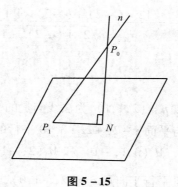

图 5 - 15

解　设 e_n 是平面上的单位法线向量. 在平面上任取一点 $P_1(x_1, y_1, z_1)$，则 P_0 到该平面的距离为

$$d = \left| Prj_n \overrightarrow{P_1 P_0} \right|,$$

则有

$$Prj_n \overrightarrow{P_1 P_0} = \overrightarrow{P_1 P_0} \cdot e_n,$$

而

$$e_n = \frac{1}{\sqrt{A^2 + B^2 + C^2}}(A, B, C),$$

$$\overrightarrow{P_1 P_0} = (x_0 - x_1, y_0 - y_1, z_0 - z_1),$$

得

$$Prj_n \overrightarrow{P_1 P_0} = \overrightarrow{P_1 P_0} \cdot e_n = \frac{A(x_0 - x_1) + B(y_0 - y_1) + C(z_0 - z_1)}{\sqrt{A^2 + B^2 + C^2}}$$

$$= \frac{Ax_0 + By_0 + Cz_0 - (Ax_1 + By_1 + Cz_1)}{\sqrt{A^2 + B^2 + C^2}}.$$

由于 $P_1(x_1, y_1, z_1)$ 是平面上的点，即

$$Ax_1 + By_1 + Cz_1 + D = 0,$$

于是

$$Prj_n \overrightarrow{P_1 P_0} = \frac{Ax_0 + By_0 + Cz_0 + D}{\sqrt{A^2 + B^2 + C^2}}.$$

从而得到平面外任一点 $P_0(x_0, y_0, z_0)$ 到平面 $Ax + By + Cz + D = 0$ 的距离公式

$$d = \frac{\left| Ax_0 + By_0 + Cz_0 + D \right|}{\sqrt{A^2 + B^2 + C^2}}.$$

【例 5 - 3 - 7】求点 $(-2, 1, 1)$ 到平面 $2x - 2y + z + 1 = 0$ 的距离.

解　利用点 $P_0(x_0, y_0, z_0)$ 到平面 $Ax + By + Cz + D = 0$ 的距离公式

$$d = \frac{|Ax_0 + By_0 + Cz_0 + D|}{\sqrt{A^2 + B^2 + C^2}} = \frac{|2 \times (-2) + (-2) \times 1 + 1 \times 1 + 1|}{\sqrt{2^2 + (-2)^2 + 1^2}} = \frac{4}{3}.$$

习题 5 - 3

1. 求过点 $(1,0,3)$ 且以 $\boldsymbol{n} = (2,1,1)$ 为法线向量的平面的方程.

2. 求过点 $(1,1,2)$ 且与平面 $x - 2y + 2z + 3 = 0$ 平行的平面的方程.

3. 求过三点 $M_1(1,2,1)$、$M_2(0,1,-1)$ 和 $M_3(2,-1,1)$ 的平面方程.

4. 求过点 $(2,1,-3)$ 且平行于向量 $\vec{a} = (2,-1,0)$，$\vec{b} = (-1,0,2)$ 的平面方程.

5. 求平行于 x 轴且过点 $A(2,0,-1)$，$B(-1,1,-2)$ 的平面方程.

6. 求通过 z 轴且过点 $M(1,-4,2)$ 的平面方程.

7. 求点 $(-1,0,2)$ 到平面 $x - 2y + 2z + 6 = 0$ 的距离.

8. 求平面 $x + y - 2z = 0$ 与平面 $2x - y + z = 0$ 的夹角.

5.4   空间直线及其方程

5.4.1   空间直线的一般方程

设直线 L 是平面 Π_1 与平面 Π_2 的交线（见图 5 - 16），平面 Π_1 与平面 Π_2 的方程分别为 $A_1 x + B_1 y + C_1 z + D_1 = 0$ 和 $A_2 x + B_2 y + C_2 z + D_2 = 0$，那么点 M 在直线 L 上当且仅当它同时在这两个平面上，当且仅当它的坐标同时满足这两个平面方程，即满足方程组

$$\begin{cases} A_1 x + B_1 y + C_1 z + D_1 = 0, \\ A_2 x + B_2 y + C_2 z + D_2 = 0. \end{cases} \qquad (5-4-1)$$

反之，如果点 M 不在直线 L 上，那么它不可能同时在平面 Π_1 与平面 Π_2 上，所以它的坐标不满足方程组（5 - 4 - 1）. 因此，直线 L 可以用上述方程组来表示. 上述方程组叫作**空间直线的一般方程**.

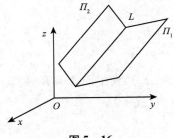

图 5 - 16

通过空间一直线 L 的平面有无限多个，只要在这无限多个平面中任意选取两个，

把它们的方程联立起来，所得的方程组就表示空间直线 L.

5.4.2　空间直线的对称式方程与参数方程

如果一个非零向量平行于一条已知直线，这个向量就叫作这条直线的**方向向量**. 容易知道，直线上任一向量都平行于该直线的方向向量.

由于过空间一点可作而且只能作一条直线平行于一已知直线，所以当直线 L 上一点 $M_0(x_0, y_0, x_0)$ 和它的一方向向量 $s = (m, n, p)$ 为已知时，直线 L 的位置就完全确定了. 下面一起来建立此直线的方程.

设 $M(x, y, z)$ 是直线 L 上的任一点，那么向量 $\overrightarrow{M_0 M}$ 与 L 的方向向量 s 平行（见图 $5 - 17$）. 所以两向量的对应坐标成比例，由于 $\overrightarrow{M_0 M} = (x - x_0, y - y_0, z - z_0)$，$s = (m, n, p)$，从而有

$$\frac{x - x_0}{m} = \frac{y - y_0}{n} = \frac{z - z_0}{p}. \tag{5-4-2}$$

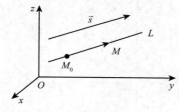

图 5 - 17

反之，如果点 M 不在直线 L 上，则向量 $\overrightarrow{M_0 M}$ 与方向向量 s 不平行. 这两向量的对应坐标就不成比例. 因此，方程组（$5 - 4 - 2$）就是直线 L 的方程，叫作**直线的对称式方程**或**点向式方程**.

直线的任一方向向量 s 的坐标 m、n、p 叫作这直线的一组**方向数**，而向量 s 的方向余弦叫作该直线的**方向余弦**.

由直线的对称式方程容易导出直线的参数方程.

设 $\dfrac{x - x_0}{m} = \dfrac{y - y_0}{n} = \dfrac{z - z_0}{p} = t$，得方程组

$$\begin{cases} x = x_0 + mt, \\ y = y_0 + nt, \\ z = z_0 + pt, \end{cases}$$

此方程组就是**直线的参数方程**.

【例 $5 - 4 - 1$】用对称式方程及参数方程表示直线

$$\begin{cases} x + y - 2z = 1, \\ x - 2y + z = 4. \end{cases}$$

解 先在直线上找一点. 取 $x = 0$, 有

$$\begin{cases} y - 2z = 1, \\ -2y + z = 4. \end{cases}$$

解此方程组, 得 $y = -3$, $z = -2$, 即 $(0, -3, -2)$ 就是直线上的一点.

再求这直线的方向向量 $\boldsymbol{s}$. 由于两平面的交线与这两平面的法线向量 $\boldsymbol{n}_1 = (1, 1, -2)$,
$\boldsymbol{n}_2 = (1, -2, 3)$ 都垂直, 所以可取

$$\boldsymbol{s} = \boldsymbol{n}_1 \times \boldsymbol{n}_2 = \begin{vmatrix} \boldsymbol{i} & \boldsymbol{j} & \boldsymbol{k} \\ 1 & 1 & -2 \\ 1 & -2 & 1 \end{vmatrix} = -3\boldsymbol{i} - 3\boldsymbol{j} - 3\boldsymbol{k}.$$

因此, 所给直线的对称式方程为

$$\frac{x}{-3} = \frac{y + 3}{-3} = \frac{z + 2}{-3}.$$

即 $x = y + 3 = z + 2$.

令 $x = y + 3 = z + 2 = t$, 得所给直线的参数方程为

$$\begin{cases} x = t, \\ y = -3 - t, \\ z = -2 - t. \end{cases}$$

5.4.3 两直线的夹角

两直线的方向向量的夹角 (通常指锐角) 叫作**两直线的夹角**.

设直线 L_1 和 L_2 的方向向量分别为 $\boldsymbol{s}_1 = (m_1, n_1, p_1)$ 和 $\boldsymbol{s}_2 = (m_2, n_2, p_2)$, 那么 L_1 和 L_2 的夹角 φ 就是 $(\widehat{\boldsymbol{s}_1, \boldsymbol{s}_2})$ 和 $(\widehat{-\boldsymbol{s}_1, \boldsymbol{s}_2}) = \pi - (\widehat{\boldsymbol{s}_1, \boldsymbol{s}_2})$ 两者中的锐角, 因此 $\cos\varphi = |\cos(\widehat{\boldsymbol{s}_1, \boldsymbol{s}_2})|$. 根据两向量的夹角的余弦公式, 直线 L_1 和 L_2 的夹角 φ 可由

$$\cos\varphi = \frac{|m_1 m_2 + n_1 n_2 + p_1 p_2|}{\sqrt{m_1^2 + n_1^2 + p_1^2} \cdot \sqrt{m_2^2 + n_2^2 + p_2^2}}$$

来确定.

从两向量垂直、平行的充分必要条件立即推得下列结论:

两直线 L_1 和 L_2 相互垂直相当于 $m_1 m_2 + n_1 n_2 + p_1 p_2 = 0$;

两直线 L_1 和 L_2 相互平行相当于 $\dfrac{m_1}{m_2} = \dfrac{n_1}{n_2} = \dfrac{p_1}{p_2}$.

【**例 5 - 4 - 2**】求直线 L_1: $\dfrac{x + 1}{1} = \dfrac{y - 1}{1} = \dfrac{z + 2}{\sqrt{2}}$ 和 L_2: $\dfrac{x - 2}{1} = \dfrac{y + 1}{-1} = \dfrac{z - 3}{\sqrt{2}}$

的夹角.

解 两直线的方向向量分别为 $\boldsymbol{s}_1 = (1, 1, \sqrt{2})$ 和 $\boldsymbol{s}_2 = (1, -1, \sqrt{2})$. 设两直线的夹角为 φ, 则

$$\cos\varphi = \frac{|1 \times 1 + 1 \times (-1) + \sqrt{2} \times \sqrt{2}|}{\sqrt{1^2 + (\sqrt{2})^2 + 1^2} \cdot \sqrt{1^2 + (\sqrt{2})^2 + (-1)^2}} = \frac{1}{2},$$

所以

$$\varphi = \frac{\pi}{3}.$$

5.4.4　直线与平面的夹角

当直线与平面不垂直时，直线和它在平面上的投影直线的夹角 φ $\left(0 \leqslant \varphi < \dfrac{\pi}{2}\right)$ 称为

直线与平面的夹角（见图 5-18），当直线与平面垂直时，规定直线与平面的夹角为 $\dfrac{\pi}{2}$.

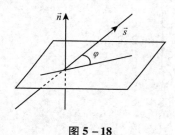

图 5-18

设直线的方向向量 $\boldsymbol{s} = (m, n, p)$，平面的法线向量为 $\boldsymbol{n} = (A, B, C)$，直线与平面的

夹角为 φ，那么 $\varphi = \left| \dfrac{\pi}{2} - (\hat{\boldsymbol{s}, \boldsymbol{n}}) \right|$，因此 $\sin\varphi = |\cos(\hat{\boldsymbol{s}, \boldsymbol{n}})|$. 按两向量夹角余弦的坐

标表示式，有

$$\sin\varphi = \frac{|Am + Bn + Cp|}{\sqrt{A^2 + B^2 + C^2} \cdot \sqrt{m^2 + n^2 + p^2}}.$$

因为直线与平面垂直相当于直线的方向向量与平面的法线向量平行，所以，直线

与平面垂直相当于

$$\frac{A}{m} = \frac{B}{n} = \frac{C}{p}.$$

因为直线与平面平行或直线在平面上相当于直线的方向向量与平面的法线向量垂

直，所以，直线与平面平行或直线在平面上相当于

$Am + Bn + Cp = 0.$

【例 5-4-3】　求过点 $(2, 1, -3)$ 且与平面 $x + 2y - z = 0$ 垂直的直线的方程.

解　平面的法线向量 $(3, 2, -1)$ 可以作为所求直线的方向向量. 由此可得所求

直线的方程为

$$\frac{x-2}{1} = \frac{y-1}{2} = \frac{z+3}{-1}.$$

【例5-4-4】 求过点 $M(1,1,-2)$ 且与直线 $\dfrac{x+2}{-1}=\dfrac{y-3}{3}=\dfrac{z}{2}$ 垂直的平面方程.

解 因为所求平面与直线 $\dfrac{x+2}{-1}=\dfrac{y-3}{3}=\dfrac{z}{2}$ 垂直,故可取平面的法线向量为 $\boldsymbol{n}=(-1,3,1)$,又因为平面过点 $M(1,1,-2)$,根据点法式方程,可得

$$-1\times(x-1)+3\times(y-1)+2\times(z+2)=0,$$

故所求平面方程为 $x-3y-2z-2=0$.

【例5-4-5】 求过点 $(-1,1,2)$ 且与两平面 $x-y=5$ 和 $2x+y-2z=3$ 的交线平行的直线的方程.

解 平面 $x-2y=5$ 和 $2x+y-3z=3$ 的交线的方向向量就是所求直线的方向向量 $\boldsymbol{s}$,而平面 $x-2y=5$ 和 $2x+y-3z=3$ 的法线向量分别为 $\boldsymbol{n}_1=(1,-2,0)$,$\boldsymbol{n}_2=(2,1,-3)$.于是

$$\boldsymbol{s}=\boldsymbol{n}_1\times\boldsymbol{n}_2=\begin{vmatrix} \boldsymbol{i} & \boldsymbol{j} & \boldsymbol{k} \\ 1 & -1 & 0 \\ 2 & 1 & -2 \end{vmatrix}=(2,2,3)$$

故所求直线的方程为

$$\frac{x+1}{2}=\frac{y-1}{2}=\frac{z-2}{3}.$$

【例5-4-6】 求直线 $\dfrac{x-2}{1}=\dfrac{y-3}{-1}=\dfrac{z+2}{2}$ 与平面 $x+2y-2z-4=0$ 的交点.

解 所给直线的参数方程为

$$x=2+t,\ y=3-t,\ z=-2+2t,$$

代入平面方程中,得

$$(2+t)+2(3-t)-2(-2+2t)-2=0.$$

解上列方程,得 $t=2$.将 $t=2$ 代入直线的参数方程,得所求交点的坐标为 $(4,1,2)$.

习题 5-4

1. 求过两点 $A(2,0,-1)$ 和 $B(1,-1,1)$ 的直线方程.

2. 用对称式方程及参数方程表示直线
$$\begin{cases} 2x-y+z=1, \\ x-2y+z=2. \end{cases}$$

3. 求直线 $\dfrac{x-2}{1}=\dfrac{y}{2}=\dfrac{x-1}{-2}$ 与直线 $\dfrac{x+5}{1}=\dfrac{y-2}{-2}=\dfrac{x}{2}$ 的夹角.

4. 求平面 $x+y-z+3=0$ 与直线 $\dfrac{x}{2}=\dfrac{y}{-2}=\dfrac{x}{1}$ 的夹角.

5. 试确定下列各组中的直线与平面间的关系.

（1） $\dfrac{x}{2}=\dfrac{y+4}{-1}=\dfrac{x}{5}$ 和 $2x-y+5z=6$;

（2）$\dfrac{x-2}{2}=\dfrac{y+1}{1}=\dfrac{z-2}{-3}$ 和 $x+y+z=0$.

6. 求过点 $M(2,0,-1)$ 且与平面 $2x+y+4z-2=0$ 垂直的直线方程.

7. 求直线 $\dfrac{x-1}{1}=\dfrac{y}{-1}=\dfrac{z-3}{2}$ 与平面 $x+2y-2z=0$ 的交点.

5.5　曲面及其方程

5.5.1　曲面方程的概念

在空间解析几何中，任何曲面都可以看作点的几何轨迹. 在这样的意义下，如果曲面 S 与三元方程

$$F(x,y,z)=0$$

有下述关系：

（1）曲面 S 上任一点的坐标都满足方程 $F(x,y,z)=0$；

（2）不在曲面 S 上的点的坐标都不满足方程 $F(x,y,z)=0$，那么，方程 $F(x,y,z)=0$ 就叫作**曲面 S 的方程**，而曲面 S 就叫作**方程 $F(x,y,z)=0$ 的图形**（见图 5-19）.

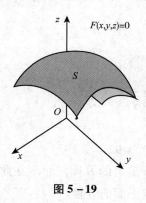

图 5-19

【例 5-5-1】　建立球心在点 $M_0(x_0,y_0,z_0)$、半径为 R 的球面的方程.

解　设 $M(x,y,z)$ 是球面上的任一点，那么

$$|M_0M|=R.$$

即

$$\sqrt{(x-x_0)^2+(y-y_0)^2+(z-z_0)^2}=R,$$

或

$$(x-x_0)^2+(y-y_0)^2+(z-z_0)^2=R^2.$$

这就是球面上的点的坐标所满足的方程. 而不在球面上的点的坐标都不满足这个方程.

所以
$$(x-x_0)^2+(y-y_0)^2+(z-z_0)^2=R^2.$$
就是球心在点 $M_0(x_0,y_0,z_0)$、半径为 R 的球面的方程.

特殊地，球心在原点 $O(0,0,0)$、半径为 R 的球面（见图 $5-20$）的方程为
$$x^2+y^2+z^2=R^2.$$

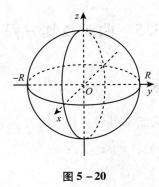

图 $5-20$

【例 $5-5-2$】 求与原点 O 及 $M_0(1,3,6)$ 的距离之比为 $1:\sqrt{2}$ 的点的全体所组成的曲面方程.

解 设 $M(x,y,z)$ 是曲面上任一点，根据题意有
$$\frac{|MO|}{|MM_0|}=\frac{1}{\sqrt{2}},$$
即
$$\frac{\sqrt{x^2+y^2+z^2}}{\sqrt{(x-1)^2+(y-3)^2+(z-6)^2}}=\frac{1}{\sqrt{2}},$$
所求方程为
$$(x+1)^2+(y+3)^2+(z+6)^2=92.$$
这就是所求平面上的点的坐标所满足的方程，而不在此平面上的点的坐标都不满足这个方程，所以这个方程就是所求平面的方程.

在空间解析几何中关于曲面的研究，有下列两个基本问题：

（1）已知一曲面作为点的几何轨迹时，建立该曲面的方程；

（2）已知坐标 x、y 和 z 间的一个方程时，研究该方程所表示的曲面的形状.

上述两例是已知曲面几何轨迹时，建立该曲面的方程的例子. 下面举一个已知方程研究它所表示的曲面的例子.

【例 $5-5-3$】 方程 $x^2+y^2+z^2+2x-4y+6z-3=0$ 表示怎样的曲面？

解 通过配方，原方程可以改写成
$$(x+1)^2+(y-2)^2+(z+3)^2=17,$$
这是一个球心在点 $M_0(-1,2,-3)$、半径为 $R=\sqrt{17}$ 的球面的方程.

一般地，设有三元二次方程

$$Ax^2 + Ay^2 + Az^2 + Dx + Ey + Fz + G = 0,$$

这个方程的特点是缺 xy, yz, zx 各项，而且平方项系数相同，只要将方程经过配方就可以化成方程 $(x-x_0)^2 + (y-y_0)^2 + (z-z_0)^2 = R^2$ 的形式，那么它的图形就是一个球面.

5.5.2 旋转曲面

以一条平面曲线绕其平面上的一条直线旋转一周所形成的曲面叫作**旋转曲面**，旋转曲线叫作旋转曲面的**母线**，而这条定直线叫作旋转曲面的**轴**.

设在 yOz 坐标面上有一已知曲线 C，它的方程为

$$f(y,z) = 0,$$

把该曲线绕 z 轴旋转一周，就得到一个以 z 轴为轴的旋转曲面（见图 $5-21$）. 它的方程可以求得如下：

设 $M(x,y,z)$ 为曲面上任一点，它是曲线 C 上点 $M_1(0,y_1,z_1)$ 绕 z 轴旋转而得到的. 因此有如下关系等式

$$f(y_1,z_1) = 0, z = z_1, |y_1| = \sqrt{x^2+y^2},$$

从而 $f(\pm\sqrt{x^2+y^2}, z) = 0$，这就是所求旋转曲面的方程.

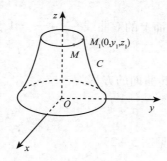

图 $5-21$

在曲线 C 的方程 $f(y,z)=0$ 中将 y 改成 $\pm\sqrt{x^2+y^2}$，便得曲线 C 绕 z 轴旋转所形成的旋转曲面的方程

$$f(\pm\sqrt{x^2+y^2}, z) = 0.$$

同理，曲线 C 绕 y 轴旋转所形成的旋转曲面的方程为

$$f(y, \pm\sqrt{x^2+z^2}) = 0.$$

【**例 5-5-4**】直线 L 绕另一条与 L 相交的直线旋转一周，所得旋转曲面叫作**圆锥面**. 两直线的交点叫作圆锥面的**顶点**，两直线的夹角 α（$0 < \alpha < \dfrac{\pi}{2}$）叫作圆锥面的**半顶角**. 试建立顶点在坐标原点 O，旋转轴为 z 轴，半顶角为 α 的圆锥面（见图 $5-22$）

的方程.

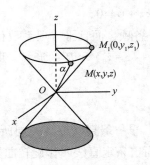

图 5 - 22

解　在 yOz 坐标面内，直线 L 的方程为

$$z = y\cot\alpha,$$

将方程 $z = y\cot\alpha$ 中的 y 改成 $\pm\sqrt{x^2 + y^2}$，就得到所要求的圆锥面的方程

$$z = \pm\sqrt{x^2 + y^2}\cot\alpha,$$

或

$$z^2 = a^2(x^2 + y^2),$$

其中，$a = \cot\alpha$.

【例 5 - 5 - 5】将 xOz 坐标面上的双曲线 $\dfrac{x^2}{a^2} - \dfrac{z^2}{c^2} = 1$ 分别绕 x 轴和 z 轴旋转一周，

求所形成的旋转曲面的方程.

解　绕 x 轴旋转所在的旋转曲面的方程为

$$\frac{x^2}{a^2} - \frac{y^2 + z^2}{c^2} = 1,$$

该曲面叫作**旋转双叶双曲面**（见图 5 - 23）；

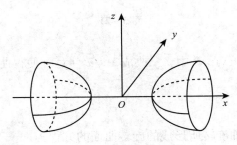

图 5 - 23

绕 z 轴旋转所在的旋转曲面的方程为

$$\frac{x^2 + y^2}{a^2} - \frac{z^2}{c^2} = 1,$$

该曲面叫作**旋转单叶双曲面**（见图 5 – 24）.

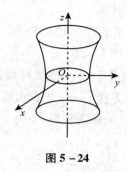

图 5 – 24

5.5.3　柱面

根据下面例题我们来了解柱面的定义.

【**例 5 – 5 – 6**】方程 $x^2 + y^2 = R^2$ 表示怎样的曲面?

解　在空间直角坐标系中，过 xOy 面上的圆 $x^2 + y^2 = R^2$ 作平行于 z 轴的直线 l，则直线 l 上的点都满足方程 $x^2 + y^2 = R^2$，因此，直线 l 一定在 $x^2 + y^2 = R^2$ 表示的曲面上. 所以该曲面可以看成是由平行于 z 轴的直线 l 沿 xOy 面上的圆 $x^2 + y^2 = R^2$ 移动而形成的. 该曲面叫作**圆柱面**（见图 5 – 25），xOy 面上的圆 $x^2 + y^2 = R^2$ 叫作它的**准线**，该平行于 z 轴的直线 l 叫作它的**母线**.

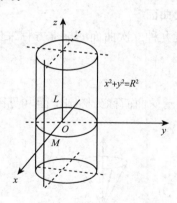

图 5 – 25

一般地，平行于定直线并沿定曲线 C 移动的直线 L 形成的轨迹叫作**柱面**，定曲线 C 叫作柱面的**准线**，动直线 L 叫作柱面的**母线**.

上面我们看到，不含 z 的方程 $x^2 + y^2 = R^2$ 在空间直角坐标系中表示圆柱面，它的母线平行于 z 轴，它的准线是 xOy 面上的圆 $x^2 + y^2 = R^2$.

一般地，只含 x、y 而缺 z 的方程 $F(x, y) = 0$，在空间直角坐标系中表示母线平行于 z 轴的柱面，其准线是 xOy 面上的曲线 $C: F(x, y) = 0$.

类似地，只含 x、z 而缺 y 的方程 $G(x,z)=0$ 和只含 y、z 而缺 x 的方程 $H(y,z)=0$ 分别表示母线平行于 y 轴和 x 轴的柱面.

例如，方程 $y^2=2x$ 表示母线平行于 z 轴的柱面，它的准线是 xOy 面上的抛物线 $y^2=2x$，该柱面叫作**抛物柱面**（见图 5-26）.

又如，方程 $x-z=0$ 表示母线平行于 y 轴的柱面，其准线是 zOx 面上的直线 $x-z=0$，所以它是过 y 轴的平面. 而方程 $y-z=0$ 表示母线平行于 x 轴的柱面，其准线是 yOz 面的直线 $y-z=0$，所以它是过 x 轴的平面.

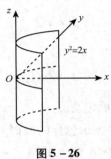

图 5-26

5.5.4　二次曲面

与平面解析几何中规定的二次曲线相类似，我们把三元二次方程所表示的曲面叫作**二次曲面**，把平面叫作**一次曲面**.

二次曲面有九种，下面就九种二次曲面的标准方程来讨论二次曲面的形状.

5.5.4.1　椭圆锥面

由方程 $\dfrac{x^2}{a^2}+\dfrac{y^2}{b^2}=z^2$ 所表示的曲面称为椭圆锥面（见图 5-27）.

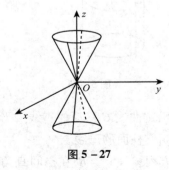

图 5-27

5.5.4.2　椭球面

由方程 $\dfrac{x^2}{a^2}+\dfrac{y^2}{b^2}+\dfrac{z^2}{c^2}=1$ 所表示的曲面称为椭球面（见图 5-28）.

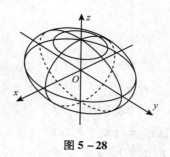

图 5 - 28

5.5.4.3　单叶双曲面

由方程 $\dfrac{x^2}{a^2} + \dfrac{y^2}{b^2} - \dfrac{z^2}{c^2} = 1$ 所表示的曲面称为单叶双曲面.

5.5.4.4　双叶双曲面

由方程 $\dfrac{x^2}{a^2} - \dfrac{y^2}{b^2} - \dfrac{z^2}{c^2} = 1$ 所表示的曲面称为双叶双曲面.

5.5.4.5　椭圆抛物面

由方程 $\dfrac{x^2}{a^2} + \dfrac{y^2}{b^2} = z$ 所表示的曲面称为椭圆抛物面.

5.5.4.6　双曲抛物面

由方程 $\dfrac{x^2}{a^2} - \dfrac{y^2}{b^2} = z$ 所表示的曲面称为双曲抛物面. 双曲抛物面又称**马鞍面**（见图 5 - 29）.

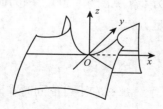

图 5 - 29

还有三种二次曲面是以三种二次曲线为准线的柱面：

$$\frac{x^2}{a^2} + \frac{y^2}{b^2} = 1, \quad \frac{x^2}{a^2} - \frac{y^2}{b^2} = 1, \quad x^2 = ay,$$

依次称为**椭圆柱面**、**双曲柱面**、**抛物柱面**. 柱面的形状在前面已经讨论过，这里就不再赘述.

习题 5 −5

1. 说一说下列方程表示什么曲面.

（1）$x^2 + y^2 + z^2 - 2x + 4y + 5 = 0$；　　（2）$x^2 + y^2 + z^2 - 4x + 9z - 3 = 0$.

2. 某一动点到两定点 $A(2,3,1)$ 和 $B(1, -1,0)$ 的距离相等，求该动点的轨迹方程.

3. 将 xoy 坐标面上的抛物面 $y^2 = 3x$ 绕 x 轴旋转一周，求所形成的旋转曲面的方程.

4. 将 yoz 坐标面上的双曲面 $2y^2 - z^2 = 4$ 分别绕 y 轴及 z 轴旋转一周，求所形成的旋转曲面的方程.

5. 指出下列方程在平面解析几何中和在空间解析几何中分别表示什么图形.

（1）$2x - y - 1 = 0$；　　（2）$y = 1$；

（3）$x^2 + y^2 = 4$；　　（4）$\dfrac{x^2}{2} + \dfrac{y^2}{4} = 1$.

6. 说明下列旋转曲面是怎样形成的.

（1）$\dfrac{x^2}{3} + \dfrac{y^2}{3} - \dfrac{z^2}{5} = 1$；　　（2）$x^2 - \dfrac{y^2}{2} + z^2 = 1$.

5.6　空间曲线及其方程

5.6.1　空间曲线的一般方程

空间曲线可以看作两个曲面的交线. 设

$$F(x,y,z) = 0 \text{ 和 } G(x,y,z) = 0$$

是两个曲面方程，它们的交线为 C（见图 5 −30）. 因为曲线 C 上的任意点的坐标应同时满足这两个方程，所以应满足方程组

$$\begin{cases} F(x,y,z) = 0, \\ G(x,y,z) = 0. \end{cases}$$

反过来，如果点 M 不在曲线 C 上，那么它不可能同时在两个曲面上，所以它的坐标不满足方程组.

因此，曲线 C 可以用上述方程组来表示. 上述方程组叫作**空间曲线 C 的一般方程**.

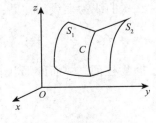

图 5 −30

【例 5 - 6 - 1】方程组 $\begin{cases} x^2 + y^2 = 1, \\ 2x + z = 4 \end{cases}$ 表示怎样的曲线？

解 方程组中第一个方程表示母线平行于 z 轴的圆柱面，其准线是 xOy 面上的圆，圆心在原点 O，半径为 1. 方程组中第二个方程表示一个母线平行于 y 轴的柱面，由于它的准线是 zOx 面上的直线，因此它是一个平面. 方程组就表示上述平面与圆柱面的交线.

【例 5 - 6 - 2】方程组 $\begin{cases} z = \sqrt{a^2 - x^2 - y^2}, \\ \left(x - \dfrac{a}{2}\right)^2 + y^2 = \left(\dfrac{a}{2}\right)^2 \end{cases}$ 在第一卦限部分表示怎样的曲线？

解 方程组中第一个方程表示球心在坐标原点 O，半行为 a 的上半球面. 第二个方程表示母线平行于 z 轴的圆柱面，它的准线是 xOy 面上的圆，这圆的圆心在点 $\left(\dfrac{a}{2}, 0\right)$，半径为 $\dfrac{a}{2}$. 方程组在第一卦限部分表示上述半球面与圆柱面在第一卦限的交线（见图 5 - 31）.

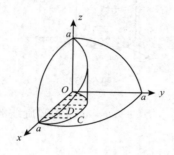

图 5 - 31

5.6.2 空间曲线的参数方程

空间曲线 C 的方程除了一般方程之外，也可以用参数形式表示，只要将 C 上动点的坐标 x、y、z 表示为参数 t 的函数：

$$\begin{cases} x = x(t), \\ y = y(t), \\ z = z(t). \end{cases} \qquad\qquad (5 - 6 - 1)$$

当给定 $t = t_1$ 时，就得到 C 上的一个点 (x_1, y_1, z_1)；随着 t 的变动便得曲线 C 上的全部点. 方程组（5 - 6 - 1）叫作**空间曲线的参数方程**.

【例 5 - 6 - 3】如果空间一点 M 在圆柱面 $x^2 + y^2 = a^2$ 上以角速度 ω 绕 z 轴旋转，同时又以线速度 v 沿平行于 z 轴的正方向上升（其中 ω、v 都是常数），那么点 M 构成的图形叫作**螺旋线**. 试建立其参数方程.

解 取时间 t 为参数. 设当 $t = 0$ 时，动点位于 x 轴上的一点 $A(a, 0, 0)$ 处. 经过时间 t，动点由 A 运动到 $M(x, y, z)$（见图 5 - 32）. 记 M 在 xOy 面上的投影为 M'，M' 的坐标为 $(x, y, 0)$. 由于动点在圆柱面上以角速度 ω 绕 z 轴旋转，所以经过时间 t，

$\angle AOM' = \omega t.$ 从而

$$x = |OM'| \cos\angle AOM' = a\cos\omega t,$$

$$y = |OM'| \sin\angle AOM' = a\sin\omega t,$$

由于动点同时以线速度 v 沿平行于 z 轴的正方向上升，所以

$$z = MM' = vt.$$

因此，螺旋线的参数方程为

$$\begin{cases} x = a\cos\omega t, \\ y = a\sin\omega t, \\ z = vt. \end{cases}$$

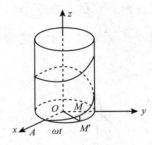

图 5－32

也可以用其他变量作参数，例如令 $\theta = \omega t$，则螺旋线的参数方程可写为

$$\begin{cases} x = a\cos\theta, \\ y = a\sin\theta, \\ z = b\theta. \end{cases}$$

其中，$b = \dfrac{v}{\omega}$，而参数为 θ.

螺旋线是实践中常用的曲线. 当 OM' 转过一周时，M 点就上升固定的高度 $h = 2\pi b$，这个高度在工程技术上叫作**螺距**.

5.6.3 空间曲线在坐标面上的投影

设空间曲线 C 的一般方程为

$$\begin{cases} F(x,y,z) = 0, \\ G(x,y,z) = 0. \end{cases} \tag{5-6-2}$$

将方程组（5 - 6 - 2）消去变量 z 后得到方程

$$H(x,y) = 0.$$

由于一方面方程 $H(x,y) = 0$ 表示一个母线平行于 z 轴的柱面，另一方面方程 $H(x,y) = 0$ 是由方程组消去变量 z 后所得的方程，因此，当 x、y、z 满足方程组（5 - 6 - 2）时，前两个数 x、y 必定满足方程 $H(x,y) = 0$，这就说明曲线 C 上的所有点都在方程 $H(x,y) = 0$ 所表示的曲面上.

由于曲线 C 在方程 $H(x,y)=0$ 表示的柱面上，而以曲线 C 为准线、母线平行于 z 轴的柱面叫作曲线 C 关于 xOy 面的**投影柱面**，投影柱面与 xOy 面的交线叫作空间曲线 C 在 xOy 面上的**投影曲线**，或简称**投影**. 因此，方程 $H(x,y)=0$ 表示的柱面必定包含投影柱面，而方程

$$\begin{cases} H(x,y)=0, \\ z=0 \end{cases}$$

所表示的曲线必定包含空间曲线 C 在 xOy 面上的投影.

类似地，可以定义曲线 C 在其他坐标面上的投影：消去方程组（5 - 6 - 2）中的变量 x 或变量 y，再分别和 $x=0$ 或 $y=0$ 联立，即可得到包含曲线 C 在 yOz 面或 zOx 面的投影的曲面方程：

$$\begin{cases} R(y,z)=0, \\ x=0, \end{cases} \quad 或 \quad \begin{cases} T(x,z)=0, \\ y=0. \end{cases}$$

【例 5 - 6 - 4】 已知两球面的方程为

$$x^2+y^2+z^2=1, \tag{5 - 6 - 3}$$

和

$$(x-1)^2+(y-1)^2+z^2=1, \tag{5 - 6 - 4}$$

求它们的交线 C 在 yOz 面上的投影方程.

解　先求包含交线 C 而母线平行于 x 轴的柱面方程，因此要由方程（5 - 6 - 3）、方程（5 - 6 - 4）消去 x，并化简得

$$x+y=1.$$

将 $x=1-y$ 代入方程（5 - 6 - 3）或方程（5 - 6 - 4）即得所求的柱面方程为

$$2y^2-2y+z^2=0.$$

这就是交线 C 关于 yOz 面的投影柱面方程. 两球面的交线 C 在 yOz 面上的投影方程为

$$\begin{cases} 2y^2-2y+z^2=0, \\ x=0. \end{cases}$$

【例 5 - 6 - 5】 求由上半球面 $z=\sqrt{2-x^2-y^2}$ 和锥面 $z=\sqrt{x^2+y^2}$ 所围成的立体（见图 5 - 33）在 xOy 面上的投影.

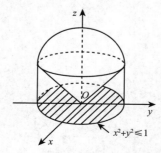

图 5 - 33

解 由方程 $z = \sqrt{2 - x^2 - y^2}$ 和 $z = \sqrt{x^2 + y^2}$ 消去 z 得到 $x^2 + y^2 = 1$. 这是一个母线平行于 z 轴的圆柱面，容易看出，这恰好是半球面与锥面的交线 C 关于 xOy 面的投影柱面，因此交线 C 在 xOy 面上的投影曲线为

$$\begin{cases} x^2 + y^2 = 1, \\ z = 0. \end{cases}$$

这是 xOy 面上的一个圆，于是所求立体在 xOy 面上的投影，就是该圆在 xOy 面上所围的部分

$$x^2 + y^2 \leqslant 1.$$

习题 5 – 6

1. 指出下列方程组在平面解析几何中和在空间解析几何中分别表示什么图形.

(1) $\begin{cases} x + y + 2 = 0, \\ 2x - y - 1 = 0; \end{cases}$ (2) $\begin{cases} x^2 + 2y^2 = 4, \\ x = 2. \end{cases}$

2. 将下列曲线的一般方程化为参数方程.

(1) $\begin{cases} x^2 + y^2 + z^2 = 1, \\ y = x; \end{cases}$ (2) $\begin{cases} (x - 2)^2 + y^2 + (z - 3)^2 = 1, \\ y = 0. \end{cases}$

3. 求母线平行于 z 轴而通过曲线 $\begin{cases} x^2 + 2y^2 + z^2 = 3, \\ 2x^2 - y^2 + z^2 = 0 \end{cases}$ 的柱面方程.

4. 求球面 $x^2 + (y + 1)^2 + (z - 1)^2 = 1$ 与平面 $z - y = 2$ 的交线在 xOy 面上的投影的方程.

5. 求圆柱面 $x^2 + z^2 = 4$ 与平面 $x + y = 1$ 的交线在 yOz 面上的投影的方程.

6. 求上半球面 $z = \sqrt{a^2 - x^2 - y^2}$ 与圆柱面 $x^2 + z^2 = ax$ 的交线在 yOx 面上的投影的方程.

7. 求螺旋线 $\begin{cases} x = a\cos\theta, \\ y = a\sin\theta, \\ z = b\theta \end{cases}$ 在三个坐标面上的投影的方程.

第6章 多元函数微积分学及其应用

我们已经讨论过一元函数微积分，那里出现的函数都是一元函数，即只有一个自变量的函数．但在实际问题中，有些变量往往涉及多方面的因素，反映在数学上就是依赖于多个自变量的函数，即多元函数．因此，我们有必要研究多元函数的微积分问题.

多元函数微积分是一元函数微积分的推广，讨论中我们以二元函数为主，因为从一元推广到二元时会产生许多新问题，但由二元推广到三元或更多元时不会出现本质的差异，完全可以类推.

6.1 多元函数的极限与连续性

6.1.1 多元函数的概念

6.1.1.1 二元函数的定义

我们知道，底面半径为 r、高为 h 的圆柱体的体积 $V = \pi r^2 h$，当变量 r 和 h 变化时，变量 V 也会作出相应的变化，也就是 V 的取值依赖于 r 和 h 两个变量，这样 V 与 r、h 这两个变量之间建立了一种函数关系，这种函数为二元函数．一般地，有如下定义.

定义 6-1-1 设 D 是 xOy 面上的区域，如果对于 D 中的每一个点 $P(x,y)$，按照某一对应法则 f，总有唯一确定的实数 z 与之对应，则称 z 为变量 x、y 的二元函数，记作
$$z = f(x,y) \text{ 或 } z = f(P),$$
其中，x 和 y 称为**自变量**，z 称为**因变量**，区域 D 称为**函数的定义域**，f 称为**对应法则**.

类似地，还可以定义三元函数及三元以上的函数．二元及二元以上的函数统称为多元函数，与一元函数相同，多元函数也是由对应法则 f 和定义域 D 这两个因素完全决定的．这里主要研究二元函数.

6.1.1.2 二元函数的定义域

二元函数定义域是使函数有意义的自变量 x、y 所确定的平面上的点集，其在几何上通常表示平面上由一条或几条曲线围成的区域．围成区域的曲线称为区域的边界，

包含所有边界在内的区域称为**闭区域**，不含边界在内的区域称为**开区域**；如果一个区域可以全部包含在一个以原心为圆心，以适当大的正数为半径的圆内，则称该区域为**有界区域**，否则称为**无界区域**. 一个闭区域内任意两点间距离的最大值称为区域的直径.

【例 6 – 1 – 1】求函数 $z = 2y\sqrt{x}$ 的定义域，并画出其所表示的平面区域.

解 要使该函数有意义，须满足

$$\begin{cases} x \geqslant 0, \\ -\infty < y < +\infty. \end{cases}$$

所以该函数的定义域为

$$D = \{(x,y) \mid x \geqslant 0, -\infty < y < +\infty\},$$

其所表示的平面区域如图 6 – 1 中阴影部分所示，边界线为 $x = 0$，且区域包含此边界线，区域右侧无限延伸，因此该区域为无界闭区域.

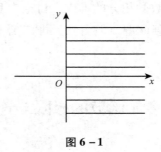

图 6 – 1

【例 6 – 1 – 2】求函数 $z = \ln(x^2 + y^2 - 1) + \dfrac{1}{\sqrt{1 - x - y}}$ 的定义域，并画出其所表示的平面区域.

解 要使该函数有意义，须满足：

$$\begin{cases} x^2 + y^2 - 1 > 0, \\ 1 - x - y > 0, \end{cases} \quad 即 \quad \begin{cases} x^2 + y^2 > 1, \\ x + y < 1, \end{cases}$$

所以该函数的定义域为：

$$D = \{(x,y) \mid x^2 + y^2 > 1, x + y < 1\},$$

其所表示的平面区域如图 6 – 2 中阴影部分所示，该区域不包含边界线，为无界开区域.

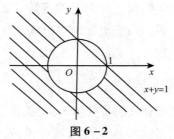

图 6 – 2

6.1.1.3 二元函数的几何意义

一元函数在几何上表示平面上的一条曲线，而二元函数 $z = f(x,y)$ 在几何上表示空间里的平面或曲面. 例如，二元函数 $z = ax + by + c$ 表示的是一个平面；二元函数 $z = \sqrt{x^2 + y^2}$ 表示以原点为顶点、以 z 轴为旋转轴的圆锥面；二元函数 $z = \sqrt{a^2 - x^2 - y^2}$ ($a > 0$) 表示球心在原点、半径为 a 的上半球面. 而二元函数的定义域 D 则是该平面或曲面在 xOy 面上的投影.

6.1.2 多元函数的极限与连续

6.1.2.1 二元函数的极限

定义 6 – 1 – 2 设二元函数 $z = f(x,y)$ 在点 (x_0, y_0) 的附近有定义［点 (x_0, y_0) 可除外］，如果当点 (x,y) 以任何方式趋于点 (x_0, y_0) 时，函数 $z = f(x,y)$ 无限靠近于某一个确定的常数 A，则称当 $(x,y) \to (x_0, y_0)$ 时函数 $f(x,y)$ 以 A 为极限，记作

$$\lim_{(x,y) \to (x_0, y_0)} f(x,y) = A \ \text{或} \ f(x,y) \to A \ ((x,y) \to (x_0, y_0)).$$

关于该定义应注意两点：

(1) $(x,y) \to (x_0, y_0)$，即 $x \to x_0$，$y \to y_0$ 或 $\sqrt{(x - x_0)^2 + (y - y_0)^2} \to 0$.

(2) 虽然二元函数极限定义与一元函数极限定义很相似，但是它们又有很大的区别. 在一元函数极限中，$x \to x_0$ 只有两种方式：$x \to x_0^-$ 和 $x \to x_0^+$. 当且仅当左、右极限都存在且相等时，$x \to x_0$ 的极限存在；而在二元函数极限中，由于点 (x,y) 和 (x_0, y_0) 均是平面上的点，点 (x,y) 趋向于点 (x_0, y_0) 会有无数多条路线，而只有沿着无数多条路线的极限均存在且都相等时，二元函数的极限才存在. 可见二元函数的极限比一元函数的极限要复杂得多.

【例 6 – 1 – 3】讨论函数 $f(x,y) = \dfrac{xy}{x^2 - y^2}$ 在原点 $(0,0)$ 处是否有极限.

解 当点 $P(x,y)$ 沿 x 轴趋于点 $(0,0)$ 时，

$$\lim_{(x,y) \to (0,0)} f(x,y) = \lim_{x \to 0} f(x,0) = \lim_{x \to 0} 0 = 0;$$

当点 $P(x,y)$ 沿 y 轴趋于点 $(0,0)$ 时，

$$\lim_{(x,y) \to (0,0)} f(x,y) = \lim_{y \to 0} f(0,y) = \lim_{y \to 0} 0 = 0.$$

当点 $P(x,y)$ 沿直线 $y = kx$ 有

$$\lim_{\substack{(x,y) \to (0,0) \\ y = kx}} \frac{xy}{x^2 - y^2} = \lim_{x \to 0} \frac{kx^2}{x^2 - k^2 x^2} = \frac{k}{1 - k^2}.$$

上述极限与 k 的选取有关，因此，函数 $f(x,y)$ 在点 $(0,0)$ 处无极限.

对于某些二元函数的极限，我们仍可以用一元函数极限的方法来求解，比如等价无穷小替换法，在二元函数仍适用.

【例 6 – 1 – 4】 求 $\lim\limits_{(x,y)\to(3,0)} \dfrac{\tan(xy)}{y}$.

解 $\lim\limits_{(x,y)\to(3,0)} \dfrac{\tan(xy)}{y} = \lim\limits_{(x,y)\to(3,0)} \dfrac{xy}{y} = \lim\limits_{(x,y)\to(3,0)} x = 3$.

6.1.2.2　二元函数的连续性

定义 6 – 1 – 3　设二元函数 $z = f(x,y)$ 在点 (x_0,y_0) 的邻域内有定义，且有

$$\lim\limits_{(x,y)\to(x_0,y_0)} f(x,y) = f(x_0,y_0)$$

成立，则称函数 $f(x,y)$ 在点 (x_0,y_0) 处连续，否则称 $f(x,y)$ 在点 (x_0,y_0) 处不连续或间断.

如果二元函数 $f(x,y)$ 在区域 D 上的每一个点处都连续，则说二元函数 $f(x,y)$ 在区域 D 上连续，或者称 $f(x,y)$ 是 D 上的连续函数.

对于〖例 6 – 1 – 3〗，其定义域 $D = \mathbf{R}^2$，但 $f(x,y)$ 当 $(x,y)\to(0,0)$ 时的极限不存在，所以点 $O(0,0)$ 是该函数的一个间断点.

一元函数中关于极限的运算法则，对于多元函数仍然适用. 根据一元函数的运算法则，对多元连续函数有以下结论.

（1）多元连续函数的和、差、积仍为连续函数.

（2）多元连续函数的商在分母不为零处仍连续.

（3）多元连续函数的复合函数也是连续函数.

与一元初等函数类似，**多元初等函数**是指可用一个式子所表示的多元函数，这个式子是由常数及具有不同自变量的一元基本初等函数经过有限次的四则运算和有限次复合运算而得到的. 例如，$\dfrac{\ln(x^2 - y^2)}{x + y^2}$，$\arcsin(xy - y^2)$，$e^{\sin(x^2 + y^2 + z^2)}$ 等都是多元初等函数.

一切多元初等函数在其定义区域内都是连续的.

由多元连续函数的定义，如果要求多元连续函数 $f(P)$ 在点 P_0 处的极限，而该点又在此函数的定义区域内，则

$$\lim\limits_{P\to P_0} f(P) = f(P_0).$$

【例 6 – 1 – 5】 求 $\lim\limits_{(x,y)\to(1,1)} \dfrac{x^2 + y^2}{xy}$.

解　函数 $f(x,y) = \dfrac{x^2 + y^2}{xy}$ 是初等函数，它的定义域为

$$D = \{(x,y) \mid x \neq 0, y \neq 0\}.$$

点 $P_0(1,1)$ 在函数的定义区域内，因此

$$\lim\limits_{(x,y)\to(1,1)} f(x,y) = f(1,1) = 2.$$

【例 6 - 1 - 6】 求 $\lim\limits_{(x,y)\to(0,0)} \dfrac{\sqrt{xy+4}-2}{xy}$.

解法一

$$\lim_{(x,y)\to(0,0)} \frac{\sqrt{xy+4}-2}{xy} = \lim_{(x,y)\to(0,0)} \frac{(\sqrt{xy+4}-2)(\sqrt{xy+4}+2)}{xy(\sqrt{xy+4}+2)}$$

$$= \lim_{(x,y)\to(0,0)} \frac{1}{\sqrt{xy+4}+2} = \frac{1}{4}.$$

解法二　令 $u=xy$，则当 $(x,y)\to(0,0)$ 时，$u\to 0$，所以

$$\lim_{(x,y)\to(0,0)} \frac{\sqrt{xy+1}-1}{xy} = \lim_{u\to 0} \frac{\sqrt{u+4}-2}{u} = \lim_{u\to 0} \frac{(\sqrt{u+4}-2)(\sqrt{u+4}+2)}{u(\sqrt{u+4}+2)}$$

$$= \lim_{u\to 0} \frac{1}{\sqrt{u+4}+2)} = \frac{1}{4}.$$

注：本题方法二表明，多元函数的极限问题有时可以转化为一元函数的极限问题.

6.1.2.3　二元连续函数的性质

与闭区间上一元连续函数的性质相类似，在有界闭区域上连续的二元函数有如下性质.

性质 6 - 1 - 1（最大值最小值定理）　有界闭区域上的二元连续函数必有最大值和最小值.

性质 6 - 1 - 2（介值定理）　在有界闭区域上连续的二元函数必能取得介于最大值和最小值之间的任何值.

以上关于二元函数的极限和连续的讨论完全可以推广到三元及三元以上的函数.

习题 6 - 1

1. 设 $f(x,y)=xy+1$，求 $f(1,2)$，$f\left(xy,\dfrac{y}{x}\right)$.

2. 设 $f(x+y,x-y)=x^2-y^2$，求 $f(x,y)$.

3. 求下列各函数的定义域.

(1) $z=\ln(1-x-y)$；　　　　(2) $z=\sqrt{y-x^2}$；

(3) $z=\arccos(x^2+y^2)$；　　(4) $z=\sqrt{x^2+4y^2-16}$；

(5) $z=\sqrt{x-1}-\dfrac{1}{\sqrt{y}}$；　　(6) $z=\dfrac{\sqrt{x-y}}{\sqrt{x+y}}$；

(7) $z=\ln(x^2+y^2-1)+\dfrac{1}{\sqrt{4-x^2-y^2}}$.

4. 求下列函数的极限.

(1) $\displaystyle\lim_{(x,y)\to(1,2)}\frac{3xy}{x^2+y^2}$；

(2) $\displaystyle\lim_{(x,y)\to(0,0)}\frac{\sin(x^2+y^2)}{(x^2+y^2)e^{x+y}}$；

(3) $\displaystyle\lim_{(x,y)\to(2,0)}\frac{\tan(xy)}{x^2y}$；

(4) $\displaystyle\lim_{(x,y)\to(0,0)}\frac{1-\cos(xy)}{x^2y^2e^{xy}}$；

(5) $\displaystyle\lim_{(x,y)\to(0,0)}\frac{3-\sqrt{xy+9}}{xy}$；

(6) $\displaystyle\lim_{(x,y)\to(0,0)}\frac{xy}{1-\sqrt{2-e^{xy}}}$.

6.2　偏导数和全微分

6.2.1　偏导数

6.2.1.1　偏导数的定义

定义 6 - 2 - 1　设二元函数 $z=f(x,y)$ 在点 (x_0,y_0) 的某一邻域内有定义，当固定 $y=y_0$ 不变，变量 x 在 x_0 处取一改变量 Δx 时，如果极限

$$\lim_{\Delta x\to0}\frac{f(x_0+\Delta x,y_0)-f(x_0,y_0)}{\Delta x}\qquad(6-2-1)$$

存在，则称该极限值为函数 $z=f(x,y)$ 在点 (x_0,y_0) 处关于**自变量 x 的偏导数**，记作

$$f'_x(x_0,y_0)，或 z'_x\Big|_{\substack{x=x_0\\y=y_0}}，\frac{\partial z}{\partial x}\Big|_{\substack{x=x_0\\y=y_0}}，\frac{\partial f(x_0,y_0)}{\partial x}.$$

同理，如果极限

$$\lim_{\Delta y\to0}\frac{f(x_0,y_0+\Delta y)-f(x_0,y_0)}{\Delta y}\qquad(6-2-2)$$

存在，则称该极限值为函数 $z=f(x,y)$ 在点 (x_0,y_0) 处**关于自变量 y 的偏导数**，记作

$$f'_y(x_0,y_0)，或 z'_y\Big|_{\substack{x=x_0\\y=y_0}}，\frac{\partial z}{\partial y}\Big|_{\substack{x=x_0\\y=y_0}}，\frac{\partial f(x_0,y_0)}{\partial y}.$$

如果函数 $z=f(x,y)$ 在平面区域 D 内的每一个点 (x,y) 处对 y（或对 y）的偏导数都存在，那么这个偏导数就是变量 x,y 的函数，称它为函数 $f(x,y)$ 对 x（或对 y）的**偏导函数**，简称为偏导数，记作 $f'_x(x,y)$，或 z'_x，$\dfrac{\partial z}{\partial x}$，$\dfrac{\partial f}{\partial x}\Big[f'_y(x,y)$，或 z'_y，$\dfrac{\partial z}{\partial y}$，$\dfrac{\partial f}{\partial y}\Big]$.

6.2.1.2　偏导数的求法

由偏导数的定义易见，要求多元函数对某个变量的偏导数，只需将其余变量看作常量，按一元函数的求导法则求导即可.

【例 6 - 2 - 1】 设 $f(x,y)=3xy^2$，求 $f'_x(x,y)$，$f'_y(x,y)$.

解法一　用偏导数的定义求

$$f'_x(x,y) = \lim_{\Delta x \to 0} \frac{f(x_0 + \Delta x, y_0) - f(x_0, y_0)}{\Delta x}$$

$$= \lim_{\Delta x \to 0} \frac{3(x + \Delta x)y^2 - 3xy^2}{\Delta x}$$

$$= \lim_{\Delta x \to 0} \frac{3\Delta x y^2}{\Delta x} = 3y^2.$$

同样

$$f'_y(x,y) = \lim_{\Delta x \to 0} \frac{f(x_0, y_0 + \Delta y) - f(x_0, y_0)}{\Delta y}$$

$$= \lim_{\Delta x \to 0} \frac{3x(y + \Delta y)^2 - 3xy^2}{\Delta y}$$

$$= \lim_{\Delta x \to 0} \frac{6xy\Delta y + 3x\Delta y^2}{\Delta y} = 6xy.$$

解法二　用偏导数的求导法则求

求 $f'_x(x,y)$ 时将 y 看作常量，对 x 求导得

$$f'_x(x,y) = 3y^2,$$

类似地，求 $f'_y(x,y)$ 时将 x 看作常量，对 y 求导得

$$f'_y(x,y) = 6xy.$$

【**例 6 - 2 - 2**】设 $z = x^2 \ln y + y^3 \sin x + 1$，求 $\dfrac{\partial z}{\partial x}, \dfrac{\partial z}{\partial y}, \dfrac{\partial z}{\partial x}\bigg|_{\substack{x=1 \\ y=1}}, \dfrac{\partial z}{\partial y}\bigg|_{\substack{x=1 \\ y=1}}.$

解　将 y 看作常量，对 x 求导得

$$\frac{\partial z}{\partial x} = 2x\ln y + y^3 \cos x,$$

将 x 看作常量，对 y 求导得

$$\frac{\partial z}{\partial y} = \frac{x^2}{y} + 3y^2 \sin x,$$

故

$$\frac{\partial z}{\partial x}\bigg|_{\substack{x=1 \\ y=1}} = \cos 1, \frac{\partial z}{\partial y}\bigg|_{\substack{x=1 \\ y=1}} = 1 + 3\sin 1.$$

【**例 6 - 2 - 3**】设 $z = x^y$，求 $z'_x, z'_y.$

解　将 y 看作常量，对 x 求导得

$$z'_x = yx^{y-1},$$

将 x 看作常量，对 y 求导得

$$z'_y = x^y \ln x.$$

【**例 6 - 2 - 4**】已知理想气体的状态方程 $pV = RT$（R 为常量），求证：

$$\frac{\partial p}{\partial V} \cdot \frac{\partial V}{\partial T} \cdot \frac{\partial T}{\partial p} = -1.$$

证　因为

$$p = \frac{RT}{V}, \frac{\partial p}{\partial V} = -\frac{RT}{V^2};$$

$$V = \frac{RT}{p}, \frac{\partial V}{\partial T} = \frac{R}{p};$$

$$T = \frac{pV}{R}, \frac{\partial T}{\partial p} = \frac{V}{R}.$$

所以

$$\frac{\partial p}{\partial V} \cdot \frac{\partial V}{\partial T} \cdot \frac{\partial T}{\partial p} = -\frac{RT}{V^2} \cdot \frac{R}{p} \cdot \frac{V}{R} = -\frac{RT}{pV} = -1.$$

证毕.

注：对一元函数来说，导数符号 $\frac{\mathrm{d}y}{\mathrm{d}x}$ 既可以看作一个整体符号，也可以看成函数的微分 $\mathrm{d}y$ 与自变量的微分 $\mathrm{d}x$ 之商（微商名称的由来）. 但是通过〖例 6-2-4〗，我们会发现对多元函数来说，偏导数符号 $\frac{\partial z}{\partial x}$ 则只能看成一个整体符号，不能看成分子 ∂z 与分母 ∂x 之商.

6.2.1.3　高阶偏导数

一般来说，二元函数 $z = f(x,y)$ 的偏导数 $f'_x(x,y)$，$f'_y(x,y)$ 还是二元函数. 如果它们对 x，y 的偏导数仍然还存在，则称其为函数 $z = f(x,y)$ 的二阶偏导数，分别记作

$$\frac{\partial}{\partial x}\left(\frac{\partial z}{\partial x}\right) = \frac{\partial^2 z}{\partial x^2} = z''_{xx}(x,y) = f''_{xx}(x,y), \quad \frac{\partial}{\partial y}\left(\frac{\partial z}{\partial x}\right) = \frac{\partial^2 z}{\partial x \partial y} = z''_{xy}(x,y) = f''_{xy}(x,y),$$

$$\frac{\partial}{\partial x}\left(\frac{\partial z}{\partial y}\right) = \frac{\partial^2 z}{\partial y \partial x} = z''_{yx}(x,y) = f''_{yx}(x,y), \quad \frac{\partial}{\partial y}\left(\frac{\partial z}{\partial y}\right) = \frac{\partial^2 z}{\partial y^2} = z''_{yy}(x,y) = f''_{yy}(x,y).$$

其中，称 $f''_{xy}(x,y)$ 和 $f''_{yx}(x,y)$ 为二阶混合偏导数. 同样可得三阶、四阶……以及 n 阶偏导数，二阶及二阶以上的偏导数统称为**高阶偏导数**.

定理 6-2-1　对于二元函数 $z = f(x,y)$，如果二阶混合偏导数 $f''_{xy}(x,y)$ 和 $f''_{yx}(x,y)$ 在点 (x,y) 处均连续，则必有 $f''_{xy}(x,y) = f''_{yx}(x,y)$.

这就是说，二阶混合偏导数在连续的条件下与求导次序无关.

〖例 6-2-5〗 设 $z = 2x^3 y^2 - 3xy^3 + 1$，求 $\frac{\partial^2 z}{\partial x^2}$，$\frac{\partial^2 z}{\partial x \partial y}$，$\frac{\partial^2 z}{\partial y \partial x}$，$\frac{\partial^2 z}{\partial y^2}$，$\frac{\partial^3 z}{\partial y^3}$.

解　因为

$$\frac{\partial z}{\partial x} = 6x^2 y^2 - 3y^3, \frac{\partial z}{\partial y} = 4x^3 y - 9xy^2,$$

所以

$$\frac{\partial^2 z}{\partial x^2} = (6x^2 y^2 - 3y^3)'_x = 12xy^2 \, ;$$

$$\frac{\partial^2 z}{\partial y^2} = (4x^3 y - 9xy^2)'_y = 4x^3 - 18xy \, ;$$

$$\frac{\partial^2 z}{\partial x \partial y} = (6x^2 y^2 - 3y^3)'_y = 12x^2 y - 9y^2 \, ;$$

$$\frac{\partial^2 z}{\partial y \partial x} = (4x^3 y - 9xy^2)'_x = 12x^2 y - 9y^2 \, ;$$

$$\frac{\partial^3 z}{\partial y^3} = (4x^3 - 18xy)'_y = -18x.$$

【例 6 - 2 - 6】 设 $z = xe^{xy}$，求 $\dfrac{\partial^2 z}{\partial x^2}, \dfrac{\partial^2 z}{\partial x \partial y}, \dfrac{\partial^2 z}{\partial y \partial x}, \dfrac{\partial^2 z}{\partial y^2}.$

解　因为

$$\frac{\partial z}{\partial x} = e^{xy} + xye^{xy} = (1 + xy)e^{xy}, \frac{\partial z}{\partial y} = x^2 e^{xy},$$

所以

$$\frac{\partial^2 z}{\partial x^2} = \left[(1 + xy)e^{xy} \right]'_x = (2y + xy^2)e^{xy} \, ;$$

$$\frac{\partial^2 z}{\partial x \partial y} = \left[(1 + xy)e^{xy} \right]'_y = (2x + x^2 y)e^{xy} \, ;$$

$$\frac{\partial^2 z}{\partial y \partial x} = (x^2 e^{xy})'_x = 2xe^{xy} + x^2 ye^{xy} = (2x + x^2 y)e^{xy} \, ;$$

$$\frac{\partial^2 z}{\partial y^2} = (x^2 e^{xy})'_y = x^3 e^{xy}.$$

在〖例 6 - 2 - 5〗和〖例 6 - 2 - 6〗中两个二阶混合偏导数分别相等，即 $\dfrac{\partial^2 z}{\partial x \partial y} = \dfrac{\partial^2 z}{\partial y \partial x}.$

【例 6 - 2 - 7】 验证函数 $z = \ln \sqrt{x^2 + y^2}$ 满足方程 $\dfrac{\partial^2 z}{\partial x^2} + \dfrac{\partial^2 z}{\partial y^2} = 0.$

证　因为

$$z = \ln \sqrt{x^2 + y^2} = \frac{1}{2}\ln(x^2 + y^2),$$

所以

$$\frac{\partial z}{\partial x} = \frac{x}{x^2 + y^2}, \frac{\partial z}{\partial y} = \frac{y}{x^2 + y^2},$$

$$\frac{\partial^2 z}{\partial x^2} = \frac{(x^2 + y^2) - x \cdot 2x}{(x^2 + y^2)^2} = \frac{y^2 - x^2}{(x^2 + y^2)^2},$$

$$\frac{\partial^2 z}{\partial y^2} = \frac{(x^2 + y^2) - y \cdot 2y}{(x^2 + y^2)^2} = \frac{x^2 - y^2}{(x^2 + y^2)^2}.$$

因此

$$\frac{\partial^2 z}{\partial x^2} + \frac{\partial^2 z}{\partial y^2} = \frac{x^2 - y^2}{(x^2 + y^2)^2} + \frac{y^2 - x^2}{(x^2 + y^2)^2} = 0.$$

6.2.2 全微分

对函数 $z = f(x, y)$，如果分别给自变量 x、y 一个增量 Δx、Δy，则函数有相应的增量 $f(x + \Delta x, y + \Delta y) - f(x, y)$，称为函数 $z = f(x, y)$ 在点 (x, y) 的全增量，记作 Δz，即

$$\Delta z = f(x + \Delta x, y + \Delta y) - f(x, y).$$

一般来说，Δz 的计算相当复杂，因此我们考虑用 Δx、Δy 的线性函数 $A\Delta x + B\Delta y$ 近似代替 Δz，从而引出全微分的概念.

6.2.2.1 全微分的概念

定义 6 - 2 - 2 若函数 $z = f(x, y)$ 在点 (x, y) 处的全增量

$$\Delta z = f(x + \Delta x, y + \Delta y) - f(x, y)$$

可以表示为：

$$\Delta z = A\Delta x + B\Delta y + o(\rho), \tag{6-2-3}$$

其中，A，B 与 Δx 和 Δy 无关，$\rho = \sqrt{(\Delta x)^2 + (\Delta y)^2} \to 0 (\Delta x \to 0, \Delta y \to 0)$，$o(\rho)$ 是 ρ 的高阶无穷小量，则称二元函数 $z = f(x, y)$ **在点 (x, y) 处可微分**，并称 $A\Delta x + B\Delta y$ 为函数 $f(x, y)$ 在点 (x, y) 处的全微分，记作 $\mathrm{d}z$ 或 $\mathrm{d}f(x, y)$，即

$$\mathrm{d}z = A\Delta x + B\Delta y. \tag{6-2-4}$$

如果函数 $z = f(x, y)$ 在区域 D 内每一点处都可微分，那么称该函数在 D 内可微分.

由全微分的定义可知，**如果函数 $z = f(x, y)$ 在点 (x, y) 处可微分，则函数在该点必定连续**. 事实上，由式 $(6-2-3)$ 可得 $\lim\limits_{\rho \to 0} \Delta z = 0$，从而

$$\lim_{(\Delta x, \Delta y) \to (0,0)} f(x + \Delta x, y + \Delta y) = \lim_{\rho \to 0} [f(x, y) + \Delta z] = f(x, y).$$

因此，函数 $z = f(x, y)$ 在点 (x, y) 处连续.

下面讨论函数 $z = f(x, y)$ 在点 (x, y) 处可微分的条件.

定理 6 - 2 - 2（必要条件） 如果函数 $z = f(x, y)$ 在点 (x, y) 可微分，则函数在该点的偏导数 $\dfrac{\partial z}{\partial x}$、$\dfrac{\partial z}{\partial y}$ 必定存在，且函数 $z = f(x, y)$ 在点 (x, y) 处的全微分为

$$\mathrm{d}z = \frac{\partial z}{\partial x}\Delta x + \frac{\partial z}{\partial y}\Delta y. \tag{6-2-5}$$

证 设函数 $z = f(x, y)$ 在点 (x, y) 可微分. 于是有 $\Delta z = A\Delta x + B\Delta y + o(\rho)$，特别当 $\Delta y = 0$ 时，由式 $(6-2-3)$ 可得

$$f(x + \Delta x, y) - f(x, y) = A\Delta x + o(\Delta x).$$

上式两边各除以 Δx，再令 $\Delta x \to 0$ 取极限，就得

$$\lim_{\Delta x \to 0} \frac{f(x + \Delta x, y) - f(x, y)}{\Delta x} = \lim_{\Delta x \to 0} \left[A + \frac{o(\mid \Delta x \mid)}{\Delta x} \right] = A,$$

从而 $\dfrac{\partial z}{\partial x}$ 存在，且 $\dfrac{\partial z}{\partial x} = A.$ 同理 $\dfrac{\partial z}{\partial y}$ 存在，且 $\dfrac{\partial z}{\partial y} = B.$ 所以 $\mathrm{d}z = \dfrac{\partial z}{\partial x} \Delta x + \dfrac{\partial z}{\partial y} \Delta y.$
证毕.

按照习惯，Δx、Δy 分别记作 $\mathrm{d}x$、$\mathrm{d}y$，并分别称为自变量的微分，则函数 $z = f(x, y)$ 的全微分可写作

$$\mathrm{d}z = \frac{\partial z}{\partial x}\mathrm{d}x + \frac{\partial z}{\partial y}\mathrm{d}y. \tag{6-2-6}$$

定理 6-2-3（充分条件）　如果函数 $z = f(x, y)$ 的偏导数 $\dfrac{\partial z}{\partial x}$、$\dfrac{\partial z}{\partial y}$ 在点 (x, y) 处连续，则函数在该点可微分.

证明从略.

定理 6-2-2 和定理 6-2-3 的结论可推广到三元及三元以上函数.

二元函数的全微分等于它的两个偏微分之和称为二元函数的微分符合**叠加原理**.
叠加原理也适用于二元以上的函数，例如，三元函数 $u = f(x, y, z)$ 的全微分为

$$\mathrm{d}u = \frac{\partial u}{\partial x}\mathrm{d}x + \frac{\partial u}{\partial y}\mathrm{d}y + \frac{\partial u}{\partial z}\mathrm{d}z. \tag{6-2-7}$$

【例 6-2-8】 已知函数 $z = x^2 y + y^2$，求全微分 $\mathrm{d}z$ 及 $\mathrm{d}z \Big|_{\substack{x=1 \\ y=2}}$.

解　$\mathrm{d}z = \dfrac{\partial z}{\partial x}\mathrm{d}x + \dfrac{\partial z}{\partial y}\mathrm{d}y = 2xy\mathrm{d}x + (x^2 + 2y)\mathrm{d}y,$

$\mathrm{d}z \Big|_{\substack{x=1 \\ y=2}} = 4\mathrm{d}x + 5\mathrm{d}y.$

【例 6-2-9】 已知函数 $z = x\sin y + ye^x$，求全微分 $\mathrm{d}z$.

解　因为

$$\frac{\partial z}{\partial x} = \sin y + ye^x, \frac{\partial z}{\partial y} = x\cos y + e^x,$$

所以

$$\mathrm{d}z = \frac{\partial z}{\partial x}\mathrm{d}x + \frac{\partial z}{\partial y}\mathrm{d}y = (\sin y + ye^x)\mathrm{d}x + (x\cos y + e^x)\mathrm{d}y.$$

【例 6-2-10】 已知函数 $u = xyz + \arctan z$，求全微分 $\mathrm{d}z$.

解　因为

$$\frac{\partial u}{\partial x} = yz, \frac{\partial u}{\partial y} = xz, \frac{\partial u}{\partial z} = xy + \frac{1}{1 + z^2},$$

所以

$$\mathrm{d}u = \frac{\partial u}{\partial x}\mathrm{d}x + \frac{\partial u}{\partial y}\mathrm{d}y + \frac{\partial u}{\partial z}\mathrm{d}z = yz\mathrm{d}x + xz\mathrm{d}y + \left(xy + \frac{1}{1 + z^2} \right)\mathrm{d}z.$$

6.2.2.2 全微分在近似计算中的应用

由全微分定义知：$\Delta z = \mathrm{d}z + o(\rho)$. 当 $|\Delta x|$ 和 $|\Delta y|$ 都很小时，有全微分近似计算的公式：

$$\Delta z \approx \mathrm{d}z.$$

于是得全微分近似计算的公式：

$$f(x_0 + \Delta x, y_0 + \Delta y) \approx f(x_0, y_0) + f'_x(x_0, y_0)\Delta x + f'_y(x_0, y_0)\Delta y. \tag{6-2-8}$$

【例 6 - 2 - 11】 计算 $(1.01)^{2.03}$ 的近似值.

解 设函数 $f(x, y) = x^y$，取 $x_0 = 1$，$y_0 = 2$，$\Delta x = 0.01$，$\Delta y = 0.03$，因为 Δx，Δy 相对较小，所以 $f(x_0 + \Delta x, y_0 + \Delta y) \approx f(x_0, y_0) + f'_x(x_0, y_0)\Delta x + f'_y(x_0, y_0)\Delta y$.

由于

$$f(1,2) = 1, f'_x(1,2) = yx^{y-1}\Big|_{\substack{x=1 \\ y=2}} = 2, f'_y(1,2) = x^y\ln x\Big|_{\substack{x=1 \\ y=2}} = 0,$$

可得

$$(1.01)^{2.03} \approx f(1,2) + f'_x(1,2)\Delta x + f'_y(1,2)\Delta y = 1 + 2\times 0.01 + 0\times 0.03 = 1.02.$$

习题 6 - 2

1. 求下列函数的偏导数.

(1) $z = xy^2 + x^2y^5 + 1$；

(2) $z = e^{x+y} + xy$；

(3) $z = \ln xy - \sin(xy)$；

(4) $z = 1 + \sqrt{x^2 + y^2}$；

(5) $z = \cos(x^2 + y^2)$；

(6) $z = y^2 e^{xy}$；

(7) $z = y\arcsin x$；

(8) $z = \arctan\dfrac{y}{x}$.

2. 求下列函数的二阶偏导数.

(1) $z = x^2 + xy^3 - y^4$.

(2) $z = \ln(x + y^2)$.

(3) $z = e^{xy+1}$.

(4) $z = \cos(x^2 + y^2)$.

3. 设 $z = x^3\ln y$，求 $\dfrac{\partial^2 z}{\partial x^2}\Big|_{\substack{x=1 \\ y=1}}$，$\dfrac{\partial^2 z}{\partial x\partial y}\Big|_{\substack{x=1 \\ y=1}}$，$\dfrac{\partial^2 z}{\partial y^2}\Big|_{\substack{x=1 \\ y=1}}$，$\dfrac{\partial^3 z}{\partial x^3}\Big|_{\substack{x=1 \\ y=1}}$.

4. 已知函数 $z = 3x^2 + 2y^3$，求当 $x = 10$，$y = 5$，$\Delta x = 0.2$，$\Delta y = 0.1$ 的全微分.

5. 求下列函数的全微分.

(1) $z = xy - \cos(xy)$；

(2) $z = x^2 e^{xy}$；

(3) $z = x^2 y\ln\ (x + y)$；

(4) $z = \ln\ \sqrt{x^2 + y^2}$；

(5) $z = \dfrac{x - y}{x + y}$；

(6) $z = \arcsin xy$.

*6. 计算 $(1.97)^{1.05}$ 的近似值（$\ln 2 = 0.693$）.

6.3　多元复合函数与隐函数的微分法

6.3.1　复合函数的微分法

6.3.1.1　二元复合函数的概念

设二元函数 $z = f(u,v)$ 是变量 u 和 v 的函数，而 u 和 v 又是 x 和 y 的函数，其中，$u = \varphi(x,y)$，$v = \psi(x,y)$，则称函数 $z = f[\varphi(x,y),\psi(x,y)]$ 为 x，y 的复合函数，称 u 和 v 为中间变量.

为了更清楚地表示这些变量之间的关系，可用图表示，上述复合函数中变量间的关系可用图 6 – 3 表示，其中线段表示所连的两个变量有关系.

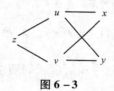

图 6 – 3

二元复合函数有两种特殊情形：

（1）若 $z = f(u,v)$，$u = \varphi(x)$，$v = \psi(x)$，则复合函数 $z = f[\varphi(x),\psi(x)]$ 为一元函数，其复合关系如图 6 – 4 所示，称这种复合函数的导数为全导数.

图 6 – 4

（2）若 $z = f(u)$，$u = \varphi(x,y)$，则复合函数为 $z = f[\varphi(x,y)]$，其复合关系如图 6 – 5 所示.

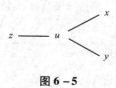

图 6 – 5

6.3.1.2　复合函数的微分法

定理 6 – 3 – 1　设函数 $z = f(u,v)$ 可微，而函数 $u = \varphi(x,y)$，$v = \psi(x,y)$ 的偏导数均存在，则复合函数 $z = f[\varphi(x,y),\psi(x,y)]$ 在点 (x,y) 处的偏导数必存在，且

$$\frac{\partial z}{\partial x} = \frac{\partial z}{\partial u} \cdot \frac{\partial u}{\partial x} + \frac{\partial z}{\partial v} \cdot \frac{\partial v}{\partial x}, \frac{\partial z}{\partial y} = \frac{\partial z}{\partial u} \cdot \frac{\partial u}{\partial y} + \frac{\partial z}{\partial v} \cdot \frac{\partial v}{\partial y}. \qquad (6-3-1)$$

上述公式称为复合函数的链式法则，该法则可比照复合关系图 6-3 来记忆.

【例 6-3-1】 设 $z = e^{uv}$，而 $u = xy$，$v = x^2 + y^2$，求 $\frac{\partial z}{\partial x}$，$\frac{\partial z}{\partial y}$.

解 $\frac{\partial z}{\partial x} = \frac{\partial z}{\partial u} \cdot \frac{\partial u}{\partial x} + \frac{\partial z}{\partial v} \cdot \frac{\partial v}{\partial x} = ve^{uv} \cdot y + ue^{uv} \cdot 2x$

$$= e^{xy(x^2+y^2)} \left[y(x^2+y^2) + 2x^2y \right] = e^{xy(x^2+y^2)} (3x^2y + y^3),$$

$$\frac{\partial z}{\partial y} = \frac{\partial z}{\partial u} \cdot \frac{\partial u}{\partial y} + \frac{\partial z}{\partial v} \cdot \frac{\partial v}{\partial y} = ve^{uv} \cdot x + ue^{uv} \cdot 2y$$

$$= e^{xy(x^2+y^2)} \left[x(x^2+y^2) + 2xy^2 \right] = e^{xy(x^2+y^2)} (x^3 + 3xy^2).$$

多元复合函数的复合关系是多种多样的，相应的公式也是很多的，我们不可能也没必要把所有公式都写出来，读者可以参照式（6-3-1），自己写出本节前面介绍的二元复合函数两种特殊情形的相应公式.

【例 6-3-2】 设 $z = f(x,y)$，而 $y = \varphi(x)$，求导数 $\frac{\mathrm{d}z}{\mathrm{d}x}$.

解 所给函数的复合关系如图 6-6 所示，则所求全导数为 $\frac{\mathrm{d}z}{\mathrm{d}x} = \frac{\partial z}{\partial x} + \frac{\partial z}{\partial y} \cdot \frac{\mathrm{d}y}{\mathrm{d}x}$.

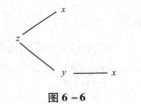

图 6-6

在上式中，左边 $\frac{\mathrm{d}z}{\mathrm{d}x}$ 表示把复合函数 $z = f[x,\varphi(x)]$ 对变量 x 求导数（此时 $z = f[x,\varphi(x)]$ 为关于变量 x 的一元函数），右边 $\frac{\partial z}{\partial x}$ 表示把二元函数 $z = f(x,y)$ 对变量 x 求偏导数，请读者注意区别.

【例 6-3-3】 设 $z = \ln(u+v)$，而 $u = e^x$，$v = \sin x$，求全导数 $\frac{\mathrm{d}z}{\mathrm{d}x}$.

解 $\frac{\mathrm{d}z}{\mathrm{d}x} = \frac{\partial z}{\partial u} \cdot \frac{\mathrm{d}u}{\mathrm{d}x} + \frac{\partial z}{\partial v} \cdot \frac{\mathrm{d}v}{\mathrm{d}x} = \frac{1}{u+v} \cdot e^x + \frac{1}{u+v} \cdot \cos x = \frac{e^x + \cos x}{e^x + \sin x}.$

【例 6-3-4】 设 $z = f(x^2y^2, 2x+3y)$，求 $\frac{\partial z}{\partial x}$，$\frac{\partial z}{\partial y}$.

解 设 $u = x^2y^2$，$v = 2x+3y$，则 $z = f(u,v)$ 是以 u 和 v 为中间变量的二元复合函数，其复合关系如图 6-3 所示，于是由式（6-3-1）得

$$\frac{\partial z}{\partial x} = \frac{\partial z}{\partial u} \cdot \frac{\partial u}{\partial x} + \frac{\partial z}{\partial v} \cdot \frac{\partial v}{\partial x} = f_u' \cdot 2xy^2 + f_v' \cdot 2 \overset{记}{=} 2xy^2 f_1' + 2f_2',$$

$$\frac{\partial z}{\partial y} = \frac{\partial z}{\partial u} \cdot \frac{\partial u}{\partial y} + \frac{\partial z}{\partial v} \cdot \frac{\partial v}{\partial y} = f'_u \cdot 2x^2 y + f'_v \cdot 3 \overset{\text{记}}{=} 2x^2 y f'_1 + 3f'_2.$$

注：为表达简便起见，我们一般采用记号：$f'_1(u,v) = f'_u(u,v), f'_2(u,v) = f'_v(u,v)$，$f'_1$ 中的下标 1 表示对第一个变量求偏导数，f'_2 中的下标 2 表示对第二个变量求偏导数. 对于高阶偏导数也有这种记号，如 $f''_{21}(u,v) = f''_{vu}(x,y)$，以后遇到含抽象函数的多元复合函数求偏导数时，可不必写出中间变量，直接采用这种记号.

6.3.2　隐函数的微分法

6.3.2.1　隐函数的概念

二元方程 $F(x,y) = 0$ 可确定 y 是 x 的函数 $y = f(x)$，称为**一元隐函数**，三元方程 $F(x,y,z) = 0$ 可确定 z 是 x 和 y 的二元函数 $z = f(x,y)$，称为**二元隐函数**. 类似的还有三元、四元一直到 n 元的隐函数. 这里仅讨论一元和二元隐函数.

6.3.2.2　隐函数的微分法

在一元函数微分学中，我们讨论了一元隐函数的导数. 下面利用偏导数给出求其导数的公式.

将方程 $F(x,y) = 0$ 的两边同时对 x 求导数，且把变量 y 看成变量 x 的函数，得

$$F'_x + F'_y \cdot \frac{dy}{dx} = 0,$$

当 $F'_y \neq 0$ 时，解得一元隐函数的求导公式：

$$\frac{dy}{dx} = -\frac{F'_x}{F'_y}. \tag{6-3-2}$$

【例 6 - 3 - 5】求由方程 $x^3 e^y + y^2 = 3x$ 所确定的隐函数 $y = f(x)$ 的导数.

解　令 $F(x,y) = x^3 e^y + y^2 - 3x$，则

$$F'_x = 3x^2 e^y - 3, \quad F'_y = x^3 e^y + 2y,$$

因此由式（6 - 3 - 2）得

$$\frac{dy}{dx} = -\frac{F'_x}{F'_y} = -\frac{3x^2 e^y - 3}{x^3 e^y + 2y}.$$

同样，对于方程 $F(x,y,z) = 0$ 所确定的二元隐函数 $z = f(x,y)$，将方程 $F(x,y,z) = 0$ 两边分别对 x 和 y 求偏导数，且将变量 z 看作 x 和 y 的函数，得

$$F'_x + F'_z \cdot \frac{\partial z}{\partial x} = 0, \quad F'_y + F'_z \cdot \frac{\partial z}{\partial y} = 0.$$

当 $F'_z \neq 0$ 时，可得二元隐函数的求偏导公式：

$$\frac{\partial z}{\partial x} = -\frac{F'_x}{F'_z}, \quad \frac{\partial z}{\partial y} = -\frac{F'_y}{F'_z}. \tag{6-3-3}$$

【例 6 - 3 - 6】求由方程 $xe^z - xyz = 2y$ 所确定的隐函数 $z = f(x,y)$ 的偏导数.

解 令 $F(x,y,z)=xe^z-xyz-2y$，求得

$$F'_x=e^z-yz,F'_y=-xz-2,F'_z=xe^z-xy,$$

代入公式得

$$\frac{\partial z}{\partial x}=-\frac{F'_x}{F'_z}=-\frac{e^z-yz}{xe^z-xy}=\frac{yz-e^z}{xe^z-xy},$$

$$\frac{\partial z}{\partial y}=-\frac{F'_y}{F'_z}=-\frac{-xz-2}{xe^z-xy}=\frac{xz+2}{xe^z-xy}.$$

【例 6-3-7】求由方程 $x^y=y^z$ 所确定的隐函数 $z=f(x,y)$ 的全微分 $\mathrm{d}z$.

解 令 $F(x,y,x)=x^y-y^z$，求得

$$F'_x=yx^{y-1},\quad F'_y=x^y\ln x-zy^{z-1},\quad F'_z=-y^z\ln y,$$

代入公式得

$$\frac{\partial z}{\partial x}=-\frac{F'_x}{F'_z}=-\frac{yx^{y-1}}{-y^z\ln y}=\frac{x^{y-1}}{y^{z-1}\ln y},$$

$$\frac{\partial z}{\partial y}=-\frac{F'_y}{F'_z}=-\frac{x^y\ln x-zy^{z-1}}{-y^z\ln y}=\frac{x^y\ln x-zy^{z-1}}{y^z\ln y},$$

因此

$$\mathrm{d}z=\frac{\partial z}{\partial x}\mathrm{d}x+\frac{\partial z}{\partial y}\mathrm{d}y=\frac{x^{y-1}}{y^{z-1}\ln y}\mathrm{d}x+\frac{x^y\ln x-zy^{z-1}}{y^z\ln y}\mathrm{d}y.$$

习题 6-3

1. 求下列复合函数的偏导数或全导数.

（1）$z=u^2+v^2$，$u=x+y$，$v=x-y$，求 $\dfrac{\partial z}{\partial x}$，$\dfrac{\partial z}{\partial y}$.

（2）$z=u^2\ln v$，$u=x^2+y$，$v=x+y^2$，求 $\dfrac{\partial z}{\partial x}$，$\dfrac{\partial z}{\partial y}$.

（3）$z=\ln(u+v)$，$u=\sin x$，$v=x^2$，求 $\dfrac{\mathrm{d}z}{\mathrm{d}x}$.

（4）$z=e^{uv}$，$u=\tan x$，$v=\dfrac{1}{x}$，求 $\dfrac{\mathrm{d}z}{\mathrm{d}x}$.

（5）$z=f(x^2y,\ x^2+y^2)$，其中 f 具有一阶连续偏导数，求 $\dfrac{\partial z}{\partial x}$，$\dfrac{\partial z}{\partial y}$.

2. 求下列方程所确定的一元隐函数 $y=f(x)$ 的导数 $\dfrac{\mathrm{d}y}{\mathrm{d}x}$.

（1）$xy^2+\ln xy=0$；

（2）$x^2+y^2=xe^y$.

3. 求下列方程所确定的二元隐函数 $z=f(x,y)$ 的偏导数 $\dfrac{\partial z}{\partial x}$，$\dfrac{\partial z}{\partial y}$.

（1）$z^3 - 2xy = e^{xz}$；

（2）$x^3 + y^3 + z^3 = xyz$；

（3）$e^z - \sin x \sin y = 2x$；

（4）$xz + z^2 y = xy - 2$.

6.4　偏导数的应用

我们曾介绍了关于一元函数的导数在几何、工程技术等领域的一些应用．类似地，本节主要讨论多元函数的偏导数的若干应用．

6.4.1　几何应用

6.4.1.1　空间曲线的切线与法平面

由一元函数导数的几何意义，可求平面曲线 $y = f(x)$ 的切线和法线方程．与平面曲线的切线概念相类似，先给出空间曲线的切线和法平面的概念．

定义 6 - 4 - 1　设 M_0 是空间曲线 Γ 上的一点，M 是 Γ 上与 M_0 邻近的点．如果割线 $M_0 M$ 的极限位置存在，设为 $M_0 T$，则 $M_0 T$ 称为曲线 Γ 在点 M_0 的**切线**，点 M_0 为切点．过点 M_0 且垂直 $M_0 T$ 的平面称为曲线 Γ 在点 M_0 的**法平面**（见图 6 - 7）．

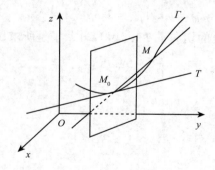

图 6 - 7

下面介绍空间曲线 Γ 的切线与法平面方程．

设空间曲线 Γ 的参数方程为

$$x = \varphi(t), y = \psi(t), z = \omega(t),$$

其中，t 为参数，$\varphi(t)$、$\psi(t)$、$\omega(t)$ 可导，且导数不全为零．

当参数 t 取 t_0 时，对应曲线上的点 $M_0(x_0, y_0, z_0)$，当 $t = t_0 + \Delta t$ 时，对应曲线上的点 $M(x_0 + \Delta x, y_0 + \Delta y, z_0 + \Delta z)$．由解析几何知，割线 $M_0 M$ 的方程为

$$\frac{x-x_0}{\Delta x} = \frac{y-y_0}{\Delta y} = \frac{z-z_0}{\Delta z},$$

或者写成

$$\frac{x-x_0}{\dfrac{\Delta x}{\Delta t}} = \frac{y-y_0}{\dfrac{\Delta y}{\Delta t}} = \frac{z-z_0}{\dfrac{\Delta z}{\Delta t}},$$

当 $M \to M_0$ 时，有 $\Delta t \to 0$，此时 $\dfrac{\Delta x}{\Delta t} \to \varphi'(t_0)$，$\dfrac{\Delta y}{\Delta t} \to \psi'(t_0)$，$\dfrac{\Delta z}{\Delta t} \to \omega'(t_0)$. 由于 $\varphi'(t_0)$，$\psi'(t_0)$，$\omega'(t_0)$ 不全为零，所以曲线 Γ 在点 M_0 处的切线存在且方程为

$$\frac{x-x_0}{\varphi'(t_0)} = \frac{y-y_0}{\psi'(t_0)} = \frac{z-z_0}{\omega'(t_0)}. \qquad (6-4-1)$$

向量 $\boldsymbol{T} = (\varphi'(t_0), \psi'(t_0), \omega'(t_0))$ 是曲线 Γ 在点 M_0 处的切线的方向向量（简称**切向量**）.

切线的方向向量正是法平面的法向量，所以法平面方程为

$$\varphi'(t_0)(x-x_0) + \psi'(t_0)(y-y_0) + \omega'(t_0)(z-z_0) = 0. \qquad (6-4-2)$$

【例 6 - 4 - 1】 求空间曲线 $\begin{cases} y = x^2, \\ z = 2x+1 \end{cases}$ 在点 $(0,0,1)$ 处的切线和法平面方程.

解 将曲线化为参数形式

$$x = t,\ y = t^2,\ z = 2t+1,$$

点 $(0,0,1)$ 对应于参数 $t_0 = 0$，此时有

$$x'\mid_{t=0} = 1, y'\mid_{t=0} = 2t\mid_{t=0} = 0, z'\mid_{t=0} = 2,$$

所以曲线在点 $(0,0,1)$ 处的切向量 $\boldsymbol{T} = (1,0,2)$，于是所求切线方程为

$$\frac{x-0}{1} = \frac{y-0}{0} = \frac{z-1}{2},$$

即

$$\begin{cases} x = \dfrac{z-1}{2}, \\ y = 0. \end{cases}$$

所求法平面方程为

$$(x-0) + 2(z-1) = 0,$$

即

$$x + 2z - 2 = 0.$$

6.4.1.2 曲面的切平面与法线

定义 6 - 4 - 2 设 M_0 为曲面 Σ 上的一点，如果在曲面 Σ 上过点 M_0 的任何曲线在点 M_0 处的切线均在同一个平面内，则称该平面为曲面 Σ 在点 M_0 处的**切平面**，过点 M_0 且垂直于切平面的直线，称为曲面 Σ 在点 M_0 的**法线**.

设曲面 Σ 的方程为 $F(x,y,z)=0$，$M_0(x_0,y_0,z_0)$ 是 Σ 上的一点，如果函数 $F(x,y,z)$ 在点 M_0 处可微，且 F'_x，F'_y，F'_z 在点 M_0 处不同时为零，则曲面 Σ 在点 M_0 处有切平面．下面我们来讨论曲面的切平面方程．

在 Σ 上任取一条过点 $M_0(x_0,y_0,z_0)$ 的曲线 Γ，设其方程为 $x=\varphi(t)$，$y=\psi(t)$，$z=\omega(t)$．参数 t_0 对应 $M_0(x_0,y_0,z_0)$，$\varphi'(t_0)$，$\psi'(t_0)$，$\omega'(t_0)$ 都存在且不全为零，曲线 Γ 在 M_0 点的切线方向向量为 $\boldsymbol{T}=(\varphi'(t_0),\psi'(t_0),\omega'(t_0))$．

由于曲线 Γ 在曲面 Σ 上，所以有

$$F[\varphi(t),\psi(t),\omega(t)]\equiv 0,$$

两边对 t 求导后，以 $t=t_0$ 代入，得

$$F'_x(x_0,y_0,z_0)\varphi'(t_0)+F'_y(x_0,y_0,z_0)\psi'(t_0)+F'_z(x_0,y_0,z_0)\omega'(t_0)=0. \qquad (6-4-3)$$

若记 $\boldsymbol{n}=(F'_x(x_0,y_0,z_0),F'_y(x_0,y_0,z_0),F'_z(x_0,y_0,z_0))$，式 $(6-4-3)$ 表明曲线 Γ 在点 M_0 处的切向量 $\boldsymbol{T}$ 与 $\boldsymbol{n}$ 相互垂直．由于曲线 Γ 是曲面 Σ 上过点 M_0 的任意曲线，所以曲面 Σ 上过点 M_0 的所有曲线在该点处的切线都与向量 $\boldsymbol{n}$ 垂直．因此，$\boldsymbol{n}$ 就是曲面 Σ 过点 M_0 切平面的一个法向量．于是，切平面方程为

$$F'_x(x_0,y_0,z_0)(x-x_0)+F'_y(x_0,y_0,z_0)(y-y_0)+F'_z(x_0,y_0,z_0)(z-z_0)=0.$$

$$(6-4-4)$$

由于法线是过曲面上点 M_0 且与切平面垂直的直线，所以法线方程为

$$\frac{x-x_0}{F'_x(x_0,y_0,z_0)}=\frac{y-y_0}{F'_y(x_0,y_0,z_0)}=\frac{z-z_0}{F'_z(x_0,y_0,z_0)}. \qquad (6-4-5)$$

【例 6 – 4 – 2】求曲面 $3x^2+y^2-z^2=27$ 在点 $M(3,1,1)$ 处的切平面方程和法线方程．

解　令 $F(x,y,z)=3x^2+y^2-z^2-27$，则

$$F'_x(3,1,1)=6x\big|_{(3,1,1)}=18,$$

$$F'_y(3,1,1)=2y\big|_{(3,1,1)}=2,$$

$$F'_z(3,1,1)=-2z\big|_{(3,1,1)}=-2,$$

所以曲面 $3x^2+y^2-z^2=27$ 在点 $M(3,1,1)$ 处的法向量 $\boldsymbol{n}=(18,2,-2)$，于是所求切平面方程为

$$18(x-3)+2(y-1)-2(z-1)=0,$$

即

$$9x+y-z-27=0.$$

所求法线方程为

$$\frac{x-3}{18}=\frac{y-1}{2}=\frac{z-1}{-2},$$

即

$$\frac{x-3}{9}=\frac{y-1}{1}=\frac{z-1}{-1}.$$

6.4.2 多元函数的极值与最值

在许多实际问题中，往往会遇到多元函数的最值问题．而多元函数的最值与极值有着密切的联系，下面以二元函数为主来讨论多元函数的极值和最值问题．

6.4.2.1 二元函数的极值

定义 6 - 4 - 3 设二元函数 $z = f(x, y)$ 在点 (x_0, y_0) 的某个 δ 邻域 $U_\delta(x_0, y_0)$ 内有定义，如果对于任意点 $(x, y) \in U_\delta(x_0, y_0)$，当 $(x, y) \neq (x_0, y_0)$ 时恒有 $f(x, y) > f(x_0, y_0)$（或 $f(x, y) < f(x_0, y_0)$）成立，则称 $f(x_0, y_0)$ 为函数 $z = f(x, y)$ 的极小值（或极大值），点 (x_0, y_0) 称为极小值点（或极大值点）．

极大值与极小值统称为极值，极大值点与极小值点统称为极值点．

例如，函数 $z = x^2 + y^2$ 在点 $(0, 0)$ 取到了极小值，点 $(0, 0)$ 为该函数的极小值点．

在一元函数中，可导函数的极值点在函数的驻点上达到，二元函数也有类似的结果．

定理 6 - 4 - 1（极值的必要条件） 如果函数 $z = f(x, y)$ 在点 (x_0, y_0) 处存在偏导数，且在点 (x_0, y_0) 取得极值，则必有

$$f'_x(x_0, y_0) = 0, f'_y(x_0, y_0) = 0.$$

证 因为 $z = f(x, y)$ 在点 $P_0(x_0, y_0)$ 处有极值，固定 $y = y_0$，则 $z = f(x, y_0)$ 在点 $x = x_0$ 处也取得极值，根据一元函数极值存在的必要条件，有

$$f'_x(x_0, y_0) = 0.$$

同理可得

$$f'_y(x_0, y_0) = 0.$$

证毕．

类似地，称使 $f'_x(x, y) = 0$，$f'_y(x, y) = 0$ 的点 (x, y) 为函数 $f(x, y)$ 的驻点．

定理 6 - 4 - 1 仅是取得极值的必要条件，并非充分条件，即**驻点不一定都是极值点**，如点 $(0, 0)$ 显然为函数 $z = x^2 - y^2$ 的驻点，但可以验证该点不是极值点．

注：极值点有可能是驻点，也有可能是偏导数不存在的点，如函数 $z = -\sqrt{x^2 + y^2}$ 的图形是位于 xOy 面下方的圆锥面，显然点 $(0, 0)$ 为该函数的极大值点，但在点 $(0, 0)$ 处的两个偏导数都不存在．

那么，如何进一步判别驻点是否为极值点呢？

定理 6 - 4 - 2（极值的充分条件） 设二元函数 $z = f(x, y)$ 在点 (x_0, y_0) 的某一邻域内有连续的二阶偏导数，且点 (x_0, y_0) 为函数 $f(x, y)$ 的驻点．记

$$A = f''_{xx}(x_0, y_0), B = f''_{xy}(x_0, y_0), C = f''_{yy}(x_0, y_0).$$

则

（1）如果 $AC - B^2 > 0$，则点 (x_0, y_0) 是 $f(x, y)$ 的极值点．且当 $A > 0$ 时，点 (x_0, y_0) 为 $f(x, y)$ 的极小值点；当 $A < 0$ 时，点 (x_0, y_0) 为 $f(x, y)$ 的极大值点．

（2）如果 $AC - B^2 < 0$，则点 (x_0, y_0) 必不是 $f(x, y)$ 的极值点．

（3）如果 $AC - B^2 = 0$，则点 (x_0, y_0) 可能是 $f(x, y)$ 的极值点，也有可能不是极值点，需另行判定．

证明从略．

综上所述，求二元函数极值的一般步骤如下：

（1）解方程组 $\begin{cases} f'_x(x, y) = 0, \\ f'_y(x, y) = 0, \end{cases}$ 求出一切驻点；

（2）求二阶偏导数 f''_{xx}，f''_{xy}，f''_{yy}；

（3）求出驻点处 $A = f''_{xx}(x_0, y_0)$，$B = f''_{xy}(x_0, y_0)$，$C = f''_{yy}(x_0, y_0)$ 的值及 $AC - B^2$ 的符号，根据定理 6 - 4 - 2 判断出点 (x_0, y_0) 是否为极值点，并求出极值．

【例 6 - 4 - 3】 求二元函数 $f(x, y) = x^3 + y^3 - 3xy$ 的极值．

解　先解方程组 $\begin{cases} f'_x = 3x^2 - 3y = 0, \\ f'_y = 3y^2 - 3x = 0, \end{cases}$ 得驻点为 $(0, 0)$ 和 $(1, 1)$．

再求二阶偏导数：$f''_{xx}(x, y) = 6x, f''_{xy}(x, y) = -3, f''_{yy}(x, y) = 6y$．

对驻点 $(0, 0)$：$A = f''_{xx}(0, 0) = 0, B = f''_{xy}(0, 0) = -3, C = f''_{yy}(0, 0) = 0, AC - B^2 = -9 < 0$，所以点 $(0, 0)$ 不是函数的极值点；

对驻点 $(1, 1)$：$A = f''_{xx}(1, 1) = 6, B = f''_{xy}(1, 1) = -3, C = f''_{yy}(1, 1) = 6, AC - B^2 = 27 > 0$，所以点 $(1, 1)$ 为函数的极小值点，函数极小值为 $f(1, 1) = -1$．

6.4.2.2　二元函数的最大值和最小值

类似于一元函数，对于有界闭区域上连续的二元函数，一定能在该区域上取得最大值和最小值．对于二元可微函数，如果该函数的最大值（或最小值）在区域内部取得，这个最大值点（或最小值点）必在函数的驻点之中；若函数的最大值（或最小值）在区域边界上取得，那么它一定也是函数在边界上的最大值（或最小值）．因此，求函数的最大值（或最小值）的方法是：将函数在所讨论区域内所有驻点处的函数值与函数在区域边界上的最大值（或最小值）相比较，其中最大者（或最小者）就是函数在闭区域上的最大值（或最小值）．对于实际问题中的最值问题，往往从问题本身能断定的最大值（或最小值）一定存在，且在定义区域的内部取得，这时，如果函数在定义区域内有唯一的驻点，则该驻点的函数值就是函数的最大值（或最小值）．

【例 6 - 4 - 4】 某厂要用铁板做成一个体积为 $2\mathrm{m}^3$ 的有盖长方体水箱，问长、宽、高各取多少，才能使用料最省？

解　设水箱的长和宽分别为 $x\mathrm{m}$ 和 $y\mathrm{m}$，则其高为 $\dfrac{2}{xy}\mathrm{m}$，该水箱所用材料的面积为

$$A = 2\left(xy + x \cdot \frac{2}{xy} + y \cdot \frac{2}{xy}\right) = 2\left(xy + \frac{2}{x} + \frac{2}{y}\right), (x > 0, y > 0),$$

由此我们的目的是求出面积函数 $A = A(x, y)$ 的最小值点. 令

$$\begin{cases} A'_x = 2\left(y - \dfrac{2}{x^2}\right) = 0, \\ A'_y = 2\left(y - \dfrac{2}{y^2}\right) = 0, \end{cases}$$

解得 $x = \sqrt[3]{2}$, $y = \sqrt[3]{2}$.

根据题意, 水箱所用材料面积的最小值一定存在, 并在区域 $D = \{(x, y) \mid x > 0,$ $y > 0\}$ 内部取得, 又函数在 D 内只有唯一的驻点 $(\sqrt[3]{2}, \sqrt[3]{2})$, 因此, 可以断定当 $x = \sqrt[3]{2}$, $y = \sqrt[3]{2}$ 时, A 最小, 此时高为 $\dfrac{2}{\sqrt[3]{2} \cdot \sqrt[3]{2}} = \sqrt[3]{2}$ m, 也就是说当水箱的长、宽、高均为 $\sqrt[3]{2}$ m 时, 水箱所用材料最省.

从这个例子还可以看出体积一定的长方体中, 正方体表面积最小.

习题 6 – 4

1. 求曲线 $x = t$, $y = t^2$, $z = t^3$ 在点 $(-1, 1, -1)$ 处的切线及法平面方程.

2. 求曲线 $x = \dfrac{1}{1+t}$, $y = 2t^2$, $z = \dfrac{1+t}{t}$ 在 $t = 1$ 处的切线及法平面方程.

3. 求曲面 $z = x^2 + y^2$ 在点 $(1, 2, 5)$ 处的切平面与法线方程.

4. 求曲面 $e^z - z + xy = 3$ 在点 $(2, 1, 0)$ 处的切平面与法线方程.

5. 求曲面 $x^3 + y^3 + z^3 + xyz = 6$ 在点 $(1, 2, -1)$ 处的切平面与法线方程.

6. 求下列函数的极值.

(1) $f(x, y) = 2xy - 3x^2 - 2y^2$;　　　　(2) $f(x, y) = (6x - x^2)(4y - y^2)$;

(3) $f(x, y) = 4(x - y) - x^2 - y^2$;　　　　(4) $f(x, y) = x^3 - y^3 + 3x^2 + 3y^2 - 9x$.

7. 要做一个容积为 $4\mathrm{m}^3$ 的无盖长方体箱子, 问长、宽、高各多少时, 才能使所用材料最省?

6.5　二重积分的概念与性质

6.5.1　二重积分的概念

6.5.1.1　曲顶柱体的体积

设有一立体, 它的底是 xOy 面上的闭区域 D, 它的侧面是以 D 的边界曲线为准线

而母线平行于 z 轴的柱面，它的顶是曲面 $z=f(x,y)$，这里 $f(x,y) \geqslant 0$ 且在 D 上连续．这种立体称为**曲顶柱体**（见图 6-8）．下面我们来讨论如何计算曲顶柱体的体积 V．

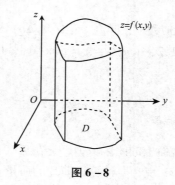

图 6-8

仿照求曲边梯形面积的方法，可将求曲顶柱体体积的过程分为四个步骤．

（1）分割．

用一组曲线网将区域 D 分割成 n 个小区域：

$$\Delta\sigma_1, \Delta\sigma_2, \cdots, \Delta\sigma_n,$$

同时也用 $\Delta\sigma_i(i=1,2,\cdots,n)$ 表示第 i 个小区域的面积．然后分别以这些小闭区域的边界曲线为准线，作母线平行于 z 轴的柱面，将曲顶柱体分割成 n 个小曲顶柱体，小曲顶柱体的体积分别记为 $\Delta V_1, \Delta V_2, \cdots, \Delta V_n$．

（2）近似．

由于小曲顶柱体的底面很小，所以小的曲顶面起伏变化不会很大，因而可以近似地将小曲顶柱体看作小平顶柱体．即用小平顶柱体的体积来近似代替小曲顶柱体的体积．在每个小区域 $\Delta\sigma_i$ 内任取一点 (ξ_i, η_i)，以 $f(\xi_i, \eta_i)$ 为高而底为 $\Delta\sigma_i$ 的小平顶柱体（见图 6-9）的体积为 $f(\xi_i, \eta_i)\Delta\sigma_i$ 则有

$$\Delta V_i \approx f(\xi_i, \eta_i)\Delta\sigma_i, (i=1,2,\cdots,n).$$

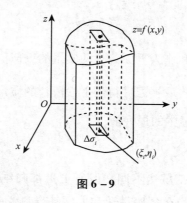

图 6-9

（3）求和．

这 n 个小平顶柱体的体积之和就是曲顶柱体体积的一个近似值，即

$$V = \sum_{i=1}^{n} \Delta V_i \approx \sum_{i=1}^{n} f(\xi_i, \eta_i) \Delta \sigma_i.$$

（4）取极限.

区域 D 分割得越细，其近似程度就越高. 记区域 $\Delta\sigma_i$ 内任意两点距离的最大值（称为该区域的直径）为 d_i, $(i=1,2,\cdots,n)$. 令 $\lambda = \max\limits_{1\leq i\leq n}\{d_i\} \to 0$，便得到曲顶柱体的体积

$$V = \lim_{\lambda\to 0} \sum_{i=1}^{n} f(\xi_i, \eta_i) \Delta \sigma_i.$$

6.5.1.2 平面薄片的质量

设有一平面薄片占有 xOy 面上的闭区域 D，它在点 (x,y) 处的面密度为 $\rho(x,y)$，这里 $\rho(x,y) > 0$ 且在 D 上连续. 现在要计算该薄片的质量 m. 上面用来处理曲顶柱体体积问题的方法完全适用于本例.

首先，用一组曲线网把 D 分成 n 个小区域 $\Delta\sigma_1, \Delta\sigma_2, \cdots, \Delta\sigma_n$，同时也用 $\Delta\sigma_i(i=1,2,\cdots,n)$ 表示第 i 个小区域的面积.

其次，把各小块的质量近似地看作均匀薄片的质量：在每个小区域 $\Delta\sigma_i$ 内任取一点 (ξ_i, η_i)，以点 (ξ_i, η_i) 处的面密度 $\rho(\xi_i, \eta_i)$ 近似代替第 i 个小块的面密度，则第 i 个小块（见图 6-10）的质量的近似值为

$$\Delta m_i \approx \rho(\xi_i, \eta_i) \Delta \sigma_i, (i=1,2,\cdots,n).$$

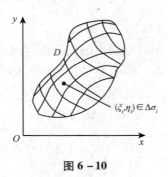

图 6-10

再次，把各小块质量的和作为平面薄片的质量的近似值.

最后，将分割无限加细，取极限，得到平面薄片的质量 $m = \lim\limits_{\lambda\to 0} \sum_{i=1}^{n} \rho(\xi_i, \eta_i) \Delta \sigma_i.$ 其中，λ 是各个小区域的直径中的最大值.

6.5.1.3 二重积分的定义

上面两个问题的实际意义虽然不同，但所求量都归结为同一种形式的和的极限，而且解决问题的方法也一样. 在自然科学和人文社会科学等领域中，有许多量都可以归结为这一形式的和的极限，因此我们要一般地研究这种和的极限，并抽象出下述二重积分的定义.

定义 6 – 5 – 1　设 $f(x,y)$ 是有界闭区域 D 上的有界函数，将区域 D 任意分成 n 个小区域 $\Delta\sigma_1, \Delta\sigma_2, \cdots, \Delta\sigma_n$，同时，$\Delta\sigma_i\ (i=1,2,\cdots,n)$ 表示第 i 个小区域的面积. 在每个小区域 $\Delta\sigma_i$ 中任取一点 (ξ_i, η_i)，作乘积 $f(\xi_i,\eta_i)\Delta\sigma_i (i=1,2,\cdots,n)$，并求和 $\sum\limits_{i=1}^{n} f(\xi_i,\eta_i)\Delta\sigma_i$.

如果当各个小区域直径的最大值 $\lambda = \max\limits_{1\leqslant i\leqslant n}\{d_i\} \to 0$ 时，和式的极限 $\lim\limits_{\lambda\to 0}\sum\limits_{i=1}^{n} f(\xi_i, \eta_i)\Delta\sigma_i$ 存在，且此极限值与区域 D 的分割法及点 (ξ_i, η_i) 的取法无关，则称二元函数 $f(x,y)$ 在区域 D 上可积，此时称该极限值为函数 $f(x,y)$ 在区域 D 上的二重积分，记作 $\iint\limits_{D} f(x,y)\mathrm{d}\sigma$，即

$$\iint\limits_{D} f(x,y)\,\mathrm{d}\sigma = \lim_{\lambda\to 0}\sum_{i=1}^{n} f(\xi_i,\eta_i)\Delta\sigma_i. \qquad (6-5-1)$$

其中，"$\iint$" 称为二重积分号，$f(x,y)$ 称为被积函数，$f(x,y)\,\mathrm{d}\sigma$ 称为积分表达式，$\mathrm{d}\sigma$ 称为面积元素，x 和 y 称为积分变量，D 称为积分区域，$\sum\limits_{i=1}^{n} f(\xi_i,\eta_i)\Delta\sigma_i$ 称为积分和.

在二重积分的定义中，由于可以对区域 D 进行任意分割，所以在直角坐标系中不妨用平行于 x 轴和 y 轴的一组直线网将区域 D 进行分割，这样除了包含边界点的一些小闭区域外，其余的小闭区域都是矩形闭区域（见图 6 – 11）. 设矩形闭区域 $\Delta\sigma_i$ 的边长为 Δx_j 和 Δy_k，则 $\Delta\sigma_i = \Delta x_j \cdot \Delta y_k$，于是在直角坐标系下，有时把面积元素 $\mathrm{d}\sigma$ 记作 $\mathrm{d}x\mathrm{d}y$，而把二重积分记作 $\iint\limits_{D} f(x,y)\mathrm{d}x\mathrm{d}y$，其中 $\mathrm{d}x\mathrm{d}y$ 称为直角坐标系中的面积元素.

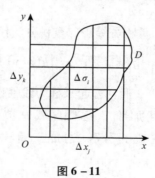

图 6 – 11

由二重积分的定义知，前面讨论的曲顶柱体的体积是函数 $f(x,y)$ 在底 D 上的二重积分

$$V = \iint\limits_{D} f(x,y)\,\mathrm{d}\sigma.$$

平面薄片的质量是它的面密度 $\rho(x,y)$ 在薄片所占闭区域 D 上的二重积分

$$m = \iint\limits_{D} \rho(x,y) \, d\sigma.$$

容易看出二重积分是一个常数，它是定积分概念的推广.

6.5.1.4 二重积分的存在性

如果二元函数 $f(x,y)$ 在有界闭区域 D 上连续，则二重积分 $\iint\limits_{D} f(x,y) \, d\sigma$ 必存在，即 $f(x,y)$ 在 D 上必可积. 以后没有特别声明的情况下，我们总假定函数 $f(x,y)$ 在有界闭区域 D 上连续，从而 $f(x,y)$ 在 D 上的二重积分都是存在的.

6.5.1.5 二重积分的几何意义

一般地，如果 $f(x,y) \geqslant 0$，被积函数 $f(x,y)$ 可解释为曲顶柱体的顶在点 (x,y) 处的竖坐标，所以二重积分的几何意义就是曲顶柱体的体积. 如果 $f(x,y)$ 是负的，柱体就在 xOy 面的下方，二重积分的绝对值仍等于柱体的体积，但二重积分的值是负的. 如果 $f(x,y)$ 在 D 的若干部分区域上是正的，而在其他的部分区域上是负的，那么 $f(x,y)$ 在 D 上的二重积分就等于 xOy 面上方的柱体体积减去 xOy 面下方的柱体体积所得之差，即二重积分 $\iint\limits_{D} f(x,y) \, d\sigma$ 在几何上表示**曲顶柱体体积的代数和**.

6.5.2 二重积分的性质

对比二重积分与定积分的定义可以想到，二重积分有许多类似于定积分的性质.

性质 6-5-1 常数因子可以提到二重积分号的前面，即

$$\iint\limits_{D} kf(x,y) \, d\sigma = k \iint\limits_{D} f(x,y) \, d\sigma.$$

性质 6-5-2 代数和的二重积分等于二重积分的代数和，即

$$\iint\limits_{D} [f(x,y) \pm g(x,y)] \, d\sigma = \iint\limits_{D} f(x,y) \, d\sigma \pm \iint\limits_{D} g(x,y) \, d\sigma.$$

性质 6-5-1 和性质 6-5-2 通常合起来称为**线性性**.

性质 6-5-3（积分区域可加性） 若闭区域 D 被有限条曲线分为有限个部分区域，则在 D 上的二重积分等于在各部分区域上的二重积分的和，例如，D 分为两个闭区域 D_1 与 D_2，则

$$\iint\limits_{D} f(x,y) \, d\sigma = \iint\limits_{D_1} f(x,y) \, d\sigma + \iint\limits_{D_2} f(x,y) \, d\sigma.$$

性质 6-5-4 若在区域 D 上恒有 $f(x,y) \equiv 1$，σ 为区域 D 的面积，则

$$\iint\limits_{D} d\sigma = \sigma.$$

这个性质的几何意义是很明显的，因为高为 1 的平顶柱体的体积在数值上就等于

柱体的底面积.

性质 6-5-5（保序性）　若在区域 D 上恒有 $f(x,y) \leqslant g(x,y)$ 成立，则有

$$\iint\limits_{D} f(x,y)\mathrm{d}\sigma \leqslant \iint\limits_{D} g(x,y)\mathrm{d}\sigma.$$

特别地有

$$\left| \iint\limits_{D} f(x,y)\mathrm{d}\sigma \right| \leqslant \iint\limits_{D} |f(x,y)|\,\mathrm{d}\sigma.$$

性质 6-5-6（估值不等式）　若函数 $f(x,y)$ 在区域 D 上有最大值 M 和最小值 m，σ 为区域 D 的面积，则有

$$m\sigma \leqslant \iint\limits_{D} f(x,y)\mathrm{d}\sigma \leqslant M\sigma.$$

证　因为 $m \leqslant f(x,y) \leqslant M$，所以由性质 6-5-5 可得

$$\iint\limits_{D} m\mathrm{d}\sigma \leqslant \iint\limits_{D} f(x,y)\mathrm{d}\sigma \leqslant \iint\limits_{D} M\mathrm{d}\sigma,$$

再由性质 6-5-1 和性质 6-5-4 便得此估值不等式.
证毕.

性质 6-5-7（二重积分的中值定理）　若二元函数 $f(x,y)$ 在有界闭区域 D 上连续，σ 为区域 D 的面积，则在区域 D 内至少存在一点 (ξ,η)，使得

$$\iint\limits_{D} f(x,y)\mathrm{d}\sigma = f(\xi,\eta) \cdot \sigma.$$

证　显然 $\sigma > 0$，把性质 6-5-6 中的不等式同时除以 σ 得

$$m \leqslant \frac{1}{\sigma} \iint\limits_{D} f(x,y)\mathrm{d}\sigma \leqslant M,$$

这就是说，确定的数值 $\dfrac{1}{\sigma} \iint\limits_{D} f(x,y)\mathrm{d}\sigma$ 介于 m 与 M 之间，根据有界闭区域上连续的多元函数的介值定理知，在区域 D 内至少存在一点 (ξ,η)，使得

$$f(\xi,\eta) = \frac{1}{\sigma} \iint\limits_{D} f(x,y)\mathrm{d}\sigma,$$

上式两端同时乘以 σ，便得所要证明的式子.
证毕.

习题 6-5

1. 利用二重积分的几何意义，计算下列二重积分的值.

（1）$\iint\limits_{D} \mathrm{d}\sigma, D: 1 \leqslant x^2 + y^2 \leqslant 4$；

（2）$\iint\limits_{D} \sqrt{R^2 - x^2 - y^2}\,\mathrm{d}\sigma, D: x^2 + y^2 \leqslant R^2.$

2. 根据二重积分的性质，比较下列积分的大小.

（1）设 $I_1 = \iint\limits_{D} (x+y)^2 \mathrm{d}\sigma$，$I_2 = \iint\limits_{D} (x+y)^3 \mathrm{d}\sigma$，其中，积分区域 D 是由 x 轴、y 轴与直线 $x+y=1$ 所围成，试比较 I_1 和 I_2 的大小；

（2）设 $I_1 = \iint\limits_{D} (x+y)^2 \mathrm{d}\sigma$，$I_2 = \iint\limits_{D} (x+y)^3 \mathrm{d}\sigma$，其中，积分区域 D 是由圆周 $(x-2)^2 + (y-1)^2 = 2$ 所围成，试比较 I_1 和 I_2 的大小.

3. 利用二重积分的性质，估计下列积分的值.

（1）$I = \iint\limits_{D} xy(x+y)\mathrm{d}\sigma$，其中 D：$0 \leqslant x \leqslant 1$，$0 \leqslant y \leqslant 1$；

（2）$I = \iint\limits_{D} (x^2 + 4y^2 + 9)\mathrm{d}\sigma$，其中 D：$x^2 + y^2 \leqslant 4$；

（3）$I = \iint\limits_{D} \dfrac{\mathrm{d}\sigma}{\sqrt{x^2 + y^2 + 16}}$，其中 D：$x^2 + y^2 \leqslant 9$.

*4. 设有一平面薄片（不计其厚度）占有 xOy 面上的闭区域 D，薄片上分布有面密度为 $\mu = \mu(x,y)$ 的电荷，且 $\mu(x,y)$ 在 D 上连续，试用二重积分表达该薄片上的全部电荷 Q.

6.6 二重积分的计算

按照二重积分的概念和性质来计算二重积分，对少数特别简单的被积函数和积分区域来说是可行的，但对一般的被积函数和积分区域来说，这不是一种切实可行的方法. 本节介绍一种计算二重积分的方法，这种方法把二重积分化为两次定积分来计算.

6.6.1 利用直角坐标计算二重积分

6.6.1.1 在直角坐标系下区域的表示

我们先来讨论 xOy 面上的一类简单区域：对于任何穿过区域内部且平行于 x 轴或 y 轴的直线与区域边界的交点不多于两个.

由直线 $x=a$ 和 $x=b$（$a<b$）及曲线 $y=\varphi_1(x)$，$y=\varphi_2(x)$（$\varphi_1(x) < \varphi_2(x)$）围成的区域 D（见图 6-12），注意到对于任何穿过区域 D 内部且平行于 y 轴的直线与区域 D 的边界的交点不多于两个，称区域 D 为 X 型区域，其可用集合表示为

$$D = \{(x,y) \mid a \leqslant x \leqslant b, \varphi_1(x) \leqslant y \leqslant \varphi_2(x)\},$$

也可以简记为

$$D：a \leqslant x \leqslant b，\varphi_1(x) \leqslant y \leqslant \varphi_2(x).$$

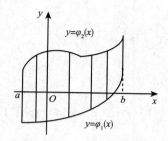

图 6 – 12

类似地，由直线 $y = c$ 和 $y = d$（$c < d$）及曲线 $x = \psi_1(y)$，$x = \psi_2(y)$（$\psi_1(y) < \psi_2(y)$）围成的区域 D（见图 6 – 13），注意到对于任何穿过区域 D 内部且平行于 x 轴的直线与区域 D 的边界的交点不多于两个，称区域 D 为 **Y 型区域**，其可用集合表示为

$$D = \{(x,y) \mid c \leqslant y \leqslant d, \psi_1(y) \leqslant x \leqslant \psi_2(y)\},$$

也可以简记为

$$D : c \leqslant y \leqslant d, \psi_1(y) \leqslant x \leqslant \psi_2(y).$$

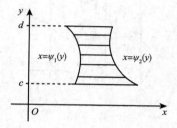

图 6 – 13

【例 6 – 6 – 1】 试将由曲线 $y = x^2$，$y = 2x$ 所围成的区域 D 分别用 X 型和 Y 型表示.

解 先画出其图形（见图 6 – 14）.

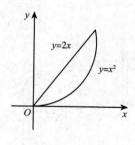

图 6 – 14

X 型表示为：

$$D = \{(x,y) \mid 0 \leqslant x \leqslant 2, x^2 \leqslant y \leqslant 2x\};$$

Y 型表示为：

$$D = \left\{ (x,y) \mid 0 \leqslant y \leqslant 4, \frac{y}{2} \leqslant x \leqslant \sqrt{y} \right\}.$$

6.6.1.2 化二重积分为累次积分

下面用几何观点来讨论二重积分 $\iint\limits_{D} f(x,y)\mathrm{d}\sigma$ 的计算问题. 在讨论中我们假定 $f(x,$ $y) \geqslant 0$，不妨设积分区域 D 为 X 型区域：$a \leqslant x \leqslant b$，$\varphi_1(x) \leqslant y \leqslant \varphi_2(x)$，此时二重积分 $\iint\limits_{D} f(x,y)\mathrm{d}\sigma$ 在几何上表示以曲面 $z = f(x,y)$ 为顶、以区域 D 为底的曲顶柱体（见图 6-15）的体积. 我们可以应用前面介绍的"平行截面面积为已知的立体的体积"的方法来计算这个曲顶柱体的体积.

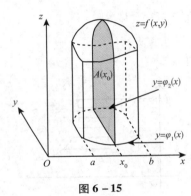

图 6-15

先计算截面面积. 为此，在区间 $[a,b]$ 上任意取定一点 x_0，作平行于 yOz 面的平面 $x = x_0$，该平面截曲顶柱体的截面（图 6-15 阴影部分）是一个以区间 $[\varphi_1(x_0)$, $\varphi_2(x_0)]$ 为底、以曲线 $z = f(x_0, y)$ 为曲边的曲边梯形（见图 6-16），所以该截面的面积为

$$A(x_0) = \int_{\varphi_1(x_0)}^{\varphi_2(x_0)} f(x_0, y)\,\mathrm{d}y.$$

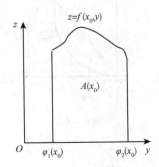

图 6-16

一般地，过区间 $[a,b]$ 上任意一点 x 且平行于 yOz 面的平面截曲顶柱体的截面的面积为

$$A(x) = \int_{\varphi_1(x)}^{\varphi_2(x)} f(x,y)\,\mathrm{d}y.$$

于是根据平行截面面积为已知的立体体积的方法，得曲顶柱体体积为

$$V = \int_a^b A(x)\,\mathrm{d}x = \int_a^b \Big[\int_{\varphi_1(x)}^{\varphi_2(x)} f(x,y)\,\mathrm{d}y\Big]\mathrm{d}x.$$

这个体积也就是所求二重积分的值，从而有等式

$$\iint\limits_D f(x,y)\,\mathrm{d}\sigma = \int_a^b \Big[\int_{\varphi_1(x)}^{\varphi_2(x)} f(x,y)\,\mathrm{d}y\Big]\mathrm{d}x. \tag{6-6-1}$$

上式右端的积分叫作**先对 y，后对 x 的二次积分**. 就是说，先把 x 看作常量，把 $f(x,y)$ 只看作 y 的函数，并对 y 计算从 $\varphi_1(x)$ 到 $\varphi_2(x)$ 的定积分；然后把算得的结果（是 x 的函数）再对 x 计算在区间 $[a,b]$ 上的定积分. 这个先对 y，后对 x 的二次积分也常记作 $\int_a^b \mathrm{d}x \int_{\varphi_1(x)}^{\varphi_2(x)} f(x,y)\,\mathrm{d}y$，于是式（6-6-1）也常写成

$$\iint\limits_D f(x,y)\,\mathrm{d}\sigma = \int_a^b \mathrm{d}x \int_{\varphi_1(x)}^{\varphi_2(x)} f(x,y)\,\mathrm{d}y. \tag{6-6-1'}$$

这就是把二重积分化为先对 y，后对 x 的二次积分的公式.

类似地，如果区域 D 为 Y 型区域：$c \leqslant y \leqslant d$，$\psi_1(y) \leqslant x \leqslant \psi_2(y)$，则有

$$\iint\limits_D f(x,y)\,\mathrm{d}\sigma = \int_c^d \mathrm{d}y \int_{\psi_1(y)}^{\psi_2(y)} f(x,y)\,\mathrm{d}x. \tag{6-6-2}$$

这就是把二重积分化为先对 x，后对 y 的二次积分的公式. 上述二次积分公式右端的积分均称为**累次积分**.

注：（1）在上述讨论中，我们假定 $f(x,y) \geqslant 0$，但实际上式（6-6-1）和式（6-6-2）的成立不受此条件的限制.

（2）累次积分与积分区域 D 的表示有密切的关系，X 型表示与式（6-6-1）中的累次积分相对应，而 Y 型表示与式（6-6-2）中的累次积分相对应.

（3）累次积分的计算应从后往前进行.

【例6-6-2】 计算 $\iint\limits_D xy\,\mathrm{d}\sigma$，其中 D 是由直线 $y=1$、$x=2$ 及 $y=x$ 所围成的闭区域.

解法一 画出积分区域 D（见图6-17）. 可把 D 看成 X 型区域：$1 \leqslant x \leqslant 2$，$1 \leqslant y \leqslant x$.
于是

$$\iint\limits_D xy\,\mathrm{d}\sigma = \int_1^2 \Big[\int_1^x xy\,\mathrm{d}y\Big]\mathrm{d}x = \int_1^2 \Big[x \cdot \frac{y^2}{2}\Big]_{y=1}^{y=x}\mathrm{d}x$$

$$= \frac{1}{2}\int_1^2 (x^3 - x)\,\mathrm{d}x = \frac{1}{2}\Big[\frac{x^4}{4} - \frac{x^2}{2}\Big]_1^2 = \frac{9}{8}.$$

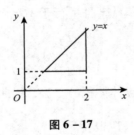

图 6-17

注：积分还可以写成

$$\iint\limits_D xy\mathrm{d}\sigma = \int_1^2 \mathrm{d}x \int_1^x xy\mathrm{d}y = \int_1^2 x\mathrm{d}x \int_1^x y\mathrm{d}y.$$

解法二　也可把 D 看成 Y 型区域：$1 \leqslant y \leqslant 2$，$y \leqslant x \leqslant 2$. 于是

$$\iint\limits_D xy\mathrm{d}\sigma = \int_1^2 \Big[\int_y^2 xy\mathrm{d}x \Big]\mathrm{d}y = \int_1^2 \Big[y \cdot \frac{x^2}{2} \Big]_{x=y}^{x=2}\mathrm{d}y = \int_1^2 \Big(2y - \frac{y^3}{2} \Big)\mathrm{d}y$$

$$= \Big[y^2 - \frac{y^4}{8} \Big]_1^2 = \frac{9}{8}.$$

【例 6-6-3】 计算二重积分 $\iint\limits_D (2x - y)\mathrm{d}\sigma$，其中 D 是由直线 $2x - y + 3 = 0$，$x + y - 3 = 0$ 及 $y = 1$ 所围成的区域.

解　画出积分区域（见图 6-18）.

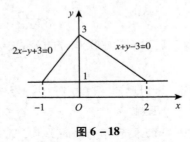

图 6-18

若 D 视为 Y 型区域 $1 \leqslant y \leqslant 3$，$\dfrac{y-3}{2} \leqslant x \leqslant 3 - y$，则有

$$\iint\limits_D (2x - y)\mathrm{d}\sigma = \int_1^3 \mathrm{d}y \int_{\frac{y-3}{2}}^{3-y} (2x - y)\mathrm{d}x = \int_1^3 \big[x^2 - xy \big]_{x=\frac{y-3}{2}}^{x=3-y}\mathrm{d}y$$

$$= \int_1^3 \Big[(3 - y)^2 - (3 - y)y - \Big(\frac{y-3}{2} \Big)^2 + \Big(\frac{y-3}{2} \Big)y \Big]\mathrm{d}y$$

$$= \frac{9}{4} \int_1^3 (y^2 - 4y + 3)\mathrm{d}y = \frac{9}{4} \Big[\frac{1}{3}y^3 - 2y^2 + 3y \Big]_1^3 = -3.$$

注：本例由于区域 D 上方的边界是由两条不同的曲线组成的，所以，区域 D 若用 X 型区域表示，则须将区域 D 分割为左右两部分，即

$$D = \{ (x,y) \mid -1 \leqslant x \leqslant 0, 1 \leqslant y \leqslant 2x + 3 \} \cup \{ (x,y) \mid 0 \leqslant x \leqslant 2, 1 \leqslant y \leqslant 3 - x \},$$

于是

$$\iint\limits_D (2x - y)\mathrm{d}\sigma = \int_{-1}^0 \mathrm{d}x \int_1^{2x+3} (2x - y)\mathrm{d}y + \int_0^2 \mathrm{d}x \int_1^{3-x} (2x - y)\mathrm{d}y = -3.$$

易见本例用 X 型区域表示，计算二重积分较为复杂，而用 Y 型区域表示，计算就相对简单.

【例 6 - 6 - 4】 计算 $\iint\limits_D y \sqrt{1 + x^2 - y^2}\mathrm{d}\sigma$，其中，$D$ 是由直线 $y = 1$、$x = -1$ 及 $y = x$ 所围成的闭区域.

解　画出区域 D（见图 6 - 19）.

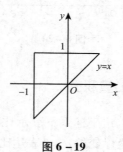

图 6 - 19

可把 D 看成 X 型区域 $-1 \leqslant x \leqslant 1$，$x \leqslant y \leqslant 1$，于是

$$\iint\limits_D y \sqrt{1 + x^2 - y^2}\mathrm{d}\sigma = \int_{-1}^1 \mathrm{d}x \int_x^1 y \sqrt{1 + x^2 - y^2}\mathrm{d}y = -\frac{1}{3}\int_{-1}^1 \left[(1 + x^2 - y^2)^{\frac{3}{2}} \right]_{y=x}^{y=1}\mathrm{d}x$$

$$= -\frac{1}{3}\int_{-1}^1 (\mid x \mid^3 - 1)\mathrm{d}x = -\frac{2}{3}\int_0^1 (x^3 - 1)\mathrm{d}x = \frac{1}{2}.$$

注：本例也可把 D 看成 Y 型区域：$-1 \leqslant y \leqslant 1$，$-1 \leqslant x \leqslant y$，于是

$$\iint\limits_D y \sqrt{1 + x^2 - y^2}\mathrm{d}\sigma = \int_{-1}^1 y\mathrm{d}y \int_{-1}^y \sqrt{1 + x^2 - y^2}\mathrm{d}x.$$

易见，化为先对 x，后对 y 的二次积分，计算过程较为复杂，宜采用先对 y，后对 x 的二次积分. 通过〖例 6 - 6 - 3〗和〖例 6 - 6 - 4〗可以看出，把二重积分化为二次积分，往往需要选择恰当的二次积分的次序，这时，既要考虑积分区域 D 的形状，又要考虑被积函数 $f(x, y)$ 的特性.

***【例 6 - 6 - 5】** 计算 $\int_0^1 \mathrm{d}y \int_y^1 e^{x^2}\mathrm{d}x.$

分析：如果直接先对 x 求积分，则被积函数 e^{x^2} 的原函数不易求出. 在这种情况下，可以考察先对 y 求积分，即交换积分次序.

解　首先将积分区域用点集表示，即 $\{(x, y) \mid 0 \leqslant y \leqslant 1, y \leqslant x \leqslant 1\}$，对应的区域（见图 6 - 20）；其次将图中的积分区域视为 X 型区域：$0 \leqslant x \leqslant 1$，$0 \leqslant y \leqslant x$；最后交换积分次序并求出该区域上的二次积分

$$\int_0^1 \mathrm{d}y \int_y^1 e^{x^2}\mathrm{d}x = \iint_D e^{x^2}\mathrm{d}x\mathrm{d}y = \int_0^1 \mathrm{d}x\int_0^x e^{x^2}\mathrm{d}y = \int_0^1 e^{x^2}\left[\,y\,\right]_{y=0}^{y=x}\mathrm{d}x$$

$$= \int_0^1 e^{x^2}x\mathrm{d}x = \frac{1}{2}\int_0^1 e^{x^2}\mathrm{d}(x^2) = \frac{1}{2}\left[e^{x^2}\right]_0^1 = \frac{1}{2}(e-1).$$

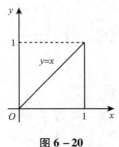

图 6 – 20

6.6.2　利用极坐标计算二重积分

对于有些积分区域而言，在直角坐标系下表示比较复杂，而该区域在极坐标系下表示相对简单，且被积函数用极坐标变量 ρ、θ 表达比较简单，这时我们可以考虑利用极坐标来计算二重积分 $\iint_D f(x,y)\mathrm{d}\sigma$.

显然，将二重积分 $\iint_D f(x,y)\mathrm{d}\sigma$ 化为极坐标形式，会遇到两个问题：一是如何把被积函数 $f(x,y)$ 化为极坐标形式；二是如何把面积元素 $\mathrm{d}\sigma$ 化为极坐标形式.

第一个问题是容易解决的. 如果我们选取极点 O 为直角坐标系的原点，极轴为 x 轴，则由直角坐标与极坐标的关系

$$\begin{cases} x=\rho\cos\theta, \\ y=\rho\sin\theta, \end{cases}$$

即有

$$f(x,y)=f(\rho\cos\theta,\rho\sin\theta).$$

针对第二个问题，在极坐标系中，以从极点 O 出发的一族射线（$\theta=$ 常数）及以极点为中心的一族同心圆（$\rho=$ 常数）构成的曲线网将区域 D 分为许多小闭区域，这些小闭区域除了靠近边界的一些不规则区域外，大多数是扇形域（见图 6 – 21），当分割不断加细时，这些不规则区域的积分和式趋向于 0，可以不必考虑.

图 6 – 21 中阴影所示小闭区域的面积近似等于以 $\rho\mathrm{d}\theta$ 为长、$\mathrm{d}\rho$ 为宽的矩形面积，因此在极坐标系中的面积元素可记为

$$\mathrm{d}\sigma=\rho\mathrm{d}\rho\mathrm{d}\theta,$$

于是二重积分的极坐标形式为

$$\iint_D f(x,y)\mathrm{d}\sigma = \iint_D f(\rho\cos\theta,\rho\sin\theta)\rho\mathrm{d}\rho\mathrm{d}\theta. \tag{6-6-3}$$

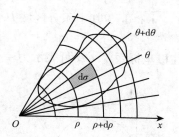

图 6 - 21

注：面积元素的极坐标形式中有一个因子 ρ，请读者在运用中切勿遗漏！

若积分区域 D 在极坐标系下可表示为：$\alpha \leq \theta \leq \beta$，$\varphi_1(\theta) \leq \rho \leq \varphi_2(\theta)$，则

$$\iint\limits_{D} f(\rho\cos\theta,\rho\sin\theta)\rho\mathrm{d}\rho\mathrm{d}\theta = \int_{\alpha}^{\beta}\mathrm{d}\theta\int_{\varphi_1(\theta)}^{\varphi_2(\theta)} f(\rho\cos\theta,\rho\sin\theta)\rho\mathrm{d}\rho. \tag{6-6-4}$$

这就是极坐标系中二重积分化为二次积分的公式.

【例 6 - 6 - 6】 计算 $\iint\limits_{D}\ln(1 + x^2 + y^2)\mathrm{d}\sigma$，其中，积分区域 D 为单位圆在第一象限内的部分.

分析：本题被积函数直接对 x 或对 y 求积分，都很不容易求出原函数，故可以考虑化为极坐标来试试.

解 如图 6 - 22 所示，在极坐标系中，D 可表示为：$0 \leq \theta \leq \dfrac{\pi}{2}$，$0 \leq \rho \leq 1$.

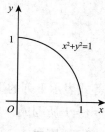

图 6 - 22

于是

$$\iint\limits_{D}\ln(1 + x^2 + y^2)\mathrm{d}\sigma = \iint\limits_{D}\ln(1 + \rho^2)\rho\mathrm{d}\rho\mathrm{d}\theta = \int_{0}^{\frac{\pi}{2}}\mathrm{d}\theta\int_{0}^{1}\ln(1 + \rho^2)\rho\mathrm{d}\rho$$

$$= \frac{\pi}{2}\cdot\frac{1}{2}\int_{0}^{1}\ln(1 + \rho^2)\mathrm{d}(1 + \rho^2)$$

$$= \frac{\pi}{4}\left\{\left[(1 + \rho^2)\ln(1 + \rho^2)\right]_{0}^{1} - \int_{0}^{1}(1 + \rho^2)\mathrm{d}\ln(1 + \rho^2)\right\}$$

$$= \frac{\pi}{4}(2\ln2 - 1).$$

【例6-6-7】 计算 $\iint\limits_{D} \sqrt{x^2 + y^2}\,\mathrm{d}\sigma$，其中积分区域 D 为圆周：$x^2 + y^2 = 2x$ 所围.

解　如图 6-23 所示，在极坐标系中，D 可表示为 $-\dfrac{\pi}{2} \leqslant \theta \leqslant \dfrac{\pi}{2}$，$0 \leqslant \rho \leqslant 2\cos\theta$.

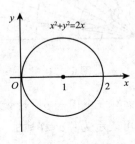

图 6-23

于是

$$\iint\limits_{D} \sqrt{x^2 + y^2}\,\mathrm{d}\sigma = \iint\limits_{D} \sqrt{\rho^2}\,\rho\mathrm{d}\rho\mathrm{d}\theta = \int_{-\frac{\pi}{2}}^{\frac{\pi}{2}} \mathrm{d}\theta \int_0^{2\cos\theta} \rho^2\mathrm{d}\rho$$

$$= \int_{-\frac{\pi}{2}}^{\frac{\pi}{2}} \left[\frac{1}{3}\rho^3\right]_0^{2\cos\theta} \mathrm{d}\theta = \frac{8}{3}\int_{-\frac{\pi}{2}}^{\frac{\pi}{2}} \cos^3\theta\mathrm{d}\theta = \frac{16}{3}\int_0^{\frac{\pi}{2}} \cos^3\theta\mathrm{d}\theta$$

$$= \frac{16}{3} \cdot \frac{2}{3} = \frac{32}{9}.$$

注：若积分区域与圆有关系，而被积函数为 $f(x^2 + y^2)$ 的形式，则可以优先考虑采用极坐标来计算二重积分.

习题 6-6

1. 在直角坐标系中，用联立不等式表示下列的平面区域 D.

（1）D 是由 $x = 0$，$y = 0$ 以及 $x + y = 1$ 所围成；

（2）D 是由 $y = 2$，$y = x$ 以及 $y = 2x$ 所围成；

（3）D 是由 $x = 1$，$x = 2$，$y = 2$ 以及 $y = \dfrac{1}{x}$ 所围成；

（4）D 是 $x^2 + y^2 \leqslant 4$ 和 $y \geqslant 0$ 的公共部分.

2. 计算下列二重积分.

（1）$\iint\limits_{D}(100 + x + y)\mathrm{d}\sigma$，其中，$D$：$0 \leqslant x \leqslant 1$，$-1 \leqslant y \leqslant 1$；

（2）$\iint\limits_{D} xe^{xy}\mathrm{d}\sigma$，其中，$D$：$0 \leqslant x \leqslant 1$，$0 \leqslant y \leqslant 1$；

（3）$\iint\limits_{D} e^{6x+y}\mathrm{d}\sigma$，其中，$D$ 是由直线 $x = -1$，$x = 2$ 以及 $y = 1$，$y = 2$ 所围成；

(4) $\iint\limits_{D}(3x+2y)\,\mathrm{d}\sigma$，其中，$D$ 是由两坐标轴与直线 $x+y=2$ 所围成；

(5) $\iint\limits_{D}x\sqrt{y}\,\mathrm{d}\sigma$，其中，$D$ 是由两条抛物线 $y=\sqrt{x}$，$y=x^2$ 所围成；

(6) $\iint\limits_{D}\dfrac{y}{x}\,\mathrm{d}\sigma$，其中，$D$ 是由直线 $x=1$，$x=2$，$y=x$ 以及 $y=2x$ 所围成；

(7) $\iint\limits_{D}\cos(y^2)\,\mathrm{d}\sigma$，其中，$D$ 是由直线 $y=1$，$y=x$ 以及 y 轴所围成.

3. 化二重积分 $\iint\limits_{D}f(x,y)\,\mathrm{d}\sigma$ 为二次积分（分别列出对两个变量先后次序不同的两个二次积分），其中，积分区域 D 是由直线 $y=x$ 及抛物线 $y^2=4x$ 所围成.

4. 改换下列二次积分的积分次序.

(1) $\displaystyle\int_0^1\mathrm{d}y\int_y^{\sqrt{y}}f(x,y)\,\mathrm{d}x$；

(2) $\displaystyle\int_0^1\mathrm{d}y\int_{ey}^{e}f(x,y)\,\mathrm{d}x$；

(3) $\displaystyle\int_1^2\mathrm{d}x\int_x^2 f(x,y)\,\mathrm{d}y$；

(4) $\displaystyle\int_0^1\mathrm{d}x\int_{x^2}^1 f(x,y)\,\mathrm{d}y$.

5. 利用极坐标计算下列各题.

(1) $\iint\limits_{D}\sin\sqrt{x^2+y^2}\,\mathrm{d}\sigma$，其中，$D:\pi^2\leqslant x^2+y^2\leqslant 4\pi^2$；

(2) $\iint\limits_{D}e^{x^2+y^2}\,\mathrm{d}\sigma$，其中，$D$ 是由圆周 $x^2+y^2=4$ 所围成；

(3) $\iint\limits_{D}\arctan\dfrac{y}{x}\,\mathrm{d}\sigma$，其中，$D$ 是由直线 $y=0$，$y=x$ 及圆周 $x^2+y^2=1$，$x^2+y^2=4$ 所围成的在第一象限内的闭区域.

*6.7 三重积分

6.7.1 三重积分的概念

在定积分和二重积分的概念中，我们曾处理过一个共同性的实例，这就是求一个质量分布不均匀的物体的质量. 如果已知物体的密度是该物体上点 P 的连续函数 $f(P)$，那么根据物体的不同的几何形状以及物体的质量可以引出不同的积分概念.

（1）物体是一根细的直线棒，则非均匀细棒的质量为

$$M=\lim_{\lambda\to 0}\sum_{i=1}^{n}f(\xi_i)\Delta x_i=\int_a^b f(x)\,\mathrm{d}x,$$

它就是线密度函数 $f(x)$ 在直线棒所占区间 $[a,b]$ 上的定积分.

（2）物体是一块平面薄片，则非均匀薄片的质量为

$$M = \lim_{\lambda \to 0} \sum_{i=1}^{n} f(\xi_i, \eta_i) \Delta \sigma_i = \iint_D f(x, y) \, \mathrm{d}\sigma,$$

它就是面密度函数 $f(x, y)$ 在薄片所占平面区域 D 上的二重积分.

（3）物体是一个空间立体，它所占有的空间区域为 Ω，那么如何计算它的质量呢？

与处理细的直线棒、平面薄片形状的物体一样，我们可以把立体 Ω 任意分成 n 个小闭区域 $\Delta v_i (i = 1, 2, \cdots, n)$，且以 Δv_i 表示第 i 个小立体的体积，在小立体 Δv_i 上任取一点 (ξ_i, η_i, ζ_i)，显然小立体 Δv_i 的质量近似地等于

$$f(\xi_i, \eta_i, \zeta_i) \Delta v_i (i = 1, 2, \cdots, n),$$

于是立体 Ω 的总质量近似地等于和式

$$\sum_{i=1}^{n} f(\xi_i, \eta_i, \zeta_i) \Delta v_i,$$

再令 λ 表示这 n 个小立体的最大直径（直径意义同前面所述），我们自然地会想到，当 $\lambda \to 0$ 时，上面和式就会趋于立体 Ω 的总质量，即

$$M = \lim_{\lambda \to 0} \sum_{i=1}^{n} f(\xi_i, \eta_i, \zeta_i) \Delta v_i.$$

这一和式的极限与定积分、二重积分的和式极限结构形式非常类似，它不仅在质量计算中，而且在物理、力学、工程技术中也经常会遇到，由此我们引入三重积分的定义.

定义 6 - 7 - 1 设 $f(x, y, z)$ 是空间有界闭区域 Ω 上的有界函数. 将 Ω 任意分成 n 个小闭区域 $\Delta v_i (i = 1, 2, \cdots, n)$，且以 Δv_i 表示第 i 个小闭区域的体积，在每个 Δv_i 上任取一点 (ξ_i, η_i, ζ_i)，作乘积 $f(\xi_i, \eta_i, \zeta_i) \Delta v_i (i = 1, 2, \cdots, n)$，并作和 $\sum_{i=1}^{n} f(\xi_i, \eta_i, \zeta_i) \Delta v_i$. 如果当各小闭区域的直径中的最大值 λ 趋于零时，这和的极限总存在，则称此极限为函数 $f(x, y, z)$ 在闭区域 Ω 上的三重积分，记作 $\iiint_\Omega f(x, y, z) \, \mathrm{d}v$. 即

$$\iiint_\Omega f(x, y, z) \, \mathrm{d}v = \lim_{\lambda \to 0} \sum_{i=1}^{n} f(\xi_i, \eta_i, \zeta_i) \Delta v_i. \qquad (6 - 7 - 1)$$

其中，$\iiint$ 称为三重积分号，$f(x, y, z)$ 称为被积函数，$f(x, y, z) \mathrm{d}v$ 称为被积表达式，$\mathrm{d}v$ 称为体积元素，x，y，z 称为积分变量，Ω 称为积分区域. 此时我们也称函数 $f(x, y, z)$ 在 Ω 上可积.

注：（1）在直角坐标系中，如果用平行于坐标面的平面来划分 Ω，这样除了包含边界点的一些不规则小闭区域外，其余的小闭区域都是长方体. 设长方体闭区域 Δv_i 的边长为 Δx_j、Δy_k 和 Δz_l，则 $\Delta v_i = \Delta x_j \Delta y_k \Delta z_l$，于是在直角坐标系下，有时把体积元素 $\mathrm{d}v$ 记作 $\mathrm{d}x\mathrm{d}y\mathrm{d}z$，而把三重积分记作 $\iiint_\Omega f(x, y, z) \mathrm{d}x\mathrm{d}y\mathrm{d}z$，其中，$\mathrm{d}x\mathrm{d}y\mathrm{d}z$ 称为直角坐标系

中的体积元素.

（2）当函数 $f(x,y,z)$ 在闭区域 Ω 上连续时，极限 $\lim\limits_{\lambda \to 0} \sum\limits_{i=1}^{n} f(\xi_i, \eta_i, \zeta_i) \Delta v_i$ 是存在的，因此，$f(x,y,z)$ 在 Ω 上的三重积分是存在的，以后我们总假定 $f(x,y,z)$ 在闭区域 Ω 上是连续的.

借用三重积分的概念，我们知道，空间立体 Ω 的质量是密度函数 $f(x,y,z)$ 在 Ω 上的三重积分，即 $M = \iiint\limits_{\Omega} f(x,y,z) \mathrm{d}v$.

由于三重积分的定义域定积分、二重积分的定义十分类似，因此它也有与定积分、二重积分相类似的性质. 这里我们不再一一叙述，仅列举下面几个，其余请读者自己补充出来.

（1）$\iiint\limits_{\Omega} [c_1 f(x,y,z) \pm c_2 g(x,y,z)] \mathrm{d}v = c_1 \iiint\limits_{\Omega} f(x,y,z) \mathrm{d}v \pm c_2 \iiint\limits_{\Omega} g(x,y,z) \mathrm{d}v$；

（2）当 Ω 被有限张曲面分成 Ω_1 和 Ω_2 时有

$$\iiint\limits_{\Omega} f(x,y,z) \mathrm{d}v = \iiint\limits_{\Omega_1} f(x,y,z) \mathrm{d}v + \iiint\limits_{\Omega_2} f(x,y,z) \mathrm{d}v；$$

（3）$\iiint\limits_{\Omega} \mathrm{d}v = V$，其中，$V$ 为区域 Ω 的体积.

6.7.2 三重积分的计算

计算三重积分的基本方法是将三重积分化为三次积分（累次积分），下面按不同坐标系来分别讨论将三重积分化为三次积分的方法，且仅限于叙述方法.

6.7.2.1 利用直角坐标计算三重积分

三重积分化为累次积分关键还在于确定上下限. 如图 6-24 所示，如果平行于 z 轴且穿过 Ω 内部的直线与 Ω 边界曲面的交点不超过两个，那么它的定限步骤如下.

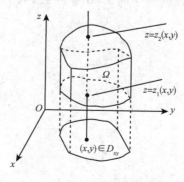

图 6-24

（1）将空间闭区域 Ω 投影到 xOy 面，得到一个平面闭区域 D_{xy}；

（2）在 D_{xy} 内任取一点 (x,y)，作平行于 z 轴的直线 l，与边界曲面的交点的竖坐标为 $z_1(x,y)$ 和 $z_2(x,y)$，假定 $z_1(x,y)\leqslant z_2(x,y)$，这样 Ω 可以表示为

$$\Omega=\{(x,y,z)\,|\,z_1(x,y)\leqslant z\leqslant z_2(x,y),(x,y)\in D_{xy}\}.$$

先将 x，y 看成常量，将 $f(x,y,z)$ 只看作 z 的函数，在区间 $\left[z_1(x,y),z_2(x,y)\right]$ 上对 z 积分，得到一个二元函数 $F(x,y)$

$$F(x,y)=\int_{z_1(x,y)}^{z_2(x,y)}f(x,y,z)\mathrm{d}z,$$

然后计算 $F(x,y)$ 在闭区域 D_{xy} 上的二重积分，假设闭区域 D_{xy} 为 X 型区域

$$D_{xy}=\{(x,y)\,|\,y_1(x)\leqslant y\leqslant y_2(x),a\leqslant x\leqslant b\},$$

则

$$\iint_{D_{xy}}F(x,y)\mathrm{d}\sigma=\iint_{D_{xy}}\left[\int_{z_1(x,y)}^{z_2(x,y)}f(x,y,z)\mathrm{d}z\right]\mathrm{d}\sigma=\int_a^b\mathrm{d}x\int_{y_1(x)}^{y_2(x)}\left[\int_{z_1(x,y)}^{z_2(x,y)}f(x,y,z)\mathrm{d}z\right]\mathrm{d}y,$$

这就完成了 $f(x,y,z)$ 在空间闭区域 Ω 上的三重积分. 因此

$$\iiint_{\Omega}f(x,y,z)\mathrm{d}v=\int_a^b\mathrm{d}x\int_{y_1(x)}^{y_2(x)}\mathrm{d}y\int_{z_1(x,y)}^{z_2(x,y)}f(x,y,z)\mathrm{d}z. \qquad (6-7-2)$$

式（6-7-2）把三重积分化为先对 z，再对 y，最后对 x 的三次积分.

注：如果平行于 x 轴（或 y 轴）且穿过闭区域 Ω 内部的直线与 Ω 边界曲面的交点不超过两个，也可以把 Ω 投影到 yOz 面（或 xOz 面），这样可以把三重积分化为按其他顺序的三次积分.

【例 6-7-1】 计算三重积分 $\iiint_{\Omega}xz\mathrm{d}v$，其中 Ω 为三个坐标面及平面 $x+y+z=1$ 所围成的闭区域.

解 作闭区域 Ω（见图 6-25），将 Ω 投影到 xOy 面，得投影区域 D_{xy} 为三角形闭区域 OAB，所以 $D_{xy}=\{(x,y)\,|\,0\leqslant y\leqslant 1-x,0\leqslant x\leqslant 1\}$，在 D_{xy} 内任取一点 (x,y)，作平行于 z 轴的直线，该直线通过平面 $z=0$ 穿入 Ω 内，然后通过平面 $z=1-x-y$ 穿出 Ω 外.

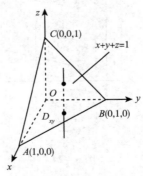

图 6-25

于是

$$
\begin{aligned}
\iiint_\Omega xz\mathrm{d}v &= \int_0^1 \mathrm{d}x \int_0^{1-x}\mathrm{d}y \int_0^{1-x-y}xz\mathrm{d}z \\
&= \frac{1}{2}\int_0^1 x\mathrm{d}x \int_0^{1-x}(1-x-y)^2\mathrm{d}y \\
&= -\frac{1}{2}\int_0^1 x\mathrm{d}x \int_0^{1-x}(1-x-y)^2\mathrm{d}(1-x-y) \\
&= -\frac{1}{6}\int_0^1 x\left[(1-x-y)^3\right]_{y=0}^{y=1-x}\mathrm{d}x \\
&= \frac{1}{6}\int_0^1 x(1-x)^3\mathrm{d}x \\
&= \frac{1}{6}\int_0^1(1-x)^3\mathrm{d}x - \frac{1}{6}\int_0^1(1-x)^4\mathrm{d}x \\
&= \left[-\frac{1}{24}(1-x)^4 + \frac{1}{30}(1-x)^5\right]_0^1 \\
&= \frac{1}{120}.
\end{aligned}
$$

有时，我们计算一个三重积分也可以化为先计算一个二重积分，再计算一个定积分. 设空间闭区域 $\Omega = \{(x,y,z) \mid (x,y) \in D_z, c_1 \leqslant z \leqslant c_2\}$，其中，$D_z$ 是竖坐标为 z 的平面截空间闭区域 Ω 所得到的一个平面闭区域（见图 6 – 26），则有

$$
\iiint_\Omega f(x,y,z)\mathrm{d}v = \int_{c_1}^{c_2}\mathrm{d}z \iint_{D_z} f(x,y,z)\mathrm{d}x\mathrm{d}y \tag{6-7-3}
$$

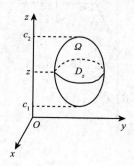

图 6 – 26

【例 6 – 7 – 2】计算三重积分 $\iiint_\Omega z^2\mathrm{d}x\mathrm{d}y\mathrm{d}z$，其中，$\Omega$ 是由椭球面 $\dfrac{x^2}{a^2} + \dfrac{y^2}{b^2} + \dfrac{z^2}{c^2} = 1$ 所围成的空间闭区域.

解　空间闭区域 Ω（见图 6 – 27）可表示为：

$$
\frac{x^2}{a^2} + \frac{y^2}{b^2} \leqslant 1 - \frac{z^2}{c^2}, \quad -c \leqslant z \leqslant c.
$$

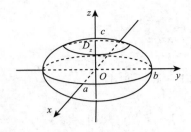

图 6 - 27

于是 $\iiint\limits_{\Omega} z^2 \mathrm{d}x\mathrm{d}y\mathrm{d}z = \int_{-c}^{c} z^2 \mathrm{d}z \iint\limits_{\Omega} \mathrm{d}x\mathrm{d}y = \pi ab \int_{-c}^{c} \left(1 - \frac{z^2}{c^2}\right) z^2 \mathrm{d}z = \frac{4}{15}\pi abc^3.$

6.7.2.2 利用柱面坐标计算三重积分

设 $M(x,y,z)$ 为空间内一点，并设点 M 在 xOy 面上的投影 P 的极坐标为 $P(\rho,\theta)$，则这样的三个数 ρ、θ、z 就叫作点 M 的**柱面坐标**（见图 6 - 28），这里规定 ρ、θ、z 的变化范围为：

$$0 \leqslant \theta \leqslant 2\pi,\ 0 \leqslant \rho < +\infty,\ -\infty < z < +\infty.$$

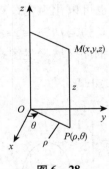

图 6 - 28

点 M 的直角坐标与柱面坐标的关系：

$$\begin{cases} x = \rho\cos\theta, \\ y = \rho\sin\theta, \\ z = z. \end{cases}$$

简单来说，由 $\mathrm{d}x\mathrm{d}y = \rho\mathrm{d}\rho\mathrm{d}\theta$ 可得柱面坐标系中的体积元素 $\mathrm{d}v = \mathrm{d}x\mathrm{d}y\mathrm{d}z = \rho\mathrm{d}\rho\mathrm{d}\theta\mathrm{d}z$，从而在柱面坐标系中三重积分可化为：

$$\iiint\limits_{\Omega} f(x,y,z)\,\mathrm{d}x\mathrm{d}y\mathrm{d}z = \iiint\limits_{\Omega} f(\rho\cos\theta,\rho\sin\theta,z)\rho\mathrm{d}\rho\mathrm{d}\theta\mathrm{d}z \tag{6-7-4}$$

【例 6 - 7 - 3】利用柱面坐标计算三重积分 $\iiint\limits_{\Omega} z\mathrm{d}x\mathrm{d}y\mathrm{d}z$，其中，$\Omega$ 是由曲面 $z = x^2 + y^2$ 与平面 $z = 4$ 所围成的闭区域.

解 闭区域 Ω 可表示为: $0 \leqslant \theta \leqslant 2\pi$, $0 \leqslant \rho \leqslant 2$, $\rho^2 \leqslant z \leqslant 4$. 于是

$$\iiint\limits_{\Omega} z \mathrm{d}x\mathrm{d}y\mathrm{d}z = \iiint\limits_{\Omega} z\rho \mathrm{d}\rho \mathrm{d}\theta \mathrm{d}z$$

$$= \int_0^{2\pi} \mathrm{d}\theta \int_0^2 \rho \mathrm{d}\rho \int_{\rho^2}^4 z\mathrm{d}z = \frac{1}{2}\int_0^{2\pi}\mathrm{d}\theta\int_0^2 \rho(16-\rho^4)\mathrm{d}\rho$$

$$= \frac{1}{2} \cdot 2\pi \left[8\rho^2 - \frac{1}{6}\rho^6 \right]_0^2 = \frac{64}{3}\pi.$$

注: 〖例 6-7-3〗 还有另一解法, Ω 可表示为 $\Omega = \{(x,y,z) \mid 0 \leqslant x^2 + y^2 \leqslant z, 0 \leqslant z \leqslant 4\}$, 于是

$$\iiint\limits_{\Omega} z\mathrm{d}x\mathrm{d}y\mathrm{d}z = \int_0^4 z\mathrm{d}z \iint\limits_{\Omega} \mathrm{d}x\mathrm{d}y = \int_0^4 z\pi z\mathrm{d}z = \left[\frac{\pi}{3}z^3 \right]_0^4 = \frac{64}{3}\pi.$$

*6.7.2.3 利用球面坐标计算三重积分

设 $M(x,y,z)$ 为空间内一点, 则点 M 也可用这样三个有次序的数 r、φ、θ 来确定, 其中, r 为原点 O 与点 M 间的距离, φ 为 $\overrightarrow{OM}$ 与 z 轴正向所夹的角, θ 为从正 z 轴来看自 x 轴按逆时针方向转到有向线段 $\overrightarrow{OP}$ 的角, 这里 P 为点 M 在 xOy 面上的投影, 这样的三个数 r、φ、θ 叫作点 M 的**球面坐标** (见图 6-29), 这里 r、φ、θ 的变化范围为

$$0 \leqslant r < +\infty, \quad 0 \leqslant \varphi \leqslant \pi, \quad 0 \leqslant \theta \leqslant 2\pi.$$

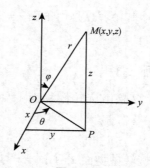

图 6-29

点 M 的直角坐标与球面坐标的关系:

$$\begin{cases} x = r\sin\varphi\cos\theta, \\ x = r\sin\varphi\sin\theta, \\ z = r\cos\varphi. \end{cases}$$

不难证明球面坐标系中的体积元素 $\mathrm{d}v = r^2\sin\varphi\mathrm{d}r\mathrm{d}\varphi\mathrm{d}\theta$, 从而在球面坐标系中三重积分可化为

$$\iiint\limits_{\Omega} f(x,y,z)\mathrm{d}v = \iiint\limits_{\Omega} f(r\sin\varphi\cos\theta, r\sin\varphi\sin\theta, r\cos\varphi)r^2\sin\varphi\mathrm{d}r\mathrm{d}\varphi\mathrm{d}\theta. \tag{6-7-5}$$

【例 6-7-4】 在球面坐标系中计算 $\iiint\limits_{\Omega} x^2 \mathrm{d}v$, Ω: $x^2 + y^2 + z^2 \leqslant 1$.

解 在球面坐标系下，Ω 可表示为：$0 \leqslant \theta \leqslant 2\pi$，$0 \leqslant \varphi \leqslant \pi$，$0 \leqslant r \leqslant 1$，于是

$$\iiint\limits_{\Omega} x^2 \mathrm{d}v = \iiint\limits_{\Omega} r^2 \sin^2\varphi \cos^2\theta r^2 \sin\varphi \mathrm{d}r\mathrm{d}\varphi\mathrm{d}\theta$$

$$= \int_0^{2\pi} \cos^2\theta \mathrm{d}\theta \int_0^{\pi} \sin^3\varphi \mathrm{d}\varphi \int_0^1 r^4 \mathrm{d}r = \frac{4}{15}\pi.$$

习题 6 – 7

1. 化三重积分 $I = \iiint\limits_{\Omega} f(x,y,z)\mathrm{d}v$ 为三次积分，其中积分区域 Ω 分别是：

（1）由旋转抛物面 $z = x^2 + y^2$ 与平面 $z = 1$ 所围成的闭区域；

（2）由平面 $z = 0$，$x + y = 1$ 与双曲抛物面 $xy = z$ 所围成的闭区域.

2. 设有一物体，占有空间闭区域 $\Omega = \{(x,y,z) \mid 0 \leqslant x \leqslant 1, 0 \leqslant y \leqslant 1, 0 \leqslant z \leqslant 1\}$，在点 (x,y,z) 处的密度为 $\rho(x,y,z) = x + y + z$，计算该物体的质量.

3. 计算三重积分 $\iiint\limits_{\Omega} xy^2z^3 \mathrm{d}v$，其中，$\Omega$ 为长方体：$0 \leqslant x \leqslant 1$，$0 \leqslant y \leqslant 2$，$0 \leqslant z \leqslant 3$.

4. 计算三重积分 $\iiint\limits_{\Omega} x\mathrm{d}x\mathrm{d}y\mathrm{d}z$，其中，$\Omega$ 为三个坐标面及平面 $x + 2y + z = 1$ 所围成的闭区域.

5. 计算三重积分 $\iiint\limits_{\Omega} z\mathrm{d}x\mathrm{d}y\mathrm{d}z$，其中，$\Omega$ 是由锥面 $z = \dfrac{h}{R}\sqrt{x^2 + y^2}$ 与平面 $z = h$（$R > 0$，$h > 0$）所围成的闭区域.

6. 在柱面坐标系中计算下列三重积分.

（1）$\iiint\limits_{\Omega} (x^2 + y^2)\mathrm{d}v$，其中，$\Omega$ 是由旋转抛物面 $x^2 + y^2 = 2z$ 与平面 $z = 2$ 所围成的闭区域.

（2）$\iiint\limits_{\Omega} z\mathrm{d}v$，其中，$\Omega$ 是由旋转抛物面 $x^2 + y^2 = z$ 与球面 $z = \sqrt{2 - x^2 - y^2}$ 所围成的闭区域.

*7. 利用球面坐标求三重积分 $\iiint\limits_{\Omega} \dfrac{\cos\sqrt{x^2 + y^2 + z^2}}{\sqrt{x^2 + y^2 + z^2}}\mathrm{d}v$，其中，$\Omega$：$\pi^2 \leqslant x^2 + y^2 + z^2 \leqslant 4\pi^2$.

*8. 求球面 $x^2 + y^2 + (z - a)^2 = a^2$ 与半顶角为 α 的内接锥面 $\varphi = \alpha$ 所围成的立体的体积.

第7章 无穷级数

无穷级数是高等数学很重要的一部分，也是表示函数、研究函数性质以及进行数值计算的一种数学工具，它对微积分的发展以及各种实际问题的研究都有着广泛的应用. 本章介绍了无穷级数的概念和性质、讨论常数项级数敛散性的判别法、介绍函数项级数（主要是幂级数）的收敛区间和收敛域及和函数，并讨论了初等函数的幂级数展开法.

7.1 常数项无穷级数的概念和性质

7.1.1 无穷级数的概念

在初等数学中我们遇到的"求和"问题主要是针对有限项的，但在某些实际问题中需要讨论无穷多项的"和".

例如，我国古代哲学家庄周所著的《庄子·天下篇》引用过一句话，"一尺之锤，日取其半，万世不竭"，如果把每天截下来的那一部分长度"加"起来，即

$$\frac{1}{2} + \frac{1}{2^2} + \frac{1}{2^3} + \cdots,$$

这就是"无限个数相加"的一个例子，从直观上，我们可以看成它的"和"是 1.

再如，"无限个数相加"的表达式为

$$1 + (-1) + 1 + (-1) + \cdots,$$

如果化为 $(1-1) + (1-1) + (1-1) + \cdots = 0 + 0 + 0 + \cdots$，其结果是 0；但如果化为 $1 + [(-1)+1] + [(-1)+1] + \cdots = 1 + 0 + 0 + \cdots$，其结果则为 1. 两个结果完全不同，从而"无限个数相加"是否存在"和"，如果存在，"和"等于多少呢？

定义 7-1-1 给定数列 $u_1, u_2, u_3, \cdots, u_n, \cdots$，则表达式

$$u_1 + u_2 + u_3 + \cdots + u_n + \cdots = \sum_{n=1}^{\infty} u_n$$

称为**无穷级数**，简称为**级数**. 其中 u_n 称为级数的**通项**或**一般项**. 若级数的通项 u_n 均为常数，则称此级数为**常数项级数**.

需要指出的是，作为级数定义的和式，实质上是一个形式和，因为我们很难实现无穷多个数相加，那么应该如何理解无穷级数中无穷多个数项的和呢？

定义 7 - 1 - 2 设级数 $\sum\limits_{n=1}^{\infty} u_n$ 的前 n 项之和为 S_n，即

$$S_n = u_1 + u_2 + u_3 + \cdots + u_n,$$

称 S_n 为级数 $\sum\limits_{n=1}^{\infty} u_n$ 的**部分和**. 当 $n = 1$，2，3，$\cdots$时，则得到一个部分和数列

$$S_1 = u_1, S_2 = u_1 + u_2, \cdots, S_n = u_1 + u_2 + u_3 + \cdots + u_n, \cdots.$$

数列 $\{S_n\}$ 称为级数 $\sum\limits_{n=1}^{\infty} u_n$ 的**部分和数列**.

定义 7 - 1 - 3 若级数 $\sum\limits_{n=1}^{\infty} u_n$ 的部分和数列 $\{S_n\}$ 的极限存在且等于 S，即

$$\lim_{n \to \infty} S_n = S,$$

则称级数 $\sum\limits_{n=1}^{\infty} u_n$ 收敛，并称 S 为级数 $\sum\limits_{n=1}^{\infty} u_n$ 的和，记作 $\sum\limits_{n=1}^{\infty} u_n = S$，也称该级数收敛于 S；若部分和数列 $\{S_n\}$ 的极限不存在，则称级数 $\sum\limits_{n=1}^{\infty} u_n$ 发散.

定义 7 - 1 - 4 当级数 $\sum\limits_{n=1}^{\infty} u_n$ 收敛时，级数的和 S 与其前 n 项部分和 S_n 之差，称为该级数的**余项**，记为 r_n. 即

$$r_n = S - S_n = u_{n+1} + u_{n+2} + \cdots,$$

此时有

$$\lim_{n \to \infty} r_n = \lim_{n \to \infty}(S - S_n) = \lim_{n \to \infty} S - \lim_{n \to \infty} S_n = S - S = 0.$$

所以级数收敛时，其余项的极限值为零.

【例 7 - 1 - 1】 试讨论等比级数（也称几何级数）

$$\sum_{n=1}^{\infty} aq^{n-1} = a + aq + aq^2 + \cdots + aq^{n-1} + \cdots \quad (a \neq 0)$$

的敛散性，其中，q 为该级数的公比.

解 根据等比数列的求和公式，如果 $q \neq 1$ 时，等比级数部分和为

$$S_n = a + aq + aq^2 + \cdots + aq^{n-1} = \frac{a(1-q^n)}{1-q},$$

当 $|q| < 1$ 时，由于 $\lim\limits_{n \to \infty} q^n = 0$，所以

$$\lim_{n \to \infty} S_n = \frac{a(1-q^n)}{1-q} = \frac{a}{1-q},$$

由定义知该级数收敛，且其和为 $S = \dfrac{a}{1-q}$；

当 $|q| > 1$ 时，由于 $\lim\limits_{n \to \infty} q^n = \infty$，所以

$$\lim_{n \to \infty} S_n = \infty,$$

由定义知该级数发散；

当 $q = 1$ 时，级数变为

$$a + a + \cdots + a + \cdots,$$

则

$S_n = na$，$\lim\limits_{n \to \infty} S_n = \infty$，因此该级数发散.

当 $q = -1$ 时，级数变为

$$a - a + a - a + \cdots,$$

则

$$S_n = \begin{cases} 0, & n \text{ 为偶数}, \\ a, & n \text{ 为奇数}. \end{cases}$$

所以部分和数列 $\{S_n\}$ 的极限不存在，故该级数发散.

综上所述可知，当公比 $|q| < 1$ 时，等比级数 $\sum\limits_{n=1}^{\infty} aq^{n-1}$ 收敛，且和 $S = \dfrac{a}{1-q}$；当

公比 $|q| \geqslant 1$ 时，等比级数 $\sum\limits_{n=1}^{\infty} aq^{n-1}$ 发散.

【例 7 − 1 − 2】 判别级数 $\sum\limits_{n=1}^{\infty} \left(-\dfrac{1}{5} \right)^n$ 的敛散性.

解　这是等比级数，公比 $q = -\dfrac{1}{5}$，故 $|q| = \dfrac{1}{5} < 1$，所以级数 $\sum\limits_{n=1}^{\infty} \left(-\dfrac{1}{5} \right)^n$ 收敛.

【例 7 − 1 − 3】 判别级数 $\sum\limits_{n=1}^{\infty} \dfrac{1}{n^2 + n}$ 的敛散性.

解　由于 $u_n = \dfrac{1}{n(n+1)} = \dfrac{1}{n} - \dfrac{1}{(n+1)}$，且

$$S_n = \left(1 - \frac{1}{2} \right) + \left(\frac{1}{2} - \frac{1}{3} \right) + \left(\frac{1}{3} - \frac{1}{4} \right) + \cdots + \left(\frac{1}{n} - \frac{1}{n+1} \right) = 1 - \frac{1}{n+1}$$

而

$$\lim_{n \to \infty} S_n = \lim_{n \to \infty} \left(1 - \frac{1}{n+1} \right) = 1,$$

所以该级数收敛，且其和为 $S = 1$.

【例 7 − 1 − 4】 证明调和级数 $\sum\limits_{n=1}^{\infty} \dfrac{1}{n}$（即 $1 + \dfrac{1}{2} + \dfrac{1}{3} + \cdots + \dfrac{1}{n} + \cdots$）是发散的.

证（反证法）　设级数 $\sum\limits_{n=1}^{\infty} \dfrac{1}{n}$ 是收敛的，且其和为 S，则一方面

$$\lim_{x \to \infty} (S_{2n} - S_n) = S - S = 0;$$

另一方面，由于

$$S_{2n} - S_n = \frac{1}{n+1} + \frac{1}{n+2} + \cdots + \frac{1}{2n} \geqslant \frac{1}{2n} + \frac{1}{2n} + \cdots + \frac{1}{2n} = \frac{1}{2},$$

从而 $\lim\limits_{x \to \infty}(S_{2n} - S_n) \geqslant \frac{1}{2}$，矛盾！故级数 $\sum\limits_{n=1}^{\infty} \frac{1}{n}$ 是发散的.

7.1.2 数项级数的性质

根据无穷级数敛散性的概念及有关极限运算法则，我们很容易得出级数的下列性质.

性质 7 - 1 - 1 若级数 $\sum\limits_{n=1}^{\infty} u_n$ 收敛，则 $\lim\limits_{n \to \infty} u_n = 0$.

证 设 $\sum\limits_{n=1}^{\infty} u_n$ 的部分和为 S_n，由于 $u_n = S_n - S_{n-1}$，则

$$\lim_{n \to \infty} u_n = \lim_{n \to \infty}(S_n - S_{n-1}) = S - S = 0.$$

注：极限 $\lim\limits_{n \to \infty} u_n = 0$ 是级数 $\sum\limits_{n=1}^{\infty} u_n$ 收敛的必要条件，但不是充分条件，即由 $\lim\limits_{n \to \infty} u_n = 0$ 并不能推出级数 $\sum\limits_{n=1}^{\infty} u_n$ 收敛，比如调和级数 $\sum\limits_{n=1}^{\infty} \frac{1}{n}$.

由此性质我们还可以得到判断级数发散的一种方法：若级数的通项 u_n 不趋于零，即 $\lim\limits_{n \to \infty} u_n \neq 0$，则该级数一定发散.

例如，级数 $\frac{1}{3} + \frac{2}{5} + \frac{3}{7} + \cdots + \frac{n}{2n+1} + \cdots$，由于 $\lim\limits_{n \to \infty} u_n = \lim\limits_{n \to \infty} \frac{n}{2n+1} = \frac{1}{2} \neq 0$，因此这个级数是发散的.

性质 7 - 1 - 2 若级数 $\sum\limits_{n=1}^{\infty} u_n$ 收敛，其和为 S，则级数 $\sum\limits_{n=1}^{\infty} ku_n$ 也收敛，且其和为 kS.

证 设 $\sum\limits_{n=1}^{\infty} u_n$ 与 $\sum\limits_{n=1}^{\infty} ku_n$ 的部分和分别为 S_n 与 σ_n，则

$$\lim_{n \to \infty} \sigma_n = \lim_{n \to \infty}(ku_1 + ku_2 + \cdots ku_n) = k\lim_{n \to \infty}(u_1 + u_2 + \cdots u_n) = k\lim_{n \to \infty} S_n = kS.$$

这表明级数 $\sum\limits_{n=1}^{\infty} ku_n$ 收敛，且和为 kS.

性质 7 - 1 - 3 若级数 $\sum\limits_{n=1}^{\infty} u_n$ 与 $\sum\limits_{n=1}^{\infty} v_n$ 分别收敛于 S_1 和 S_2，则 $\sum\limits_{n=1}^{\infty}(u_n \pm v_n)$ 也收敛，且其和为 $S_1 \pm S_2$. 即

$$\sum_{n=1}^{\infty}(u_n \pm v_n) = \sum_{n=1}^{\infty} u_n \pm \sum_{n=1}^{\infty} v_n = S_1 \pm S_2.$$

证 设 $\sum\limits_{n=1}^{\infty} u_n$，$\sum\limits_{n=1}^{\infty} ku_n$ 与 $\sum\limits_{n=1}^{\infty}(u_n \pm v_n)$ 的部分和分别为 S_n，σ_n，τ_n，则

$$\lim_{n \to \infty} \tau_n = \lim_{n \to \infty}\big[(u_1 \pm v_1) + (u_2 \pm v_2) + \cdots + (u_n \pm v_n)\big]$$
$$= \lim_{n \to \infty}\big[(u_1 + u_2 + \cdots + u_n) \pm (v_1 + v_2 + \cdots + v_n)\big]$$

$$= \lim_{n \to \infty} (S_n \pm \sigma_n) = S_1 \pm S_2.$$

性质 7 - 1 - 4 在一个级数中去掉或添加有限项，不改变级数的敛散性，但一般会改变收敛级数的和.

比如，级数 $\dfrac{1}{1 \cdot 2} + \dfrac{1}{2 \cdot 3} + \dfrac{1}{3 \cdot 4} + \cdots + \dfrac{1}{n(n+1)} + \cdots$ 是收敛的，级数 $10000 +$

$\dfrac{1}{1 \cdot 2} + \dfrac{1}{2 \cdot 3} + \dfrac{1}{3 \cdot 4} + \cdots + \dfrac{1}{n(n+1)} + \cdots$ 也是收敛的，级数 $\dfrac{1}{3 \cdot 4} + \dfrac{1}{4 \cdot 5} + \cdots +$

$\dfrac{1}{n(n+1)} + \cdots$ 也是收敛的.

证明略.

性质 7 - 1 - 5 如果级数 $\displaystyle\sum_{n=1}^{\infty} u_n$ 收敛，则对该级数的项任意加括号后所成的新级数仍收敛，且其和不变.

证明略.

注意：原级数收敛，加括号后所成的新级数也收敛；但反之不成立，也就是加括号后所成的级数收敛，但原级数未必收敛. 例如，级数

$$(1-1) + (1-1) + \cdots + (1-1) + \cdots$$

收敛于零，但级数

$$1 - 1 + 1 - 1 + \cdots + (-1)^{n-1} + \cdots$$

却是发散的.

习题 7 - 1

1. 写出下列级数的通项.

(1) $\dfrac{1}{3} + \dfrac{1}{5} + \dfrac{1}{9} + \dfrac{1}{17} + \cdots$;   (2) $\dfrac{3}{2} + \dfrac{5}{4} + \dfrac{7}{8} + \dfrac{9}{16} + \cdots$;

(3) $0.3 + 0.33 + 0.333 + 0.3333 + \cdots$;   (4) $\dfrac{1}{2} + \dfrac{1}{6} + \dfrac{1}{12} + \dfrac{1}{20} + \cdots$.

2. 写出下列级数的部分和，并说明其敛散性.

(1) $\displaystyle\sum_{n=1}^{\infty} \left(\dfrac{2}{5}\right)^n$;   (2) $\displaystyle\sum_{n=1}^{\infty} n^2$;

(3) $\displaystyle\sum_{n=1}^{\infty} \dfrac{1}{\sqrt{n+1} + \sqrt{n}}$;   (4) $\displaystyle\sum_{n=1}^{\infty} \dfrac{1}{(n+1)(n+2)}$.

3. 判断下列级数的敛散性.

(1) $\displaystyle\sum_{n=1}^{\infty} \dfrac{2n}{5n-3}$;   (2) $\displaystyle\sum_{n=1}^{\infty} \dfrac{1}{n+2}$;

(3) $\displaystyle\sum_{n=1}^{\infty} \dfrac{3^n + 4^n}{6^n}$;   (4) $\displaystyle\sum_{n=1}^{\infty} (\ln 3)^n$;

（5）$\displaystyle\sum_{n=1}^{\infty} \frac{5n^2}{4n^2+1}$；

（6）$\displaystyle\sum_{n=1}^{\infty} \frac{(-1)^n+4^n}{7^n}$；

（7）$\displaystyle\sum_{n=1}^{\infty} (2n-1)$；

（8）$\displaystyle\sum_{n=1}^{\infty} \frac{1}{n(n+2)}$.

7.2 常数项级数敛散性的判别法

一般情况下，如果只利用级数的定义或性质来判断级数的敛散性，通常难度比较大，因为有些级数的部分和很难求出，因此有一定的局限性. 在本节，我们将介绍一些简单可行的判断级数敛散性的方法.

7.2.1 正项级数的审敛法

定义 7-2-1 若级数 $\displaystyle\sum_{n=1}^{\infty} u_n$ 的通项非负，即 $u_n \geqslant 0 (n=1,2,3,\cdots)$，则称该级数为**正项级数**.

设正项级数 $\displaystyle\sum_{n=1}^{\infty} u_n$ 的部分和为 S_n，由于 $S_{n+1}=S_n+u_{n+1} \geqslant S_n$，所以部分和数列 $\{S_n\}$ 是单调增加数列；又由于 $S_n \geqslant u_1 \geqslant 0$，所以数列 $\{S_n\}$ 有下界. 根据由单调有界数列必有极限的理论可知，正项级数的部分和数列 $\{S_n\}$ 如果有上界，必有极限，则该级数收敛. 反之，若正项级数 $\displaystyle\sum_{n=1}^{\infty} u_n$ 收敛于 S，那么根据收敛数列必有界的理论可知，部分和数列 $\{S_n\}$ 必有上界，从而得到正项级数收敛的充要条件.

定理 7-2-1 正项级数 $\displaystyle\sum_{n=1}^{\infty} u_n$ 收敛的充要条件是它的部分和数列 $\{S_n\}$ 有上界.

【例 7-2-1】 判别级数 $\displaystyle\sum_{n=1}^{\infty} \frac{1}{3^n+1}$ 的敛散性.

解 由于 $\dfrac{1}{3^n+1} < \dfrac{1}{3^n}$，且

$$S_n = \frac{1}{3+1}+\frac{1}{3^2+1}+\cdots\frac{1}{3^n+1} < \frac{1}{3}+\frac{1}{3^2}+\cdots+\frac{1}{3^n} = \frac{1}{2}\left(1-\frac{1}{3^n}\right) < 1,$$

则该级数的部分和数列 $\{S_n\}$ 有上界，所以该级数收敛.

【例 7-2-2】 判别级数 $\displaystyle\sum_{n=1}^{\infty} \frac{1}{n(n+1)}$ 的敛散性.

解 由于 $u_n = \dfrac{1}{n(n+1)} = \dfrac{1}{n}-\dfrac{1}{n+1}$，且

$$S_n = \left(1-\frac{1}{2}\right)+\left(\frac{1}{2}-\frac{1}{3}\right)+\left(\frac{1}{3}-\frac{1}{4}\right)+\cdots+\left(\frac{1}{n}-\frac{1}{n+1}\right) = 1-\frac{1}{n+1} < 1,$$

则级数的部分和数列 $\{S_n\}$ 有上界, 所以该级数收敛.

这两个例子说明, 对于正项级数敛散性的判断, 也可由级数间的比较来解决, 因此产生了级数的比较审敛法.

定理 7 - 2 - 2（比较审敛法） 设有两个正项级数 $\sum\limits_{n=1}^{\infty} u_n$ 和 $\sum\limits_{n=1}^{\infty} v_n$, 且 $u_n \leqslant v_n$ ($n=1,2,3,\cdots$).

(1) 若 $\sum\limits_{n=1}^{\infty} v_n$ 收敛, 则 $\sum\limits_{n=1}^{\infty} u_n$ 也收敛;

(2) 若 $\sum\limits_{n=1}^{\infty} u_n$ 发散, 则 $\sum\limits_{n=1}^{\infty} v_n$ 也发散.

证 设 $\sum\limits_{n=1}^{\infty} u_n$ 与 $\sum\limits_{n=1}^{\infty} v_n$ 的部分和分别为 S_n 与 σ_n, 由于 $u_n \leqslant v_n$ ($n=1,2,3,\cdots$), 所以 $S_n \leqslant \sigma_n$, ($n=1,2,3,\cdots$).

(1) 若 $\sum\limits_{n=1}^{\infty} v_n$ 收敛, 则由定理 7 - 2 - 1 知, σ_n 有上界, 即 $\sigma_n \leqslant M$, 从而 $S_n \leqslant M$, 即 S_n 有上界, 再由定理 7 - 2 - 1 可知, $\sum\limits_{n=1}^{\infty} u_n$ 也收敛;

(2) 用反证法证明: 若 $\sum\limits_{n=1}^{\infty} u_n$ 发散, 则 $\sum\limits_{n=1}^{\infty} v_n$ 必发散. 因为如果 $\sum\limits_{n=1}^{\infty} v_n$ 收敛, 由 (1) 可知, $\sum\limits_{n=1}^{\infty} u_n$ 也收敛, 与假设矛盾.

注: 此定理也可以用一句话来理解: 大的收敛, 则小的收敛; 小的发散, 则大的发散.

【例 7 - 2 - 3】 判断级数 $\sum\limits_{n=1}^{\infty} \dfrac{1}{3^n + n}$ 的敛散性.

解 因为 $u_n = \dfrac{1}{3^n + n} < \dfrac{1}{3^n}$, 而级数 $\sum\limits_{n=1}^{\infty} \dfrac{1}{3^n}$ 是一个公比 $q = \dfrac{1}{3} < 1$ 的等比级数, 因此, 它是收敛的, 根据比较审敛法可知, 级数 $\sum\limits_{n=1}^{\infty} \dfrac{1}{3^n + n}$ 收敛.

【例 7 - 2 - 4】 判断级数 $\sum\limits_{n=1}^{\infty} \dfrac{1}{2n + 1}$ 的敛散性.

解 因为 $u_n = \dfrac{1}{2n+1} > \dfrac{1}{2n+n} = \dfrac{1}{3n}$, 而调和级数 $\sum\limits_{n=1}^{\infty} \dfrac{1}{n}$ 是发散的, 所以级数 $\sum\limits_{n=1}^{\infty} \dfrac{1}{3n} = \dfrac{1}{3} \sum\limits_{n=1}^{\infty} \dfrac{1}{n}$ 也是发散的, 根据比较审敛法可知, 级数 $\sum\limits_{n=1}^{\infty} \dfrac{1}{2n+1}$ 发散.

【例 7 - 2 - 5】 讨论 p - 级数 $\sum\limits_{n=1}^{\infty} \dfrac{1}{n^p}$ ($p > 0$) 的敛散性.

解 当 $p = 1$ 时, $\sum\limits_{n=1}^{\infty} \dfrac{1}{n^p}$ 就是调和级数 $\sum\limits_{n=1}^{\infty} \dfrac{1}{n}$, 故发散.

当 $0 < p < 1$ 时，因为 $\dfrac{1}{n^p} \geqslant \dfrac{1}{n}$，由于调和级数 $\displaystyle\sum_{n=1}^{\infty} \dfrac{1}{n}$ 发散，根据比较审敛法可知，此时 p-级数发散.

当 $p > 1$ 时，我们通过积分来证明 p-级数的部分和有上界.

$$a_n = \frac{1}{n^p} = \int_n^{n+1} \frac{1}{n^p} \mathrm{d}x.$$

由于积分变量 x 的变化范围是 $n-1 \leqslant x \leqslant n$，从而 $\dfrac{1}{n^p} \leqslant \dfrac{1}{x^p}$，因此

$$
\begin{aligned}
S_n &= 1 + \frac{1}{2^p} + \frac{1}{3^p} + \cdots + \frac{1}{n^p} \\
&= 1 + \int_1^2 \frac{1}{2^p} \mathrm{d}x + \int_2^3 \frac{1}{3^p} \mathrm{d}x + \cdots + \int_{n-1}^n \frac{1}{n^p} \mathrm{d}x \\
&\leqslant 1 + \int_1^2 \frac{1}{x^p} \mathrm{d}x + \int_2^3 \frac{1}{x^p} \mathrm{d}x + \cdots + \int_{n-1}^n \frac{1}{x^p} \mathrm{d}x \\
&= 1 + \int_1^n \frac{1}{x^p} \mathrm{d}x.
\end{aligned}
$$

由于 $\displaystyle\int_1^n \frac{1}{x^p} \mathrm{d}x = \frac{1}{p-1}\left(1 - \frac{1}{n^{p-1}}\right)$，

所以

$$S_n \leqslant 1 + \int_1^n \frac{1}{x^p} \mathrm{d}x \leqslant 1 + \frac{1}{p-1}\left(1 - \frac{1}{n^{p-1}}\right) < 1 + \frac{1}{p-1} = \frac{p}{p-1}$$

根据正项级数收敛的充分必要条件可知，当 $p > 1$ 时，p-级数收敛.

综上所述，p-级数 $\displaystyle\sum_{n=1}^{\infty} \dfrac{1}{n^p}$：当 $p \leqslant 1$ 时发散；当 $p > 1$ 时收敛.

【例 7-2-6】 判断级数 $\displaystyle\sum_{n=1}^{\infty} \dfrac{n-1}{n^3 + 2n}$ 的敛散性.

解 因为 $u_n = \dfrac{n-1}{n^3 + 2n} < \dfrac{1}{n^2}$，而级数 $\displaystyle\sum_{n=1}^{\infty} \dfrac{1}{n^2}$ 是 $p = 2 > 1$ 时的 p-级数，故级数 $\displaystyle\sum_{n=1}^{\infty} \dfrac{1}{n^2}$ 收敛，根据比较审敛法可知，原级数 $\displaystyle\sum_{n=1}^{\infty} \dfrac{n-1}{n^3 + 2n}$ 收敛.

为了使用上的方便，下面给出比较审敛法的极限形式.

定理 7-2-3（比较审敛法的极限形式） 设 $\displaystyle\sum_{n=1}^{\infty} u_n$ 与 $\displaystyle\sum_{n=1}^{\infty} v_n$ 是两个正项级数，如果

$$\lim_{n\to\infty} \frac{u_n}{v_n} = l \quad (0 < l < +\infty),$$

则级数 $\displaystyle\sum_{n=1}^{\infty} u_n$ 与 $\displaystyle\sum_{n=1}^{\infty} v_n$ 同时收敛或同时发散.

证　由于 $0 < l < +\infty$，于是存在常数 p，q，使得

$0 < p < l < q.$

又由于 $\lim\limits_{n \to \infty} \dfrac{u_n}{v_n} = l$（$0 < l < \infty$）知，从某一个 $n = N$ 开始有不等式

$p < \dfrac{u_n}{v_n} < q,$

即

$pv_n < u_n < qv_n$（$n \geqslant N$）.

（1）如果 $\sum\limits_{n=1}^{\infty} v_n$ 收敛，那么 $\sum\limits_{n=1}^{\infty} qv_n$ 也收敛，根据比较审敛法可知，$\sum\limits_{n=1}^{\infty} u_n$ 收敛.

（2）若 $\sum\limits_{n=1}^{\infty} v_n$ 发散，那么 $\sum\limits_{n=1}^{\infty} pv_n$ 也发散，根据比较审敛法可知，$\sum\limits_{n=1}^{\infty} u_n$ 发散.

【例 7 – 2 – 7】 判断级数 $\sum\limits_{n=1}^{\infty} \sin \dfrac{1}{n^3}$ 的敛散性.

解　因为 $u_n = \sin \dfrac{1}{n^3} > 0$，所以这是一个正项级数，取 $v_n = \dfrac{1}{n^3}$，则

$$\lim_{n \to \infty} \frac{u_n}{v_n} = \frac{\sin \dfrac{1}{n^3}}{\dfrac{1}{n^3}} = 1,$$

由于级数 $\sum\limits_{n=1}^{\infty} \dfrac{1}{n^3}$ 是一个 $p = 3 > 1$ 时的 p – 级数，故级数 $\sum\limits_{n=1}^{\infty} \dfrac{1}{n^3}$ 是收敛的，根据比较审敛法的极限形式可知，原级数 $\sum\limits_{n=1}^{\infty} \sin \dfrac{1}{n^3}$ 收敛.

【例 7 – 2 – 8】 判断级数 $\sum\limits_{n=1}^{\infty} \dfrac{1}{\sqrt{(n-1)(n+5)}}$ 的敛散性.

解　$u_n = \dfrac{1}{\sqrt{(n-1)(n+5)}}$，取 $v_n = \dfrac{1}{n}$，则

$$\lim_{n \to \infty} \frac{u_n}{v_n} = \lim_{n \to \infty} \frac{\dfrac{1}{\sqrt{(n-1)(n+5)}}}{\dfrac{1}{n}} = \lim_{n \to \infty} \sqrt{\frac{n^2}{n^2 + 4n - 5}} = 1,$$

由于调和级数 $\sum\limits_{n=1}^{\infty} \dfrac{1}{n}$ 是发散的，根据比较审敛法的极限形式可知，原级数 $\sum\limits_{n=1}^{\infty} \dfrac{1}{\sqrt{(n-1)(n+5)}}$ 发散.

比较判别法需要找一个已知敛散性的级数，与给定的级数进行比较，从而判断所给级数的敛散性，这个方法对于某些级数并不容易判断. 下面我们给出比值审敛法.

它在处理通项中含有 a^n，$n!$ 等形式的级数时非常方便.

定理 7 - 2 - 4（达朗贝尔比值审敛法）　设有正项级数 $\sum\limits_{n=1}^{\infty} u_n$，如果 $\lim\limits_{n\to\infty} \dfrac{u_{n+1}}{u_n} = \rho$ 存在，则：

（1）当 $\rho < 1$ 时，级数收敛；

（2）当 $\rho > 1$（或 $\lim\limits_{n\to\infty} \dfrac{u_{n+1}}{u_n} = \infty$）时，级数发散；

（3）当 $\rho = 1$ 时，级数可能收敛也可能发散.

证明略.

【例 7 - 2 - 9】 判断级数 $\sum\limits_{n=1}^{\infty} \dfrac{5^n}{n!}$ 的敛散性.

解　$u_n = \dfrac{5^n}{n!}$，$u_{n+1} = \dfrac{5^{n+1}}{(n+1)!}$，

因为

$$\lim_{n\to\infty} \frac{u_{n+1}}{u_n} = \lim_{n\to\infty} \frac{5^{n+1}}{(n+1)!} \cdot \frac{n!}{5^n} = \lim_{n\to\infty} \frac{5}{n+1} = 0 < 1,$$

根据比值审敛法知，该级数收敛.

【例 7 - 2 - 10】 判断级数 $\sum\limits_{n=1}^{\infty} \dfrac{n^n}{n!}$ 的敛散性.

解　$u_n = \dfrac{n^n}{n!}$，$u_{n+1} = \dfrac{(n+1)^{n+1}}{(n+1)!}$，

因为

$$\lim_{n\to\infty} \frac{u_{n+1}}{u_n} = \lim_{n\to\infty} \frac{(n+1)^{n+1}}{(n+1)!} \cdot \frac{n!}{n^n} = \lim_{n\to\infty} \left(1 + \frac{1}{n}\right)^n = e > 1,$$

根据比值审敛法知，该级数发散.

【例 7 - 2 - 11】 判断级数 $\sum\limits_{n=1}^{\infty} \dfrac{n-1}{n^2(n+2)}$ 的敛散性.

解　由于 $u_n = \dfrac{n-1}{n^2(n+2)}$，$u_{n+1} = \dfrac{n}{(n+1)^2(n+3)}$，

因为

$$\lim_{n\to\infty} \frac{u_{n+1}}{u_n} = \lim_{n\to\infty} \frac{n}{(n+1)^2(n+3)} \cdot \frac{n^2(n+2)}{n-1} = 1,$$

此时，比值审敛法失效，改用其他方法判断；

由于 $u_n = \dfrac{n-1}{n^2(n+2)}$，取 $v_n = \dfrac{1}{n^2}$，则 $\lim\limits_{n\to\infty} \dfrac{u_n}{v_n} = \dfrac{n-1}{n^2(n+2)} \cdot \dfrac{n^2}{1} = 1.$

而 $\sum\limits_{n=1}^{\infty} \dfrac{1}{n^2}$ 是 $p = 2 > 1$ 时的 p - 级数，该级数收敛，由比较审敛法的极限形式可知，原

级数 $\sum\limits_{n=1}^{\infty} \dfrac{n-1}{n^2(n+2)}$ 收敛.

7.2.2 交错级数及其审敛法

定义 7-2-2 当级数的各项正、负交替出现时，即

$$\sum_{n=1}^{\infty} (-1)^{n-1} u_n = u_1 - u_2 + u_3 - u_4 + \cdots$$

或

$$\sum_{n=1}^{\infty} (-1)^n u_n = -u_1 + u_2 - u_3 + u_4 - \cdots,$$

其中，$u_n > 0$（$n = 1, 2, 3, \cdots$），称这样的级数为**交错级数**.

例如，$1 - \dfrac{1}{2} + \dfrac{1}{3} - \dfrac{1}{4} + \cdots + (-1)^{n-1} \dfrac{1}{n} + \cdots$ 就是一个交错级数.

关于交错级数有如下审敛法.

定理 7-2-5（莱布尼茨审敛法） 如果交错级数 $\sum\limits_{n=1}^{\infty} (-1)^{n-1} u_n$（$u_n > 0$; $n = 1, 2$, $3, \cdots$）满足：

（1）$u_n \geqslant u_{n+1}$（$n = 1, 2, 3, \cdots$）；

（2）$\lim\limits_{n \to \infty} u_n = 0$.

则交错级数 $\sum\limits_{n=1}^{\infty} (-1)^{n-1} u_n$ 收敛，并且其和 S 有 $0 \leqslant S \leqslant u_1$.

注：由于交错级数 $\sum\limits_{n=1}^{\infty} (-1)^{n-1} u_n$ 与 $\sum\limits_{n=1}^{\infty} (-1)^n u_n$ 各项只相差一个负号，故此判别方法适用于这两种形式的交错级数.

【例 7-2-12】 判断级数 $\sum\limits_{n=1}^{\infty} (-1)^{n-1} \dfrac{1}{n+1}$ 的敛散性.

解 此交错级数 $u_n = \dfrac{1}{n+1}$，$u_{n+1} = \dfrac{1}{n+2}$，显然 $u_n > u_{n+1}$，又 $\lim\limits_{n \to \infty} u_n = \lim\limits_{n \to \infty} \dfrac{1}{n+1} = 0$，由莱布尼茨判别法知，该级数收敛.

【例 7-2-13】 判断级数 $\sum\limits_{n=1}^{\infty} (-1)^n \dfrac{2n}{3n+1}$ 的敛散性.

解 此交错级数 $u_n = \dfrac{2n}{3n+1}$，$u_{n+1} = \dfrac{2n+2}{3n+4}$，由于 $u_n - u_{n+1} = \dfrac{2n}{3n+1} - \dfrac{2n+2}{3n+4} = \dfrac{-2}{(3n+1)(3n+4)} < 0$，可知：

$$u_n < u_{n+1},$$

即此交错级数不满足莱布尼茨审敛法的条件，故不能用莱布尼茨审敛法判别敛散性，应改用其他方法.

又由于 $\lim\limits_{n\to\infty}u_n=\dfrac{2}{3}\neq0$ ，不满足级数收敛的必要条件，故该级数发散.

7.2.3　绝对收敛和条件收敛

定义 7 – 2 – 3　对于级数 $\sum\limits_{n=1}^{\infty}u_n$，其中 $u_n(n=1,2,3,\cdots)$ 为任意实数，我们称为**任意项级数**.

判断任意项级数 $\sum\limits_{n=1}^{\infty}u_n$ 的敛散性，通常先对级数的各项取绝对值，转化成正项级数 $\sum\limits_{n=1}^{\infty}|u_n|$ 来考察.

定义 7 – 2 – 4　如果级数 $\sum\limits_{n=1}^{\infty}|u_n|$ 收敛，称级数 $\sum\limits_{n=1}^{\infty}u_n$ **绝对收敛**；如果级数 $\sum\limits_{n=1}^{\infty}|u_n|$ 发散，而级数 $\sum\limits_{n=1}^{\infty}u_n$ 收敛，则称 $\sum\limits_{n=1}^{\infty}u_n$ **条件收敛**.

【例 7 – 2 – 14】 判定级数 $\sum\limits_{n=1}^{\infty}(-1)^{n-1}\dfrac{n!}{n^n}$ 是绝对收敛还是条件收敛.

解　$\sum\limits_{n=1}^{\infty}\left|(-1)^{n-1}\dfrac{n!}{n^n}\right|=\sum\limits_{n=1}^{\infty}\dfrac{n!}{n^n}$，

$$\lim_{n\to\infty}\frac{u_{n+1}}{u_n}=\lim_{n\to\infty}\frac{(n+1)!}{(n+1)^{n+1}}\cdot\frac{n^n}{n!}=\lim_{n\to\infty}\left(\frac{n}{n+1}\right)^n=\lim_{n\to\infty}\frac{1}{\left(1+\dfrac{1}{n}\right)^n}=\frac{1}{e}<1,$$

由比值审敛法知，$\sum\limits_{n=1}^{\infty}\dfrac{n!}{n^n}$ 是收敛的，所以原级数是绝对收敛.

【例 7 – 2 – 15】 判定级数 $\sum\limits_{n=1}^{\infty}(-1)^n\dfrac{1}{\sqrt{n^2+3}}$ 是绝对收敛还是条件收敛.

解　$\sum\limits_{n=1}^{\infty}\left|(-1)^n\dfrac{1}{\sqrt{n^2+3}}\right|=\sum\limits_{n=1}^{\infty}\dfrac{1}{\sqrt{n^2+3}}$，

考虑到 $\dfrac{1}{\sqrt{n^2+3}}>\dfrac{1}{n}$，因为调和级数 $\sum\limits_{n=1}^{\infty}\dfrac{1}{n}$ 是发散的，根据正项级数的比较审敛法可知，级数 $\sum\limits_{n=1}^{\infty}\dfrac{1}{\sqrt{n^2+3}}$ 也发散，因而原级数 $\sum\limits_{n=1}^{\infty}(-1)^n\dfrac{1}{\sqrt{n^2+3}}$ 不绝对收敛.

又由于 $\sum\limits_{n=1}^{\infty}(-1)^n\dfrac{1}{\sqrt{n^2+3}}$ 是一个交错级数，满足：

$$u_n=\frac{1}{\sqrt{n^2+3}}>\frac{1}{\sqrt{(n+1)^2+3}}=u_{n+1},$$

且

$$\lim_{n \to \infty} u_n = \lim_{n \to \infty} \frac{1}{\sqrt{n^2 + 3}} = 0,$$

由莱布尼茨审敛法可知，级数 $\sum\limits_{n=1}^{\infty} (-1)^n \dfrac{1}{\sqrt{n^2 + 3}}$ 收敛. 所以该级数为条件收敛.

习题 7−2

1. 利用比较法判别下列级数的敛散性.

(1) $\sum\limits_{n=1}^{\infty} \dfrac{1}{3n+1}$;

(2) $\sum\limits_{n=1}^{\infty} \dfrac{1}{n \cdot \sqrt{n-1}}$;

(3) $\sum\limits_{n=1}^{\infty} \dfrac{1}{n(n+2)}$;

(4) $\sum\limits_{n=1}^{\infty} \dfrac{1+3^n}{2^n}$;

(5) $\sum\limits_{n=1}^{\infty} \dfrac{1}{\sqrt{n+5}}$;

(6) $\sum\limits_{n=1}^{\infty} \sin \dfrac{1}{2^n}$.

2. 利用比值法判别下列级数的敛散性.

(1) $\sum\limits_{n=1}^{\infty} \dfrac{4^n}{n^2+1}$;

(2) $\sum\limits_{n=1}^{\infty} \dfrac{n^2}{(n+1)!}$;

(3) $\sum\limits_{n=1}^{\infty} \dfrac{3^n n!}{n^n}$;

(4) $\sum\limits_{n=1}^{\infty} \dfrac{3^n}{n \cdot 4^n}$;

(5) $\sum\limits_{n=1}^{\infty} \dfrac{n^2}{2^n}$;

(6) $\sum\limits_{n=1}^{\infty} \dfrac{n!10^n}{(n+1)!}$.

3. 试判断下列交错级数的敛散性.

(1) $\sum\limits_{n=1}^{\infty} (-1)^{n-1} \dfrac{1}{\sqrt{n^3}}$;

(2) $\sum\limits_{n=1}^{\infty} (-1)^n \dfrac{n^2}{n^2+1}$;

(3) $\sum\limits_{n=1}^{\infty} (-1)^{n-1} \dfrac{n}{n^2+1}$;

(4) $\sum\limits_{n=1}^{\infty} (-1)^{n-1} \dfrac{1}{\sqrt{n+5}}$;

(5) $\sum\limits_{n=1}^{\infty} (-1)^{n-1} \dfrac{1}{(n+1)(n+2)}$;

(6) $\sum\limits_{n=1}^{\infty} (-1)^n \dfrac{3n+1}{n^2}$.

4. 判断下列级数的敛散性，若收敛，是绝对收敛还是条件收敛.

(1) $\sum\limits_{n=1}^{\infty} (-1)^{n-1} \dfrac{1}{n \sqrt{n+1}}$;

(2) $\sum\limits_{n=1}^{\infty} (-1)^n \dfrac{n^2}{n!}$;

(3) $\sum\limits_{n=1}^{\infty} (-1)^{n-1} \dfrac{2n}{3n+2}$;

(4) $\sum\limits_{n=1}^{\infty} \dfrac{(-3)^n}{n!}$;

(5) $\sum\limits_{n=1}^{\infty} (-1)^{n-1} \dfrac{1}{\sqrt{2n+1}}$;

(6) $\sum\limits_{n=1}^{\infty} (-1)^n \dfrac{\sqrt{n}}{\sqrt{n^2+1}}$.

7.3　函数项级数及幂级数

前面两节我们讨论的级数都是常数项级数，主要讨论这类级数的敛散性．本节开始，我们讨论函数项级数，讨论这类级数的收敛半径和收敛域，主要以常见的幂级数为例．

7.3.1　函数项级数的概念

定义 7-3-1　设 $u_1(x),u_2(x),u_3(x),\cdots,u_n(x),\cdots$ 是定义在 $I\subseteq\mathbf{R}$ 上的函数，则表达式

$$\sum_{n=1}^{\infty}u_n(x)=u_1(x)+u_2(x)+u_3(x)+\cdots+u_n(x)+\cdots \tag{7-3-1}$$

称为定义在区间 I 上的**函数项级数**，记作 $\sum_{n=1}^{\infty}u_n(x)$．

例如，级数 $\sum_{n=0}^{\infty}x^n=1+x+x^2+\cdots+x^n+\cdots$．

当取定 $x_0\in I$ 时，函数项级数（7-3-1）成为常数项级数

$$\sum_{n=1}^{\infty}u_n(x_0)=u_1(x_0)+u_2(x_0)+u_3(x_0)+\cdots+u_n(x_0)+\cdots. \tag{7-3-2}$$

如果（7-3-2）收敛，则称 x_0 为函数项级数（7-3-1）的**收敛点**；如果（7-3-2）发散，则称 x_0 为函数项级数（7-3-1）的**发散点**．函数项级数的收敛点和发散点一般不止一个．

一个函数项级数全体收敛点的集合，称为该级数的**收敛域**；同样，函数项级数全体发散点的集合，称为该级数的**发散域**．

显然，对于收敛域内的每一点 x，函数项级数都有确定的和与 x 对应，这个和是 x 的函数，记作 $S(x)$，称为函数项级数 $\sum_{n=1}^{\infty}u_n(x)$ 的**和函数**，即

$$\sum_{n=1}^{\infty}u_n(x)=S(x),x\in D.$$

7.3.2　幂级数的审敛准则

这一节我们讨论一类简单而常见的函数项级数，即幂级数．

定义 7-3-2　形如

$$\sum_{n=0}^{\infty}a_nx^n=a_0+a_1x+a_2x^2+\cdots+a_nx^n+\cdots \tag{7-3-3}$$

或更一般的形式：

$$\sum_{n=0}^{\infty} a_n (x - x_0)^n = a_0 + a_1 (x - x_0) + a_2 (x - x_0)^2 + \cdots + a_n (x - x_0)^n + \cdots.$$

$$(7-3-4)$$

这两种形式的函数项级数均称为**幂级数**，其中，$a_n (n = 0,1,2,\cdots)$ 都是常数，称为**幂级数的系数**.

下面重点讨论式（7-3-3）幂级数的收敛域.

【例 7-3-1】讨论幂级数 $\sum_{n=1}^{\infty} x^n$ 的敛散性.

解 由于 $\sum_{n=1}^{\infty} x^n = 1 + x + x^2 + \cdots + x^n + \cdots$ 是公比 $q = x$ 的等比级数，故当 $|x| <$ 1 时幂级数收敛于和 $\frac{1}{1-x}$；当 $|x| \geq 1$ 时级数发散. 因此，幂级数 $\sum_{n=1}^{\infty} x^n$ 的收敛域为 $(-1,1)$.

如同上例，若存在一个正数 R，当 $|x| < R$ 时幂级数收敛，当 $|x| > R$ 时幂级数发散，当 $x = R$ 与 $x = -R$ 时，幂级数可能收敛也可能发散，则称 R 为幂级数的**收敛半径**. 下面定理给出求收敛半径的一种方法.

定理 7-3-1 设幂级数 $\sum_{n=1}^{\infty} a_n x^n$，其中 $a_n \neq 0$，且

$$\lim_{n \to \infty} \left| \frac{a_{n+1}}{a_n} \right| = \rho.$$

则 （1）当 $0 < \rho < +\infty$ 时，$R = \frac{1}{\rho}$；

（2）当 $\rho = 0$ 时，$R = +\infty$；

（3）当 $\rho = +\infty$ 时，$R = 0$.

对 $x = \pm R$ 点，幂级数可能收敛也可能发散. 此时，要分别对 $x = \pm R$ 的情况对幂级数进行讨论.

【例 7-3-2】求幂级数 $\sum_{n=1}^{\infty} \frac{1}{n+1} x^n$ 的收敛半径与收敛域.

解 因为

$$a_n = \frac{1}{n+1},$$

$$\rho = \lim_{n \to \infty} \left| \frac{a_{n+1}}{a_n} \right| = \lim_{n \to \infty} \left| \frac{n+1}{n+2} \right| = 1.$$

故幂级数 $\sum_{n=1}^{\infty} \frac{1}{n+1} x^n$ 的收敛半径 $R = \frac{1}{\rho} = 1$.

当 $x = -1$ 时，幂级数为交错级数 $\sum_{n=1}^{\infty} \frac{(-1)^n}{n+1}$，是收敛的.

当 $x=1$ 时，幂级数为 $\sum_{n=1}^{\infty} \dfrac{1}{n+1}$，是发散的.

所以幂级数 $\sum_{n=1}^{\infty} \dfrac{1}{n+1} x^n$ 的收敛域为 $[-1,1)$.

【例 7 - 3 - 3】 求幂级数 $\sum_{n=1}^{\infty} \dfrac{x^n}{(2n)!}$ 的收敛半径与收敛域.

解 因为

$$a_n = \frac{1}{(2n)!},$$

$$\rho = \lim_{n \to \infty} \left| \frac{a_{n+1}}{a_n} \right| = \lim_{n \to \infty} \left| \frac{\dfrac{1}{(2n+2)!}}{\dfrac{1}{(2n)!}} \right| = \lim_{n \to \infty} \frac{1}{(2n+1)(2n+2)} = 0.$$

故幂级数 $\sum_{n=1}^{\infty} \dfrac{x^n}{(2n)!}$ 的收敛半径 $R = +\infty$，收敛域为 $(-\infty, +\infty)$.

【例 7 - 3 - 4】 求幂级数 $\sum_{n=0}^{\infty} n^n x^n$ 的收敛半径与收敛域.

解 因为

$$a_n = n^n,$$

$$\rho = \lim_{n \to \infty} \left| \frac{a_{n+1}}{a_n} \right| = \lim_{n \to \infty} \left| \frac{(n+1)^{n+1}}{n^n} \right| = \lim_{n \to \infty} (n+1) \left(\frac{n+1}{n} \right)^n$$

$$= \lim_{n \to \infty} (n+1) \left(1 + \frac{1}{n} \right)^n = \infty.$$

故幂级数 $\sum_{n=0}^{\infty} n^n x^n$ 的收敛半径 $R = 0$，即该幂级数仅在 $x=0$ 点收敛.

【例 7 - 3 - 5】 求幂级数 $\sum_{n=1}^{\infty} \dfrac{x^{2n+1}}{2^n n^2}$ 的收敛半径与收敛域.

解 由于这个幂级数中缺少偶次幂的项，即

$$a_{2n} = 0, (n = 1, 2, 3, \cdots).$$

故不能直接用定理 7 - 3 - 1 求 R. 我们可以考虑用达朗贝尔比值审敛法来求级数的收敛半径.

由于

$$u_n = \frac{1}{2^n n^2} x^{2n+1},$$

$$\lim_{n \to \infty} \left| \frac{u_{n+1}}{u_n} \right| = \lim_{n \to \infty} \left| \frac{\dfrac{1}{2^{n+1}(n+1)^2} x^{2n+3}}{\dfrac{1}{2^n n^2} x^{2n+1}} \right| = \frac{1}{2} \lim_{n \to \infty} \left(\frac{n}{n+1} \right)^2 |x|^2 = \frac{1}{2} |x|^2,$$

所以，当 $\frac{1}{2}|x|^2<1$ 时，即 $|x|<\sqrt{2}$ 时，该幂级数收敛；当 $\frac{1}{2}|x|^2>1$ 时，即 $|x|>\sqrt{2}$ 时，该幂级数发散. 故所求幂级数 $\sum\limits_{n=1}^{\infty}\dfrac{x^{2n+1}}{2^n n^2}$ 的收敛半径 $R=\sqrt{2}$.

再考虑两个端点的敛散性.

当 $x=-\sqrt{2}$ 时，幂级数成为 $\sum\limits_{n=1}^{\infty}\dfrac{-\sqrt{2}}{n^2}=-\sqrt{2}\sum\limits_{n=1}^{\infty}\dfrac{1}{n^2}$，是收敛的. 当 $x=\sqrt{2}$ 时，幂级数成为 $\sum\limits_{n=1}^{\infty}\dfrac{\sqrt{2}}{n^2}$，也是收敛的. 所以幂级数 $\sum\limits_{n=1}^{\infty}\dfrac{x^{2n+1}}{2^n n^2}$ 的收敛域为 $[-\sqrt{2},\sqrt{2}]$.

7.3.3　幂级数的性质

幂级数及其和函数在其收敛区间内有以下性质.

性质 7-3-1　设两个幂级数 $\sum\limits_{n=1}^{\infty}a_n x^n$ 及 $\sum\limits_{n=1}^{\infty}b_n x^n$ 分别在 $(-R_1,R_1),(-R_2,R_2)$ 内收敛，设它们的和函数分别为 $S_1(x)$，$S_2(x)$，记 $R=\min\{R_1,R_2\}$，则

$$\sum_{n=1}^{\infty}a_n x^n \pm \sum_{n=1}^{\infty}b_n x^n = \sum_{n=1}^{\infty}(a_n\pm b_n)x^n = S_1(x)\pm S_2(x),$$

此时所得的幂级数 $\sum\limits_{n=1}^{\infty}(a_n\pm b_n)x^n$ 的收敛半径是 R.

性质 7-3-2　设幂级数 $\sum\limits_{n=1}^{\infty}a_n x^n$ 的和函数 $S(x)$ 的收敛半径为 R，则和函数 $S(x)$ 在 $(-R,R)$ 内是连续的.

性质 7-3-3　设幂级数 $\sum\limits_{n=1}^{\infty}a_n x^n$ 的和函数 $S(x)$ 的收敛半径为 R，则和函数 $S(x)$ 对 $(-R,R)$ 内的任一点 x 均是可导的，且有

$$S'(x)=\left(\sum_{n=1}^{\infty}a_n x^n\right)'=\sum_{n=1}^{\infty}(a_n x^n)'=\sum_{n=1}^{\infty}n a_n x^{n-1},$$

即幂级数可以逐项求导，且求导后所得到的幂级数与原幂级数有相同的收敛半径 R，但在收敛区间端点处的收敛性可能改变.

既然逐项求导后所得到的幂级数与原幂级数有相同的收敛半径，它在收敛区间内可再次求导.

由此可见，幂级数的和函数在收敛区间内任意阶可导，且各阶导数可通过对此幂级数逐项反复求导获得.

性质 7-3-4　设幂级数 $\sum\limits_{n=1}^{\infty}a_n x^n$ 的和函数 $S(x)$ 的收敛半径为 R，则和函数 $S(x)$ 对 $(-R,R)$ 内的任一点 x 均是可积的，且有

$$\int_0^x S(x)\,\mathrm{d}x = \int_0^x \Big(\sum_{n=0}^{\infty} a_n x^n \Big)\mathrm{d}x = \sum_{n=0}^{\infty} \int_0^x a_n x^n \mathrm{d}x = \sum_{n=0}^{\infty} \frac{a_n}{n+1} x^{n+1},$$

即幂级数可以逐项积分，且积分后所得到的幂级数与原幂级数有相同的收敛半径 R，但在收敛区间端点处的收敛性可能改变.

由以上性质可见，幂级数在收敛区间 $(-R,R)$ 内，可以相加、相减，可以逐项求导，可以逐项积分，这些性质在求幂级数的和函数，以及把一个函数用幂级数表示时，有着重要的应用.

【例 7 - 3 - 6】 求幂级数 $\sum_{n=0}^{\infty} (-1)^n \dfrac{x^{n+1}}{n+1}$ 的和函数 $S(x)$.

解 设所给幂级数的和函数为 $S(x)$，即

$$S(x) = \sum_{n=0}^{\infty} (-1)^n \frac{x^{n+1}}{n+1}$$

由于

$$S'(x) = \sum_{n=0}^{\infty} (-1)^n x^n = 1 - x + x^2 - x^3 + \cdots + (-1)^n x^n + \cdots = \frac{1}{1+x}, \ |x| < 1.$$

所以

$$S(x) = \int_0^x S'(x)\,\mathrm{d}x = \int_0^x \frac{1}{1+x}\mathrm{d}x = \ln(1+x), \ |x| < 1.$$

当 $x = -1$ 时，幂级数成为 $\sum_{n=1}^{\infty} (-1)^{2n+1} \dfrac{1}{n+1}$，是发散的；

当 $x = 1$ 时，幂级数成为 $\sum_{n=1}^{\infty} (-1)^n \dfrac{1}{n+1}$，是收敛的.

因此

$$\sum_{n=0}^{\infty} (-1)^n \frac{x^{n+1}}{n+1} = \ln(1+x), x \in (-1,1].$$

【例 7 - 3 - 7】 求 $\sum_{n=1}^{\infty} nx^{n-1}$ 的和函数 $S(x)$，其中 $|x| < 1$.

解 设所给幂级数的和函数为 $S(x)$，即

$$S(x) = \sum_{n=1}^{\infty} nx^{n-1} = 1 + 2x + 3x^2 + \cdots + nx^{n-1} + \cdots$$

在 $(-1,1)$ 内逐项积分，得

$$\int_0^x S(t)\,\mathrm{d}t = \int_0^x 1\mathrm{d}t + \int_0^x 2t\mathrm{d}t + \int_0^x 3t^2\mathrm{d}t + \cdots + \int_0^x nt^{n-1}\mathrm{d}t + \cdots$$

$$= x + x^2 + \cdots + x^n + \cdots = \frac{x}{1-x}, \ |x| < 1.$$

再求导，得

$$S(x) = \left(\frac{x}{1-x} \right)' = \frac{1}{(1-x)^2},$$

即

$$\sum_{n=1}^{\infty} n x^{n-1} = \frac{1}{(1-x)^2}, x \in (-1,1).$$

习题 7 - 3

1. 求下列幂级数的收敛半径和收敛域.

(1) $\displaystyle\sum_{n=1}^{\infty} \frac{x^n}{n+1}$;　　　　　　　　(2) $\displaystyle\sum_{n=1}^{\infty} n x^n$;

(3) $\displaystyle\sum_{n=1}^{\infty} \frac{n}{4^n} x^n$;　　　　　　　　(4) $\displaystyle\sum_{n=1}^{\infty} \frac{3^n}{n} x^n$;

(5) $\displaystyle\sum_{n=1}^{\infty} (-1)^{n-1} \frac{x^n}{\sqrt{n+2}}$;　　　　(6) $\displaystyle\sum_{n=0}^{\infty} \frac{x^n}{(2n+1)5^n}$;

(7) $\displaystyle\sum_{n=1}^{\infty} \frac{1}{\sqrt{n}} (x-1)^{n-1}$;　　　　(8) $\displaystyle\sum_{n=1}^{\infty} \frac{(x+2)^n}{n}$;

(9) $\displaystyle\sum_{n=1}^{\infty} \frac{x^n}{n+5}$;　　　　　　　(10) $\displaystyle\sum_{n=1}^{\infty} \frac{4^n}{n^2} x^n$.

2. 求下列幂级数的和函数.

(1) $1 - 2x + 3x^2 - 4x^3 + \cdots$;　　　(2) $x - \dfrac{x^3}{3} + \dfrac{x^5}{3} - \dfrac{x^7}{3} + \cdots$;

(3) $\displaystyle\sum_{n=1}^{\infty} \frac{x^n}{n}$;　　　　　　　　(4) $\displaystyle\sum_{n=1}^{\infty} \frac{x^{4n+1}}{4n+1} (|x| < 1)$.

7.4　函数的幂级数展开式

通过上一节的学习我们知道，幂级数在其收敛域内可以确定一个函数（和函数），反过来，我们给定一个函数 $f(x)$，可否找到一个幂级数，使其在收敛域内以 $f(x)$ 为和函数呢？如果这样的幂级数存在，如何求得这个幂级数？这就是本节我们将要讨论的问题.

我们知道，等比级数

$$a + aq + aq^2 + \cdots + aq^{n-1} + \cdots, \quad (a \neq 0),$$

当 $|q| < 1$ 时，其和为 $S = \dfrac{a}{1-q}$. 即

$$a + aq + aq^2 + \cdots + aq^{n-1} + \cdots = \frac{a}{1-q}, \quad |q| < 1.$$

类似地，我们就有这样的结论：

$$\frac{1}{1+x} = 1 - x + x^2 - x^3 + \cdots + (-1)^n x^n + \cdots = \sum_{n=0}^{\infty} (-1)^n x^n, \quad |x| < 1.$$

$$\frac{x}{1+x} = x - x^2 + x^3 - x^4 + \cdots + (-1)^{n+1} x^n + \cdots = \sum_{n=1}^{\infty} (-1)^{n+1} x^n, \quad |x| < 1.$$

$$\frac{1}{1-x} = 1 + x + x^2 + \cdots + x^n + \cdots = \sum_{n=0}^{\infty} x^n, \quad |x| < 1.$$

$$\frac{x}{1-x} = x + x^2 + \cdots + x^n + \cdots = \sum_{n=1}^{\infty} x^n, \quad |x| < 1.$$

由上可知，函数 $\dfrac{1}{1+x}$，$\dfrac{x}{1+x}$，$\dfrac{1}{1-x}$，$\dfrac{x}{1-x}$ 均可表示成幂级数. 因此，我们自然希望进一步解决怎样把一个给定的函数表示成幂级数. 为此，我们介绍泰勒公式.

7.4.1　泰勒公式

定理 7 - 4 - 1（泰勒定理） 设函数 $f(x)$ 在 x_0 的某邻域内有直至 $n+1$ 阶导数，则对此邻域内的任一点 x，有

$$f(x) = f(x_0) + \frac{f'(x_0)}{1!}(x-x_0) + \frac{f''(x_0)}{2!}(x-x_0)^2 + \cdots + \frac{f^{(n)}(x_0)}{n!}(x-x_0)^n + R_n(x),$$

其中

$$R_n(x) = \frac{f^{(n+1)}(\xi)}{(n+1)!}(x-x_0)^{n+1}, \quad \xi \text{ 位于 } x \text{ 与 } x_0 \text{ 之间.}$$

上式称为 $f(x)$ 的 **n 阶泰勒公式**，$R_n(x)$ 称为**拉格朗日型余项**.

在泰勒公式中，当 $x_0 = 0$ 时，则 ξ 位于 0 与 x 之间，记 $\xi = \theta x \ (0 < \theta < 1)$，从而泰勒公式变成较简单的形式

$$f(x) = f(0) + \frac{f'(0)}{1!}x + \frac{f''(0)}{2!}x^2 + \cdots + \frac{f^{(n)}(0)}{n!}x^n + R_n(x),$$

其中

$$R_n(x) = \frac{f^{(n+1)}(\theta x)}{(n+1)!}x^{n+1}, \quad (0 < \theta < 1).$$

这个公式称为 $f(x)$ 的**麦克劳林公式**.

7.4.2　泰勒级数

如果函数 $f(x)$ 在 x_0 的某邻域内具有任意阶导数，而且 $\lim\limits_{n\to\infty} R_n(x) = 0$，则级数在收敛域内有

$$f(x) = f(x_0) + \frac{f'(x_0)}{1!}(x-x_0) + \frac{f''(x_0)}{2!}(x-x_0)^2 + \cdots + \frac{f^{(n)}(x_0)}{n!}(x-x_0)^n + \cdots.$$

上式称为 $f(x)$ 在点 $x=x_0$ 的泰勒级数或泰勒展开式.

当 $x_0=0$ 时, $f(x)$ 的泰勒级数化为

$$f(x)=f(0)+\frac{f'(0)}{1!}x+\frac{f''(0)}{2!}x^2+\cdots+\frac{f^{(n)}(0)}{n!}x^n+\cdots.$$

上式称为**麦克劳林级数**或**麦克劳林展开式**.

7.4.3　函数展开成幂级数

要把函数 $f(x)$ 展开成 x 的幂级数, 可以有以下两种方法.

7.4.3.1　直接展开法

直接展开法步骤:

第一步, 求出 $f(x)$ 的各阶导数 $f'(x),f''(x),\cdots,f^{(n)}(x),\cdots$. 在 $x=0$ 处某阶导数不存在, 则停止.

第二步, 求出函数及其各阶导数在 $x=0$ 处的值

$$f(0),f'(0),f''(0),\cdots,f^{(n)}(0),\cdots.$$

第三步, 写出幂级数

$$f(0)+f'(0)x+\frac{f''(0)}{2!}x^2+\cdots+\frac{f^{(n)}(0)}{n!}x^n+\cdots,$$

并求收敛半径 R.

第四步, 考察 x 在收敛域内时, 余项 $R_n(x)$ 的极限

$$\lim_{n\to\infty}R_n(x)=\lim_{n\to\infty}\frac{f^{(n+1)}(\theta x)}{(n+1)!}x^{n+1}, \quad(0<\theta<1).$$

是否为零. 若为零, 第三步写出的幂级数就是函数 $f(x)$ 的幂级数展开式.

【例 7-4-1】 将函数 $f(x)=e^x$ 展开成 x 的幂级数.

解　因为 $f^{(n)}(x)=e^x,n=1,2,\cdots$. 所以 $f^{(n)}(0)=e^0=1,n=1,2,\cdots$, 且 $f(0)=1$. 可得幂级数

$$1+x+\frac{1}{2!}x^2+\cdots+\frac{1}{n!}x^n+\cdots=\sum_{n=0}^{\infty}\frac{x^n}{n!},$$

其收敛半径 $R=+\infty$.

又余项

$$|R_n(x)|=\frac{e^{\theta x}}{(n+1)!}|x|^{n+1}<\frac{e^{|x|}}{(n+1)!}|x|^{n+1}.$$

对任意 $x\in(-\infty,+\infty)$, 由比值审敛法可知级数 $\sum_{n=0}^{\infty}\frac{|x|^{n+1}}{(n+1)!}$ 收敛, 由级数收敛的

必要条件应有 $\lim_{n\to\infty}\frac{|x|^{n+1}}{(n+1)!}=0$, 而 $e^{|x|}$ 相对于 n 是一常数, 于是有

$$\lim_{n\to\infty} R_n(x) \le \lim_{n\to\infty} \frac{e^{|x|}}{(n+1)!}|x|^{n+1} = 0.$$

所以

$$e^x = 1 + x + \frac{1}{2!}x^2 + \cdots + \frac{1}{n!}x^n + \cdots = \sum_{n=0}^{\infty} \frac{x^n}{n!}, x \in (-\infty, +\infty).$$

【例 7-4-2】将级数 $f(x) = \sin x$ 展成 x 的幂级数.

解 因为

$$f'(x) = \cos x = \sin\left(x + \frac{\pi}{2}\right),$$

$$f''(x) = \cos\left(x + \frac{\pi}{2}\right) = \sin\left(x + \frac{2\pi}{2}\right),$$

…

$$f^{(n)}(x) = \sin\left(x + \frac{n\pi}{2}\right), n = 1, 2, 3, \cdots,$$

…

所以

$$f(0) = 0, f'(0) = 1, f''(0) = 0, f^{(3)}(0) = -1, f^{(4)}(0) = 0,$$
$$\cdots, f^{(2n)}(0) = 0, f^{(2n+1)}(0) = (-1)^n.$$

即 $f^{(n)}(0)$ 循环地取 $0, 1, 0, -1, \cdots$，于是得幂级数

$$x - \frac{x^3}{3!} + \frac{x^5}{5!} - \cdots + (-1)^n \frac{x^{2n+1}}{(2n+1)!} + \cdots = \sum_{n=0}^{\infty} (-1)^n \frac{x^{2n+1}}{(2n+1)!}.$$

其收敛半径 $R = +\infty$.

当 $n \to \infty$ 时，

$$|R_n(x)| = \frac{\sin\left[\theta x + \frac{n+1}{2}\pi\right]}{(n+1)!}|x|^{n+1} \le \frac{1}{(n+1)!}|x|^{n+1} \to 0, x \in (-\infty, +\infty).$$

所以

$$\sin x = x - \frac{x^3}{3!} + \frac{x^5}{5!} - \cdots + (-1)^n \frac{x^{2n+1}}{(2n+1)!} + \cdots = \sum_{n=0}^{\infty} (-1)^n \frac{x^{2n+1}}{(2n+1)!},$$
$$x \in (-\infty, +\infty).$$

7.4.3.2 间接展开法

用直接展开法将函数展开为幂级数时，由于要讨论 $R_n(x)$ 当 $n \to \infty$ 时极限是否为零比较困难，因此，我们可以利用一些已知的函数展开式及幂级数的性质等，将更多的函数间接展成幂级数.

【例 7-4-3】将函数 $f(x) = \cos x$ 展开成幂级数.

解 因为 $(\sin x)' = \cos x$，而

$$\sin x = x - \frac{x^3}{3!} + \frac{x^5}{5!} - \cdots + (-1)^n \frac{x^{2n+1}}{(2n+1)!} + \cdots$$

$$= \sum_{n=0}^{\infty} (-1)^n \frac{x^{2n+1}}{(2n+1)!}, x \in (-\infty, +\infty).$$

所以，在可根据逐项求导的方法，得幂级数

$$\cos x = 1 - \frac{x^2}{2!} + \frac{x^4}{4!} - \cdots + (-1)^n \frac{x^{2n}}{(2n)!} + \cdots = \sum_{n=0}^{\infty} (-1)^n \frac{x^{2n}}{2n!},$$

$$x \in (-\infty, +\infty).$$

【例 7 - 4 - 4】将函数 $f(x) = \ln(1+x)$ 展开成幂级数.

解　因为 $\ln(1+x) = \int_0^x \frac{1}{1+x} dx$ ，而

$$\frac{1}{1+x} = 1 - x + x^2 - x^3 + \cdots + (-1)^n x^n + \cdots, (-1 < x < 1).$$

将上式两边从 0 到 x 积分，得幂级数

$$\ln(1+x) = x - \frac{1}{2}x^2 + \frac{1}{3}x^3 - \cdots + (-1)^n \frac{1}{n+1}x^{n+1} + \cdots$$

$$= \sum_{n=0}^{\infty} (-1)^n \frac{1}{n+1}x^{n+1}.$$

级数在 $x=1$ 时显然收敛，故收敛域为 $(-1, 1]$. 即

$$\ln(1+x) = x - \frac{1}{2}x^2 + \frac{1}{3}x^3 - \cdots + (-1)^n \frac{1}{n+1}x^{n+1} + \cdots$$

$$= \sum_{n=0}^{\infty} (-1)^n \frac{1}{n+1}x^{n+1}, x \in (-1, 1].$$

【例 7 - 4 - 5】将函数 $f(x) = \frac{1}{5-x}$ 展开为 $(x+1)$ 的幂级数.

解　因为

$$f(x) = \frac{1}{5-x} = \frac{1}{6-(x+1)} = \frac{1}{6} \times \frac{1}{1 - \frac{x+1}{6}},$$

又由于

$$\frac{1}{1-t} = 1 + t + t^2 + \cdots + t^n + \cdots = \sum_{n=0}^{\infty} t^n, |t| < 1.$$

取 $t = \frac{x+1}{6}$ ，得

$$\frac{1}{1 - \frac{x+1}{6}} = \sum_{n=0}^{\infty} \left(\frac{x+1}{6}\right)^n = \sum_{n=0}^{\infty} \frac{(x+1)^n}{6^n}.$$

且 $\left| \frac{x+1}{6} \right| < 1$ ，即 $-7 < x < 5$.

所以

$$f(x) = \frac{1}{5-x} = \frac{1}{6-(x+1)} = \frac{1}{6} \times \frac{1}{1 - \frac{x+2}{6}} = \frac{1}{6} \sum_{n=0}^{\infty} \frac{(x+1)^n}{6^n}$$

$$= \sum_{n=0}^{\infty} \frac{(x+1)^n}{6^{n+1}}, x \in (-7, 5).$$

【例 7 - 4 - 6】 将函数 $f(x) = \sin^2 x$ 展开成幂级数.

解 因为

$$f(x) = \frac{1 - \cos 2x}{2} = \frac{1}{2} - \frac{1}{2}\cos 2x,$$

又由于

$$\cos t = 1 - \frac{t^2}{2!} + \frac{t^4}{4!} - \cdots + (-1)^n \frac{t^{2n}}{(2n)!} + \cdots = \sum_{n=0}^{\infty} (-1)^n \frac{t^{2n}}{2n!},$$

$$t \in (-\infty, +\infty).$$

取 $t = 2x$，得

$$\cos 2x = \sum_{n=0}^{\infty} (-1)^n \frac{(2x)^{2n}}{(2n)!},$$

且 $-\infty < 2x < +\infty$，即 $x \in (-\infty, +\infty)$.

所以

$$f(x) = \frac{1 - \cos 2x}{2} = \frac{1}{2} - \frac{1}{2}\cos 2x = \frac{1}{2} - \frac{1}{2}\sum_{n=0}^{\infty} (-1)^n \frac{(2x)^{2n}}{(2n)!}$$

$$= -\frac{1}{2}\sum_{n=1}^{\infty} (-1)^n \frac{(2x)^{2n}}{(2n)!} = -\frac{1}{2}\sum_{n=1}^{\infty} (-1)^n \frac{4^n}{(2n)!} x^{2n}, x \in (-\infty, +\infty).$$

*【例 7 - 4 - 7】 用级数展开法近似计算 $f(x) = \sqrt[3]{e}$ 的值（计算前四项）.

解 因为 $e^x = \sum_{n=0}^{\infty} \frac{x^n}{n!}, x \in (-\infty, +\infty).$

令 $x = \frac{1}{3}$，得

$$f(x) = \sqrt[3]{e} = e^{\frac{1}{3}} = 1 + \frac{1}{3} + \frac{1}{2!}\left(\frac{1}{3}\right)^2 + \frac{1}{3!}\left(\frac{1}{3}\right)^3 + \cdots + \frac{1}{n!}\left(\frac{1}{3}\right)^n + \cdots,$$

取前四项，得

$$f(x) = \sqrt[3]{e} = e^{\frac{1}{3}} = 1 + \frac{1}{3} + \frac{1}{18} + \frac{1}{162}$$

$$\approx 1 + 0.33333 + 0.05556 + 0.00617 = 1.39506.$$

习题 7 - 4

1. 将函数 $f(x) = \frac{1}{1+3x}$ 展成 x 的幂级数.

2. 将函数 $f(x) = \frac{1}{x}$ 展成 $(x+1)$ 的幂级数.

3. 将函数 $f(x) = \dfrac{1}{x^2 + 3x + 2}$ 展成 $(x-1)$ 的幂级数.

4. 将函数 $f(x) = \ln x$ 展成 $(x-2)$ 的幂级数.

5. 将函数 $f(x) = \dfrac{e^x - e^{-x}}{2}$ 展成 x 的幂级数.

6. 将函数 $f(x) = a^x$ 展成 x 的幂级数.

7. 将函数 $f(x) = \cos^2 x$ 展开为 x 的幂级数.

附录　常用积分公式

（一）含有 $ax + b$ 的积分（$a \neq 0$）

1. $\displaystyle\int \frac{\mathrm{d}x}{ax + b} = \frac{1}{a}\ln|ax + b| + C$

2. $\displaystyle\int (ax + b)^{\mu}\mathrm{d}x = \frac{1}{a(\mu + 1)}(ax + b)^{\mu+1} + C \ (\mu \neq -1)$

3. $\displaystyle\int \frac{x}{ax + b}\mathrm{d}x = \frac{1}{a^2}(ax + b - b\ln|ax + b|) + C$

4. $\displaystyle\int \frac{x^2}{ax + b}\mathrm{d}x = \frac{1}{a^3}\left[\frac{1}{2}(ax + b)^2 - 2b(ax + b) + b^2\ln|ax + b|\right] + C$

5. $\displaystyle\int \frac{\mathrm{d}x}{x(ax + b)} = -\frac{1}{b}\ln\left|\frac{ax + b}{x}\right| + C$

6. $\displaystyle\int \frac{\mathrm{d}x}{x^2(ax + b)} = -\frac{1}{bx} + \frac{a}{b^2}\ln\left|\frac{ax + b}{x}\right| + C$

7. $\displaystyle\int \frac{x}{(ax + b)^2}\mathrm{d}x = \frac{1}{a^2}\left(\ln|ax + b| + \frac{b}{ax + b}\right) + C$

8. $\displaystyle\int \frac{x^2}{(ax + b)^2}\mathrm{d}x = \frac{1}{a^3}\left(ax + b - 2b\ln|ax + b| - \frac{b^2}{ax + b}\right) + C$

9. $\displaystyle\int \frac{\mathrm{d}x}{x(ax + b)^2} = \frac{1}{b(ax + b)} - \frac{1}{b^2}\ln\left|\frac{ax + b}{x}\right| + C$

（二）含有 $\sqrt{ax + b}$ 的积分

10. $\displaystyle\int \sqrt{ax + b}\,\mathrm{d}x = \frac{2}{3a}\sqrt{(ax + b)^3} + C$

11. $\displaystyle\int x\sqrt{ax + b}\,\mathrm{d}x = \frac{2}{15a^2}(3ax - 2b)\sqrt{(ax + b)^3} + C$

12. $\displaystyle\int x^2\sqrt{ax + b}\,\mathrm{d}x = \frac{2}{105a^3}(15a^2x^2 - 12abx + 8b^2)\sqrt{(ax + b)^3} + C$

13. $\displaystyle\int \frac{x}{\sqrt{ax + b}}\mathrm{d}x = \frac{2}{3a^2}(ax - 2b)\sqrt{ax + b} + C$

14. $\int \dfrac{x^2}{\sqrt{ax+b}}dx = \dfrac{2}{15a^3}(3a^2x^2 - 4abx + 8b^2)\sqrt{ax+b} + C$

15. $\int \dfrac{dx}{x\sqrt{ax+b}} = \begin{cases} \dfrac{1}{\sqrt{b}}\ln\left|\dfrac{\sqrt{ax+b}-\sqrt{b}}{\sqrt{ax+b}+\sqrt{b}}\right| + C \ (b > 0) \\[4mm] \dfrac{2}{\sqrt{-b}}\arctan\sqrt{\dfrac{ax+b}{-b}} + C \ (b < 0) \end{cases}$

16. $\int \dfrac{dx}{x^2\sqrt{ax+b}} = -\dfrac{\sqrt{ax+b}}{bx} - \dfrac{a}{2b}\int \dfrac{dx}{x\sqrt{ax+b}}$

17. $\int \dfrac{\sqrt{ax+b}}{x}dx = 2\sqrt{ax+b} + b\int \dfrac{dx}{x\sqrt{ax+b}}$

18. $\int \dfrac{\sqrt{ax+b}}{x^2}dx = -\dfrac{\sqrt{ax+b}}{x} + \dfrac{a}{2}\int \dfrac{dx}{x\sqrt{ax+b}}$

（三）含有 $x^2 \pm a^2$ 的积分

19. $\int \dfrac{dx}{x^2+a^2} = \dfrac{1}{a}\arctan\dfrac{x}{a} + C$

20. $\int \dfrac{dx}{(x^2+a^2)^n} = \dfrac{x}{2(n-1)a^2(x^2+a^2)^{n-1}} + \dfrac{2n-3}{2(n-1)a^2}\int \dfrac{dx}{(x^2+a^2)^{n-1}}$

21. $\int \dfrac{dx}{x^2-a^2} = \dfrac{1}{2a}\ln\left|\dfrac{x-a}{x+a}\right| + C$

（四）含有 $ax^2 + b(a > 0)$ 的积分

22. $\int \dfrac{dx}{ax^2+b} = \begin{cases} \dfrac{1}{\sqrt{ab}}\arctan\sqrt{\dfrac{a}{b}}x + C \ (b > 0) \\[4mm] \dfrac{1}{2\sqrt{-ab}}\ln\left|\dfrac{\sqrt{a}x-\sqrt{-b}}{\sqrt{a}x+\sqrt{-b}}\right| + C \ (b < 0) \end{cases}$

23. $\int \dfrac{x}{ax^2+b}dx = \dfrac{1}{2a}\ln|ax^2+b| + C$

24. $\int \dfrac{x^2}{ax^2+b}dx = \dfrac{x}{a} - \dfrac{b}{a}\int \dfrac{dx}{ax^2+b}$

25. $\int \dfrac{dx}{x(ax^2+b)} = \dfrac{1}{2b}\ln\dfrac{x^2}{|ax^2+b|} + C$

26. $\int \dfrac{dx}{x^2(ax^2+b)} = -\dfrac{1}{bx} - \dfrac{a}{b}\int \dfrac{dx}{ax^2+b}$

27. $\int \dfrac{dx}{x^3(ax^2+b)} = \dfrac{a}{2b^2}\ln\dfrac{|ax^2+b|}{x^2} - \dfrac{1}{2bx^2} + C$

28. $\int \dfrac{dx}{(ax^2+b)^2} = \dfrac{x}{2b(ax^2+b)} + \dfrac{1}{2b}\int \dfrac{dx}{ax^2+b}$

（五）含有 $ax^2 + bx + c\,(a > 0)$ 的积分

29. $\displaystyle\int \frac{\mathrm{d}x}{ax^2 + bx + c} = \begin{cases} \dfrac{2}{\sqrt{4ac - b^2}}\arctan \dfrac{2ax + b}{\sqrt{4ac - b^2}} + C\,(b^2 < 4ac) \\[4mm] \dfrac{1}{\sqrt{b^2 - 4ac}}\ln \left| \dfrac{2ax + b - \sqrt{b^2 - 4ac}}{2ax + b + \sqrt{b^2 - 4ac}} \right| + C\,(b^2 > 4ac) \end{cases}$

30. $\displaystyle\int \frac{x}{ax^2 + bx + c}\mathrm{d}x = \frac{1}{2a}\ln|ax^2 + bx + c| - \frac{b}{2a}\int \frac{\mathrm{d}x}{ax^2 + bx + c}$

（六）含有 $\sqrt{x^2 + a^2}\,(a > 0)$ 的积分

31. $\displaystyle\int \frac{\mathrm{d}x}{\sqrt{x^2 + a^2}} = \operatorname{arsh}\frac{x}{a} + C_1 = \ln(x + \sqrt{x^2 + a^2}) + C$

32. $\displaystyle\int \frac{\mathrm{d}x}{\sqrt{(x^2 + a^2)^3}} = \frac{x}{a^2\sqrt{x^2 + a^2}} + C$

33. $\displaystyle\int \frac{x}{\sqrt{x^2 + a^2}}\mathrm{d}x = \sqrt{x^2 + a^2} + C$

34. $\displaystyle\int \frac{x}{\sqrt{(x^2 + a^2)^3}}\mathrm{d}x = -\frac{1}{\sqrt{x^2 + a^2}} + C$

35. $\displaystyle\int \frac{x^2}{\sqrt{x^2 + a^2}}\mathrm{d}x = \frac{x}{2}\sqrt{x^2 + a^2} - \frac{a^2}{2}\ln(x + \sqrt{x^2 + a^2}) + C$

36. $\displaystyle\int \frac{x^2}{\sqrt{(x^2 + a^2)^3}}\mathrm{d}x = -\frac{x}{\sqrt{x^2 + a^2}} + \ln(x + \sqrt{x^2 + a^2}) + C$

37. $\displaystyle\int \frac{\mathrm{d}x}{x\sqrt{x^2 + a^2}} = \frac{1}{a}\ln \frac{\sqrt{x^2 + a^2} - a}{|x|} + C$

38. $\displaystyle\int \frac{\mathrm{d}x}{x^2\sqrt{x^2 + a^2}} = -\frac{\sqrt{x^2 + a^2}}{a^2 x} + C$

39. $\displaystyle\int \sqrt{x^2 + a^2}\,\mathrm{d}x = \frac{x}{2}\sqrt{x^2 + a^2} + \frac{a^2}{2}\ln(x + \sqrt{x^2 + a^2}) + C$

40. $\displaystyle\int \sqrt{(x^2 + a^2)^3}\,\mathrm{d}x = \frac{x}{8}(2x^2 + 5a^2)\sqrt{x^2 + a^2} + \frac{3}{8}a^4\ln(x + \sqrt{x^2 + a^2}) + C$

41. $\displaystyle\int x\sqrt{x^2 + a^2}\,\mathrm{d}x = \frac{1}{3}\sqrt{(x^2 + a^2)^3} + C$

42. $\displaystyle\int x^2\sqrt{x^2 + a^2}\,\mathrm{d}x = \frac{x}{8}(2x^2 + a^2)\sqrt{x^2 + a^2} - \frac{a^4}{8}\ln(x + \sqrt{x^2 + a^2}) + C$

43. $\displaystyle\int \frac{\sqrt{x^2 + a^2}}{x}\mathrm{d}x = \sqrt{x^2 + a^2} + a\ln \frac{\sqrt{x^2 + a^2} - a}{|x|} + C$

44. $\displaystyle\int \frac{\sqrt{x^2 + a^2}}{x^2}\mathrm{d}x = -\frac{\sqrt{x^2 + a^2}}{x} + \ln(x + \sqrt{x^2 + a^2}) + C$

（七）含有 $\sqrt{x^2-a^2}$ $(a>0)$ 的积分

45. $\displaystyle\int \frac{\mathrm{d}x}{\sqrt{x^2-a^2}} = \frac{x}{|x|}\mathrm{arch}\frac{|x|}{a}+C_1 = \ln\left|x+\sqrt{x^2-a^2}\right|+C$

46. $\displaystyle\int \frac{\mathrm{d}x}{\sqrt{(x^2-a^2)^3}} = -\frac{x}{a^2\sqrt{x^2-a^2}}+C$

47. $\displaystyle\int \frac{x}{\sqrt{x^2-a^2}}\mathrm{d}x = \sqrt{x^2-a^2}+C$

48. $\displaystyle\int \frac{x}{\sqrt{(x^2-a^2)^3}}\mathrm{d}x = -\frac{1}{\sqrt{x^2-a^2}}+C$

49. $\displaystyle\int \frac{x^2}{\sqrt{x^2-a^2}}\mathrm{d}x = \frac{x}{2}\sqrt{x^2-a^2}+\frac{a^2}{2}\ln\left|x+\sqrt{x^2-a^2}\right|+C$

50. $\displaystyle\int \frac{x^2}{\sqrt{(x^2-a^2)^3}}\mathrm{d}x = -\frac{x}{\sqrt{x^2-a^2}}+\ln\left|x+\sqrt{x^2-a^2}\right|+C$

51. $\displaystyle\int \frac{\mathrm{d}x}{x\sqrt{x^2-a^2}} = \frac{1}{a}\arccos\frac{a}{|x|}+C$

52. $\displaystyle\int \frac{\mathrm{d}x}{x^2\sqrt{x^2-a^2}} = \frac{\sqrt{x^2-a^2}}{a^2x}+C$

53. $\displaystyle\int \sqrt{x^2-a^2}\,\mathrm{d}x = \frac{x}{2}\sqrt{x^2-a^2}-\frac{a^2}{2}\ln\left|x+\sqrt{x^2-a^2}\right|+C$

54. $\displaystyle\int \sqrt{(x^2-a^2)^3}\,\mathrm{d}x = \frac{x}{8}(2x^2-5a^2)\sqrt{x^2-a^2}+\frac{3}{8}a^4\ln\left|x+\sqrt{x^2-a^2}\right|+C$

55. $\displaystyle\int x\sqrt{x^2-a^2}\,\mathrm{d}x = \frac{1}{3}\sqrt{(x^2-a^2)^3}+C$

56. $\displaystyle\int x^2\sqrt{x^2-a^2}\,\mathrm{d}x = \frac{x}{8}(2x^2-a^2)\sqrt{x^2-a^2}-\frac{a^4}{8}\ln\left|x+\sqrt{x^2-a^2}\right|+C$

57. $\displaystyle\int \frac{\sqrt{x^2-a^2}}{x}\mathrm{d}x = \sqrt{x^2-a^2}-a\arccos\frac{a}{|x|}+C$

58. $\displaystyle\int \frac{\sqrt{x^2-a^2}}{x^2}\mathrm{d}x = -\frac{\sqrt{x^2-a^2}}{x}+\ln\left|x+\sqrt{x^2-a^2}\right|+C$

（八）含有 $\sqrt{a^2-x^2}$ $(a>0)$ 的积分

59. $\displaystyle\int \frac{\mathrm{d}x}{\sqrt{a^2-x^2}} = \arcsin\frac{x}{a}+C$

60. $\displaystyle\int \frac{\mathrm{d}x}{\sqrt{(a^2-x^2)^3}} = \frac{x}{a^2\sqrt{a^2-x^2}}+C$

61. $\displaystyle\int \frac{x}{\sqrt{a^2-x^2}}\mathrm{d}x = -\sqrt{a^2-x^2}+C$

62. $\int \dfrac{x}{\sqrt{(a^2-x^2)^3}}dx = \dfrac{1}{\sqrt{a^2-x^2}} + C$

63. $\int \dfrac{x^2}{\sqrt{a^2-x^2}}dx = -\dfrac{x}{2}\sqrt{a^2-x^2} + \dfrac{a^2}{2}\arcsin\dfrac{x}{a} + C$

64. $\int \dfrac{x^2}{\sqrt{(a^2-x^2)^3}}dx = \dfrac{x}{\sqrt{a^2-x^2}} - \arcsin\dfrac{x}{a} + C$

65. $\int \dfrac{dx}{x\sqrt{a^2-x^2}} = \dfrac{1}{a}\ln\dfrac{a-\sqrt{a^2-x^2}}{|x|} + C$

66. $\int \dfrac{dx}{x^2\sqrt{a^2-x^2}} = -\dfrac{\sqrt{a^2-x^2}}{a^2 x} + C$

67. $\int \sqrt{a^2-x^2}\,dx = \dfrac{x}{2}\sqrt{a^2-x^2} + \dfrac{a^2}{2}\arcsin\dfrac{x}{a} + C$

68. $\int \sqrt{(a^2-x^2)^3}\,dx = \dfrac{x}{8}(5a^2-2x^2)\sqrt{a^2-x^2} + \dfrac{3}{8}a^4\arcsin\dfrac{x}{a} + C$

69. $\int x\sqrt{a^2-x^2}\,dx = -\dfrac{1}{3}\sqrt{(a^2-x^2)^3} + C$

70. $\int x^2\sqrt{a^2-x^2}\,dx = \dfrac{x}{8}(2x^2-a^2)\sqrt{a^2-x^2} + \dfrac{a^4}{8}\arcsin\dfrac{x}{a} + C$

71. $\int \dfrac{\sqrt{a^2-x^2}}{x}dx = \sqrt{a^2-x^2} + a\ln\dfrac{a-\sqrt{a^2-x^2}}{|x|} + C$

72. $\int \dfrac{\sqrt{a^2-x^2}}{x^2}dx = -\dfrac{\sqrt{a^2-x^2}}{x} - \arcsin\dfrac{x}{a} + C$

（九）含有 $\sqrt{\pm ax^2+bx+c}$ $(a>0)$ 的积分

73. $\int \dfrac{dx}{\sqrt{ax^2+bx+c}} = \dfrac{1}{\sqrt{a}}\ln|2ax+b+2\sqrt{a}\sqrt{ax^2+bx+c}| + C$

74. $\int \sqrt{ax^2+bx+c}\,dx = \dfrac{2ax+b}{4a}\sqrt{ax^2+bx+c}$
$$+ \dfrac{4ac-b^2}{8\sqrt{a^3}}\ln|2ax+b+2\sqrt{a}\sqrt{ax^2+bx+c}| + C$$

75. $\int \dfrac{x}{\sqrt{ax^2+bx+c}}dx = \dfrac{1}{a}\sqrt{ax^2+bx+c}$
$$- \dfrac{b}{2\sqrt{a^3}}\ln|2ax+b+2\sqrt{a}\sqrt{ax^2+bx+c}| + C$$

76. $\int \dfrac{dx}{\sqrt{c+bx-ax^2}} = -\dfrac{1}{\sqrt{a}}\arcsin\dfrac{2ax-b}{\sqrt{b^2+4ac}} + C$

77. $\int \sqrt{c+bx-ax^2}\,dx = \dfrac{2ax-b}{4a}\sqrt{c+bx-ax^2} + \dfrac{b^2+4ac}{8\sqrt{a^3}}\arcsin\dfrac{2ax-b}{\sqrt{b^2+4ac}} + C$

78. $\int \dfrac{x}{\sqrt{c + bx - ax^2}}dx = -\dfrac{1}{a}\sqrt{c + bx - ax^2} + \dfrac{b}{2\sqrt{a^3}}\arcsin\dfrac{2ax - b}{\sqrt{b^2 + 4ac}} + C$

（十）含有 $\sqrt{\pm\dfrac{x-a}{x-b}}$ 或 $\sqrt{(x-a)(b-x)}$ 的积分

79. $\int \sqrt{\dfrac{x-a}{x-b}}dx = (x-b)\sqrt{\dfrac{x-a}{x-b}} + (b-a)\ln(\sqrt{|x-a|} + \sqrt{|x-b|}) + C$

80. $\int \sqrt{\dfrac{x-a}{b-x}}dx = (x-b)\sqrt{\dfrac{x-a}{b-x}} + (b-a)\arcsin\sqrt{\dfrac{x-a}{b-x}} + C$

81. $\int \dfrac{dx}{\sqrt{(x-a)(b-x)}} = 2\arcsin\sqrt{\dfrac{x-a}{b-x}} + C\,(a < b)$

82. $\int \sqrt{(x-a)(b-x)}dx = \dfrac{2x-a-b}{4}\sqrt{(x-a)(b-x)}$

$\qquad + \dfrac{(b-a)^2}{4}\arcsin\sqrt{\dfrac{x-a}{b-x}} + C\,(a < b)$

（十一）含有三角函数的积分

83. $\int \sin x\,dx = -\cos x + C$

84. $\int \cos x\,dx = \sin x + C$

85. $\int \tan x\,dx = -\ln|\cos x| + C$

86. $\int \cot x\,dx = \ln|\sin x| + C$

87. $\int \sec x\,dx = \ln|\tan(\dfrac{\pi}{4} + \dfrac{x}{2})| + C = \ln|\sec x + \tan x| + C$

88. $\int \csc x\,dx = \ln\left|\tan\dfrac{x}{2}\right| + C = \ln|\csc x - \cot x| + C$

89. $\int \sec^2 x\,dx = \tan x + C$

90. $\int \csc^2 x\,dx = -\cot x + C$

91. $\int \sec x\tan x\,dx = \sec x + C$

92. $\int \csc x\cot x\,dx = -\csc x + C$

93. $\int \sin^2 x\,dx = \dfrac{x}{2} - \dfrac{1}{4}\sin 2x + C$

94. $\int \cos^2 x\,dx = \dfrac{x}{2} + \dfrac{1}{4}\sin 2x + C$

95. $\displaystyle\int \sin^n x \, \mathrm{d}x = -\frac{1}{n}\sin^{n-1}x\cos x + \frac{n-1}{n}\int \sin^{n-2}x\,\mathrm{d}x$

96. $\displaystyle\int \cos^n x \, \mathrm{d}x = \frac{1}{n}\cos^{n-1}x\sin x + \frac{n-1}{n}\int \cos^{n-2}x\,\mathrm{d}x$

97. $\displaystyle\int \frac{\mathrm{d}x}{\sin^n x} = -\frac{1}{n-1}\cdot\frac{\cos x}{\sin^{n-1}x} + \frac{n-2}{n-1}\int \frac{\mathrm{d}x}{\sin^{n-2}x}$

98. $\displaystyle\int \frac{\mathrm{d}x}{\cos^n x} = \frac{1}{n-1}\cdot\frac{\sin x}{\cos^{n-1}x} + \frac{n-2}{n-1}\int \frac{\mathrm{d}x}{\cos^{n-2}x}$

99. $\displaystyle\int \cos^m x \sin^n x\,\mathrm{d}x = \frac{1}{m+n}\cos^{m-1}x\sin^{n+1}x + \frac{m-1}{m+n}\int \cos^{m-2}x\sin^n x\,\mathrm{d}x$

$$= -\frac{1}{m+n}\cos^{m+1}x\sin^{n-1}x + \frac{n-1}{m+n}\int \cos^m x\sin^{n-2}x\,\mathrm{d}x$$

100. $\displaystyle\int \sin ax\cos bx\,\mathrm{d}x = -\frac{1}{2(a+b)}\cos(a+b)x - \frac{1}{2(a-b)}\cos(a-b)x + C$

101. $\displaystyle\int \sin ax\sin bx\,\mathrm{d}x = -\frac{1}{2(a+b)}\sin(a+b)x + \frac{1}{2(a-b)}\sin(a-b)x + C$

102. $\displaystyle\int \cos ax\cos bx\,\mathrm{d}x = \frac{1}{2(a+b)}\sin(a+b)x + \frac{1}{2(a-b)}\sin(a-b)x + C$

103. $\displaystyle\int \frac{\mathrm{d}x}{a+b\sin x} = \frac{2}{\sqrt{a^2-b^2}}\arctan\frac{a\tan\frac{x}{2}+b}{\sqrt{a^2-b^2}} + C\ (a^2 > b^2)$

104. $\displaystyle\int \frac{\mathrm{d}x}{a+b\sin x} = \frac{1}{\sqrt{b^2-a^2}}\ln\left|\frac{a\tan\frac{x}{2}+b-\sqrt{b^2-a^2}}{a\tan\frac{x}{2}+b+\sqrt{b^2-a^2}}\right| + C\ (a^2 < b^2)$

105. $\displaystyle\int \frac{\mathrm{d}x}{a+b\cos x} = \frac{2}{a+b}\sqrt{\frac{a+b}{a-b}}\arctan\left(\sqrt{\frac{a-b}{a+b}}\tan\frac{x}{2}\right) + C\ (a^2 > b^2)$

106. $\displaystyle\int \frac{\mathrm{d}x}{a+b\cos x} = \frac{1}{a+b}\sqrt{\frac{a+b}{b-a}}\ln\left|\frac{\tan\frac{x}{2}+\sqrt{\frac{a+b}{b-a}}}{\tan\frac{x}{2}-\sqrt{\frac{a+b}{b-a}}}\right| + C\ (a^2 < b^2)$

107. $\displaystyle\int \frac{\mathrm{d}x}{a^2\cos^2 x + b^2\sin^2 x} = \frac{1}{ab}\arctan\left(\frac{b}{a}\tan x\right) + C$

108. $\displaystyle\int \frac{\mathrm{d}x}{a^2\cos^2 x - b^2\sin^2 x} = \frac{1}{2ab}\ln\left|\frac{b\tan x + a}{b\tan x - a}\right| + C$

109. $\displaystyle\int x\sin ax\,\mathrm{d}x = \frac{1}{a^2}\sin ax - \frac{1}{a}x\cos ax + C$

110. $\displaystyle\int x^2\sin ax\,\mathrm{d}x = -\frac{1}{a}x^2\cos ax + \frac{2}{a^2}x\sin ax + \frac{2}{a^3}\cos ax + C$

111. $\int x\cos ax\,\mathrm{d}x = \dfrac{1}{a^2}\cos ax + \dfrac{1}{a}x\sin ax + C$

112. $\int x^2\cos ax\,\mathrm{d}x = \dfrac{1}{a}x^2\sin ax + \dfrac{2}{a^2}x\cos ax - \dfrac{2}{a^3}\sin ax + C$

（十二）含有反三角函数的积分（其中 $a > 0$）

113. $\int \arcsin\dfrac{x}{a}\,\mathrm{d}x = x\arcsin\dfrac{x}{a} + \sqrt{a^2 - x^2} + C$

114. $\int x\arcsin\dfrac{x}{a}\,\mathrm{d}x = \left(\dfrac{x^2}{2} - \dfrac{a^2}{4}\right)\arcsin\dfrac{x}{a} + \dfrac{x}{4}\sqrt{a^2 - x^2} + C$

115. $\int x^2\arcsin\dfrac{x}{a}\,\mathrm{d}x = \dfrac{x^3}{3}\arcsin\dfrac{x}{a} + \dfrac{1}{9}(x^2 + 2a^2)\sqrt{a^2 - x^2} + C$

116. $\int \arccos\dfrac{x}{a}\,\mathrm{d}x = x\arccos\dfrac{x}{a} - \sqrt{a^2 - x^2} + C$

117. $\int x\arccos\dfrac{x}{a}\,\mathrm{d}x = \left(\dfrac{x^2}{2} - \dfrac{a^2}{4}\right)\arccos\dfrac{x}{a} - \dfrac{x}{4}\sqrt{a^2 - x^2} + C$

118. $\int x^2\arccos\dfrac{x}{a}\,\mathrm{d}x = \dfrac{x^3}{3}\arccos\dfrac{x}{a} - \dfrac{1}{9}(x^2 + 2a^2)\sqrt{a^2 - x^2} + C$

119. $\int \arctan\dfrac{x}{a}\,\mathrm{d}x = x\arctan\dfrac{x}{a} - \dfrac{a}{2}\ln(a^2 + x^2) + C$

120. $\int x\arctan\dfrac{x}{a}\,\mathrm{d}x = \dfrac{1}{2}(a^2 + x^2)\arctan\dfrac{x}{a} - \dfrac{a}{2}x + C$

121. $\int x^2\arctan\dfrac{x}{a}\,\mathrm{d}x = \dfrac{x^3}{3}\arctan\dfrac{x}{a} - \dfrac{a}{6}x^2 + \dfrac{a^3}{6}\ln(a^2 + x^2) + C$

（十三）含有指数函数的积分

122. $\int a^x\,\mathrm{d}x = \dfrac{1}{\ln a}a^x + C$

123. $\int e^{ax}\,\mathrm{d}x = \dfrac{1}{a}e^{ax} + C$

124. $\int xe^{ax}\,\mathrm{d}x = \dfrac{1}{a^2}(ax - 1)e^{ax} + C$

125. $\int x^n e^{ax}\,\mathrm{d}x = \dfrac{1}{a}x^n e^{ax} - \dfrac{n}{a}\int x^{n-1}e^{ax}\,\mathrm{d}x$

126. $\int xa^x\,\mathrm{d}x = \dfrac{x}{\ln a}a^x - \dfrac{1}{(\ln a)^2}a^x + C$

127. $\int x^n a^x\,\mathrm{d}x = \dfrac{1}{\ln a}x^n a^x - \dfrac{n}{\ln a}\int x^{n-1}a^x\,\mathrm{d}x$

128. $\int e^{ax}\sin bx\,\mathrm{d}x = \dfrac{1}{a^2 + b^2}e^{ax}(a\sin bx - b\cos bx) + C$

129. $\int e^{ax}\cos bx dx = \dfrac{1}{a^2 + b^2} e^{ax}(b\sin bx + a\cos bx) + C$

130. $\int e^{ax}\sin^n bx dx = \dfrac{1}{a^2 + b^2 n^2} e^{ax}\sin^{n-1} bx(a\sin bx - nb\cos bx)$

$$+ \dfrac{n(n-1)b^2}{a^2 + b^2 n^2}\int e^{ax}\sin^{n-2} bx dx$$

131. $\int e^{ax}\cos^n bx dx = \dfrac{1}{a^2 + b^2 n^2} e^{ax}\cos^{n-1} bx(a\cos bx + nb\sin bx)$

$$+ \dfrac{n(n-1)b^2}{a^2 + b^2 n^2}\int e^{ax}\cos^{n-2} bx dx$$

(十四) 含有对数函数的积分

132. $\int \ln x dx = x\ln x - x + C$

133. $\int \dfrac{dx}{x\ln x} = \ln|\ln x| + C$

134. $\int x^n \ln x dx = \dfrac{1}{n+1} x^{n+1}\left(\ln x - \dfrac{1}{n+1}\right) + C$

135. $\int (\ln x)^n dx = x(\ln x)^n - n\int (\ln x)^{n-1} dx$

136. $\int x^m (\ln x)^n dx = \dfrac{1}{m+1} x^{m+1}(\ln x)^n - \dfrac{n}{m+1}\int x^m (\ln x)^{n-1} dx$

(十五) 含有双曲函数的积分

137. $\int \mathrm{sh} x dx = \mathrm{ch} x + C$

138. $\int \mathrm{ch} x dx = \mathrm{sh} x + C$

139. $\int \mathrm{th} x dx = \ln\mathrm{ch} x + C$

140. $\int \mathrm{sh}^2 x dx = -\dfrac{x}{2} + \dfrac{1}{4}\mathrm{sh}2x + C$

141. $\int \mathrm{ch}^2 x dx = \dfrac{x}{2} + \dfrac{1}{4}\mathrm{sh}2x + C$

(十六) 定积分

142. $\int_{-\pi}^{\pi}\cos nx dx = \int_{-\pi}^{\pi}\sin nx dx = 0$

143. $\int_{-\pi}^{\pi}\cos mx\sin nx dx = 0$

144. $\int_{-\pi}^{\pi}\cos mx\cos nx dx = \begin{cases} 0, m \neq n \\ \pi, m = n \end{cases}$

145. $\int_{-\pi}^{\pi} \sin mx \sin nx \, \mathrm{d}x = \begin{cases} 0, m \neq n \\ \pi, m = n \end{cases}$

146. $\int_{0}^{\pi} \sin mx \sin nx \, \mathrm{d}x = \int_{0}^{\pi} \cos mx \cos nx \, \mathrm{d}x = \begin{cases} 0, m \neq n \\ \dfrac{\pi}{2}, m = n \end{cases}$

147. $I_n = \int_{0}^{\frac{\pi}{2}} \sin^n x \, \mathrm{d}x = \int_{0}^{\frac{\pi}{2}} \cos^n x \, \mathrm{d}x$

$I_n = \dfrac{n-1}{n} I_{n-2}$

$I_n = \dfrac{n-1}{n} \cdot \dfrac{n-3}{n-2} \cdot \cdots \cdot \dfrac{4}{5} \cdot \dfrac{2}{3}$（$n$ 为大于 1 的正奇数），$I_1 = 1$

$I_n = \dfrac{n-1}{n} \cdot \dfrac{n-3}{n-2} \cdot \cdots \cdot \dfrac{3}{4} \cdot \dfrac{1}{2} \cdot \dfrac{\pi}{2}$（$n$ 为正偶数），$I_0 = \dfrac{\pi}{2}$

参考文献

［1］同济大学数学系. 高等数学［M］. 1 版. 北京：人民邮电出版社，2017.

［2］孙德红，石莲英等. 高等数学［M］. 北京：清华大学出版社，2019.

［3］同济大学数学系. 高等数学［M］. 7 版. 北京：高等教育出版社，2014.

［4］顾静相. 经济数学基础［M］. 北京：高等教育出版社，2008.

［5］石辅天. 高等数学（经管类）［M］. 辽宁：东北大学出版社，2006.

［6］吴赣昌. 高等数学（理工类）［M］. 北京：中国人民大学出版社，2007.

［7］谭国律. 文科高等数学［M］. 北京：北京航空航天大学出版社，2009.

［8］陈刚. 经济应用数学［M］. 北京：高等教育出版社，2008.

［9］吴传生. 经济数学——微积分［M］. 北京：高等教育出版社，2009.

［10］邱森. 高等数学基础［M］. 北京：高等教育出版社，2007.

敬 告 读 者

为了帮助广大师生和其他学习者更好地使用、理解、巩固教材的内容，本教材提供课件和部分习题答案，读者可关注微信公众号"经济科学网"获取相关信息。

如有任何疑问，请与我们联系。

QQ：16678727

邮箱：esp_bj@163.com

教师服务 QQ 群：208044039

读者交流 QQ 群：894857151

经济科学出版社

2022 年 2 月

经济科学网 　　　教师服务 QQ 群 　　　读者交流 QQ 群 　　　经科在线学堂